J. Ruge

Handbuch der Schweißtechnik

Dritte, neubearbeitete und erweiterte Auflage

Band I: Werkstoffe

Mit 136 Abbildungen und 146 Tabellen

Springer-Verlag Berlin Heidelberg GmbH

Dr.-Ing. Jürgen Ruge

Universitätsprofessor, ehem. Direktor
des Instituts für Schweißtechnik
und Werkstofftechnologie der TU Braunschweig

ISBN 978-3-642-86974-7   ISBN 978-3-642-86973-0 (eBook)
DOI 10.1007/978-3-642-86973-0

CIP-Titelaufnahme der Deutschen Bibliothek

Ruge, Jürgen:
Handbuch der Schweißtechnik/J. Ruge.
Berlin, Heidelberg, New York, London, Paris, Tokyo: Springer 1991
Bd. I: Werkstoffe. Dritte, neubearb. u. erw. Auflage
ISBN 978-3-642-86974-7

Satz: Macmillan, Indien

62/3020-543210 – Gedruckt auf säurefreiem Papier

Vorwort zur dritten Auflage

Die Überarbeitung der zweiten Auflage bot Gelegenheit, den Stoff noch etwas übersichtlicher zu gliedern, ihn soweit erforderlich zu ergänzen und auf den neuesten Stand zu bringen. Ergänzungen betreffen insbesondere die Anwendung bruchmechanischer Methoden auf Schweißverbindungen, Reaktionen zwischen Gasen und Schweißgut und deren Auswirkung auf die Werkstoffeigenschaften, die Schweißnahtnachbehandlung, die Wirkung von Begleitelementen auf das Verhalten von Stahlschweißgütern, das Schweißen der mikrolegierten Feinkorn- und der niedriglegierten Kessel-, Rohr- und druckwasserstoffbeständigen Stähle. Auch der Abschnitt über das Schweißen der Eisen-Gußwerkstoffe wurde gründlich überarbeitet. Entsprechendes gilt für die Nichteisenmetalle und – in geringerem Maße – die Kunststoffe. Das Gesamtkonzept hat sich bewährt und blieb daher unverändert.

Braunschweig, im März 1991 **J. Ruge**

Aus dem Vorwort der ersten Auflage

Die Abfassung eines Handbuches der Schweißtechnik ist in gewissem Sinne ein Wagnis. Es handelt sich um ein so breites und komplexes Gebiet, das sich zudem in ständiger Entwicklung und Expansion befindet, daß man aus verschiedenen Gründen im Zweifel über die Zweckmäßigkeit eines solchen Vorhabens sein kann. Aufgabe eines Handbuchs ist ganz allgemein eine möglichst umfassende Information über ein bestimmtes Fachgebiet. Hier liegt bereits insofern eine Schwierigkeit, als die Schweißtechnik Anleihen bei zahlreichen Fachgebieten macht und es nicht der Sinn eines schweißtechnischen Handbuches sein kann, auch die Nachbargebiete handbuchartig zu erfassen. Andererseits existiert vielfach der Wunsch, sich an einer Stelle konzentriert über das Gesamtspektrum des Gebietes Schweißtechnik informieren zu können. Man mußte sich daher um einen Kompromiß bemühen, wofür der Autor um Verständnis bittet. Die erste nunmehr vorliegende Auflage stellt einen Versuch dar. Der eine oder andere Gegenstand mag zu ausführlich, andere Punkte mögen nicht eingehend genug behandelt worden sein. Für Vorschläge in dieser Richtung, die in einer späteren Auflage berücksichtigt werden könnten, wäre ich dankbar.

Das Buch behandelt Werkstoff-, Verfahrens- und Fertigungsfragen. Auf die Aufzählung verfahrensabhängiger Schweißdaten (Schweißparameter) wurde verzichtet, zumal sie an anderer Stelle leicht zu finden sind. Möglichst viele Angaben sind mit Literaturzitaten belegt worden, um dem Interessenten das Auffinden ergänzender Einzelheiten zu erleichtern. Andererseits war es nicht möglich, eine auch nur annähernd vollständige Bibliographie der Schweißtechnik zu erstellen, weil dies den gesteckten Rahmen unzulässig überschritten hätte und für das angestrebte Ziel eines informativen Handbuchs auch nicht erforderlich war.

Das Handbuch wendet sich, obwohl es der Anlage nach kein Lehrbuch ist, auch an Studenten des Maschinenbaus, der Verfahrenstechnik und des Bauingenieurwesens, die sich einen Überlick über die Fügetechnik – nicht lösbare Verbindungen – verschaffen wollen. Es soll aber vor allem dem in Betrieb, Entwicklung und Forschung stehenden Ingenieur eine Hilfe sein.

Braunschweig, im Februar 1974   **J. Ruge**

Inhaltsverzeichnis

Inhaltsübersichten

Band IV (Berechnung von Schweißkonstruktionen)

1 Begriff der Schweißbarkeit

1.1 Aufgliederung des Begriffs der Schweißbarkeit

Das Problem der Schweißbarkeit ist außerordentlich komplex, der Begriff „Schweißbarkeit" daher schwer zu definieren. Bei Stahl spielen Werkstoffeigenschaften wie Sprödbruch- und Alterungsverhalten ebenso eine Rolle wie die Fertigungsbedingungen und die Gestaltung des Bauteils. Bei Nichteisenmetallen sind unter Umständen andere Fragen zu berücksichtigen, wie beispielsweise das Aushärtungsverhalten bestimmter Aluminiumlegierungen. Hier soll in Anlehnung an DIN 8 528 unter Schweißbarkeit eines Werkstoffes folgendes verstanden werden:

Die Schweißbarkeit eines Bauteils aus metallischem Werkstoff ist vorhanden, wenn der Stoffschluß durch Schweißen mit einem gegebenen Schweißverfahren bei Beachtung eines geeigneten Fertigungsablaufes erreicht werden kann. Dabei müssen die Schweißungen hinsichtlich ihrer örtlichen Eigenschaften und ihres Einflusses auf die Konstruktion, deren Teil sie sind, die gestellten Anforderungen erfüllen[1]. Die Schweißbarkeit (siehe Bild 1.1) hängt von den drei Einflußgrößen

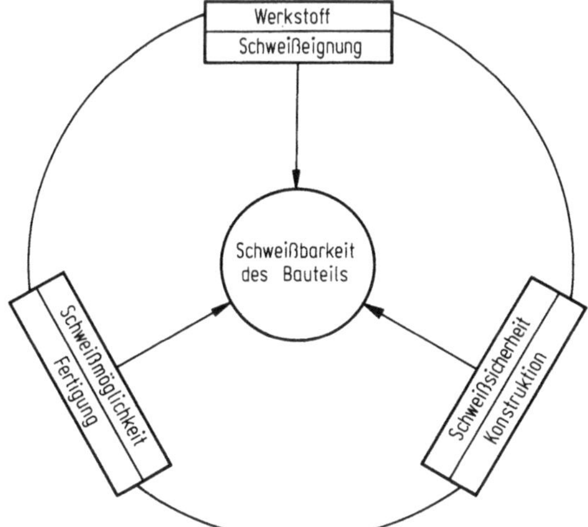

Bild 1.1. Zusammenhang zwischen den die Schweißbarkeit bestimmenden Einflußgrößen

---

[1] Dieser Text stimmt mit der ISO 581 und mit Euronorm EN 45-1974 sinngemäß überein.

Werkstoff, Fertigung und Konstruktion ab, die im wesentlichen gleiche Bedeutung für die Schweißbarkeit haben. Die Abhängigkeit ist indirekt, weil zwischen den Einflußgrößen und der Schweißbarkeit die Eigenschaften

Schweißeignung des Werkstoffs,
Schweißsicherheit der Konstruktion und
Schweißmöglichkeit der Fertigung

stehen. Auch sie hängen von Werkstoff, Fertigung und Konstruktion ab, jedoch ist die Bedeutung der Einflußgrößen für die drei Eigenschaften unterschiedlich.

1.1.1 Schweißeignung

Die Schweißeignung ist in erster Linie eine Werkstoffeigenschaft. Schweißeignung eines Werkstoffes ist vorhanden, wenn bei der Fertigung aufgrund der werkstoffgegebenen chemischen, metallurgischen und physikalischen Eigenschaften eine den jeweils gestellten Anforderungen entsprechende Schweißung hergestellt werden kann. Die Schweißeignung eines Werkstoffes innerhalb einer Werkstoffgruppe ist um so besser, je weniger die werkstoffbedingten Faktoren beim Festlegen der schweißtechnischen Fertigung für eine bestimmte Konstruktion beachtet werden müssen. Die Schweißeignung wird u. a. von folgenden Faktoren beeinflußt:

chemische Zusammensetzung,
metallurgische Eigenschaften, bedingt durch Herstellungsverfahren,
physikalische Eigenschaften.

Im Sinne dieser Definition ist die Schweißeignung des Werkstoffes unter Berücksichtigung des angewendeten Schweißverfahrens nachzuweisen. Dies geschieht z. B. bei unlegiertem Stahl durch Sicherstellung einer ausreichenden Sprödbruchunempfindlichkeit und durch Begrenzung ungünstiger Begleitelemente auf zulässige Höchstgehalte. Bei anderen Werkstoffen wird entsprechend verfahren.

1.1.2 Schweißsicherheit

Schweißsicherheit einer Konstruktion ist vorhanden, wenn für den verwendeten Werkstoff das Bauteil aufgrund seiner konstruktiven Gestaltung unter den vorgesehenen Betriebsbedingungen funktionsfähig bleibt.

Die Schweißsicherheit der Konstruktion eines bestimmten Bauwerks oder Bauteils ist um so größer, je weniger die konstruktionsbedingten Faktoren bei der Auswahl des Werkstoffs für eine bestimmte schweißtechnische Fertigung beachtet werden müssen. Die Schweißsicherheit wird u. a. von folgenden Faktoren beeinflußt:

Konstruktive Gestaltung,
Beanspruchungszustand und -art,
Wanddicke,
Betriebstemperatur.

1.1.3 Schweißmöglichkeit

Schweißmöglichkeit in einer schweißtechnischen Fertigung ist vorhanden, wenn die an einer Konstruktion vorgesehenen Schweißungen unter den gewählten Fertigungsbedingungen fachgerecht hergestellt werden können. Die Schweißmöglichkeit einer für ein bestimmtes Bauwerk oder Bauteil vorgesehenen Fertigung ist um so besser, je weniger die fertigungsbedingten Faktoren beim Entwurf der Konstruktion für einen bestimmten Werkstoff beachtet werden müssen. Die Schweißmöglichkeit wird u. a. von folgenden Faktoren beeinflußt:

Vorbereitung zum Schweißen,
Ausführung der Schweißarbeiten,
Nachbehandlung.

Es ist bisher nicht möglich, die vorstehend aufgeführten Begriffe „Schweißeignung", „Schweißmöglichkeit" und „Schweißsicherheit" zahlenmäßig zu erfassen.

1.2 Einflußgrößen

Die Schweißbarkeit der metallischen Werkstoffe hängt von einer Reihe von Faktoren ab, die in erster Linie, aber nicht ausschließlich, mit den Eigenschaften des Werkstoffs zusammenhängen, d. h. mit seiner chemischen Zusammensetzung und seinen mechanischen Gütewerten, mit der Gefügeausbildung, der Empfindlichkeit gegenüber aufgenommenen Gasen, der Oxidationsneigung, der Korrosionsempfindlichkeit, mit dem Verhalten bei höheren Temperaturen oder bei rascher Erwärmung bzw. Abkühlung, mit dem Umwandlungsverhalten (Aufhärtung, Ausscheidungshärtung), dem Werkstoffzustand (lösungsgeglüht, ausgehärtet, kaltverformt) usw.

Auch bei den nichtmetallischen Werkstoffen, insbesondere den Kunststoffen, spielen die Werkstoffeigenschaften (Thermoplaste, Duroplaste) eine entscheidende Rolle.

Weiterhin wird die Schweißbarkeit auch durch den Oberflächenzustand, das angewendete Schweißverfahren, den Eigenspannungszustand und die konstruktive Ausbildung beeinflußt.

1.2.1 Der Werkstoff

Die chemische Zusammensetzung beeinflußt bei metallischen Werkstoffen neben den Festigkeitseigenschaften, z. B.

Härteneigung,
Alterungsneigung,
Sprödbruchneigung,
Heißrißneigung,
Gefügeausbildung,

Lösungsvermögen und Diffusion von Gasen,
Schmelzbadverhalten.

Die Herstellungsbedingungen wie Erschmelzungs- und Desoxidationsgrad, Warm-
und Kaltformgebung, Nachbehandlung wirken sich ebenfalls auf die Werkstoffei-
genschaften aus. Sie beeinflussen zusätzlich
Seigerungsverhalten,
Art und Ausbildung von Einschlüssen,
Anisotropie der Festigkeitseigenschaften,
Gefügeausbildung,
Oberflächenzustand.

Auch die physikalischen Eigenschaften, wie Wärmeausdehnungskoeffizient,
Wärmeleitfähigkeit, spezifische Wärme und Schmelzpunkt bzw. Schmelzintervall
wirken sich auf die Schweißeignung aus.

1.2.2 Fertigungsbedingungen

Durch Zunder- oder sonstige Fremdschichten auf der Oberfläche (Öl, Schmutz,
ungeeignete Fertigungsanstriche) wird die Schweißbarkeit merklich beeinflußt
(z. B. Poren beim Schmelzschweißen, verstärktes Anlegieren der Elektroden und
verringerte Festigkeit beim Widerstandspunktschweißen).

Beim Kaltpreßschweißen verhindern schon geringste Verunreinigungen
(Berührung der gereinigten Oberfläche mit der Hand) die Herstellung einer Verbindung. Ohne Beseitigung der festhaftenden Oxidschicht hohen Schmelzpunktes ist
auch bei Aluminium und seinen Legierungen eine Schweißung nicht möglich.
Ähnliches gilt für zahlreiche andere metallische Werkstoffe.

Eine einwandfreie Nahtvorbereitung und gute Zugänglichkeit sind Voraussetzungen für die Erzeugung von Verbindungen hoher Güte, Schweißfolge und
Nahtaufbau wirken sich auf die entstehenden Eigenspannungen aus. Nahtfehler
können die statische und vor allem die dynamische Festigkeit der Schweißkonstruktion herabsetzen.

Die Energiezufuhr ist bei den verschiedenen Schweißverfahren unterschiedlich.
Sie beeinflußt Gasaufnahme, Aufhärtungsneigung und Eigenspannungen.
Wärmearme Verfahren gestatten unter Umständen die Verbindung ungleichartiger
Werkstoffe (z. B. Kupfer und Aluminium beim Kaltpreßschweißen). Außerdem
wird durch Höhe und Dauer der Temperaturbeeinflussung die Bildung neuer
Phasen (z. B. Cr-Karbide bei metastabilem Austenit) gesteuert.

Werkstoffe, die mit bestimmten Verfahren nicht oder kaum geschweißt werden
können (z. B. Kupferbleche oberhalb 1 mm Wanddicke mittels Widerstandspunktschweißen oder Beryllium mittels offenen Lichtbogenschweißens),
können mit anderen Verfahren einwandfrei verbunden werden.

Zuweilen läßt sich zwar die Verbindung rißfrei herstellen, ihre Bewährung unter
Betriebsbeanspruchungen kann jedoch nur durch eine Wärmebehandlung sichergestellt werden.

Zur Wärmebehandlung ist dabei auch das Vorwärmen zu rechnen, durch das die Abkühlungsgeschwindigkeit herabgesetzt oder der Schweißvorgang in Gebiete guter Verformbarkeit des Werkstoffes verlagert werden soll; ferner das Lösungsglühen, wenn etwa ein Schweißen im ausgehärteten Zustand nicht rißfrei möglich ist; das Spannungsarmglühen sowie ein kontrolliertes Überlasten bei Raumtemperatur, um Eigenspannungen abzubauen, u. U. auch um die metallurgischen Eigenschaften zu verbessern; das Normalglühen, um bei Stahl oder Stahlguß eine Gefügeverfeinerung zu erreichen oder schließlich ein nachträgliches Vergüten bzw. Aushärten.

In Einzelfällen lassen sich die Eigenschaften der Verbindung durch Warmhämmern (Kupfer) oder Kalthämmern (Kaltschweißen von Gußeisen) verbessern.

1.2.3 Konstruktive Ausbildung

Bei zweckmäßiger Gestaltung kann eine Schweißkonstruktion rißfrei schweißbar sein, die bei unzweckmäßiger Gestaltung versagt. So sind schroffe Querschnittsübergänge zu vermeiden und konstruktive Kerben auszuschließen, insbesondere bei dynamisch beanspruchten Konstruktionen. Eigenspannungen sind – soweit möglich – klein zu halten, z. B. durch nachgiebige Konstruktionselemente usw., alles Maßnahmen, durch welche örtliche Spannungskonzentrationen vermieden werden können.

Bei großen Wanddicken ist zu beachten, daß metallurgische Ungleichmäßigkeiten während des Walzvorganges weniger gut ausgeglichen werden und sich ein mehrachsiger Zugspannungszustand beim Zusammenwirken von Last- und Eigenspannungen ausbilden kann.

1.3 Gewährleistung

1.3.1 Gewährleistung der Schweißbarkeit

Eine allgemeine Gewährleistung der Schweißbarkeit kann es nicht geben, weil neben den Werkstoffeigenschaften auch die Fertigungsbedingungen (auch Witterungsbedingungen bei Baustellenarbeiten) und die Gestaltung der Konstruktion zu berücksichtigen sind. Die Schweißeignung der Werkstoffe dagegen kann in gewissem Umfang gewährleistet werden. Infolgedessen werden in den jeweiligen Werkstoffvorschriften Angaben über die Schweißeignung gemacht, eine allgemeine Gewährleistung wird von den Werkstoffherstellern jedoch nicht übernommen [D 1].

1.3.2 Bescheinigung über die Prüfung von Werkstoffen (Werksattest)

Für Schweißarbeiten, die eine Gütesicherung erfordern, müssen Bescheinigungen über die Prüfung des verwendeten Werkstoffes vom Herstellerwerk mitgeliefert

Tabelle 1.1. Bescheinigungen über Werkstoffprüfungen

Art der Bescheinigung	Prüfer und Aussteller		Vorschrift	Grundlage für die Bescheinigung
Werksbescheinigung	herstellendes oder verarbeitendes Werk		Lieferbedingungen nach Angaben des Bestellers[a]	allgemeine Kenntnisse über die Fertigung und allgemeine Aufschreibungen, laufende Betriebsaufschreibungen
Werkszeugnis				
Werksprüfzeugnis				an der Lieferung oder der vorgesehenen Prüfeinheit erhaltene Prüfergebnisse
Abnahmeprüfzeugnis A	von der Fertigung unabhängiger Sachverständiger	amtlicher oder amtlich anerkannter Sachverständiger, Werkssachverständiger	amtliche Vorschriften	an der Lieferung oder der vorgesehenen Prüfeinheit erhaltene Prüfergebnisse
Abnahmeprüfzeugnis B			Lieferbedingungen nach Angaben des Bestellers[a]	
Abnahmeprüfzeugnis C		vom Besteller beauftragter Sachverständiger	Lieferbedingungen nach Angaben des Bestellers	
Abnahmeprüfprotokoll A	wie Abnahmeprüfzeugnis A	zusätzliche Unterschrift des Werkssachverständigen	wie Abnahme prüfzeugnis A	wie Abnahmeprüfzeugnis A
Abnahmeprüfprotokoll C	wie Abnahmeprüfzeugnis C		wie Abnahmeprüfzeugnis C	wie Abnahmeprüfzeugnis C

[a] Auch amtliche Vorschriften, falls in ihnen vorgesehen.

werden (DIN 50049). Man unterscheidet dabei drei verschiedene Bescheinigungen, je nach dem Umfang der Prüfung:

1.3.2.1 Werksbescheinigungen

Sie bestätigen in Form eines Textes (ohne Zahlenergebnis) die Einhaltung von Bestellvorschriften. Ausgefertigt werden sie vom Herstellerwerk. Der Werkstofftyp, z. B. RSt 37-2 oder AlMg 3 Si F 26, sollte aus der Kennzeichnung der Halbzeuge ersichtlich sein.

1.3.2.2 Werkszeugnisse

Sie enthalten die Ergebnisse der in der Bestellung vorgeschriebenen Prüfungen, für welche die laufenden Betriebsaufzeichnungen als Unterlagen dienen; eine Prüfung

der Lieferung selbst braucht nicht stattzufinden. Die Werkszeugnisse werden
ebenfalls vom Herstellerwerk ausgefertigt.

1.3.2.3 Abnahmezeugnisse

Sie enthalten die Ergebnisse von Prüfungen, die an der Lieferung selbst durchgeführt worden sind, und zwar:
a) nach amtlichen Vorschriften durch amtlich anerkannte Sachverständige,
b) soweit nach amtlichen Vorschriften zulässig oder in Lieferbedingungen vereinbart durch das Herstellerwerk, sofern die Prüfungen durch einen von den
   beteiligten Fertigungsbetrieben unabhängigen Sachverständigen durchgeführt
   werden (Werksabnahmezeugnis),
c) nach Lieferbedingungen des Bestellers durch vom Besteller beauftragte Sachverständige.

DIN 50049 „Bescheinigungen über Werkstoffprüfungen" gibt gemäß Tabelle 1.1
einen Überblick über die Art der Bescheinigungen.

1.3.3 Beanstandungen

Über die Möglichkeiten von Beanstandungen ist Näheres in den jeweiligen Werkstoffnormen niedergelegt. Man hat dabei für die Lieferung von Erzeugnissen aus
Stahl folgende Formulierung gewählt:
„Äußere und innere Fehler dürfen nur dann beanstandet werden, wenn sie eine
der Stahlsorte und Erzeugnisform angemessene Verarbeitung und Verwendung
mehr als unerheblich beeinträchtigen.
Der Besteller muß dem Lieferwerk Gelegenheit geben, sich von der Berechti-
gung der Beanstandungen zu überzeugen, soweit möglich durch Vorlegen des
beanstandeten und von Belegstücken des angelieferten Werkstückes."
Der Begriff „mehr als unerheblich beeinträchtigen" muß von Fall zu Fall, also
individuell, geklärt werden.
Die Einschränkung „soweit möglich" im zweiten Absatz dieser Formulierung
ist so zu verstehen, daß eine uneingeschränkte Vorlagepflicht den Besteller unzu-
mutbar belasten könnte und Fälle denkbar sind, in denen die Vorlage objektiv oder
subjektiv unmöglich ist oder in denen dem Besteller die Vorlage deshalb nicht
zugemutet werden kann, weil sie Aufwendungen erfordern würde, die in keinem
vernünftigen Verhältnis mehr zu dem durch die Beanstandung angestrebten wirtschaftlichen Erfolg stehen [D 2].

1.4 Prüfung der Schweißbarkeit

Aus den Abschnitten 1.1 und 1.2 ging bereits hervor, daß die Schweißbarkeit nicht
wie etwa die Festigkeitseigenschaften eine reine Werkstoffeigenschaft ist, die sich in

einem entsprechend kennzeichnenden Prüfverfahren feststellen ließe. Wohl gibt es viele einfache Fälle, in denen dies weitgehend möglich ist. Man geht dann so vor, daß man einzelne Werkstoffeigenschaften, von denen bekannt ist, daß sie einen Einfluß auf das Verhalten des geschweißten Werkstoffes ausüben, an kleinen Probestäben prüft. Man erhält dann eine begrenzte Aussage über die voraussichtliche Bewährung im geschweißten Bauteil. Die andere Möglichkeit liegt darin, die geschweißte Platte im Zwangszustand zu prüfen. Dann ist es zwar schwieriger, die Ursache des Versagens oder des Bestehens der Prüfung zu erfassen, man nähert sich aber in den Versuchsbedingungen den Verhältnissen der Praxis. Beide Möglichkeiten der Prüfung werden nebeneinander ausgenutzt [R 1].

Bei hochfesten Werkstoffen schließlich ermöglichen Überlegungen der Bruchmechanik eine Aussage, über die Rißzähigkeit, die sich durch geeignete Prüfverfahren ermitteln läßt.

1.4.1 Prüfung der Härtbarkeit

Die Härtbarkeit spielt nur bei Stahl und Stahllegierungen eine Rolle. Die Härtbarkeitsprüfung allein läßt eine gültige Aussage über die voraussichtliche Bewährung des geschweißten Stahles im Bauwerk nicht zu, da sich eine Reihe von Einflüssen metallurgischer Natur dadurch nicht erfassen läßt und die Härtbarkeit einen zwar wichtigen aber nicht allein dominierenden Faktor bei der Beurteilung der Schweißbarkeit darstellt. So sind z. B. auch Alterungs- und Sprödbruchneigung von Bedeutung.

Chemische Analyse

Aus der Zusammensetzung des Grundwerkstoffes kann ein ungefährer Schluß auf die Neigung zur Aufhärtung gezogen werden. Bei niedriglegierten Stählen zieht man hierzu vielfach das sog. Kohlenstoffäquivalent [D 3] und das Zeit-Temperatur-Umwandlungs-(ZTU-)Schaubild heran.

Metallographische Untersuchung

Die metallographische Prüfung einer geschweißten Probe ermöglicht die Bestimmung von Art und Breite der gefährdeten Übergangszone. Einen Schluß auf die Schweißbarkeit läßt auch sie nur in begrenztem Ausmaß zu.

Härteprüfung

Nach einer Empfehlung des International Institute of Welding (IIW) soll die Härte in der wärmebeeinflußten Zone (WEZ) 350 HV nicht übersteigen. Dieser Wert kann nur als Anhalts-, nicht als Absolutwert angesehen werden, weil die Verformungsfähigkeit verschiedener Stähle bei gleicher Härte unterschiedlich sein kann. Es ist bei guter Verformungsfähigkeit also möglich, den Wert von 350 HV zu überschreiten.

Härtbarkeitsprüfung nach Jominy [J 1]

Ein Rundstab von 25 mm Durchmesser und 100 mm Länge wird auf Härtetemperatur gebracht und an einer Stirnfläche bis zum völligen Erkalten abgeschreckt

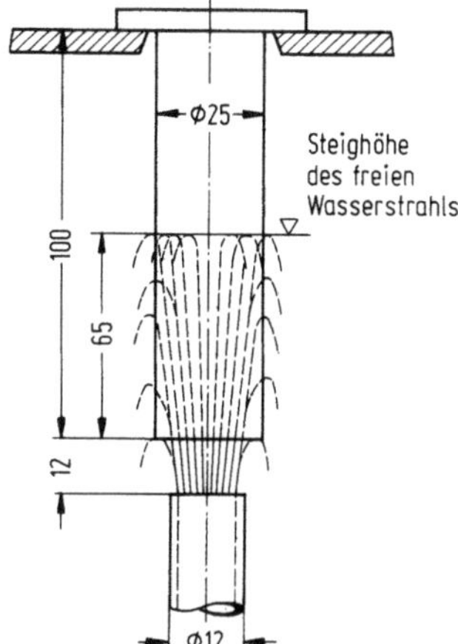

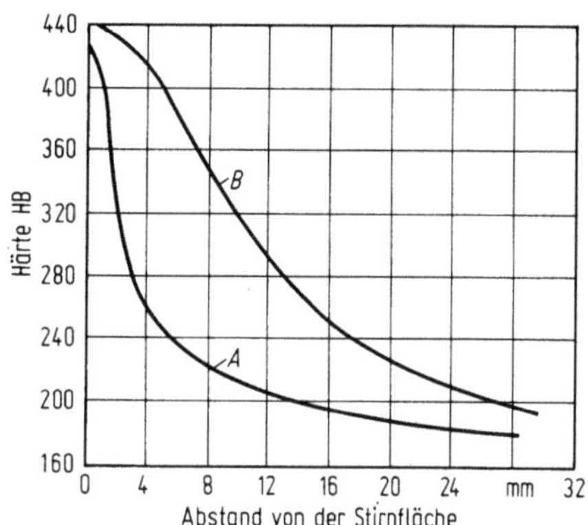

Bild 1.2. Härtbarkeitsprüfung nach Jominy

Bild 1.3. Härtbarkeitskurven für zwei Stähle etwa gleicher Zusammensetzung. Stahl A mit Aluminium beruhigt

(Bild 1.2). Entlang einer Mantellinie wird dann die Härte bestimmt, wobei die Kurve des Härteverlaufes ein Maß für das Durchhärtevermögen des betreffenden Stahles darstellt. Zwei derartige Kurven sind in Bild 1.3 [F 1] wiedergegeben. Kurvenzug *A* zeigt den Härteverlauf eines wenig aufhärtenden, mit Aluminium beruhigten Stahles, Kurve *B* den eines trotz etwa gleichem Kohlenstoffgehalt wesentlich stärker aufhärtenden Stahles, der nicht mit Aluminium beruhigt wurde.

Je rascher die Härteverlaufskurve absinkt, desto weniger neigt demnach der untersuchte Werkstoff zur Aufhärtung.

Wandlungskennzahl nach Kubasta [K 1]

Mit der Wandlungskennzahl (WKZ) wird derjenige Querschnitt erfaßt, der beim Abschrecken in einem bestimmten Medium gerade vollständig durchhärtet. Das Verfahren hat sich bei der Schweißbarkeitsprüfung nicht durchgesetzt.

Idealer kritischer Durchmesser nach Großmann [G 1]

Als idealer kritischer Durchmesser wird derjenige Durchmesser bezeichnet, der mit 50% Martensit gerade noch ausreichend durchhärtet. Für Schweißbarkeitsprüfungen wird das Verfahren kaum benutzt.

Das ZTU-Diagramm

Zur Deutung von Umwandlungsvorgängen werden vielfach die ZTU-Schaubilder (ZTU = Zeit-Temperatur-Umwandlung) herangezogen. Sind das ZTU-Schaubild für den betrachteten Stahl und die beim Schweißen vorliegenden Abkühlungsverhältnisse bekannt, so kann man eine Aussage über das nach der Abkühlung vorliegende Gefüge machen [A 1, M 1, N 1, W 1]. Hierfür eignen sich am besten ZTU-Schaubilder, denen ähnliche Temperaturzyklen zugrunde liegen, wie sie beim

Schweißen auftreten. Man wählt daher zweckmäßigerweise hohe Austenitisierungstemperaturen, die etwa bei 1300°C liegen sollten [R 2]. Siehe dazu noch Abschnitt 4.3.

1.4.2 Prüfung der Alterungsempfindlichkeit

Die Alterungsempfindlichkeit der Stähle ist abhängig von der Art ihrer Erzeugung, insbesondere der Denitrierung und Desoxidation.

Die Alterungsempfindlichkeit wird fast ausschließlich durch den Kerbschlagbiegeversuch an künstlich gealterten Proben geprüft. Ein Maß für die Alterungsempfindlichkeit ist dabei die Verlagerung der Übergangstemperatur (vgl. Abschn. 1.4.3) zu höheren Temperaturen hin. Unter Übergangstemperatur versteht man diejenige Temperatur, bei der die im Kerbschlagbiegeversuch aufgenommene Arbeit von der Hochlage in die Tieflage übergeht (Bild 1.4). Dabei ist jedoch zu berücksichtigen, daß die Übergangstemperatur von Probenformen und Belastungsgeschwindigkeit abhängig ist. Um für diesen Übergang einen definierten Zahlenwert zu erhalten, wählt man diejenige Temperatur als Übergangstemperatur, bei der ein bestimmter, in Vereinbarungen festzulegender Wert der Kerbschlagarbeit erreicht wird, z. B. 27 oder 47 J.

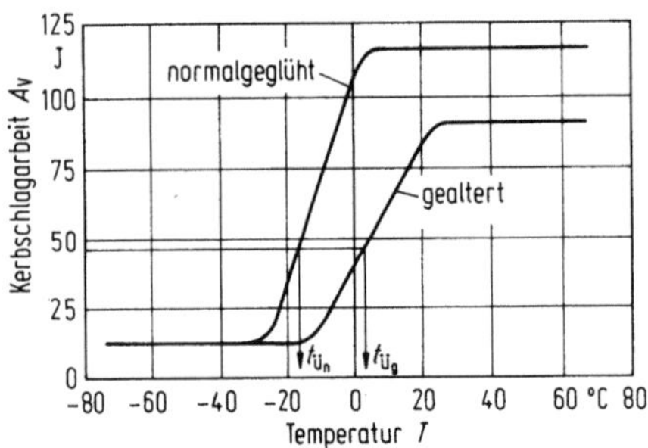

Bild 1.4. Kerbschlagzähigkeit im normalisierten und im gealterten Zustand in Abhängigkeit von der Temperatur (schematisch). Übergangstemperatur, z. B. für $A_\mathrm{v} = 47$ J

1.4.3 Prüfung der Sprödbruchempfindlichkeit

Die Sprödbruchempfindlichkeit spielt eine Rolle nur bei unlegiertem und niedriglegiertem Stahl, nicht dagegen bei hochlegierten Stählen oder Nichteisenmetallen.

Prüfung der Kerbschlagzähigkeit

Wie bei der Prüfung der Alterungsempfindlichkeit wird die Übergangstemperatur bestimmt, d. h. diejenige Temperatur, bei welcher die Arbeitsaufnahme einen bestimmten Betrag erreicht (bei der ISO-Spitzkerbprobe 27 J) oder diejenige, die durch den Höchstwert der relativen Häufigkeit des Auftretens von Mischbruch bestimmt wird [K 2], oder diejenige, bei welcher aus dem Bruchaussehen auf den Übergang vom zähen zum Sprödbruch geschlossen wird (z. B. 50% Verformungsbruch oder ein kennzeichnender Wert für die laterale Breitung) oder diejenige, bei welcher man durch Röntgenfeinstrukturuntersuchung gerade eine scharfe Zeichnung der Interferenzen erhält [F 2].

Selbstverständlich ergeben sich je nach Definition unterschiedliche Übergangstemperaturen, so daß ein Vergleich nur innerhalb eines Prüfverfahrens möglich ist, während die einzelnen Verfahren sowohl in der Schärfe als auch im absoluten Wert unterschiedlich differenzieren. Den Einfluß der Kerbschärfe gibt Bild 1.5 schematisch wieder. Wählt man, was häufig geschieht, die Arbeitsaufnahme bei einer bestimmten Temperatur, z. B. bei 20 °C als Kriterium, so erhält man keine Aussage bezüglich der Übergangstemperatur. Sie kann trotz höherer Arbeitsaufnahme in der Hochlage bei 20 °C zu höheren Temperaturen, also ungünstig, verschoben werden. Man erkennt daraus, daß der Absolutwert der Hochlage kein Maßstab für das Verhalten des geprüften Werkstoffes bei niedrigen Temperaturen sein kann (Bild 1.6). Verwendete Probenformen enthält Bild 1.7a.

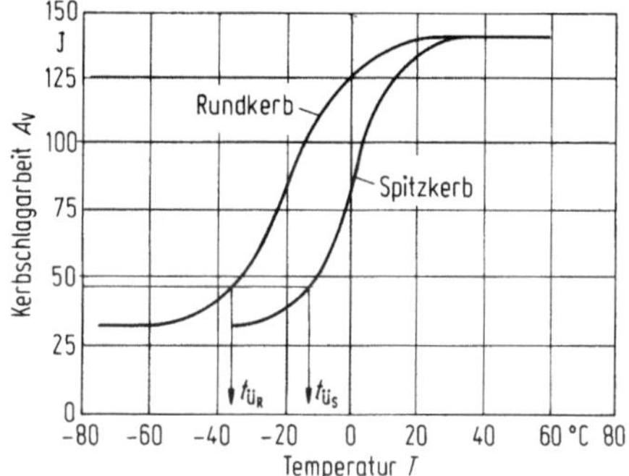

Bild 1.5. Kerbschlagarbeit-Temperatur-Kurven des gleichen Stahles, geprüft mit der Rundkerb- und der Spitzkerb-Probe. Übergangstemperaturen z. B. für $A_v = 47$ J

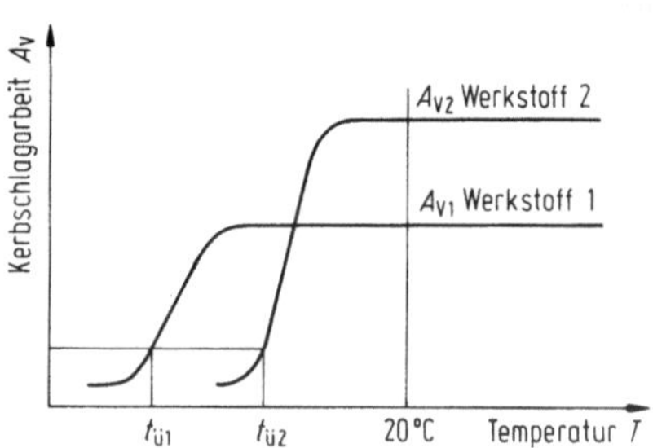

Bild 1.6. Kerbschlagarbeit-Temperatur-Kurven zweier verschiedener Stähle

Durch Aufnahme von Kraft-Weg- und Kraft-Zeit-Diagrammen läßt sich die Aussagekraft der Prüfmethode erhöhen (instrumentierter Kerbschlagbiegeversuch).

Prüfung von größeren geschweißten und ungeschweißten Proben

Neben der bereits erwähnten Prüfung der Kerbschlagzähigkeit bzw. Kerbschlagarbeit an kleinen Proben werden auch größere Platten geprüft [R 3], und zwar im statischen Biege- und Kerbbiegeversuch sowie im Zugversuch an Prüfkörpern mit und ohne Kerb sowie mit und ohne Schweißnaht (Bild 1.7 und 1.8). Siehe hierzu auch Bild 4.21.

Der Drop-Weight-Test

Im amerikanischen Drop-Weight-Test (Bild 1.7b) wird als Übergangstemperatur diejenige definiert, bei welcher die Proben nach einer Biegung um 5° brechen. Die Übergangstemperatur wird auch mit NDT (Nil Ductility Temperature) bezeichnet.

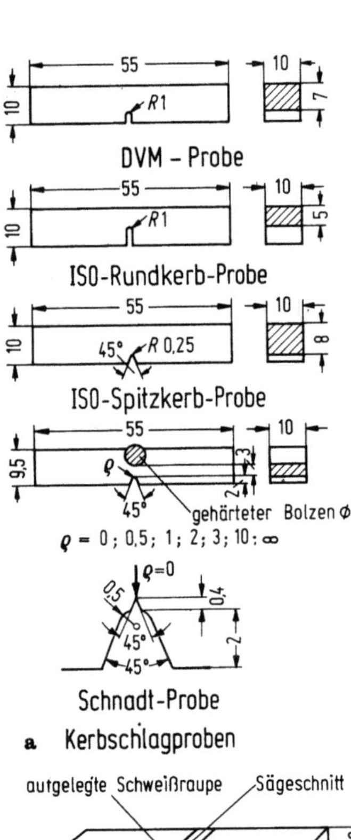

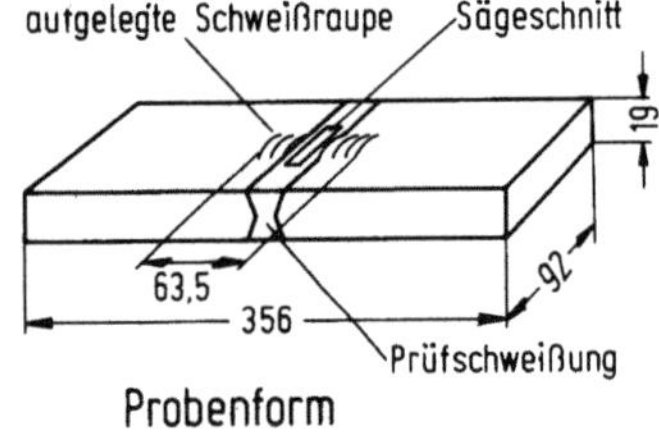

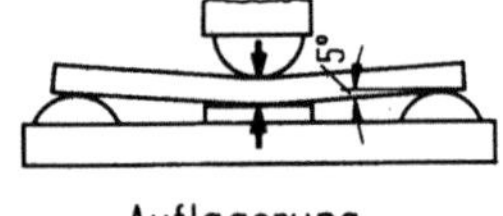

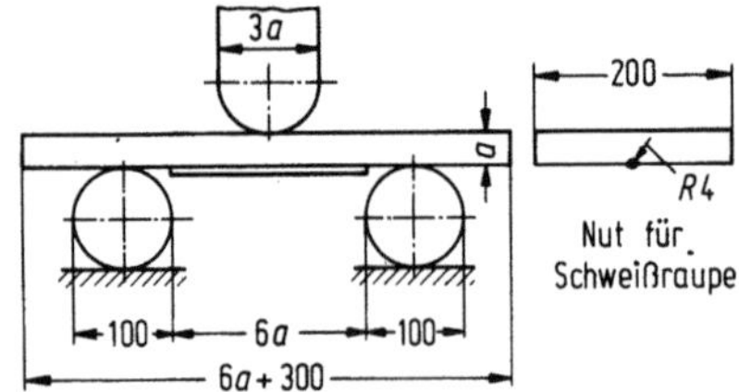

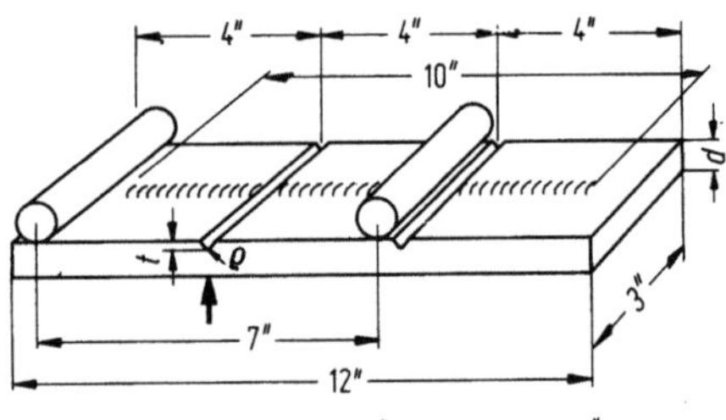

$t = 0{,}08''\,(2\,\text{mm})\,;\;\; \varrho = 0{,}039''\,(1\,\text{mm})\,;\;\; d \approx {}^3\!/\!_4''$

c₁   Lehigh – Probe

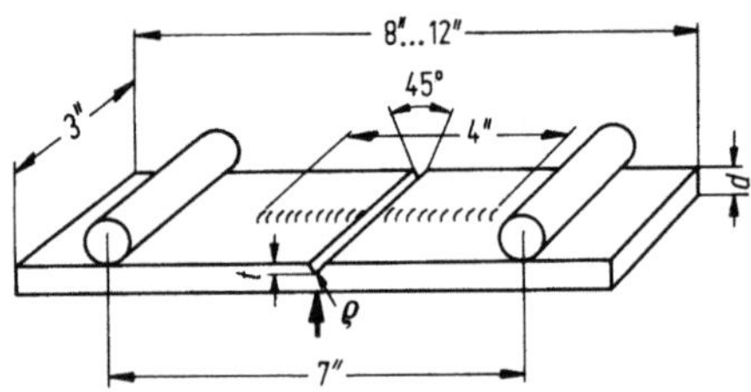

$t = 0{,}05''\,(1{,}27\,\text{mm})\,;\;\; \varrho = 0{,}01''\,(0{,}25\,\text{mm})\,;\;\; d = \text{Plattendicke}$

c₂   Kinzel – Probe

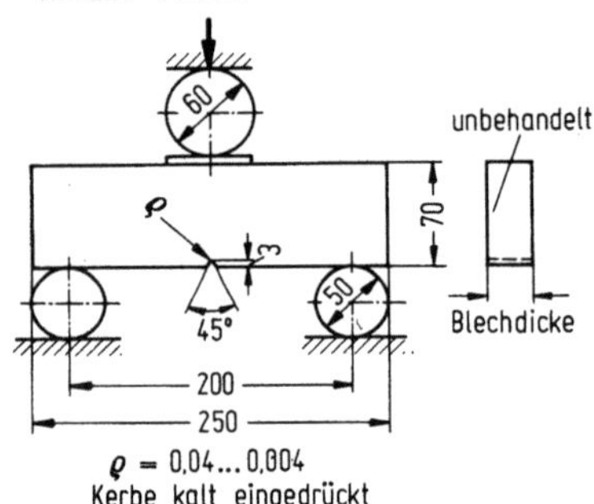

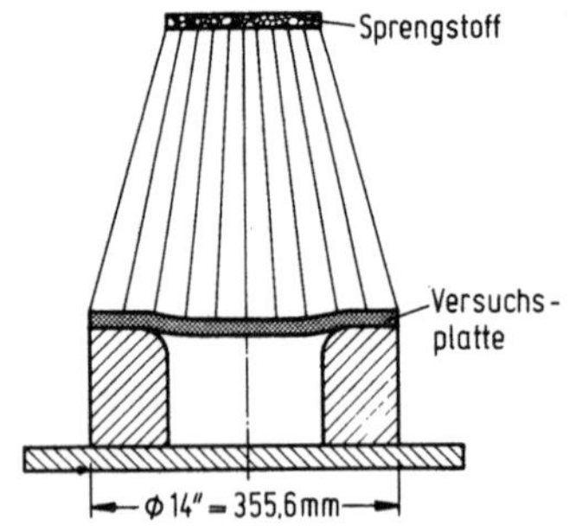

Bild 1.7a–f. Prüfung der Sprödbruchempfindlichkeit.
a Kerbschlagproben; **b** Drop-Weight-Test; **c** Kinzel-Probe, Lehigh-Probe; **d** Van-der-Veen-Probe;
e Kommerell-Probe; **f** Explosionsversuch

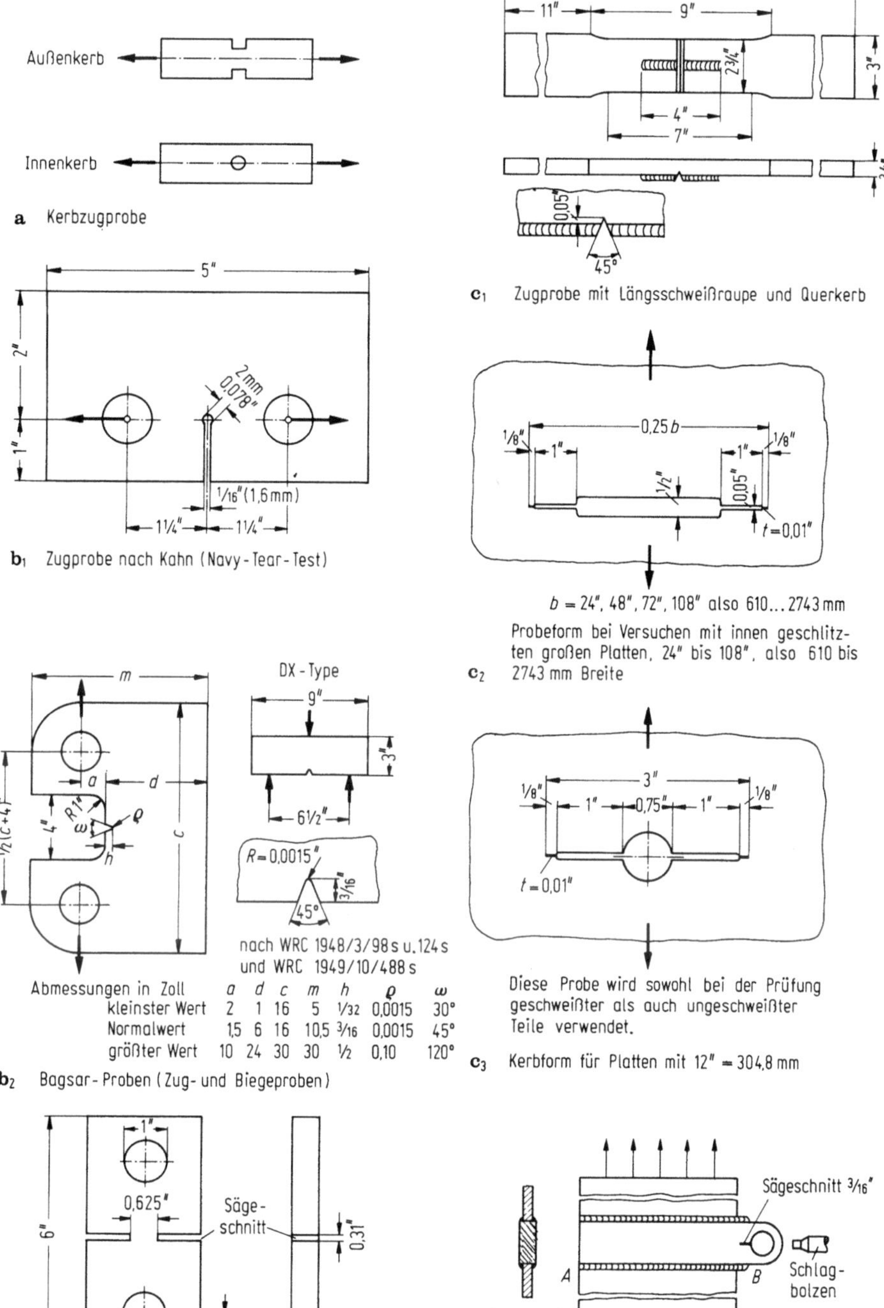

Bild 1.8a–d. Prüfung der Sprödbruchempfindlichkeit.
a Kerbzugprobe; **b** Zugprobe nach Kahn (Navy-Tear-Test), Bagsar-Proben (Zug- und Biegeproben), Quer gekerbte Zugprobe nach Klier-Wagner-Gensamer; **c** Zugprobe mit Längsschweißraupe und Querkerb, Proben mit Innenschlitzen; **d** Robertson-Probe

Das Verfahren stellt eine Kerbschlagbiegeprüfung an Platten mit gekerbter Auftragschweißraupe und begrenzter bzw. vorgegebener Verformung dar.

Kerbbiegeprobe

Diese Gruppe von Prüfverfahren ist von der Prüftechnik her dem Kerbschlagbiegeversuch ähnlich. Die Last wird jedoch quasi-statisch aufgebracht. Bekannte Prüfkörper dieser Gruppe sind die Kinzel- und Lehighprobe (Bild 1.7c), d. h. Proben mit einer gekerbten Längsschweißnaht, bzw. die Van-der-Veen-Probe (Bild 1.7d), eine Probe mit großen Abmessungen und Kerbe ohne Naht. Prüfgrößen sind Biegewinkel, Querkontraktion und Bruchaussehen.

Biegeproben mit großen Abmessungen

Zur Gruppe der Biegeproben größerer Dimension gehört der Aufschweißbiegeversuch (Kommerellprobe, Bild 1.7e). Er ist in Österreich unter M 3052 genormt und auch in DIN 17100 beschrieben. Es handelt sich um eine Biegeprüfung am Blech mit aufgelegter Raupe ohne Kerb. Ein verformungsloser (Spröd-)Bruch liegt vor, wenn Risse, die im Schweißgut auftreten, nicht vom Probenwerkstoff aufgefangen werden.

Explosionsversuch (Bild 1.7f)

Beim Explosionsversuch werden Platten durch Explosion schlagartig belastet. Die Platten können im ungeschweißten oder geschweißten Zustand vorliegen. Die Übergangstemperatur wird so bestimmt, daß man zwischen Platten mit beginnenden Rissen, sich fortpflanzenden und durchschlagenden Rissen unterscheidet. Platten mit zum Stehen gebrachten Rißansätzen entsprechen dem zähen Bruch der Kerbschlagprobe, durchgeschlagene Risse dem Sprödbruch.

Kerbzugprobe an großen Platten

Die verschiedenen möglichen Probeformen sind in Bild 1.8a bis c zusammengestellt. Verwendet werden Bleche ohne (Bild 1.8b) und mit Schweißraupen (Bild 1.8c). Bekannt sind vor allem die Kahn-(Navy-Tear-Test-)Probe und die amerikanische Kerbzugprobe (Bild 1.8a). Die Übergangstemperatur wird entweder aus dem Bruchbild bestimmt oder die Festigkeit beim Bruch als Maß gewertet.

Robertsonprobe

Die zwischen zwei Blechen eingeschweißte Probe wird bei A erwärmt, bei B gekühlt und auf Zug beansprucht (Bild 1.8d). Wird die Probe an der Stelle B mit einem Schlagbolzen angeschlagen, so entsteht, vom Sägeschnitt ausgehend, ein Riß. Die Temperatur des Punktes, bei dem dieser Riß zum Stillstand kommt, wird gemessen (Rißauffangtemperatur oder CAT = Crack Arrest Temperature). Da mit unterschiedlicher statischer Zugbeanspruchung gearbeitet wird, erhält man so eine Kurve der Zugspannungen in Abhängigkeit von den Temperaturen, bei denen ein eingeleiteter Riß gestoppt wird. Legt man den Anriß in die Wärmeeinflußzone oder in das Schweißgut, so kann die Methode auch zum Prüfen von Schweißverbindungen herangezogen werden [D 4]. Anstelle des Temperaturgradienten kann auch eine von Versuch zu Versuch wechselnde, aber jeweils über die Probe konstante Temperatur verwendet werden (isothermer Robertson-Test).

1.4.4 Prüfung der Rißanfälligkeit von Schweißgut und wärmebeeinflußter Zone (WEZ)

CTS-Test

Vielfach wird hierfür die Reeveprobe [R 4] oder der CTS-Versuch (Controlled Thermal Severity Test) [C 1] verwendet (Bild 1.9). Prüfgröße ist dabei die Rißbildung in Kehlnähten bzw. in der WEZ. Die Rißsuche erfolgt nach sorgfältigem Trennen, Schleifen und Ätzen der Probe mit dem Auge (Mikroskop) oder magnetisch. Anwendung des CTS-Tests zur Abschätzung der Schweißbarkeit, siehe Abschnitt 4.4.

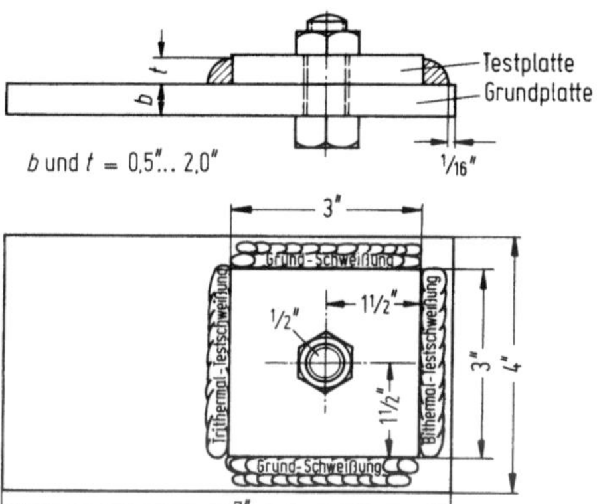

Bild 1.9. CTS-(Controlled-Thermal-Severity-) Test

Implant-Test [D 5, E 1, G 2, N 2]

Bei diesem Test wird Stahl auf seine Kaltrißneigung hin untersucht. Die Prüfung besteht darin, daß ein zylindrischer Körper von 8 bis 10 mm $\varnothing$ mit einer scharfen Umfangskerbe in die Bohrung eines Bleches so eingeführt wird, daß das Ende des Bolzens mit der Blechoberfläche abschließt, Bild 1.10a. Eine Auftragsstrichraupe wird über Blech und Bolzen gelegt und der Bolzen statisch belastet, Bild 1.10b. Da die Kerbe so gelegt wird, daß sie im kritischen Bereich der WEZ liegt, wird der Werkstoff in Abhängigkeit vom Schweißverfahren auf seine Rißneigung hin geprüft.

Bestimmt wird der Zusammenhang zwischen der im Implantversuch ermittelten Rißspannung und der Stahlzusammensetzung, den Schweißbedingungen und dem Wasserstoffgehalt, Bild 1.10c und d [K 4]. Gefordert wird, daß die Rißspannung einen bestimmten Mindestwert erreicht, z. B.

$$\sigma_{\text{Impl}_{cr}} \geqq R_{eL} .$$

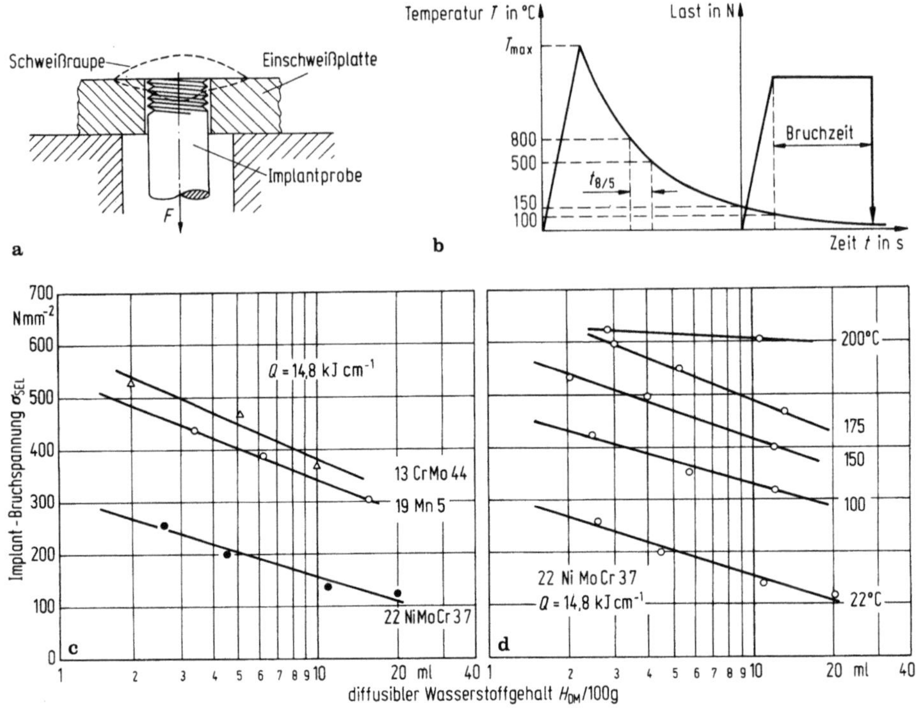

Bild 1.10a–d. Implantversuch. **a** Schema der Versuchsanordnung; **b** Temperatur- und Belastungsverlauf; **c** Implant-Bruchspannung in Abhängigkeit von Werkstoff und Wasserstoffgehalt (nach Karppi); **d** Implant-Bruchspannung in Abhängigkeit von Vorwärmtemperatur und Wasserstoffgehalt. H_{DM}: Auf das abgeschmolzene Schweißgut bezogener Wasserstoffgehalt

Stattdessen kann auch die relative Schweißeignung

$$\frac{\sigma_{Impl_{cr}}}{R_m}\,100\%$$

angegeben werden.

Bevorzugtes Anwendungsgebiet ist die Untersuchung der Kaltrißempfindlichkeit von Stahl unter der Wirkung von Wasserstoff.

Niblink-Test [B 1]

Bei diesem Test wird Schweißgut auf seine Sprödbruchanfälligkeit hin untersucht. Dazu werden Streifen aus einem stumpfgeschweißten Blech, die mit einer scharfen Kerbe in der Mitte der Schweißnaht versehen sind, durch ein Fallgewicht definierter Masse einer Drei-Punkt-Biegebeanspruchung ähnlich dem Kerbschlagbiegeversuch ausgesetzt. Die Fallhöhe des Gewichts wird bis zum Bruch der Probe gesteigert. Nach jeder Belastung wird unter Zugrundelegung des COD-Konzeptes (vgl. Abschn. 1.5) die Größe der plastischen Verformung bestimmt. Sie dient beim Brechen der Probe als Maß für die Duktilität des Werkstoffes.

TRC-Test [S 1] (TRC = Tensile Restraint Cracking)

Dieser Test wurde für die Untersuchung der Kaltrißneigung von Schweißverbindungen an höherfesten Stählen entwickelt. Hierbei werden zwei Platten in einer Prüfmaschine durch eine ein- oder mehrlagige Verbindungsschweißung verbunden. Während des Schweißvorganges ist eine Platte frei beweglich, die andere starr eingespannt. Nach dem Schweißen wird die Probe auf Zug beansprucht, wobei die Kraft konstant bleibt, bis die Rißbildung beginnt. Durch das Rißwachstum sinkt die Kraft, mit der die Probe belastet wird. Die Lage der Naht in der Probe kann so gewählt werden, daß sie quer oder längs beansprucht wird. Durch Veränderung der Fugenform kann sowohl die Kaltrißneigung der WEZ als auch die des Schweißgutes untersucht werden.

RRC-Test [K 3] (RRC = Rigid Restraint Cracking)

Mit diesem Test lassen sich Verbindungsschweißungen auf ihre Neigung zur Kaltrißbildung untersuchen. Zwei Platten werden ähnlich wie beim TRC-Test geschweißt. Nach dem Schweißen wird eine definierte Meßstrecke dadurch am Schrumpfen oder Ausdehnen gehindert, daß mit Hilfe eines Motors alle Verformungen ausgeregelt werden. Die hierfür erforderlichen Kräfte sind im Falle der Rißbildung ein Maß für die Rißanfälligkeit der Verbindung.

Tekken-Test [C 2]

Der Tekkentest gehört wie der CTS-Test zu den sich selbst beanspruchenden Prüfverfahren, bei denen keine äußere Last wirksam ist.

Die Prüfung wird vorzugsweise für die Abschätzung der Rißempfindlichkeit von unlegierten und niedriglegierten Stählen und deren Schweißgut bei Gefahr verzögerter Rißbildung unter der Einwirkung von Wasserstoff verwendet. Zwei Bleche $200 \times 75 \times 20 \ldots 30$ mm werden mit Y-Naht vorbereitet, stumpf gestoßen und von beiden Seiten auf je 60 mm Länge volltragend verschweißt, so daß ein mittlerer Prüfbereich von 80 mm Länge unverschweißt bleibt. Die eigentliche Prüfnaht ist dann in diesen Bereich einzubringen, wobei der Steg der Y-Naht zur Erzielung einer entsprechenden Kerbwirkung nicht durchgeschweißt wird. Nach Auslagerung über 48 h wird die Oberfläche auf Risse überprüft und aus den gefundenen Rißlängen L_f der Oberflächenrißkoeffizient

$$C_f = \frac{\Sigma L_f}{L} \cdot 100\%$$

bestimmt (L Testnahtlänge). Nach dem Brechen der Probe läßt sich in gleicher Weise der Wurzelrißkoeffizient

$$C_R = \frac{\Sigma L_R}{L} \cdot 100\%$$

und aus Querschnitten über die Höhe des Wurzelanrisses H_C der Querschnittsrißkoeffizient

$$C_q = \frac{H_C}{H} \cdot 100\%$$

bestimmen (H kleinste Dicke des Schweißgutes).

1.4.5 Prüfung der Rißzähigkeit hochfester Werkstoffe

Unter Zugrundelegung der Überlegungen der Bruchmechanik wird eine Zug- oder Biegeprobe (Bild 1.11) zur Bestimmung der Rißzähigkeit K_{IC} verwendet. Sie enthält einen scharfen Kerb, an dessen Ende durch schwingende Beanspruchung im Zugschwellbereich ein Ermüdungsriß erzeugt wird. Der Radius dieses Ermüdungsrisses ist sehr scharf und kleiner als 0,025 mm. Er entspricht damit einem im Betrieb eines Bauteils zu erwartenden Anriß. Die Voraussetzung eines ebenen Dehnungszustandes (EDZ) wird dadurch angenähert, daß Probenbreite b und Gesamttrißlänge a die Forderung

$$a,b \geq 2,5 \cdot \left(\frac{K_{IC}}{R_{p0,2}} \right)^2 \qquad (1.1)$$

erfüllen. Die Dehngrenze $R_{p0,2}$ ist entsprechend der beim Versuch gewählten Temperatur und Belastungsgeschwindigkeit einzusetzen. Kleinere Probenbreiten liefern zu hohe K_{IC}-Werte. Näheres siehe u. a. [G 3].

Während des Versuches wird die Kraft-Rißaufweitungs-Kurve ermittelt (Bild 1.12) und anschließend die Kraft P_Q bestimmt. Sie kennzeichnet bei linear-

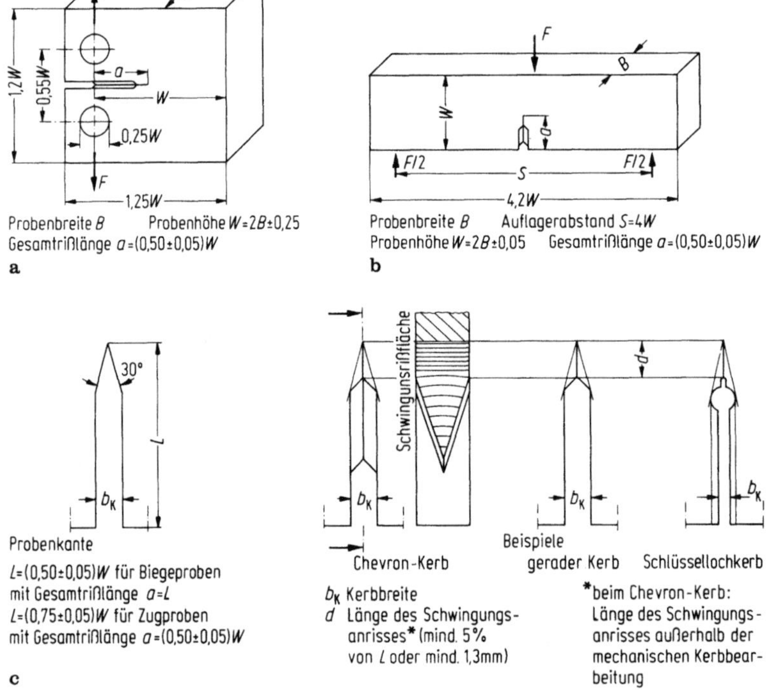

Bild 1.11a–c. Proben zur Ermittlung der Rißzähigkeit K_{IC}. **a** Compact-Tension (CT-)Probe oder (WOL)-Zugprobe; **b** Dreipunkt-Biegeprobe (SENB-Probe), zulässige Maßabweichungen in mm; **c** Kerbformen mit Daueranriß

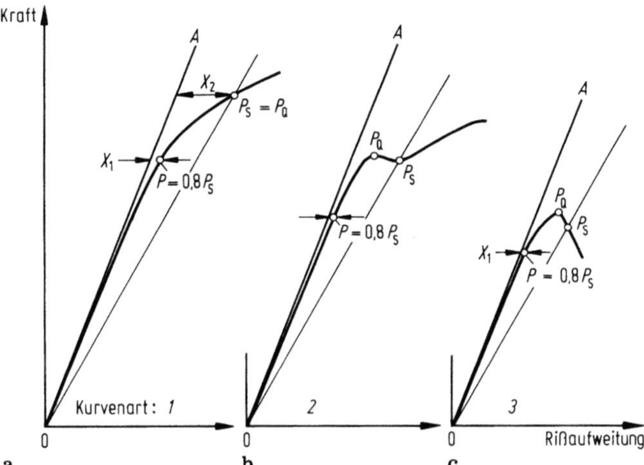

Bild 1.12. Grundsätzliche Arten von Kraft-Rißaufweitungs-Kurven (Anmerkung: Steigung OP_s wegen besserer Übersichtlichkeit nicht maßstabgetreu)

elastischem Werkstoffverhalten den Instabilitätspunkt, an dem erstmals schnelles, instabiles Rißwachstum auftritt (Bild 1.12b und c). Bei elasto-plastischem Verhalten schneidet eine Sekante, deren Steigung gegenüber der Steigung der Hookeschen Geraden um 3,1 bis 6,5% – abhängig vom vorliegenden Rißlängenverhältnis – vermindert wird, die Kurve im Punkt P_Q. Es wird davon ausgegangen, daß sich bei diesem Wert die Anfangsrißlänge a_0 um 2% stabil vergrößert, Bild 1.12a [H 1]. Aus P_Q, den Abmessungen der Probe und der Gesamtrißlänge a wird der zugehörige Spannungsintensitätsfaktor K_Q berechnet. Hierfür gelten bei den vorgeschlagenen Normproben folgende Beziehungen:

SEN-Biegeprobe:

$$K_Q = \frac{P_Q \cdot \sqrt{a}}{B \cdot W}\left[11,6 - 18,4\left(\frac{a}{W}\right) + 87,2\left(\frac{a}{W}\right)^2 - 150,4\left(\frac{a}{W}\right)^3 + 154,8\left(\frac{a}{W}\right)^4\right]$$

$$(1.2)$$

CT-Probe:

$$K_Q = \frac{P_Q \cdot \sqrt{a}}{B \cdot W}\left[29,6 - 185,5\left(\frac{a}{W}\right) + 655,7\left(\frac{a}{W}\right)^2 - 1017,0\left(\frac{a}{W}\right)^3 + 638,9\left(\frac{a}{W}\right)^4\right] \cdot$$

$$(1.3)$$

Mit K_Q wird dann der Ausdruck $2,5\,(K_Q/R_{p0,2})^2$ berechnet. Sind a und b größer als dieser Wert und sind auch die sonstigen Prüfbedingungen erfüllt, so ist

$$K_Q = K_{IC} \text{ in } N \cdot mm^{-3/2}. \tag{1.4}$$

K_{IC} ist ein Werkstoffkennwert. Da K_{IC} temperaturabhängig ist, muß die Messung bei der niedrigsten Temperatur durchgeführt werden, bei der der Werkstoff beansprucht werden soll.

1.4.6 Prüfung der Heißrißempfindlichkeit

Sind in einem metallischen Werkstoff niedrigschmelzende Substanzen auf den Korngrenzen vorhanden, so besitzt er bei hohen Temperaturen eine so niedrige Festigkeit, daß es bereits bei geringen Spannungen zu interkristalliner Rißbildung kommt. Man unterscheidet zwischen Erstarrungs- und Wiederaufschmelzungsrissen. Erstere entstehen im Schweißgut, letztere in der Wärmeeinflußzone nahe der Schmelzlinie [D 17]. Zur Prüfung setzt man selbst- oder fremdbeanspruchte Proben ein.

1.4.6.1 Selbstbeanspruchte Proben

Anschmelzversuch

Beim Anschmelzversuch und der Focke-Wulff-Probe (Bild 1.13) wird das zu prüfende Blech mit der Flamme oberflächlich angeschmolzen. Die Probe gilt als bestanden, wenn auf der Blechrückseite keine Risse entstehen [E 2]. Ein Nachteil dieses Verfahrens besteht in der Abhängigkeit des Prüfverfahrens von der Brennerführung. Es ist nur auf dünne Bleche (<2 mm Wanddicke) anwendbar.

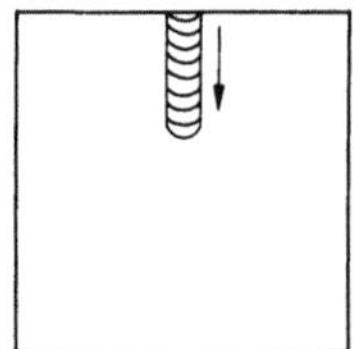

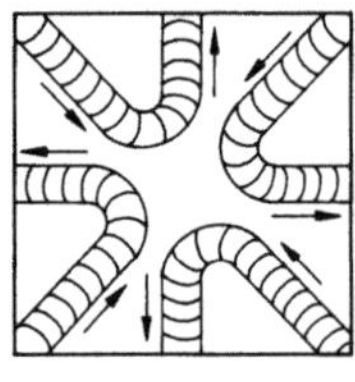

Bild 1.13. Prüfung der Heißrißempfindlichkeit am Anschmelz- oder Einbrennversuch und an der Focke-Wulff-Probe

Einspannversuch

Im Einspannversuch nach Bild 1.14 wird die Rißneigung bei der Stumpfschweißung von Blechen unter dem Einfluß von Reaktionsspannungen untersucht. Im Laufe der Zeit wurde eine ganze Reihe von Einspannvorrichtungen für diesen

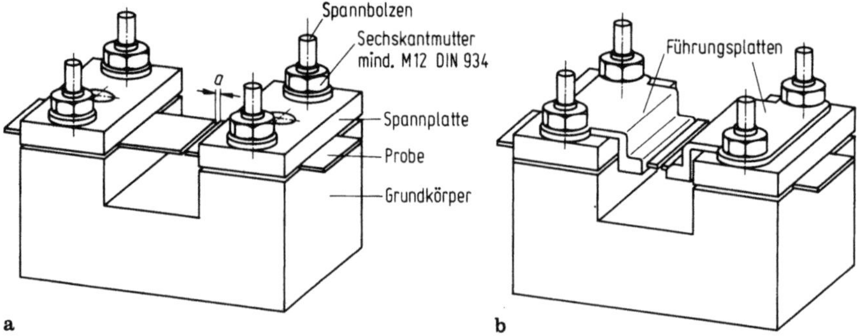

Bild 1.14a u. b. Prüfung der Heißrißempfindlichkeit, Einspannversuch

Zweck entwickelt [B 2, M 2]. Die Methode eignet sich sowohl zum Prüfen dünner Stahlbleche als auch für die Prüfung von Nichteisenmetallen.

Im instrumentierten Einspannversuch [H 2, H 3] läßt sich der zeitliche Verlauf der Reaktionskräfte erfassen und das Rißgeschehen in Abhängigkeit von Temperatur und Gefügezustand beobachten.

1.4.6.2 Fremdbeanspruchte Proben

Varestraint-Test (MVT-Test) [A 2, D 18, K 5, M 3, S 2, W 2]

Das zu prüfende Blech mit den Abmessungen von z. B. 100 × 40 × 10 mm wird auf einem Biegedorn fixiert, Bild 1.15. Von einer Seite beginnend wird ohne (WIG) oder mit Zusatzwerkstoff (WIG, MIG, E usw.) eine Schweißraupe gelegt. Wenn die Raupe die Probenmitte erreicht hat, wird die Probe mittels eines Hydrauliksystems um den Dorn gebogen. Die dabei auftretenden Risse werden bei 40facher Vergrößerung bestimmt. Der Biegevorgang kann quer (Varestraint) oder parallel (Transvarestraint) zur Schweißrichtung erfolgen, Bild 1.15a und b. Schweißbedingungen, Biegeradius und Biegegeschwindigkeit lassen sich verändern.

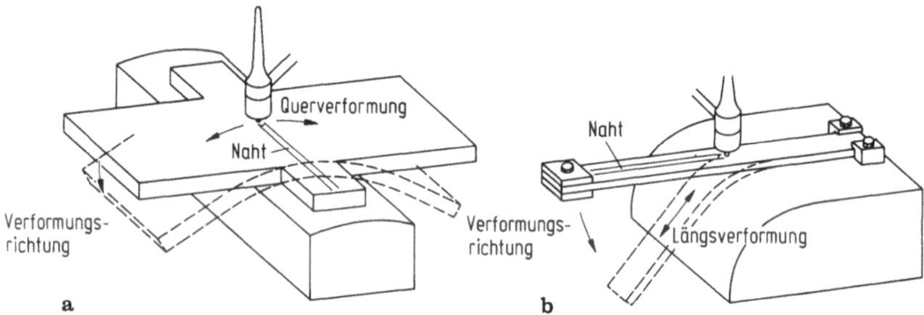

Bild 1.15a u. b. Varestraint-Test. **a** Mit Verformung quer zur Naht; **b** mit Verformung in Nahtrichtung

Erstarrungsrisse lassen sich am besten mit dem Stereomikroskop, Wiederaufschmelzungsrisse nur am metallographischen Schliff feststellen. Da stets mit dem Auftreten beider Rißarten zu rechnen ist, beschränkt man sich im allgemeinen auf die äußere Beurteilung ohne Schliff. Zulässige Grenzwerte als quantitative Bewertungskriterien wurden bisher nicht festgelegt.

Murex-Test [J 2]

Eine Kehlnaht wird zwischen zwei Blechstreifen 75 × 50 × 12 mm angeordnet, die fest eingespannt sind. 5 Sekunden nach Erlöschen des Lichtbogens wird einer der beiden Blechstreifen um 30° gebogen (Pfeilrichtung in Bild 1.16), wobei unterschiedliche Rotationsgeschwindigkeiten verwendet werden können (üblich: 1,1°/s). Geprüft wird ausschließlich das Schweißgut.

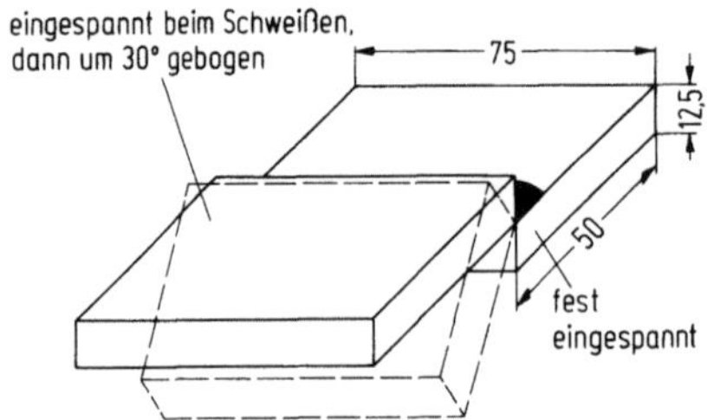

Bild 1.16. Murex-Test

PRV-Test

Der programmierte Verformungsrißtest ermöglicht die Ermittlung der Rißsicherheit von Schweißzusatzwerkstoffen mit hoher quantitativer Aussagekraft. Dabei wird das zu prüfende Schweißgut während des Aufbringens auf eine Flachzugprobe nach einem vorgegebenen Dehngeschwindigkeitsprogramm verformt. Der Test wird auf einer horizontalen Zugprüfmaschine durchgeführt [P 1].

Heißzugversuch (HZ-Versuch) [D 18]

An einer Rundprobe wird der interessierende Zeit-Temperatur-Verlauf simuliert. Während der Erwärm- und Abkühlphase kann die Probe an jedem beliebigen Punkt zerrissen werden, wobei man Zugfestigkeit und Brucheinschnürung bestimmt. Die Temperatur, bei der die Proben während des Aufheizens infolge des Auftretens erster flüssiger Phasen auf den Korngrenzen keine Einschnürung mehr zeigen, wird Nullzähigkeitstemperatur $T_{NZ,E}$ genannt. Bei weiterer Erwärmung wird auch die Zugfestigkeit Null und man erhält die Nullfestigkeitstemperatur T_{NF}. Kühlt man von diesem Punkt an wieder ab, so steigt die Brucheinschnürung bei einer bestimmten Temperatur wieder an, der Nullzähigkeitstemperatur beim Abkühlen $T_{NZ,A}$. Für eine vergleichende Beurteilung der Heißrißneigung wurde als Rißfaktor definiert:

$$\frac{T_{NF} - T_{NZ,A}}{T_{NF}} \cdot 100 \text{ in } \% \ .$$

Heiß-Deformationsrate-Versuch (HDR-Versuch) [D 18]

Das zu untersuchende Schweißgut wird während des Schweißens durch eine kontrollierte und reproduzierbare Zugverformung quer zur Schweißnaht beansprucht [S 14]. Die Verformungsgeschwindigkeit, bei der zum ersten Mal ein Makroriß zu beobachten ist, wird als „kritische Verformungsgeschwindigkeit" bezeichnet.

1.5 Aussagen der Bruchmechanik

Der Bruchvorgang läßt sich im atomistischen, im mikroskopischen und im makroskopischen Bereich betrachten, je nachdem, ob man Werkstofftrennungen in der Größenordnung von 10^{-8} cm (Gitterkonstante), 10^{-3} cm (Korngröße) oder

10^{-1} cm (Anrisse, Kerben) verfolgt. Im ersten Fall handelt es sich um die Rißeinleitung, in den beiden anderen um eine Rißfortpflanzung. Mit Hilfe der Bruchmechanik lassen sich makroskopische Bruchkriterien ableiten [T 1]. Dabei wird vorausgesetzt, daß bereits ein Anriß der Länge $2a$ und Höhe $2h$ vorhanden ist (Bild 1.17).

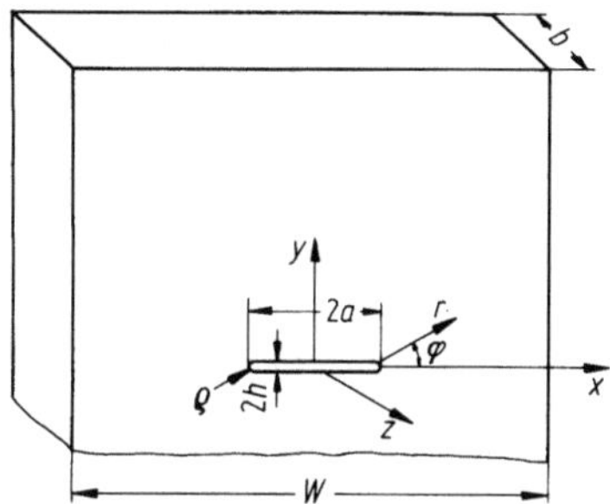

Bild 1.17. Bruchmechanik, Bezeichnungen

Die Rißspitze sei mit einem Radius ϱ ausgerundet. Die Rißausbreitung wird als zweidimensionaler Vorgang betrachtet, sie erfolgt in x-Richtung. In Rißmitte ist $x = 0$. Man kann drei verschiedene Arten der Werkstofftrennung unterscheiden (Bild 1.18).

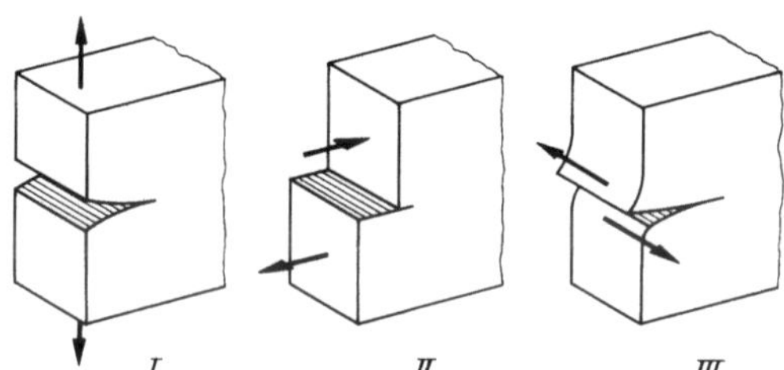

Bild 1.18. Rißöffnungsarten

Art (Mode) I: Die Spannung wirkt in y-Richtung unter den Bedingungen eines ebenen Dehnungszustandes.

Art (Mode) II: Die Spannung wirkt in x-Richtung unter den Bedingungen eines ebenen Dehnungs- oder ebenen Spannungszustandes (Längsscherriß).

Art (Mode) III: Die Spannung wirkt in z-Richtung (Querscherriß).

Theoretische Trennspannung

In Bild 1.19 sei a_0 der Gleichgewichtszustand zwischen zwei Atomen A und B. Soll der Abstand zwischen ihnen auf $a > a_0$ vergrößert werden, so ist eine äußere Spannung σ hierfür erforderlich, die bis zum Erreichen der theoretischen Festigkeit σ_c zunimmt, bei der die Bindung zerstört wird. Eine weitere Verschiebung der Atome kann dann bei abnehmender Spannung erfolgen. Die σ–a-Kurve läßt sich

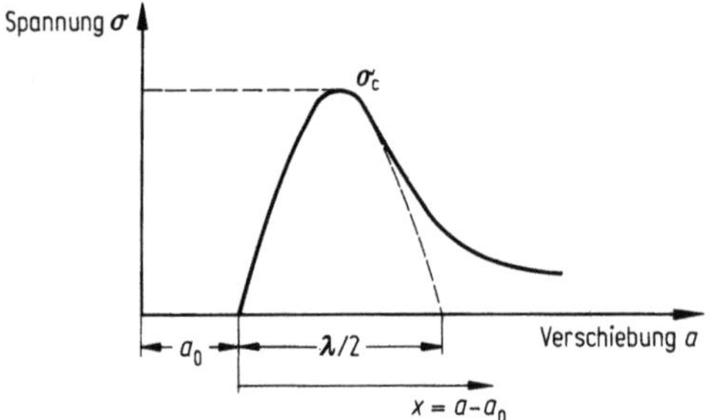

Bild 1.19. Spannung σ und Verschiebung a bei Änderung des Abstandes zwischen zwei Atomen

durch eine Sinusfunktion mit der Wellenlänge λ annähern gemäß

$$\sigma = \sigma_c \sin 2\pi x/\lambda , \tag{1.5}$$

wobei die Verschiebung aus dem Gleichgewichtszustand

$$x = a - a_0 . \tag{1.6}$$

Bei kleinen Verschiebungen ($\sin x \approx x$) gilt

$$\sigma \approx \sigma_c \, 2\pi x/\lambda . \tag{1.7}$$

Gilt für diese kleinen Verschiebungen das Hookesche Gesetz, ist

$$\sigma = E \cdot \varepsilon = E \cdot x/a_0 \tag{1.8}$$

und

$$\sigma_c = \sigma \lambda/2\pi x = E\lambda/2\pi a_0 . \tag{1.9}$$

Die Oberflächenenergie γ ist als die Arbeit definiert, die zur Schaffung einer neuen Oberfläche durch die Zerstörung der atomaren Bindung aufgebracht wird. Diese Arbeit ist gleich der Fläche unter der σ–a-Kurve von Bild 1.19 und somit

$$2\gamma_s = \int_0^{\lambda/2} \sigma_c \sin\left(\frac{2\pi x}{\lambda}\right) dx = -\sigma_c \frac{\lambda}{2\pi} \cos\frac{2\pi x}{\lambda} \Big|_0^{\lambda/2} , \tag{1.10}$$

$$2\gamma_s = \lambda\sigma_c/\pi .$$

Mit Gl. (1.9) wird dann

$$\sigma_c = \sqrt{\frac{E\gamma_s}{a_0}} . \tag{1.11}$$

Für $E = 21 \cdot 10^6 \, \mathrm{N\,cm^{-2}}$

$$a_0 = 3 \cdot 10^{-8} \, \mathrm{cm} ,$$

$$\gamma_s = 10^{-2} \, \mathrm{N\,cm^{-1}}$$

ergibt sich für Stahl $\sigma_c \approx E/8$. Im allgemeinen geht man von einem Wert

$$\sigma_c = E/10$$

aus. Die tatsächlich beobachtete Festigkeit in Metallen ist um etwa eine Größenordnung kleiner, was in erster Linie auf das Vorhandensein von atomaren

Fehlstellen und deren Auswirkung auf den Bruchvorgang (Wanderung von Versetzungen) zurückzuführen ist. Bei der Herstellung von Verbundwerkstoffen durch Einlagerung von Haarkristallen (Whiskern) macht man sich jedoch die Tatsache zunutze, daß deren Festigkeit der theoretischen bereits sehr nahekommt.

Spannungskonzentration um einen Riß im elastischen Medium

Die örtlichen Spannungen an der Spitze eines Risses lassen sich mit Hilfe der Elastizitätstheorie berechnen. Sie hängen ab von dem Produkt aus Nennspannung σ und der Quadratwurzel der Rißlänge $2a$. Von Irwin [I 1] wurde erstmals auf die Bedeutung dieser Beziehung hingewiesen und zu ihrer Kennzeichnung der Spannungsintensitätsfaktor

$$K = \sigma\sqrt{\pi a} \tag{1.12}$$

vorgeschlagen. Die örtlichen Spannungen an Punkten im Abstand (r, φ) von der Rißspitze lassen sich dann wie folgt formulieren:

$$\sigma_x = \frac{K}{\sqrt{2\pi r}} \cdot F(\varphi) , \tag{1.13}$$

$$\sigma_y = \frac{K}{\sqrt{2\pi r}} \cdot F_1(\varphi) , \tag{1.14}$$

$$\tau_{xy} = \frac{K}{\sqrt{2\pi r}} \cdot F_2(\varphi) , \tag{1.15}$$

F, F_1 und F_2 sind Winkelfunktionen.

Unmittelbar vor dem Riß ($\varphi = 0$) gilt

$$\sigma_x = \sigma_y = \frac{K}{\sqrt{2\pi r}} , \tag{1.16}$$

$$\tau_{xy} = 0 .$$

Die K-Werte können für verschiedene Kerbformen und Bauteile mit begrenzten Abmessungen bestimmt werden. In allen Fällen haben sie die Form

$$K = \sigma \cdot \sqrt{\alpha \pi a} , \tag{1.17}$$

wobei der Faktor α von Probenform und Rißgeometrie abhängt.

Elastische Rißausbreitung

A. A. Griffith [G 4] ging davon aus, daß sich der Riß in einem spröden, vollständig elastischen Festkörper dann ausbreitet, wenn die gespeicherte elastische Dehnungsenergie größer als die Zunahme der Oberflächenenergie ist und gelangt zu der Beziehung für die hierfür erforderliche Nennspannung

$$\sigma = \sigma_{Kr} = \sqrt{\frac{2E\gamma}{\pi a}} . \tag{1.18}$$

Rißausbreitungsgeschwindigkeit

Die Rißspitze bewegt sich mit der Geschwindigkeit $v_c = da/dt$. Dabei nehmen a und h zu, d. h., Werkstoff muß senkrecht zur Rißebene verschoben werden. Die Geschwindigkeit, mit der dieser Werkstoff bewegt wird, begrenzt die Rißausbreitungsgeschwindigkeit [M 4]. Diese Seitenbewegung des Werkstoffes kann als kinetischer Einfluß betrachtet werden, so daß der sich ausbreitende Riß eine kinetische Energie K_E, eine Verformungsenergie W_E und eine Oberflächenenergie W_S aufweist. Da die Gesamtenergie des Systems bei gleichbleibender Spannung σ konstant bleibt, ist

$$K_E = W_E - W_S = W_E(1 - W_S/W_E) \,. \tag{1.19}$$

$$K_E = \frac{\varkappa \cdot \varrho \cdot v_c^2}{2E\pi} \cdot W_E \,, \tag{1.20}$$

ϱ Werkstoffdichte,

und für den ebenen Spannungszustand

$$W_E = \pi\sigma^2 a^2/E \,, \tag{1.21}$$

$$W_S = 4a\gamma_S \tag{1.22}$$

ergibt sich

$$v_c^2 = \frac{2E\pi}{\varkappa\varrho}\left(1 - \frac{W_S}{W_E}\right) \,,$$

$$v_c = \sqrt{\frac{2\pi}{\varkappa}} \cdot \sqrt{\frac{E}{\varrho}} \cdot \sqrt{1 - \frac{W_S}{W_E}} \,,$$

$$v_c = 0{,}38 \cdot v_0 \sqrt{1 - \frac{4E\gamma_S}{\pi a\sigma^2}} \,. \tag{1.23}$$

Dabei sind $v_0 = \sqrt{E/\varrho}$ die Schallgeschwindigkeit (5 330 m/s für Stahl) und $\sqrt{2\pi/\varkappa} = 0{,}38$. Für große Werte von a erreicht die Rißausbreitungsgeschwindigkeit etwa 40% der Schallgeschwindigkeit.

Der plastisch eingeleitete Bruch

Bei allen technischen metallischen Werkstoffen und den meisten nichtmetallischen ist die Einleitung auch spröder Brüche mit kleineren plastischen Verformungen vor der Rißspitze verbunden. Unter Zugrundelegung der Fließbedingung (Tresca, v. Mises) kann der Abstand r_F des Randes der plastischen Zone in der Rißebene ($\varphi = 0$) theoretisch bestimmt werden, wenn davon ausgegangen wird, daß sich die Plastifizierung auf den Bereich beschränkt, in dem die theoretische Spannungsfunktion die Fließgrenze überschreitet. Für den ebenen Spannungszustand (ESZ) ist

$$r_F = \frac{K_I^2}{2\pi R_{eL}^2} \,, \tag{1.24}$$

R_{eL} Fließgrenze,

und für den ebenen Dehnungszustand (EDZ)

$$r_{\mathrm{F}} = (1 - 2v)^2 \, \frac{K_{\mathrm{I}}^2}{2\pi R_{\mathrm{eL}}^2} \, . \tag{1.25}$$

Infolge Spannungsumlagerung ist der Randabstand R der wirklichen plastischen Zone etwa doppelt so groß (Bild 1.20).

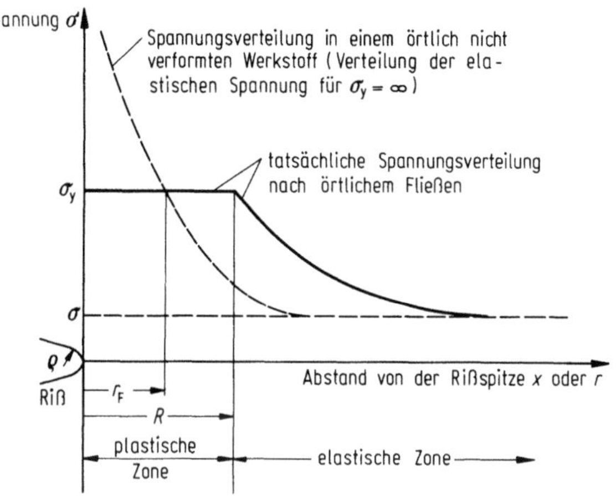

Bild 1.20. Spannungsverteilung vor der Rißspitze

Bei Anwendung der linear-elastischen Bruchmechanik wird davon ausgegangen, daß sich ein Riß mit kleiner plastischer Zone an der Rißspitze ebenso verhält wie ein äquivalenter Riß der Länge $a_{\mathrm{eq}} = a + r_{\mathrm{F}}$ in einem rein elastischen Medium. Dann ist

$$K = \sigma\sqrt{\alpha\pi a_{\mathrm{eq}}} \, . \tag{1.26}$$

Diese Beziehung gilt nur, solange die plastische Zone klein ist gegenüber Rißlänge und Restquerschnittslänge (Ligament = $W - a$).

Rißausbreitungskraft und Rißzähigkeit

Die Rißausbreitung setzt bei $\sigma = \sigma_{\mathrm{Kr}}$ ein, wenn die Rißausbreitungskraft für den ebenen Dehnungszustand

$$G_{\mathrm{I}} = \frac{(1 - v^2)\sigma^2\pi a}{E} = \frac{(1 - v^2)}{E} \cdot K_{\mathrm{I}}^2 \tag{1.27}$$

einen kritischen Wert G_{IC}, der auch Rißwiderstand genannt wird, erreicht. Wenn $G_{\mathrm{I}} = G_{\mathrm{IC}}$ und damit $K_{\mathrm{I}} = K_{\mathrm{IC}}$ ($K_{\mathrm{IC}} =$ Rißzähigkeit), gilt

$$G_{\mathrm{IC}} = \frac{(1 - v^2)}{E} K_{\mathrm{IC}}^2 = \sigma_{\mathrm{Kr}}^2 \, \frac{(1 - v^2)}{E} \, \pi \cdot a \tag{1.28}$$

und

$$\sigma_{\mathrm{Kr}} = \sqrt{\frac{G_{\mathrm{IC}} \cdot E}{(1 - v^2)\pi a}} \, . \tag{1.29}$$

Bei Belastung eines Bauteils müssen die Beanspruchungen $\sigma < \sigma_{Kr}$ oder $K < K_C$ sein, um einen verformungsarmen Sprödbruch zu vermeiden. Die Bestimmung der Rißzähigkeit erfolgt mit Proben gemäß 1.4.5.

Elasto-plastisches Verhalten (Fließbruchmechanik)

Wenn im Rißgrund mit merklichen plastischen Verformungen zu rechnen ist, verlieren die Beziehungen der linear-elastischen Bruchmechanik ihre Gültigkeit. In diesem Falle kann man beim Anlegen einer Spannung an eine rißbehaftete Probe die *Rißöffnungsverschiebung* COD (Crack Opening Displacement) bestimmen, Bild 1.21. Sie wird meist mit V_g bezeichnet und an der Probenoberfläche gemessen. Aus ihr kann dann die Verschiebung an der Rißspitze, die der Messung nicht zugänglich ist, errechnet werden. Sie wird mit δ = COS (Crack Opening Stretch) bezeichnet, Bild 1.22. Da die Methode zur Bestimmung der Werkstoffzähigkeit ähnlich derjenigen zur Bestimmung von K_{IC} ist, kann bei relativ spröden Werkstoffen auf K umgerechnet werden. Hierfür gilt nach [D 6]

$$\delta = \frac{K^2(1 - v^2)}{2R_{eL}E} + \frac{0{,}4(W - a)V_g}{0{,}4W + 0{,}6a + z} \, . \tag{1.30}$$

Der erste Summand der Gleichung läßt sich aus der linear-elastischen Bruchmechanik und der Beziehung zwischen COD und G ableiten. Der zweite erfaßt den plastischen Anteil und ergibt sich aus den geometrischen Beziehungen von Bild 1.22 für einen Rotationsfaktor $r^* = 0{,}4$. Der Schnittpunkt der an die Rißflanken gelegten Tangenten bildet mit der Modellvorstellung eines plastischen Gelenks (plastic hinge) das Rotationszentrum.

Die kritische Rißöffnungsverschiebung δ_{cr} hängt demnach von Werkstoffkenngrößen ab und kann selbst als Werkstoffkennwert angesehen werden.

Eine weitere Möglichkeit, das Rißverhalten bei großen plastischen Verformungen zu erfassen, bietet das *J-Integral.* Man versteht darunter das Linienintegral um die Rißspitze [R 5], Bild 1.23.

$$J = \int_C U \, dy - \sigma \frac{du}{dx} ds \tag{1.31}$$

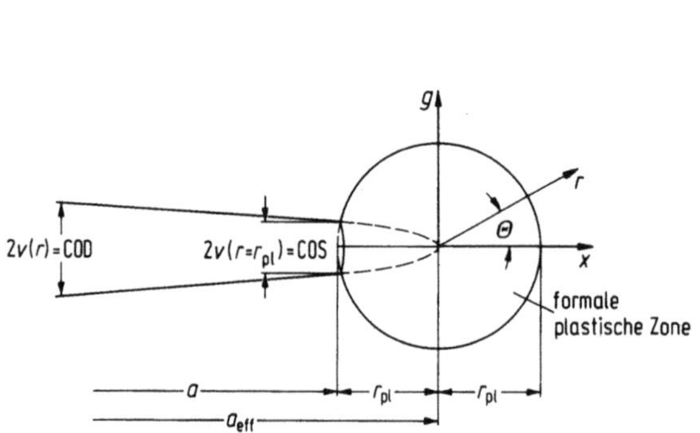

Bild 1.21. Prinzipielle Darstellung der Rißaufweitung

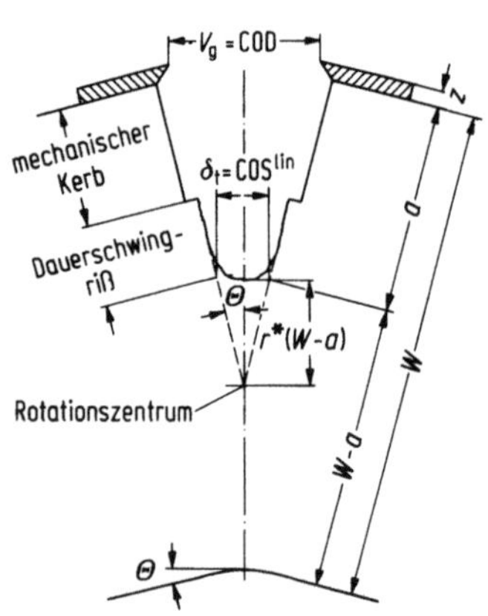

Bild 1.22. Modell des plastischen Gelenks (BS 5762: 1979)

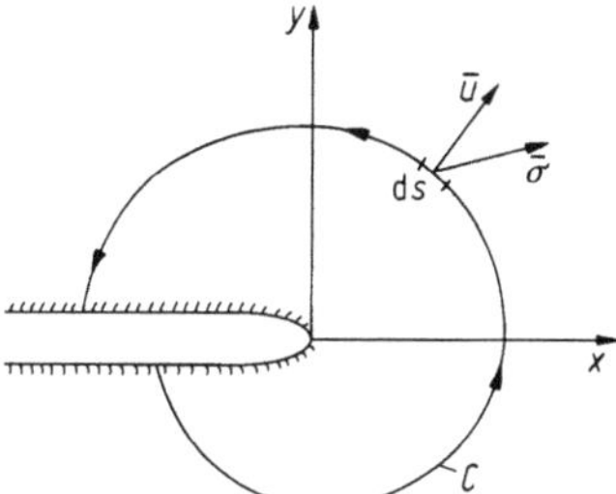

Bild 1.23. Definition des J-Integrals

mit

C Integrationsweg um die Rißspitze, der das untere Rißufer mit dem oberen verbindet,
U Dehnungsenergiedichte,
$\mathrm{d}s$ Wegelement von C,
σ auf das Wegelement wirkender Spannungsvektor,
u Verschiebungsvektor in einem Punkt des Integrationsweges,
x, y kartesische Koordinaten.

Das J-Integral ist wegunabhängig, so daß sich das Spannungs- und Verschiebungs-
feld in der Nähe der Rißspitze durch Beziehungen errechnen läßt, die in hinreichender Entfernung von der Rißspitze gewonnen werden. Es läßt sich zeigen, daß das
J-Integral gleich der Änderung der potentiellen Energie ist, bezogen auf die
Rißlänge des nicht linear-elastischen Materials:

$$J = -\frac{1}{B}\frac{\mathrm{d}U}{\mathrm{d}a} \,. \tag{1.32}$$

Für linear-elastisches Werkstoffverhalten läßt sich eine Beziehung zum Spannungsintensitätsfaktor K herstellen

$$J = \frac{K^2}{E}(1 - v^2) \,. \tag{1.33}$$

Durch Finitelement-Analysen konnte auch gezeigt werden, daß eine Beziehung zu
δ besteht [S 3 u. a.]

$$J = M R_{\mathrm{p}0,2}\delta \,. \tag{1.34}$$

Nach [R 6] läßt sich J angenähert aus dem Lastrißaufweitungsdiagramm einer
einzigen Probe bestimmen. Es gilt

$$J = \frac{NU}{B(W - a)} \tag{1.35}$$

mit

U Energie (Fläche unter dem Lastdurchbiegungs- bzw. Lastrißaufweitungsdiagramm),
a Rißlänge,
W Probenbreite,
B Probendicke,
N Konstante $\left(= 2 \text{ für } \dfrac{a}{W} > 0{,}6\right)$.

Auch für J lassen sich unter bestimmten Voraussetzungen kritische Werte J_{IC} bestimmen. Es ist sicherzustellen, daß im größten Teil des Ligaments ein ebener Dehnungszustand EDZ vorliegt. Dies wird wie in der linear-elastischen Bruchmechanik mit einer Dickenbedingung überprüft:

$$B \geqq 25 \, \frac{J_{Ic}}{R_{p0,2}} \, .$$ (1.36)

In diesem Fall ist gemäß (1.33)

$$K_{Ic} = \sqrt{\frac{EJ_{Ic}}{1 - v^2}} \, .$$ (1.37)

Diese Umrechnung scheint auch dann berechtigt zu sein, wenn die plastische Zone nicht mehr als klein zu vernachlässigen ist. Der Vorteil der Bestimmung von K_{Ic} aus J_{Ic} liegt darin, daß man kleinere Proben verwenden und auch Werkstoffe untersuchen kann, bei denen infolge der Dickenbegrenzung für die K_{Ic}-Bestimmung so große Proben verwendet werden müßten, daß man an die Grenze der apparativen Ausstattung gelangt.

Anwendung bruchmechanischer Methoden auf Schweißverbindungen

Bruchmechanische Kennwerte werden an Schweißverbindungen in Anlehnung an die Erfahrungen ermittelt, die an homogenen Werkstoffen gewonnen wurden. An einheitlichen Prüfbedingungen wird gearbeitet. Die Bewertung erfolgt bevorzugt mit Rißspitzenöffnungswerten (CTOD) in Anlehnung an die britische Norm BS 5762. Diese Werte werden meist an tiefgekerbten, ermüdungsangerissenen Biegeproben mit Bauteildicke ermittelt. Soll das Schweißgut bewertet werden, ist die Kerblage so zu wählen, daß der ungünstigste (grobkörnige) Nahtbereich erfaßt wird [D 7]. Zur Prüfung der Wärmeeinflußzone ist auf eine eindeutige und reproduzierbare Positionierung von Kerb und Ermüdungsanriß zu achten, wobei wieder der kritische Bereich, in der Regel die Grobkornzone neben der Schmelzlinie, erfaßt werden sollte. Die genaue Lage des Anrisses kann gegebenenfalls metallographisch überprüft werden. Zu Einzelheiten, insbesondere hinsichtlich einer geraden Rißfront und des Eigenspannungseinflusses siehe [D 8]. Bei der Bestimmung der Kennwerte ist sehr sorgfältig vorzugehen, um sicherzustellen, daß sich die von der Theorie vorgegebenen Randbedingungen mit den im Experiment vorliegenden in Einklang befinden.

Als Versagenskonzepte werden „CTOD – Design – Curve" und „CEGB – Defect – Assessment" – Methode (R6 – Methode) häufig eingesetzt. Sie beruhen nicht auf FEM – Berechnungen. Untersuchungen [D 8] an UP-geschweißten, wasservergüteten Stählen St E 470 V mit 40 mm Dicke zeigen, daß die Anwendung dieser Konzepte sichere Versagensabschätzungen liefert, wobei allerdings das tatsächliche Verhalten bauteilähnlicher Proben unterschätzt wird. Eine Weiterentwicklung des Verfahrens erscheint notwendig.

2 Werkstoffbeeinflussung durch den Schweißprozeß

Abweichend von den wärmearmen Fügeverfahren treten beim Schweißen im Werkstoff metallurgische Veränderungen auf, die durch Erwärmungs- und Abkühlungsvorgänge verursacht werden. Bei jeder Schmelzschweißung laufen nacheinander folgende Vorgänge ab:

a) örtliches Erwärmen des Grundwerkstoffes bis zum Schmelzen und gegebenenfalls Aufschmelzen eines Zusatzwerkstoffes,

b) Bildung eines gemeinsamen Schmelzbades, bestehend aus Anteilen der Grundwerkstoffe und gegebenenfalls des Zusatzwerkstoffes,

c) Abkühlung von Schweiße und Grundwerkstoff bis Raumtemperatur,

d) falls erforderlich, Wärmenachbehandlung.

Der Endzustand der Schweißverbindung hängt schließlich noch vom Ausgangszustand ab, d. h. davon, ob der Werkstoff im kaltverfestigten oder wärmebehandelten Zustand vorliegt. Beim Preßschweißen können Verbindungen auch ohne Erreichen des schmelzflüssigen Zustands hergestellt werden.

2.1 Vorgänge bei Erwärmung und Abkühlung

Die meisten Schweißverfahren arbeiten mit Wärmezufuhr. Eine Ausnahme macht lediglich das Kaltpreßschweißen. Nachfolgend sollen die Vorgänge kurz behandelt werden, die sich bei der Erwärmung und Abkühlung abspielen, wobei als Beispiel vorzugsweise Stahl gewählt wird. Ein hiervon bei Nichteisenmetallen abweichendes Verhalten wird, soweit erforderlich, in den diesen Metallen gewidmeten Abschnitten besprochen.

Die beim Schweißen ablaufenden metallurgischen Vorgänge sind verhältnismäßig kompliziert. Man vergleicht sie häufig mit entsprechenden Vorgängen, die bei den Stahlherstellungsprozessen beobachtet werden (Schmelzen, Erstarren, Reaktionen zwischen Schmelze und Gasphase bzw. Schlackenphase). Da jedoch die entsprechenden Vorgänge beim Schweißen in erheblich kürzerer Zeit ablaufen, sind sie dort noch schwerer zu übersehen. So liegen die Aufheizgeschwindigkeiten in der wärmebeeinflußten Zone (WEZ) beim Lichtbogenschweißen zwischen 300 und 400 K/s im Bereich von 300 bis 900 °C [B 3], während sie beim Brennschneiden sogar 1750 K/s erreichen [K 6]. Die Haltezeit im γ-Gebiet ist verfahrensabhängig. Sie beträgt beim Lichtbogenhandschweißen in der WEZ etwa 3 bis 15 s.

Während die Aufheizgeschwindigkeit nur wenig beeinflußt werden kann, läßt sich die Abkühlgeschwindigkeit in verhältnismäßig weiten Grenzen steuern, was für die Art der Gefügeausbildung und zur Vermeidung von Fehlern wie Rissen oder Poren von Bedeutung ist.

Die Makrostruktur einer Schweißnaht kann durch Ätzen sichtbar gemacht werden. Man erkennt (Bild 2.1) bei Schmelzschweißverbindungen das erstarrte Schweißgut, bestehend aus aufgeschmolzenem Grund- und eingeschmolzenem Zusatzwerkstoff und die wärmebeeinflußte Übergangzone (WEZ). Bei Mehrlagenschweißungen läßt die Makrostruktur den Aufbau der einzelnen Lagen erkennen (Bild 2.1). Auch Seigerungszonen und ihre Unterbrechung durch die Schweißnaht werden sichtbar gemacht. Demgegenüber bezeichnet man die Gefügezustände des Schweißnahtbereiches mit Mikrostruktur.

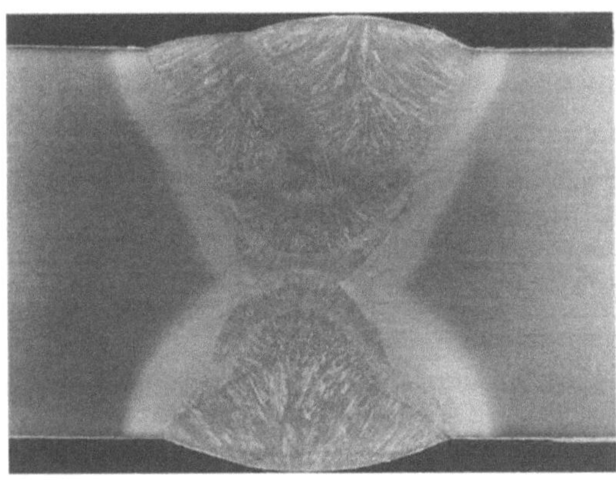

Bild 2.1. Mehrlagenschweißung (DV-Naht), Makroätzung V 2,5:1, geätzt alkoholische HNO_3

Die zum Schweißen verwendete Wärmequelle bestimmt die Ausbildung des Temperaturfeldes. Sie läßt sich beim Nahtschweißen am besten durch die Streckenenergie beschreiben. Mit einigen Vereinfachungen ist es möglich, die sich beim Schweißen einstellenden Temperaturfelder analytisch zu berechnen. Für genauere Untersuchungen, bei denen auch die Temperaturabhängigkeit der Stoffwerte sowie Wärmeübergang und Wärmestrahlung berücksichtigt werden, kann man die Finit-Element-Rechnung heranziehen [R 8].

Bild 2.2 zeigt die typische Temperaturverteilung während des Schmelzschweißens von Stahl (für andere metallische Werkstoffe gilt entsprechendes). In der aufgeschmolzenen Zone sind Temperaturmessungen schwierig. In der WEZ durchläuft jeder einzelne Punkt einen Temperaturzyklus entsprechend Bild 2.3. In Bereichen, die weiter von der Naht entfernt sind und in denen das Temperaturmaximum unterhalb der niedrigsten Umwandlungstemperatur liegt, kommt es, von Rekristallisationsvorgängen abgesehen, nicht zu Gefügeveränderungen. Liegt das Temperaturmaximum dagegen oberhalb A_1, so treten allotrope Umwandlungen auf, wie sie nach den bekannten Zustandsschaubildern zu erwarten sind. Abweichungen hiervon sind auf fehlendes Gleichgewicht zurückzuführen. Als wärmebeeinflußte Zone bezeichnet man jenes Gebiet, das nicht aufgeschmolzen wird, in

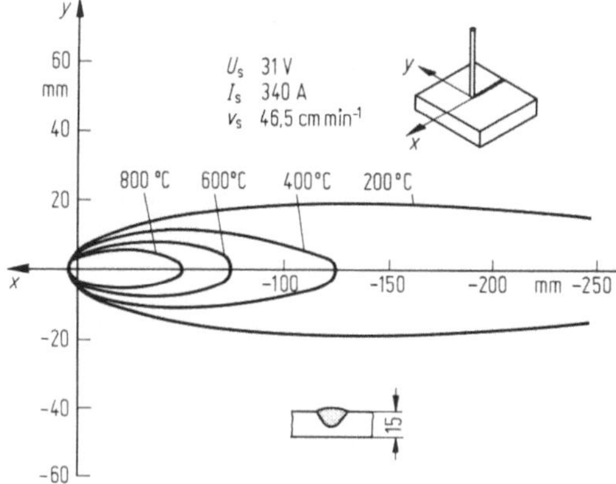

Bild 2.2. Verlauf der Isothermen während des MAG-Schweißens [M 5]

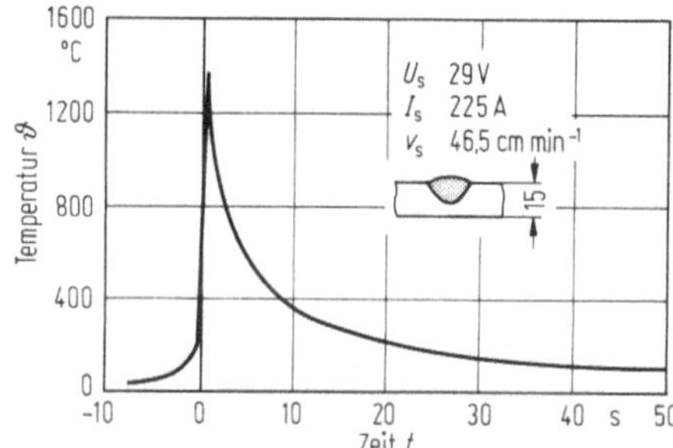

Bild 2.3. Temperaturzyklus eines Punktes der WEZ während des Schweißens [M 5]

dem es jedoch zu Gefügeänderungen kommt. Sie ist im Bild 2.1 deutlich zu erkennen. Gefüge und Härte in der WEZ sind abhängig vom Werkstoff und von der während des Schweißvorganges jeweils erreichten Maximaltemperatur, der Verweilzeit bei dieser Temperatur und dem Temperaturgradienten bei der Abkühlung. Wenn eine Kaltverformung des Grundwerkstoffes vorlag, kann Rekristallisierung auftreten. Die genannten Bedingungen hängen von der Energiezufuhr, der Schweißgeschwindigkeit und der Wärmeabfuhr ab. Eine Größe, mit der man diese Faktoren in erster Annäherung erfassen kann, ist die Streckenenergie

$$E = q/v_s \text{ in J cm}^{-1} , \tag{2.1}$$

wobei die zugeführte elektrische Energie beim Lichtbogenschweißen $q = U \cdot I$ ist. Bei anderen Verfahren ist q die zugefügte Wärme in Watt. v_s ist die Schweißgeschwindigkeit. Die Breite der wärmebeeinflußten Zone und die maximalen Abkühlungsgeschwindigkeiten sind außerdem von der abgeführten Wärme abhängig, diese wiederum vom Werkstoff und von der Geometrie der Nahtanordnung. Zeichnet man um den Schwerpunkt der aufgeschmolzenen Zone als Mittelpunkt einen Kreis mit dem doppelten Radius dieser Zone, so kann man in grober Annäherung den Wärmeabfluß durch den in Bild 2.4 wiedergegebenen

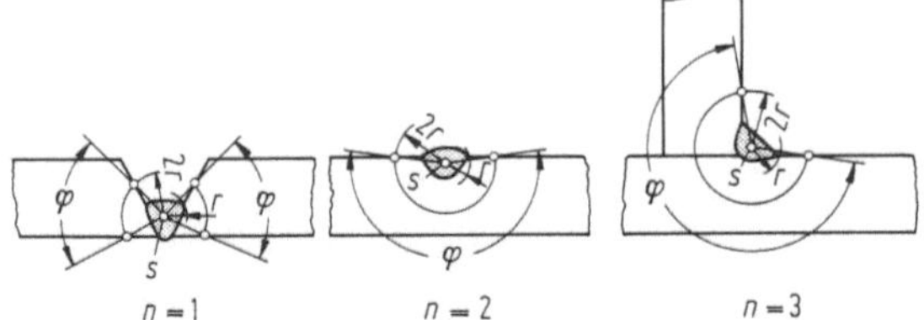

Bild 2.4. Die den Wärmeabfluß charakterisierende Kenngröße n für 3 Fälle [R 2]

Winkel φ charakterisieren [R 2]. Berücksichtigt man noch die Blechdicke d, so läßt sich für das Lichtbogenschweißen eine Kenngröße

$$L = \frac{UI}{v_s\sqrt{n \cdot d}} \quad \text{in} \quad \frac{J}{cm\sqrt{cm}} \, . \tag{2.2}$$

angeben.

Der Wert für n ist der nachfolgend angegebenen Tabelle 2.1 zu entnehmen:

Tabelle 2.1. Faktor n in Abhängigkeit von φ

φ	n
$< 120°$	1
120 bis 210°	2
$> 210°$	3

Wählt man als Maß für die Abkühlgeschwindigkeit die Abkühlzeit zwischen 800 und 500 °C, so erhält man den in Bild 2.5 wiedergegebenen Zusammenhang für elektrische Handschweißungen, die unter verschiedenartigsten Bedingungen ohne Vorwärmung durchgeführt wurden. Bild 2.6 gibt die Verhältnisse beim mechani-

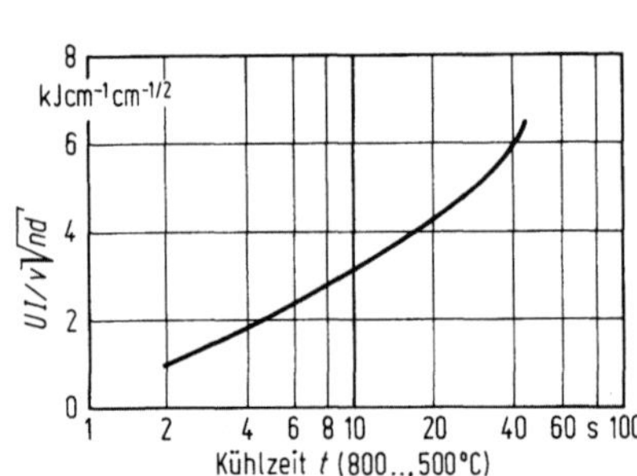

Bild 2.5. Abkühlzeit zwischen 800 und 500 °C in Abhängigkeit von den Schweißbedingungen beim Metall-Lichtbogenschweißen

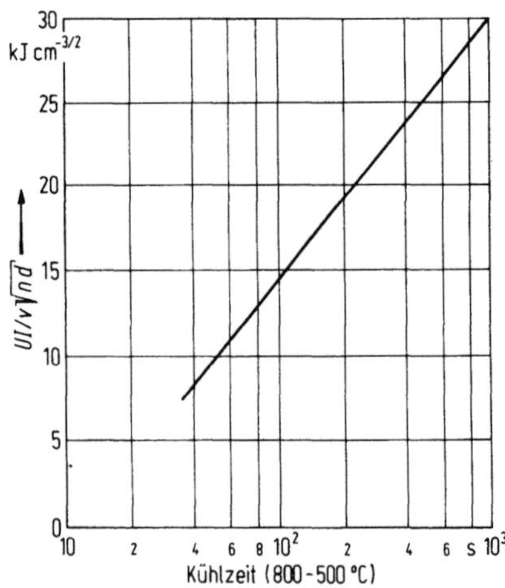

Bild 2.6. Abkühlzeit zwischen 800 und 500 °C in Abhängigkeit von den Schweißbedingungen beim UP-Schweißen [R 2]

sierten UP-Schweißen wieder. Vergleicht man verschiedene Werkstoffe miteinander, so steigt die Breite der WEZ mit der Wärmeleitfähigkeit an. Eine besonders schmale WEZ erhält man beim Abbrennstumpfschweißen, eine breitere beim Gasschweißen. Beim Kaltpreßschweißen fehlt sie naturgemäß.

2.1.1 Die Abkühlgeschwindigkeit

Die Abkühlgeschwindigkeit hängt, wie bereits erwähnt, von der zugeführten Energie je Längeneinheit der Schweißnaht $E = q/v_s$ ab. Je größer sie ist, um so geringer ist die Abkühlgeschwindigkeit. Für eine punktförmige Wärmequelle, die sich mit konstanter Geschwindigkeit auf einer sehr dicken Platte bewegt (die Platte wird als so dick angenommen, daß ein weiterer Anstieg der Blechdicke keinen Einfluß auf die Abkühlgeschwindigkeit besitzt), gilt nach [R 7]

$$\frac{d\vartheta}{dt} = 2\pi\lambda \frac{v_s}{q} (\vartheta - \vartheta_0)^2 \,, \tag{2.3}$$

$d\vartheta/dt$ Abkühlgeschwindigkeit in der Mittellinie der Schweißung in Kh^{-1},
λ Wärmeleitfähigkeit in $W\,m^{-1}\,K^{-1}$,
v_s Wanderungsgeschwindigkeit der Wärmequelle in mh^{-1},
q eingebrachte Wärme in W.
ϑ_0 Ausgangstemperatur der Platte in K,
ϑ Temperatur, bei der die Abkühlgeschwindigkeit bestimmt wird in K.

Vorausgesetzt wird adiabatisches Verhalten. Eine Wärmeübertragung· von der Platte an die Umgebung wird vernachlässigt, die Abmessungen der Platte in ihrer Ebene werden als unbegrenzt angenommen.

Obgleich
a) der Lichtbogen keine punktförmige Wärmequelle ist,
b) die Wärmeleitfähigkeit sich mit der Temperatur ändert,
c) mit einem Wärmetransport Platte/Luft gerechnet werden muß, haben zahlreiche experimentelle Ergebnisse gezeigt, daß Gl. (2.3) recht genau die Abkühlungsgeschwindigkeiten tatsächlicher Lichtbogenschweißungen wiedergibt [J 3].

Die einzigen wesentlichen Einschränkungen sind:
a) Gl. (2.3) ist am genauesten, wenn sie zur Bestimmung der Abkühlgeschwindigkeit bei Temperaturen herangezogen wird, die weit unterhalb des Schmelzpunktes liegen. Bei Anwendung auf Stähle z. B. ist sie sehr brauchbar, da die Temperaturen, bei denen die Abkühlgeschwindigkeiten aus metallurgischen Gründen interessant sind, im allgemeinen unterhalb 800 °C liegen.
b) Das Blech muß so dick sein, daß die Wärme radial nach allen Richtungen hin abfließen kann.
Für sehr dünne Bleche gilt [C 3]:

$$\frac{d\vartheta}{dt} = 2\pi\lambda\varrho c_p \left(\frac{v_s \cdot s}{q}\right)^2 (\vartheta - \vartheta_0)^3, \tag{2.4}$$

ϱ Dichte des Metalls in $\mathrm{kg\,m^{-3}}$,
c_p spezifische Wärme in $\mathrm{J\,kg^{-1}\,K^{-1}}$,
s Blechdicke in m.

Dabei wird angenommen, daß sich die Blechunterseite fast ebenso rasch erwärmt wie die Oberseite. Die Wärme fließt dann parallel zur Blechoberfläche radial ab (keine Komponente senkrecht zur Blechoberfläche). Die Gleichung gilt z. B. für eine einzelne Schweißraupe, die das Blech vollständig durchdringt. Außerdem gilt sie für das Brennschneiden (auch Schutzgasschneiden) und für das Elektronenstrahlschweißen.

Die Gln. (2.3) und (2.4) geben die Abkühlgeschwindigkeiten in der Mittellinie der Schweißung wieder. Sie liegen dort um etwa 5 bis 10% über derjenigen in der WEZ, so daß sie als repräsentativ für den gesamten Schweißbereich angesehen werden können. Beiden Beziehungen läßt sich der Einfluß der Streckenenergie $E = q/v_\mathrm{s}$ auf die Abkühlgeschwindigkeit entnehmen. Beim Einsetzen von q ist nur die in Wärme umgesetzte Lichtbogenleistung zu berücksichtigen. Dies geschieht durch Multiplikation der Lichtbogenleistung mit dem verfahrensabhängigen Wirkungsgrad η.

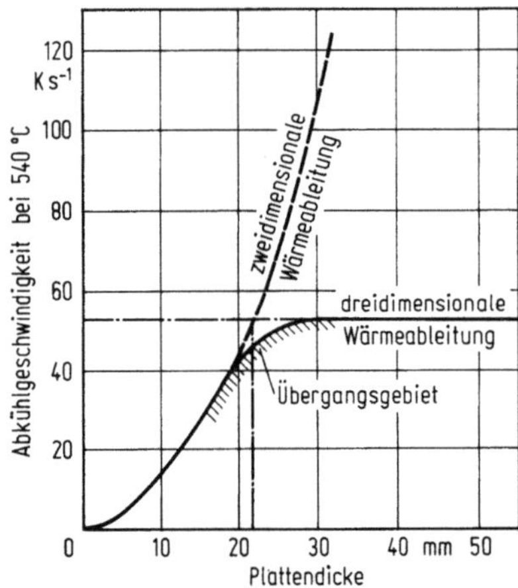

Bild 2.7. Einfluß der Blechdicke auf die Abkühlgeschwindigkeit nach Gl. (2.3) und (2.4)

Vielfach wird die Abkühlzeit $\Delta t_{8/5}$ zwischen 800 und 500 °C als Maß für eine mittlere Abkühlgeschwindigkeit gewählt. Damit ergibt sich für die dicke Platte

$$\Delta t_{8/5} = \frac{q}{2\pi\lambda v_\mathrm{s}} \left(\frac{1}{500 - \vartheta_0} - \frac{1}{800 - \vartheta_0} \right) \tag{2.5}$$

und für dünne Bleche

$$\Delta t_{8/5} = \frac{1}{4\pi\lambda c\varrho} \left(\frac{q}{v_\mathrm{s}s} \right)^2 \left[\left(\frac{1}{500 - \vartheta_0} \right)^2 - \left(\frac{1}{800 - \vartheta_0} \right)^2 \right]. \tag{2.6}$$

Die kritische Dicke s_k (m) für den Übergang vom drei- zum zweidimensionalen

Wärmefluß ergibt sich durch Gleichsetzen der Gln. (2.5) und (2.6) und Auflösung nach s_k

$$s_k = \sqrt{\frac{q}{2v_s c\varrho}\left(\frac{1}{500 - \vartheta_0} + \frac{1}{800 - \vartheta_0}\right)} \, . \tag{2.7}$$

Bild 2.7 zeigt für eine Temperatur von 540 °C den Gültigkeitsbereich der beiden Gln. (2.3) und (2.4).

Die kritische Dicke grenzt jedoch nicht in einfacher Weise die Bereiche zwei- und dreidimensionaler Wärmeleitung voneinander ab [R 8]. Hierfür müssen andere Kriterien herangezogen werden. Überwiegend zweidimensionale Wärmeleitung ergibt sich bei einlagigen Stumpfnähten, insbesondere bei großem Tiefe/Breite- Verhältnis der Naht. Überwiegend dreidimensionale Wärmeleitung tritt in Auftragraupen und Kehlnähten auf, wenn Plattendicke und Wärmekapazität verhältnismäßig groß sowie Streckenenergie und Vorwärmtemperatur relativ klein sind.

Für niedriglegierte hochfeste Baustähle lassen sich die werkstoff- und verfahrensabhängigen Kenngrößen zusammenfassen, womit sich die folgenden leicht zu handhabenden Beziehungen ergeben [U 1]:
Für dreidimensionale Wärmeableitung:

$$\Delta t_{8/5} = (0{,}67 - 5 \cdot 10^{-4}\, \vartheta_0)\, E \left(\frac{1}{500 - \vartheta_0} - \frac{1}{800 - \vartheta_0}\right) . \tag{2.8}$$

Für zweidimensionale Wärmeableitung

$$\Delta t_{8/5} = (0{,}043 - 4{,}3 \cdot 10^{-5}\, \vartheta_0)\frac{E^2}{d^2}\left[\left(\frac{1}{500 - \vartheta_0}\right)^2 - \left(\frac{1}{800 - \vartheta_0}\right)^2\right] \tag{2.9}$$

mit $E = UI/v$ als Streckenenergie. Dem Stahl-Eisen-Werkstoffblatt SEW 088 liegen diese Beziehungen zugrunde [S 4].

2.1.2 Ausbildung der Schweißnaht und Eigenschaften der wärmebeeinflußten Zone

Die Ausbildung der Schweißnaht und die durch den Erwärmungs- und Abkühlungsvorgang ausgelösten Veränderungen in der wärmebeeinflußten Zone seien anhand der nachfolgenden Tabelle 2.2 übersichtlich dargestellt, die sich auf eine Einlagenschmelzschweißung bezieht. Die Angaben gelten sinngemäß auch für Mehrlagenschweißungen.

2.1.2.1 Vermischung

Wenn ein Grundwerkstoff unter Verwendung eines Zusatzwerkstoffes geschweißt wird, bilden die beiden Werkstoffe gemeinsam das Schmelzbad. Die Mischung wird dabei im allgemeinen nicht zu gleichen Teilen aus beiden Werkstoffen bestehen.

Tabelle 2.2. Veränderungen in der Schweißnaht und der Wärmeeinflußzone beim Schweißen

	Schweißnaht	Wärmebeeinflußte Zone
Vorgänge bei der Erwärmung	Aufschmelzen von Zusatzwerkstoffen (falls vorhanden) und von Teilen des Grundwerkstoffes, Bildung eines gemeinsamen Schmelzbades (Vermischung, Aufschmelzgrad), Reaktionen zwischen Bad und umgebender Gas- oder Schlackenphase	Erwärmung der WEZ auf Temperaturen zwischen Solidustemperatur und Ausgangstemperatur des Werkstoffes, Umwandlungsvorgänge, Umkörnung (Grobkorn, Rekristallisation), veränderte Festigkeitseigenschaften, plastische Verformung, Aufschmelzen niedrigschmelzender Korngrenzensubstanzen
Vorgänge bei der Abkühlung	Erstarrung der Naht unter Ausbildung von Gußgefüge, Kristallseigerungen, Zwangslösung einzelner Begleitelemente, Ausscheidungsvorgänge, Schrumpfung und Ausbildung von Eigenspannungen	Umwandlungsvorgänge in Abhängigkeit von Maximaltemperatur und Abkühlgeschwindigkeit, bei höherem Kohlenstoffgehalt Martensitbildung, Zwangslösung einzelner Begleitelemente, Ausscheidungsvorgänge, Eigenspannungen

Die Menge des aufgeschmolzenen Grundwerkstoffes ist abhängig von der Nahtvorbereitung und vom angewendeten Schweißverfahren. Es gibt Schweißverbindungen, bei denen das Schweißgut nur aus dem Grundwerkstoff besteht (z. B. beim Niederschmelzen einer Bördelnaht). Dagegen wird bei Auftragschweißungen häufig Wert darauf gelegt, daß in der Auftragschicht der Zusatzwerkstoff dominiert.

Wenn der aufgeschmolzene Grundwerkstoff Legierungselemente verliert, z. B. durch Verdampfung oder durch Oxidation, kann man sie u. U. durch entsprechend legierte Zusatzwerkstoffe, die sich mit dem Grundwerkstoff vermischen, wieder ersetzen.

Eine besondere Rolle spielt die Frage der Vermischung bei der Verbindung ungleichartiger Werkstoffe, wie z. B. ferritischer und austenitischer Stähle.

2.1.2.2 Ausscheidungsvorgänge

Viele Legierungselemente haben bei höherer Temperatur eine größere Löslichkeit als bei Raumtemperatur. Bei rascher Abkühlung bleiben diese Bestandteile zunächst zwangsweise gelöst (übersättigter Mischkristall). Später kommt es zu fein verteilten Ausscheidungen oder zu Umordnungen in submikroskopischen Bereichen, wodurch die Festigkeit erhöht, die Verformungsfähigkeit aber herabgesetzt wird. Diese Vorgänge können erwünscht (ausscheidungshärtende Legierungen) oder auch unerwünscht sein (Alterung).

2.1.2.3 Kristallseigerungen

Bei rascher Abkühlung laufen die Umwandlungsvorgänge nicht mehr gemäß den für Gleichgewicht aufgestellten Zustandsschaubildern ab. Bild 2.8 zeigt dies qualitativ an einem Beispiel. Auf der Soliduslinie des dort gezeichneten Zustandsschaubildes bedeuten α_1–α_4 die Konzentrationen der bei der jeweiligen Temperatur gebildeten Mischkristalle. Bei Gleichgewicht (langsame Abkühlung) tritt ein Konzentrationsausgleich mit der Folge ein, daß beispielsweise bei Erreichen der Temperatur ϑ_3 alle bis dahin gebildeten Mischkristalle die Konzentration α_3 aufweisen. Ist dagegen bei rascher Abkühlung, wie sie beim Schweißen vorliegt, der Konzentrationsausgleich unvollkommen, so werden die zuerst, d. h. bei höherer Temperatur gebildeten Mischkristalle α_1 auch noch nach erfolgter Abkühlung auf Raumtemperatur reicher an A sein als die später entstandenen α_4-Mischkristalle. Es ergibt sich demnach innerhalb der einzelnen Kristalle ein Konzentrationsgefälle, das mit Kristallseigerung oder Zonenkristallbildung bezeichnet wird. In Bild 2.8 geben die Punkte α_2'–α_4' die Konzentrationen der bis zur Temperatur ϑ_2 bis ϑ_4 gebildeten Mischkristalle an (Gesamtzusammensetzung). Da α_4' nicht mit der Pauschalzusammensetzung der Legierung X–X zusammenfällt, ist bei der Temperatur ϑ_4 noch Restschmelze vorhanden, die eutektisch erstarrt. Bei Gleichgewicht wäre die Erstarrung bereits bei ϑ_3 beendet, ohne daß ein Eutektikum auftritt.

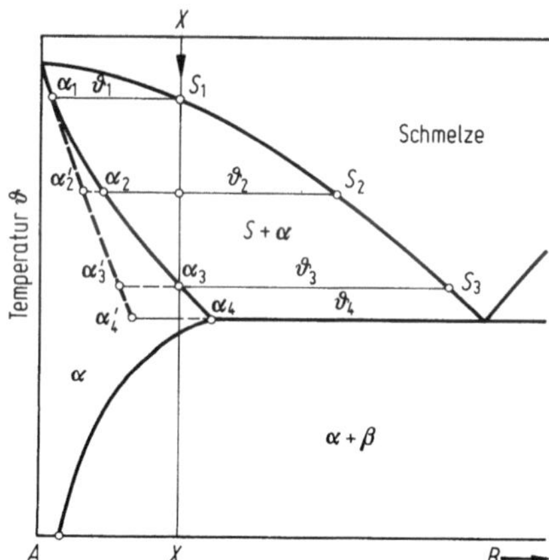

Bild 2.8. Zustandsschaubild, Abweichungen bei Erstarrung ohne Gleichgewicht

Bei fehlendem Gleichgewicht ergeben sich demnach folgende Besonderheiten, die sich vor allem beim Schweißen und Gießen von Nichteisenmetallen bemerkbar machen können:

a) Das Ende der Erstarrung erfolgt bei tieferer Temperatur. Die zuletzt erstarrten Bereiche liegen auf den Korngrenzen. Bei Wiedererwärmung kann es zu entsprechenden Aufschmelzungen auf den Korngrenzen kommen und damit zu interkristalliner Rißbildung (Aufschmelzungsriß).

b) Der Erstarrungsbereich wird vergrößert.

c) Es tritt Kristallseigerung auf.

d) Es können Bestandteile gebildet werden, die nach dem für Gleichgewicht aufgestellten Zustandsschaubild nicht zu erwarten sind (im Beispiel: eutektische Phase).

2.1.2.4 Aufhärtung

Werkstoffe, die zur Aufhärtung neigen, etwa unlegierte Stähle mit erhöhtem Kohlenstoffgehalt und niedriglegierte Stähle, härten in der WEZ auf, wenn die Abkühlungsgeschwindigkeit über der sogenannten kritischen Abkühlungsgeschwindigkeit liegt. Da gleichzeitig die Verformungsfähigkeit sinkt, besteht Rißgefahr.

2.1.2.5 Festigkeitseigenschaften

Beim Erwärmen der Metalle sinken im allgemeinen Zugfestigkeit und Streckgrenze, während die Verformungsfähigkeit ansteigt. Unstetigkeiten in diesem Verhalten ergeben sich, wenn Rekristallisationsvorgänge auftreten oder wenn Versprödungszonen durchlaufen werden. Die Bilder 2.9 und 2.10 zeigen die Verhältnisse für Aluminium und Stahl. Bild 2.11 gibt den Verlauf der Kerbschlagzähigkeit für Armco-Eisen wieder. Man erkennt drei Minima, den drei Versprödungszonen entsprechend:
Zone 1: unterhalb 0 °C (Tieftemperaturversprödung),
Zone 2: 120 bis 350 °C (Blausprödigkeit),
Zone 3: 850 bis 1150 °C (Heißrissigkeit).

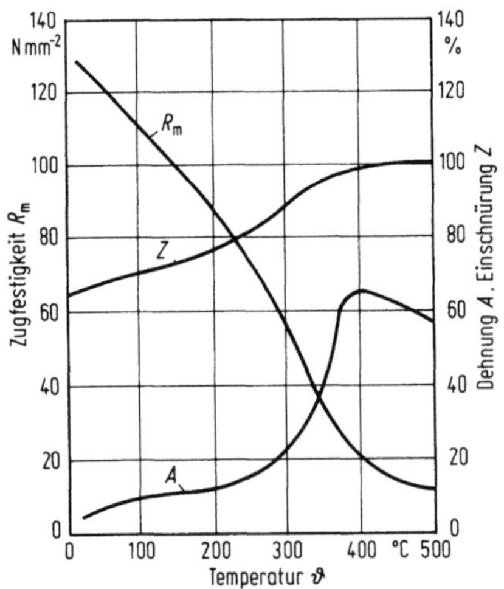

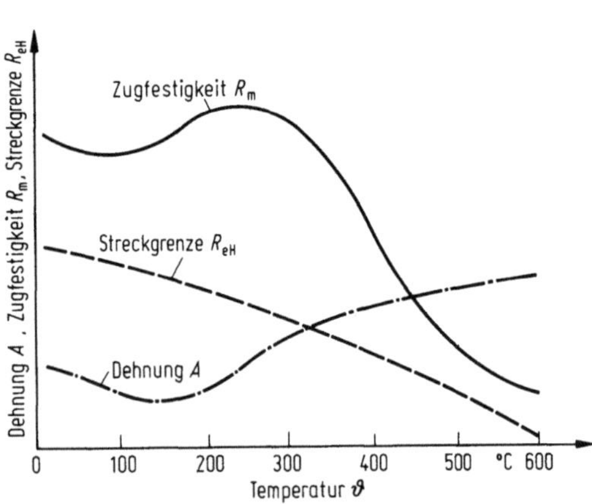

Bild 2.9. Festigkeitseigenschaften von Aluminium in Abhängigkeit von der Temperatur

Bild 2.10. Festigkeitseigenschaften von weichem Stahl in Abhängigkeit von der Temperatur

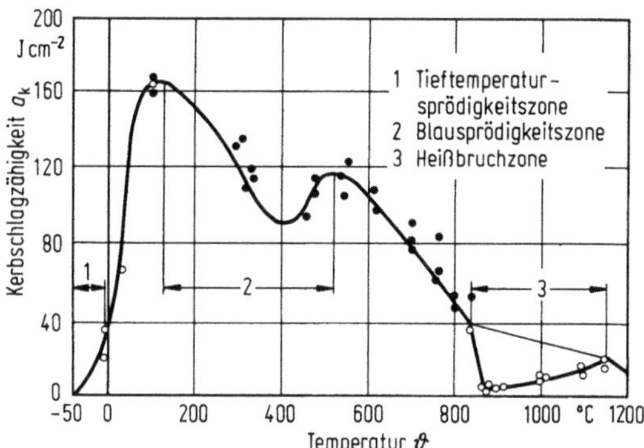

Bild 2.11. Kerbschlagzähigkeit von Armco-Eisen bei verschiedenen Temperaturen

Werden kaltverfestigte Werkstoffe geschweißt, was vor allem bei Aluminium oder Kupfer häufig vorkommt, dann muß damit gerechnet werden, daß die Festigkeit in der Übergangszone auf den Wert des geglühten Werkstoffes absinkt.

Die Bezeichnungen Streckgrenze R_e und Dehngrenze R_p bei Festigkeitsangaben gelten für Stahl in der Form, daß bei unstetigem Übergang vom elastischen zum plastischen Bereich von Streckgrenze, bei stetigem Übergang von Dehngrenze gesprochen wird. Da die Art des Überganges u. a. von der Vorbehandlung des Werkstoffes abhängt, können bei gleichen Werkstoffen beide Bezeichnungen nebeneinander auftreten. Bei NE-Metallen ist stets mit einem stetigen Übergang zu rechnen. Hier wird daher nur von Dehngrenze gesprochen.

2.1.2.6 Schrumpfung

Eine abkühlende Schweißnaht zieht sich zusammen. Werden keine Vorsichtsmaßnahmen ergriffen, kann es zu erheblichen Maßabweichungen kommen, die abhängig sind von Werkstoff, Nahtform, Schweißverfahren und Schweißfolge.

2.1.2.7 Eigenspannungen

Nach örtlicher Erwärmung, wie sie beim Schweißen im allgemeinen vorliegt, kommt es zur Ausbildung von Eigenspannungen. Beim Schmelzschweißen erreichen sie meist die Höhe der Streckgrenze. Ihr Einfluß auf statische und dynamische Festigkeit, Stabilität und Korrosion wird an anderer Stelle behandelt.

2.2 Reaktionen mit den Gasen der Schweißatmosphäre

Bei höheren Temperaturen kommt es zu Reaktionen zwischen den Gasen der Atmosphäre und dem Metall. Dabei kann es zu Schädigungen kommen, deren Umfang vom Werkstoff, der Temperaturhöhe und ihrer Einwirkungsdauer abhängt. Um solche Schädigungen zu vermeiden, wird beim Schweißen der Nahtbereich vor Luftzutritt geschützt, z. B. durch Verwendung von inerten Schutzgasen oder durch die Umhüllung der Zusatzwerkstoffe, die bei den im Lichtbogen herrschenden Temperaturen vergast und ebenfalls ein Schutzgas bildet, das Sauerstoff und Stickstoff vom Schmelzbad fernhält. Wasserstoff, der aus feuchten Gasen der Schweißatmosphäre, auch vom feuchten Werkstück oder aus Elektrodenumhüllungen stammen kann, löst sich in der Schmelze und kann einen nachteiligen Einfluß ausüben.

Der Einfluß der Gase, z. T. auch schon von Spuren, auf Sonderwerkstoffe, insbesondere die reaktionsfreudigen Metalle wie Zirkon, Titan, Beryllium usw., wird bei der Besprechung dieser Werkstoffe gesondert behandelt.

2.2.1 Sauerstoff

Bei höheren Temperaturen oxidiert der ungeschützte Werkstoff an Luft. Metalle mit hoher Affinität zu Sauerstoff bilden oft hochschmelzende Oxide (Aluminium, hochlegierte Stähle), die den Schweißvorgang behindern. Legierungselemente können ausbrennen, wodurch die Eigenschaften der Verbindungen ungünstig beeinflußt werden. Oxide längs der Korngrenzen setzen die Kerbschlagzähigkeit und die Dauerschwingfestigkeit herab.

Dünne Oxidschichten, die auch beim Schutzgasschweißen von hochlegierten Stählen auf der Nahtoberfläche gebildet werden können, beeinträchtigen die Korrosionsbeständigkeit und müssen deshalb nach dem Schweißen durch Beizen entfernt werden.

Sauerstoff beeinträchtigt die Zähigkeit von Stahlschweißgut. Hohe Sauerstoffgehalte führen zu zahlreichen z. T. groben Einschlüssen und begünstigen die Ausbildung von grobem, polygonalen Ferrit, wodurch sich der Zähigkeitsverlust erklären läßt. Aber auch sehr niedrige Sauerstoffgehalte sind ungünstig, weil dann infolge des Fehlens von Keimen ein grober Plattenferrit mit Karbiden gebildet wird, was ebenfalls zu niedriger Zähigkeit führt. 700 bis 1000 ppm gelten als deutlich zu hoch, Werte unter 200 ppm je nach Zusammensetzung als zu niedrig [A 3, M 6].

Zur Senkung des Sauerstoffgehaltes im Schweißgut von Stahl ist die kombinierte Desoxidation des flüssigen Schmelzbades mit Mn und Si die am meisten angewandte Methode. Dabei kommt es auf die absoluten Gehalte an Mn und Si im Schweißgut und auf das Mn/Si-Verhältnis an. Die maximale Desoxidationsfähigkeit soll erreicht werden [L 1], wenn im Schweißgut ein Mn/Si-Verhältnis von 1 bis 2 bei 0,3 bis 0,5% Si bzw. 0,5 bis 0,7% Mn vorliegt.

2.2.2 Stickstoff

Bei manchen Metallen, z. B. bei unlegierten und niedriglegierten Stählen oder bei Titan und seinen Legierungen, führt Stickstoff durch die Bildung von Nitriden oder durch Aufnahme in das Raumgitter des betreffenden Metalles zur Versprödung [H 4]. In unlegierten Stählen kann Stickstoff durch Aluminium, in niedriglegierten durch z. B. Vanadin, Niob oder Titan abgebunden werden (Feinkornstähle, vgl. Abschn. 4.8.3).

Bei hochlegierten, austenitischen Stählen stabilisiert er den austenitischen Charakter.

2.2.3 Wasserstoff

Der Wasserstoff kann beim Schmelzschweißen von Stahl in das Schweißgut und in die wärmebeeinflußte Zone eindringen. Die Menge des im Werkstoff gelösten atomaren Wasserstoffes und des in Poren befindlichen molekularen Gases hängt von verschiedenen Bedingungen ab, so z. B. von dem Wassergehalt des Schutzgases und der Elektrodenumhüllungen, vom Pulver, aber auch von dem Schweißzusatzwerkstoff selbst.

Der Wasserstoff kann allein oder in Verbindung mit anderen Einflußfaktoren (Werkstoffzusammensetzung, Gefügeausbildung, Spannungen usw.) zu verschiedenen Fehlern führen:

a) Poren. Die Löslichkeit im Stahl ist in der flüssigen Phase sehr hoch und nimmt nach der Erstarrung schlagartig ab. Dies kann zu Poren führen, in denen Wasserstoff molekular enthalten ist. Bei Stahl tritt dies besonders dann auf, wenn die Gasblasenbildung im Schmelzbad durch Schwefel verzögert wird [S 5] und wenn das Schweißbad zu schnell erstarrt, was bei großen Schweißgeschwindigkeiten oder zu kleinem Schweißstrom der Fall ist. Wasserstoff kann sich auch an chemischen Reaktionen beteiligen, die Gase mit begrenzter Löslichkeit erzeugen (H_2S, CH_4), welche die Bildung von Poren begünstigen.

Bei Metallen mit hoher Wärmeleitfähigkeit wie z. B. Aluminium ist aus diesem Grund die Neigung zur Bildung von Poren besonders groß [K 7]. Bei Aluminium-Druckguß kommt hinzu, daß Formtrennmittel und in geringerem Maße auch Kolbenschmierstoff als zusätzliche Wasserstoffquellen wirken. Wird geschweißt, gelangt der zunächst unter hohem Druck in Poren eingeschlossene Wasserstoff in das Schweißgut. Durch Zwangsentlüftung der Form läßt sich nicht nur die Luft, sondern auch der Wasserstoff wirksam reduzieren. Bei sparsamer Dosierung von Formtrennmittel und Schmierstoff ist dann Porenbildung weitgehend zu vermeiden [R 9].

b) Fischaugen. In Stahl kann sich Wasserstoff nicht nur in Poren, sondern auch in Bereichen mit nichtmetallischen Einschlüssen anreichern. Wenn die Porenoberflächen sauber sind, kann der Wasserstoff an der Oberfläche dissoziiert werden und der atomare Wasserstoff in das Kristallgitter diffundieren. Im anderen Falle kann nur über eine erhöhte Energiezufuhr eine Veränderung erfolgen, z. B. dadurch, daß während einer langsamen plastischen Verformung die Oberflächen aufreißen und so frische Oberflächen gebildet werden, über die die H-Atome ins Gitter gelangen und die Verformungsfähigkeit des Stahles vermindern. Dies führt u. U. im Zugversuch zu der bekannten Erscheinung der „Fischaugen". Hierunter versteht man örtlich begrenzte Sprödbruchflächen im Schweißgut, meistens um eine zentrale Pore gelegen, innerhalb einer sonst duktilen Bruchtopographie.

c) Verzögerte Risse. Bei höherfesten Werkstoffen und bei mehrachsigen statischen Zugspannungen treten bei erhöhtem Wasserstoffgehalt verformungsarme Brüche in der WEZ oder im Schweißgut auf. Während man zeitweilig davon ausging, daß es sich ausschließlich um die Folge eines erhöhten Wasserstoffgehaltes handelt, neigt man jetzt der Auffassung zu, daß dieses Phänomen durch den Wasserstoff lediglich verstärkt wird. Die auch als statische Ermüdung bekannte Erscheinung erfolgt über ein zeitabhängiges Wachstum von Rissen ähnlich einem Dauerbruch bei zyklischer Belastung, bis die Festigkeit des nicht gerissenen Bereiches überschritten wird und es schlagartig zum Restbruch kommt. Der Restbruch kann auch ausbleiben, wenn durch die Rißausbreitung die elastische Energie des Bauteiles soweit abgebaut wird, daß die Restenergie nicht mehr für einen Gewaltbruch ausreicht. Dies wird dadurch noch unterstützt, daß der Wasserstoff während der gesamten Zeit effundieren kann und so eine kritische Konzentration unterschritten wird. Diese Erscheinung findet sich z. B. bei Unternahtrissen.

d) Spontane Rißbildung. Bei sehr hohen Wasserstoffkonzentrationen (Galvanotechnik: Beizblasen) kann es zu spontaner Rißbildung kommen.

e) Mikrorisse. Abhängig vom Werkstoff können bei raschem Abkühlen Mikrorisse in wasserstoffhaltigem Schweißgut auftreten und die Dauerschwingfestigkeit herabsetzen. Wenn dagegen nach dem Abkühlen keine Risse aufgetreten sind, wird keine merkliche Erniedrigung der Dauerschwingfestigkeit durch den bei Raumtemperatur im Stahl gelösten Wasserstoff beobachtet, solange der Dauerschwingbeanspruchung keine plastische Verformung vorausgeht und damit keine irreversible Werkstoffschädigung eingetreten ist.

Grundsätzlich handelt es sich bei wasserstoffinduzierten Rissen in Schweißgut oder WEZ um Kaltrisse, die während der Abkühlung unterhalb von 200 °C und auch noch später bei Raumtemperatur auftreten. Durch die Schweißbedingungen und die Auswahl der Zusatzwerkstoffe muß die Wasserstoffaufnahme begrenzt und seine Effusion begünstigt werden. Schweißfolge und Wärmeführung sind dabei wichtige Einflußgrößen. Ein ungünstiges Gefüge wie Grobkorn, Martensit und Korngrenzenferrit erhöhen die Empfindlichkeit des Stahls gegenüber Wasserstoffrissen. Die Menge des vom Schweißgut aufgenommenen Wasserstoffs wird gemäß ISO 3690 bzw. DIN 8572 geprüft und in ml/100 g Schweißgut angegeben, wobei

$$1 \text{ ppm} = 1{,}11 \text{ ml/100 g} \, .$$

Mit dem Sauerstoffaufblasverfahren erreicht man im Konverter 1 bis 2 ppm H_2. Durch anschließende Reaktionen in der Pfanne, im Verteiler beim Stranggießen und mit Luftfeuchte kann der Wasserstoffgehalt auf höhere Gehalte bis 6 ppm ansteigen [H 5]. Beim Schweißen können sie noch wesentlich höher liegen, bis zu 50 ppm bei Verwendung von zelluloseumhüllten Elektroden. Bei basischen Elektroden liegen sie unter 5 ppm, beim WIG-Schweißen unter Argon unter 1 ppm, beim Unterpulverschweißen bei etwa 5 bis 20 ppm je nach verwendeter Draht-Pulver-Kombination [M 7]. Mit Fülldraht hergestelltes Schweißgut in Stahl HY-80 enthielt nach [N 3] 2 ml/100 g Wasserstoff, bei kritischen Werten um 4–5 ppm. Im Schweißgut bestimmt bei höheren Wasserstoffgehalten von etwa 10 ml/100 g die Härte die Rißempfindlichkeit im Bereich von HV 5 = 200–330, während bei niedrigen Gehalten kleiner 5 ml/100 g das Gefüge maßgeblich ist. Nadelferrit und die Bruchzähigkeit verbessernde Legierungselemente (z. B. Ni) erhöhen den Rißwiderstand [G 5, H 6]. Die Verteilung des Wasserstoffs im Schweißgut läßt sich berechnen [D 9].

Der Wasserstoffgehalt im Schweißgut wird nicht nur durch einen für die jeweilige Stabelektrode umhüllungstypischen – bzw. durch Pulver oder Schutzgas verursachten – Grundwasserstoffgehalt bestimmt, sondern auch durch das Feuchteangebot der umgebenden Atmosphäre [R 10]. Es ist daher von Interesse, den Einfluß einer Klimaänderung auf den zu erwartenden Wasserstoffgehalt zu ermitteln, wenn für ein Ausgangsklima die Menge an aufgenommenem Wasserstoff z. B. nach DIN 8572 bestimmt wurde. Beim Schweißen mit Stabelektroden setzt sich dieser Wasserstoff aus einem aus der Umhüllung stammenden Anteil $(H_{DM+})_0$ und einem luftfeuchteabhängigen Anteil $(H_{DM+})_{LF}$ zusammen:

$$H_{DM+} = (H_{DM+})_0 + (H_{DM+})_{LF} \, . \tag{2.10}$$

Der von der Luftfeuchte abhängige ist unter Berücksichtigung der Sieverts'schen Beziehung

$$(H_{DM+})_{LF} = E_+ (p_{H_2O})^{0,5} \, . \tag{2.11}$$

Der Index $+$ besagt, daß bei einer Temperatur von 0 °C oder höher geschweißt worden ist. Die Steigung der Regressionsgeraden E_+ (Bild 2.12) kann als Maß für die Empfindlichkeit einer Umhüllung gegenüber dem Eindringen der Umgebungsfeuchte in die Lichtbogenatmosphäre angesehen werden. Es gilt also:

$$H_{DM+} = (H_{DM+})_0 + E_+ (p_{H_2O})^{0,5} \, . \tag{2.12}$$

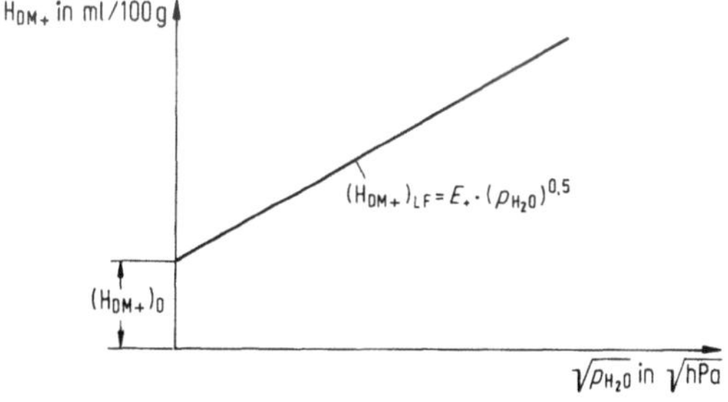

Bild 2.12. Einfluß der Luftfeuchte auf den Wasserstoffgehalt im Schweißgut, Regressionsgerade

Geht man davon aus, daß $(H_{DM+})_0$ und E_+ für eine bestimmte Elektrode konstante Werte sind, bleibt als abhängige Größe nur die durch den Wasserstoffpartialdruck beschriebene Luftfeuchte übrig. Um den Zusammenhang zwischen der beim Schweißen herrschenden Umgebungsatmosphäre und dem Wasserstoffgehalt im Schweißgut nicht für jeden Einzelfall experimentell ermitteln zu müssen, wurde die Darstellung nach Bild 2.13 hergeleitet, das auf der Gaschromatographiemethode beruht. Die ausgezogenen Linien im rechten Teilbild gelten für Temperaturen über 0 °C, die gestrichelten für tiefere Temperaturen. Unter anderem geht aus diesem

Bild hervor, daß der Einfluß der Luftfeuchte umso größer ist, je kleiner der umhüllungsspezifische Grundwasserstoffgehalt ausfällt. Bei dem in Bild 2.13 eingezeichneten Beispiel wurde angenommen, daß (linkes Teilbild) bei 20 °C und 60% rel. Luftfeuchte ein Wasserstoffgehalt von 5,5 ml/100 g (rechtes Teilbild) gemessen wurde. Daraus läßt sich dann unmittelbar ableiten, daß sich bei 0 °C bei gleicher Luftfeuchte ein Wasserstoffgehalt von 7 ml/100 g und bei − 10 °C und 100% rel. Luftfeuchte ein Wert von 3,3 ml/100 g einstellen würde.

Um den jeweils zugehörigen Ordinatenwert zu bestimmen, benötigt man den Sättigungsdruck p' des Wasserdampfs, der aus den entsprechenden Tafeln entnommen werden kann (z. B. [D 10]). Es ist

$$\text{die rel. Luftfeuchte } rF = \frac{p_{H_2O}}{p'} \cdot 100 \text{ in \%}$$

$$\text{und damit } p_{H_2O} = 1/10 \, rF \, p' \tag{2.13}$$

Für das oben beschriebene Beispiel bedeutet das:
Für 20 °C und rF = 60% wird

$$p_{H_2O} = \frac{1}{10} \cdot 60 \cdot 23{,}369 = 3{,}7445 \text{ hPa} .$$

Bild 2.14 zeigt ein vereinfachtes Mittelwertdiagramm für Temperaturen über 0 °C, das auch für die Quecksilbermethode zur Wasserstoffbestimmung gilt.

2.3 Vorgänge bei und nach Kaltverformung

Metallische Werkstoffe werden häufig im kaltverfestigten Zustand angeliefert. Besonders bei Aluminium ist die Kaltverformung ein wesentliches Hilfsmittel, die Festigkeit, die im weichen Zustand verhältnismäßig niedrig liegt, zu steigern.

Außerdem werden Kaltverformungen durch Biegen, Abkanten, Stanzen, Fließpressen usw. in der Fertigung vorgenommen.

2.3.1 Gefüge und Festigkeit

Das Korn wird bei Kaltverformung gestreckt. Festigkeit und Streckgrenze steigen an, während die Verformungsfähigkeit sich verschlechtert. Anwendung z. B. bei kaltgewalzten Blechen. Beim Schweißen wird die Kaltverformung örtlich rückgängig gemacht. Abhilfe: Schweißnähte in gering beanspruchte Bereiche verlegen.

2.3.2 Eigenspannungen

Ähnlich wie bei örtlicher Erwärmung können Eigenspannungen auch durch Kaltverformung entstehen, wenn ein Teil des Querschnittes plastisch, der Rest jedoch

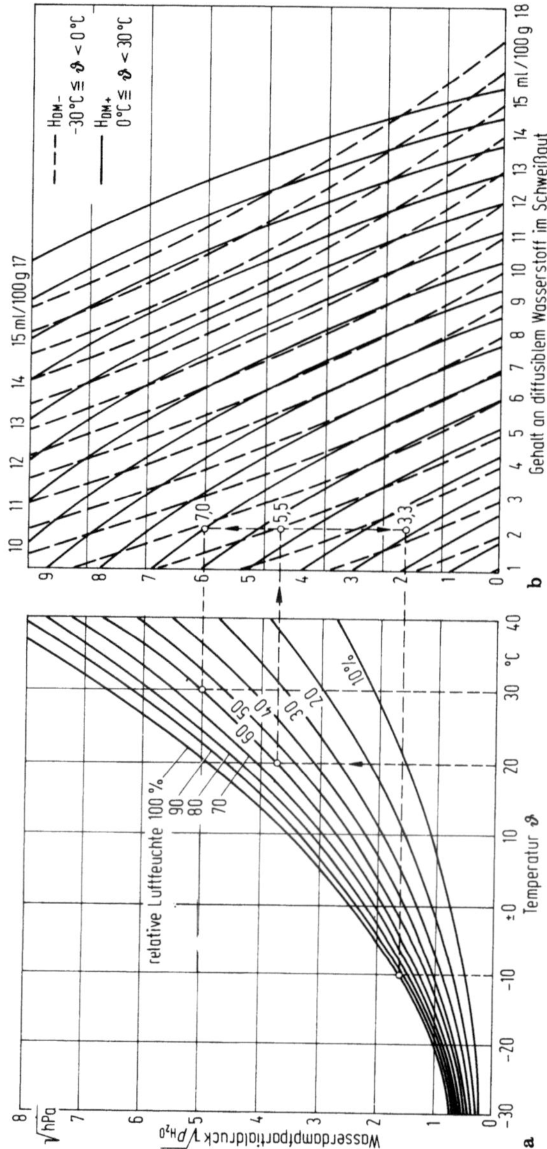

Bild 2.13. Abhängigkeit des diffusiblen Wasserstoffgehalts im Schweißgut von der Luftfeuchte

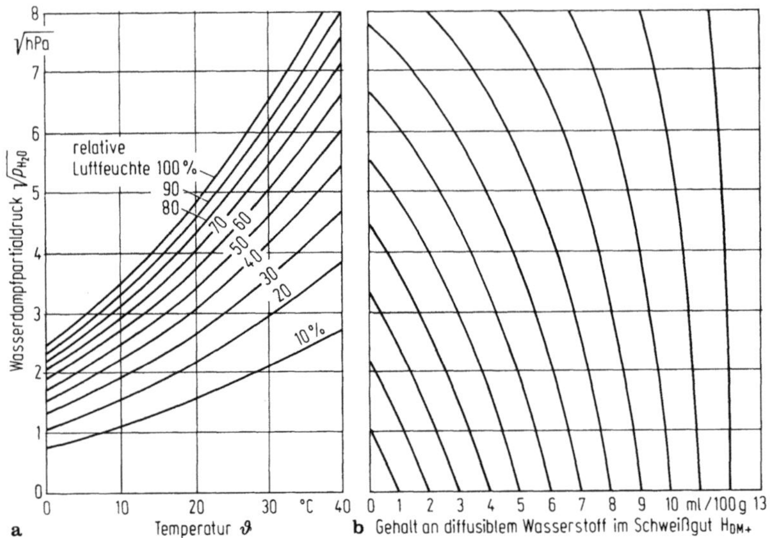

Bild 2.14. Abhängigkeit des diffusiblen Wasserstoffgehalts im Schweißgut von der Luftfeuchte (Mittelwertdiagramm)

nur elastisch verformt wird. Die Entstehung von Eigenspannungen setzt also eine ungleichmäßige Beanspruchung des Querschnittes und elastische Eigenschaften des Werkstoffes voraus. Drückt man z. B. bei der Härteprüfung eine Kugel in die Oberfläche des Werkstückes, so wird der Werkstoff unter der Kugel plastisch verformt und zur Seite weggedrängt, während in einiger Entfernung darunter die Verformung wegen der dort geringeren Spannung elastisch bleibt. Beim Entlasten federn dann die elastisch verformten Gebiete wieder zurück und setzen dabei die plastisch verformte Zone unter Druckeigenspannungen, während sie selbst Zugeigenspannungen enthalten.

2.3.3 Alterung

2.3.3.1 Reckalterung

Bei Stahl kann nach Kaltverformung eine natürliche, nach Kaltverformung und anschließender Erwärmung eine künstliche Alterung auftreten. Die Hauptursache hierfür ist Stickstoff. Alterung kann durch Zugabe von Aluminium verhindert werden, welches Stickstoff abbindet. Die Alterung beginnt bei etwa 0,001% Stickstoff, kritisch wird sie oberhalb von 0,01%. Durch Alterung ergibt sich eine Festigkeitszunahme (bei gleichzeitiger Abnahme der Verformungsfähigkeit) um beispielsweise 100 N mm^{-2} bei 0,004% N$_2$, 170 N mm^{-2} bei 0,008% N$_2$ [E 3, F 2, K 8, M 8].

In kaltverformten Bereichen von Bauteilen einschließlich der angrenzenden Flächen von der Breite 5t (Tabelle 2.3) darf nach DIN 18 800 T1 geschweißt werden, wenn die Bedingungen gemäß Tabelle 2.3 abhängig von der mit der Kaltverformung verbundenen Dehnung oder bei Biegeverformungen vom Verhältnis Biegeradius r der inneren Rundung zur Blechdicke t eingehalten sind.

Tabelle 2.3. Bedingungen für das Schweißen in kaltverformten Bereichen nach DIN 18 800 T1

	1	2	3	4
	r/t	ε in %	zul. t in mm	
1	≥ 10	< 5	alle	
2	$\geq 3{,}0$	≤ 14	≤ 24	
3	≥ 2	≤ 20	≤ 12	
4	$\geq 1{,}5$	≤ 25	≤ 8	
5	$\geq 1{,}0$	≤ 33	≤ 4	

Wird nach dem Schweißen normalgeglüht, brauchen die in Tabelle 2.3 angegebenen Grenzwerte nicht beachtet zu werden.

2.3.3.2 Abschreckalterung

Eine Ausscheidungs- oder Abschreckalterung entsteht, wenn stickstoffhaltiger Stahl aus dem Gebiet um 700 °C abgeschreckt wird. Die Wirkung des Stickstoffs wird hier – im Gegensatz zur Reckalterung – durch etwa 0,5% Mn aufgehoben. Man nimmt an, daß diese Wirkung des Mangans darauf beruht, daß sich die Stickstoffatome in der Nähe von Manganatomen in Gebieten niedriger potentieller Energie befinden. Noch stärker als Mangan wirken die Elemente Al, Ti, Zr, V und Nb [F 2].

2.3.4 Rekristallisation

Wird ein Metall kaltverformt und anschließend erwärmt, so tritt zunächst Kristallerholung ein. Wird die Dauer der Temperatureinwirkung erhöht oder eine bestimmte Temperatur (Rekristallisationsschwelle) überschritten, so kommt es zu einer Kristallneubildung, die als Rekristallisation bezeichnet wird. Das rekristallisierte Gefüge ist um so feinkörniger, je stärker das Ausgangsgefüge verformt war. Umgekehrt erhält man Grobkorn, wenn die Verformung im kritischen Gebiet, d. h. je nach Metall zwischen etwa 3 und 10%, erfolgte.

In der Regel sind die technischen Schweißvorgänge so kurzzeitig, daß es dabei nicht zur Rekristallisation kommt. Dagegen tritt sie beim Spannungsarmglühen auf, weshalb kaltverformte Teile normal- und nicht spannungsarmgeglüht werden müssen.

2.3.5 Korrosion

Bei Korrosionsbeanspruchung unterliegen kaltverformte Bereiche bevorzugt dem Korrosionsangriff. Abhilfe: Rückgängigmachen der Kaltverformung durch Glühbehandlung, z. B. durch Spannungsarmglühen, wobei die Frage der Rekristallisation zu beachten ist.

2.3.6 Zusammenfassende Beurteilung des Schweißens in kaltverformten Bereichen [R 11]

Bei dünneren Querschnitten, die zur Festigkeitssteigerung kaltverformt werden, läßt sich auch bei großem Profilquerschnitt eine weitgehend homogene Verformung erreichen. Die mechanisch-technologischen Eigenschaften sind dann ziemlich einheitlich. Mit Rekristallisation, Alterung oder einer Beeinträchtigung der durch die Kaltverformung verbesserten Festigkeitskennwerte durch den Schweißprozeß ist nicht zu rechnen. Der Beeinflussung der oberen Streckgrenze in Abhängigkeit von der Vorverformung (Bauschinger-Effekt) ist Rechnung zu tragen. Hier dürfte eine Grenze für eine generelle Ausnutzung der durch Kaltverformung verbesserten Festigkeitseigenschaften liegen. Wichtig ist das Einhalten der maximal zulässigen Streckenenergie beim Schweißen und die Begrenzung der Kaltverformung auf Werte, die eine ausreichende Verformungsreserve sicherstellen. Hierfür erscheint eine Bruchdehnung von $A_5 = 15\%$ hinreichend. Sie ist erforderlich, um die während der Weiterverarbeitung und im Betrieb zwangsläufig auftretenden plastischen Verformungen rißfrei aufnehmen zu können.

Eine Übertragung der vorstehenden Bemerkungen auf dicke Querschnitte, ist vorläufig nicht möglich. Vorsicht ist auch dann geboten, wenn kritische Verformungsgrade vorliegen und mit einer längeren Verweilzeit bei höheren Temperaturen im Betrieb zu rechnen ist oder bei Bauteilen, die nach dem Schweißen spannungsarm geglüht werden. In diesen Fällen besteht die Gefahr der Grobkornbildung durch Rekristallisation, verbunden mit einer Verschlechterung der Verformungs- und Festigkeitseigenschaften.

2.4 Wärmebehandlung

An dieser Stelle sollen in erster Linie solche Wärmebehandlungsverfahren genannt werden, die vor oder nach dem Schweißen angewendet werden. Das Härten und Vergüten von Stahl wird erwähnt, weil Aufhärtungen beim Schweißen möglich sind, bzw. weil auch vergütete Stähle geschweißt werden.

2.4.1 Vorwärmen

Durch Vorwärmen wird die Abkühlgeschwindigkeit herabgesetzt. Dies kann erforderlich sein, wenn mit Aufhärtungen in der WEZ zu rechnen ist oder wenn man der

Porenanfälligkeit begegnen will. Vorwärmen ist auch dann erforderlich, wenn man bei Werkstoffen mit hoher Wärmeleitfähigkeit Schwierigkeiten hat, die erforderliche Temperatur im Schweißgebiet zu erreichen (Kupfer, Aluminium). Durch Vorwärmen auf höhere Temperaturen lassen sich Eigenspannungen, die nach Beendigung des Schweißprozesses vorhanden sind, vermindern, allerdings nur dann, wenn das gesamte Werkstück oder doch große Bereiche desselben erwärmt werden (ausgenützt z. B. beim Warmschweißen von Grauguß). Die Vorwärmtemperatur muß dann in Bereichen liegen, in denen die Streckgrenze merklich abgesunken ist, da ihre Höhe das Maximum der Resteigenspannungen bestimmt. Durch Vorwärmen wird die Wasserstoff-Effusion begünstigt und damit die Gefahr einer durch Wasserstoff verursachten Schädigung – vor allem beim Schweißen unter kritischen Bedingungen (tiefe Temperatur, große Dicken, empfindlicher Werkstoff) – vermindert.

Die Vorwärmung kann provisorisch mit Schweißbrennern erfolgen, sie kann im Ofen vorgenommen werden oder mit Hilfe der Induktionserwärmung. In allen Fällen ist eine Temperaturkontrolle erforderlich, um die Vorwärmtemperatur während des gesamten Schweißvorganges auf der erforderlichen Höhe zu halten, die von Fall zu Fall festzulegen ist. Sie ist dem Werkstoff, der Wanddicke und den Schweißbedingungen anzupassen [S 6, G 6], vgl. auch Kapitel 4.

2.4.2 Spannungsarmglühen

Das Spannungsarmglühen geschweißter Stahlkonstruktionen dient
a) dem Abbau von Eigenspannungen, um der Sprödbruchgefahr zu begegnen, insbesondere bei großen Wanddicken oder beim Vorhandensein von Spannungskonzentrationen;
b) dem Abbau von Eigenspannungen, um bei nachfolgender spanabhebender Bearbeitung Verzug zu vermeiden;
c) der Verbesserung der metallurgischen Eigenschaften. So wird z. B. durch Spannungsarmglühen eine voraufgegangene Alterung beseitigt, eventuell vorhandener Martensit in Vergütungsgefüge umgewandelt, Wasserstoff kann entweichen;
d) der Verbesserung der Korrosionsbeständigkeit und der Verhinderung von Spannungsrißkorrosion.

Das Spannungsarmglühen von unlegierten C-Mn-Stählen erfolgt durch Erwärmen auf 600 bis 650 °C, je mm Wanddicke 2 min, mindestens jedoch eine halbe Stunde bei langsamer Abkühlung, am besten im Ofen. Die Aufheizgeschwindigkeit sollte nicht zu hoch gewählt werden, weil Temperaturunterschiede bei unterschiedlichen Wanddicken zu Eigenspannungen im Werkstück und als deren Folge zu Rißbildung führen können.

Für das Spannungsarmglühen stehen Öfen großer Dimensionen zur Verfügung, so daß es möglich ist, auch sperrige und umfangreiche Werkstücke nach dem Schweißen spannungsarm zu glühen. Durch das Erwärmen wird die Streckgrenze des Werkstoffs abgesenkt und durch plastische Verformung werden die elastischen Verzerrungen abgebaut und damit die Eigenspannungen herabgesetzt.

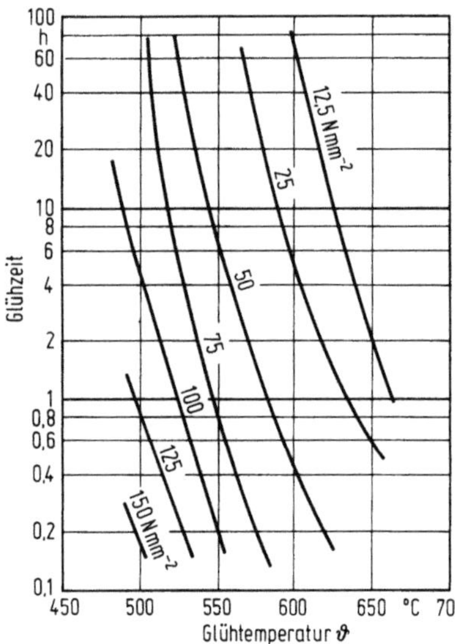

Bild 2.15. Schweißeigenspannungen nach dem Spannungsarmglühen eines unlegierten, weichen Baustahls in Abhängigkeit von Glühzeit und -temperatur [W 3]

Wenn eine gewisse Entspannung auch bei niedrigeren als den angegebenen Glühtemperaturen erreicht werden kann, so ist diese doch unvollständig. Bild 2.15 zeigt die Restspannungen bei unterschiedlicher Glühtemperatur und Glühdauer.

Das Spannungsarmglühen wird vorzugsweise nach dem Schweißen von unlegierten und niedriglegierten Stählen angewendet. Das Verhalten verschiedener niedriglegierter Stähle beim Spannungsarmglühen wurde im Torsionstest [W 4] geprüft [T 2]. Bild 2.16 zeigt den Einfluß von Glühtemperatur und Zeit für einen 13 CrMo 4 4 und für St 52 [L 2], Bild 2.17 kennzeichnet den Werkstoffeinfluß [T 3]. Während sich die mechanischen Eigenschaften von Grundwerkstoff, WEZ und Schweißgut bei unlegierten Stählen nicht nachteilig verändern, kann die Glühbehandlung, abhängig vom Legierungstyp, bei bestimmten niedriglegierten Stählen zu unerwünschter Werkstoffbeeinflussung, beispielsweise zu Ausscheidungsvorgängen und als deren Folge zu einer Beeinträchtigung der Zähigkeit, führen. Bei hierfür empfindlichen Stählen können auch Wiedererwärmungsrisse (reheat cracking) auftreten [D 11]. Die mit dem Spannungsarmglühen verbundenen metallurgischen Effekte sind bei niedriglegierten Stählen zuweilen bedeutsamer als der Spannungsabbau selbst, im positiven wie im negativen Sinn. Es erscheint daher wichtig, daß der Erhalt der Zähigkeit und Verformbarkeit der Schweißverbindungen Vorrang hat gegenüber einem möglichst vollständigen Eigenspannungsabbau. Die Tendenz geht daher dahin, die Glühtemperatur abzusenken und die Haltezeit bei maximaler Glühtemperatur zu verringern, auch wenn dann der Spannungsabbau nicht vollständig erfolgt. Die Wirkung von Aufheiz- und Abkühlphase auf den Spannungsabbau sollte berücksichtigt werden. Angaben zu den zweckmäßigen Glühtemperaturen und – zeiten sind den jeweiligen Regelwerken zu entnehmen [S 7, V 6]. Für den Bereich des Kesselbaus gilt z. B. nach [V 6], daß die in den Tabellen 2.4 bis 2.6 genannten Stahlsorten bzw. Kombinati-

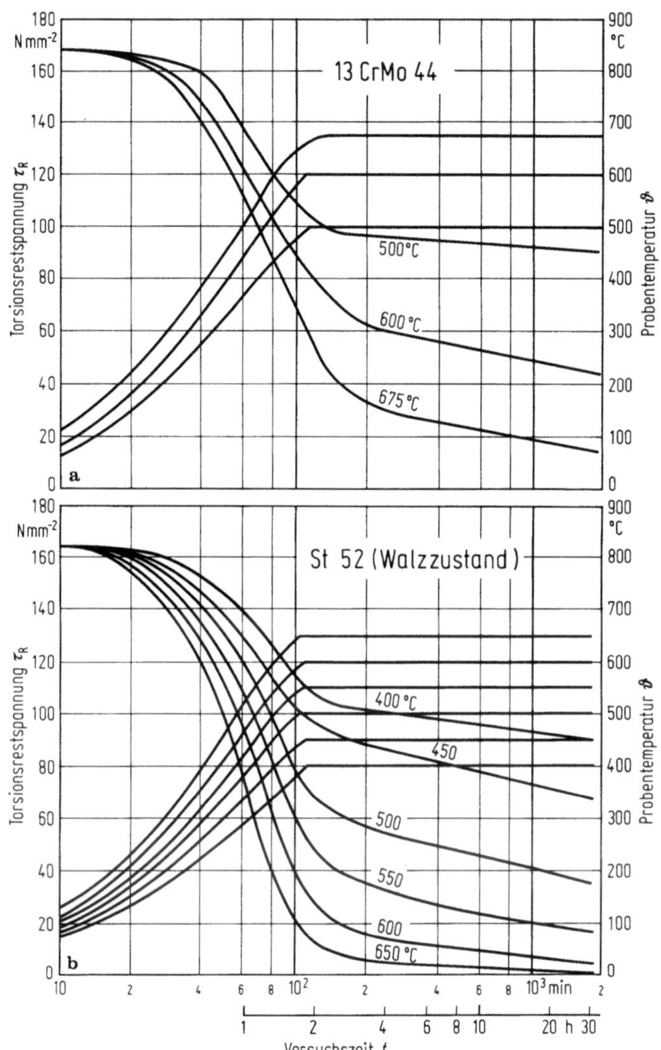

Bild 2.16a u. b. Entspannungskurven von zwei verschiedenen Stählen 13 CrMo 4 4 und St 52 in Abhängigkeit von Temperatur und Glühzeit

onen und Schweißzusätze bei den angegebenen Temperaturen zu glühen sind. Die Glühdauer ist abhängig von der Erzeugnisdicke:

≤ 15 mm	mind. 15 min
> 15 bis ≤ 30 mm	mind. 30 min
> 30 mm	mind. 60 min .

Die angegebenen Zeiten schließen das Durchwärmen und Halten innerhalb der

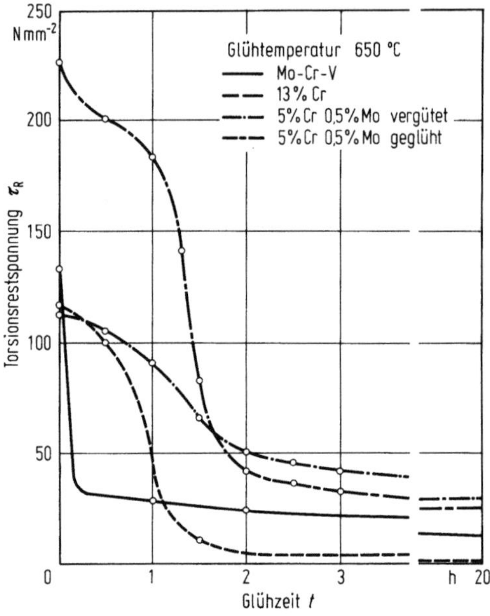

Bild 2.17. Einfluß von Werkstoff und Glühzeit auf den Spannungsabbau

jeweiligen Temperaturspanne ein. Für die Stähle X 20 CrMoV 12 1 und G-X 22 CrMoV 12 1 gelten noch zusätzliche Bedingungen, siehe Abschnitt „Martensitische Stähle".

Zur Vermeidung von Spannungsrißkorrosion werden nichtrostende hochlegierte Stähle ab 20 mm Dicke und Nickelbasislegierungen ab 10 mm Dicke wärmenachbehandelt. In [B 5] sind die diesbezüglichen Spezifikation einiger Länder wiedergegeben.

Wird örtlich spannungsarmgeglüht, so ist für eine ausreichende Breite der erwärmten Zone zu sorgen, da sonst kein Spannungsabbau erfolgt und sogar zusätzliche Eigenspannungen erzeugt werden können. Werden Rundnähte an

Tabelle 2.4. Glühtemperatur für artgleiche Schweißverbindungen, unabhängig von der Erzeugnisform [V 6]

Lfd. Nr.	Stahlsorte	Glühtemperatur °C
1	St 35.8/St 45.8/C 22.3/C 22.8	520 bis 600
2	HI/HII 17 Mn 4/19 Mn 5/19 Mn 6	520 bis 580
3	15 Mo 3	530 bis 620
4	13 CrMo 4 4	600 bis 700
5	10 CrMo 9 10	650 bis 750
6	14 MoV 6 3	690 bis 730
7	X 20 CrMoV 12 1	720 bis 780
8	12 MnNiMo 5 5 13 MnNiMo 5 4 11 NiMoV 5 3	530 bis 590
9	Feinkornbaustähle nach SEW 089	530 bis 580

Tabelle 2.5. Glühtemperatur für Schweißverbindungen zwischen unterschiedlichen warmfesten Walz-
und/oder Schmiedestählen unter Verwendung der empfohlenen Schweißzusätze [V 6]

Lfd. Nr.		Kombinationen		Empfohlene Schweißzusätze	Glühtempe-ratur C°
1	a b c	St 35.8 St 45.8 C 22.3, C 22.8	15 Mo 3	unleg. oder ähnl. 15 Mo 3	530 bis 600
2	a b c	HI/HII 17 Mn 4 19 Mn 5/19 Mn 6	15 Mo 3	unleg. oder ähnl. 15 Mo 3	530 bis 580
3	a b c	St 35.8 St 45.8 C 22.8, C 22.3	13 CrMo 4 4	unleg. oder ähnl. 15 Mo 3	540 bis 600
4		15 Mo 3	13 CrMo 4 4	ähnl. 15 Mo 3	550 bis 620
			10 CrMo 9 10		570 bis 620
5		13 CrMo 4 4	10 CrMo 9 10	ähnl. 13 CrMo 4 4	650 bis 700
6		14 MoV 6 3	13 CrMo 4 4	ähnl. 13 CrMo 4 4	680 bis 720
			10 CrMo 9 10	ähnl. 10 CrMo 9 10	690 bis 730
7		10 CrMo 9 10	X 20 CrMoV 12 1	ähnl. 10 CrMo 9 10 oder ähnl. X 20 CrMoV 12 1 oder S-NiCr 16 FeNb	700 bis 750
8	a b c d	15 MnMoNiV 5 3 12 MnNiMo 5 5 13 MnNiMo 5 4 11 NiMoV 5 3	St 35.8 St 45.8 C 22.8, C 22.3 15 Mo 3 13 CrMo 4 4	ähnl. 15 Mo 3	530 bis 590
	e	15 NiCuMoNb	13 CrMo 4 4	ähnl. 15 Mo 3 oder 15 NiCuMoNb 5	
9	a b c d e f g h	WStE 26 WStE 29 WStE 32 WStE 36 WStE 39 WStE 43 WStE 47 WStE 51	St 35.8 St 45.8 C 22.8, C 22.3 17 Mn 4 19 Mn 5/19 Mn 6 15 Mo 3 17 MnMoV 6 4 13 MnNiMo 5 4	unleg. oder ähnl. 15 Mo 3 ähnl. 15 Mo 3 oder Mangan-Nickel- legiert	530 bis 580

Behältern oder Rohren örtlich entspannt und legt man als zulässige Restspannung
fest:

$$\text{zul. } \sigma_R < 0{,}05\, E\alpha t_{max} = 0{,}05 \cdot 2{,}1 \cdot 10^7 \cdot 1{,}1 \cdot 10^{-6} \cdot 650 = 7\,500\,\text{N cm}^{-2}$$

E Elastizitätsmodul in N cm^{-2},
α Wärmeausdehnungskoeffizient,
t_{max} 650 °C in der Mitte der erwärmten Zone,

Tabelle 2.6. Glühtemperatur für Schweißverbindungen zwischen unterschiedlichem warmfestem Stahlguß und Walz- und Schmiedestählen unter Verwendung der empfohlenen Schweißzusätze [V 6]

Lfd. Nr.	Kombinationen		Empfohlene Schweißzusätze	Glühtemperatur C°
	Grundkörper	Anschweißteil		
1	GS-C 25	St 35.8 St 45.8	unlegiert	
		15 Mo 3	ähnl. 15 Mo 3	540 bis 600
2	GS-22 Mo 4	15 Mo 3	ähnl. 15 Mo 3	
		13 CrMo 4 4	ähnl. 15 Mo 3 oder	
		10 CrMo 9 10	ähnl. 13 CrMo 4 4	630 bis 680
3	GS-17 CrMo 5 5	13 CrMo 4 4 10 CrMo 9 10	ähnl. 13 CrMo 4 4 oder ähnl. 10 CrMo 9 10	640 bis 700
		14 MoV 6 3	ähnl. 13 CrMo 4 4	
4 a	GS-17 CrMoV 5 11	13 CrMo 4 4	ähnl. 13 CrMo 4 4	
		10 CrMo 9 10 14 MoV 6 3 21 CrMoV 5 7	ähnl. 10 CrMo 9 10 oder ähnl. 17 CrMoV 5 11 ähnl. 21 CrMoV 5 7	
b	GS-18 CrMo 9 10	10 CrMo 9 10 21 CrMoV 5 7	ähnl. 10 CrMo 9 10 ähnl. 17 CrMoV 5 11	
		X 20 CrMoV 12 1	ähnl. X 20 CrMoV 12 1 oder S-NiCr 16 FeNb	
5	G-X 22 CrMoV 12 1	14 MoV 6 3	ähnl. 17 CrMoV 5 11 oder ähnl. X 20 CrMoV 12 1 oder S-NiCr 16 FeNb	670 bis 720
		10 CrMo 9 10	ähnl. 10 CrMo 9 10 oder ähnl. X 20 CrMoV 12 1 oder S-NiCr 16 FeNb	
		21 CrMoV 5 7	ähnl. 17 CrMov 5 11 oder ähnl. X 20 CrMoV 12 1 oder S-NiCr 16 FeNb	
		X 20 CrMoV 12 1	ähnl. X 20 CrMoV 12 1 oder S-NiCr 16 FeNb	680 bis 730

so muß die erwärmte Bandbreite, ausreichende Innen- und Außenisolierung vorausgesetzt,

$$x_h \geqq 5 \cdot \sqrt{R \cdot d} \qquad (2.14)$$

R mittlerer Radius des Zylinders.
d Wanddicke,

betragen [B 4].
Gelegentlich wird statt dessen vereinfacht angegeben (ohne Berücksichtigung des Zylinderdurchmessers):

$$x_h = 12d . \qquad (2.15)$$

Das örtliche Spannungsarmglühen kann durch Flammwärmen mit Lanzen-, Flächen-, Ring- oder Ringschwenkbrennern, durch Induktionswärmen oder durch Heizelementwärmen mit Wärmestrahlern durchgeführt werden. In allen Fällen müssen folgende Voraussetzungen erfüllt werden: Einstellbare Erwärmgeschwindigkeit, definierte, möglichst neutrale Glühatmosphäre, ausreichende Glühbereichsbreite sowie Kontrolle und, soweit möglich, Dokumentation des Temperaturverlaufs.

2.4.3 Weichglühen

Unter Weichglühen versteht man bei Stahl das Umwandeln des lamellaren Perlits in körnigen Perlit. Es erleichtert die Bearbeitbarkeit von Stählen mit höherem Perlitgehalt. Bei weichen Stählen erfolgt das Weichglühen durch langzeitiges Erwärmen dicht unterhalb A_1 (Bild 2.18), bei höherem C-Gehalt durch Pendelglühen um die Temperatur A_1 herum. Glühdauer von 1 bis 4 Stunden je nach Wanddicke

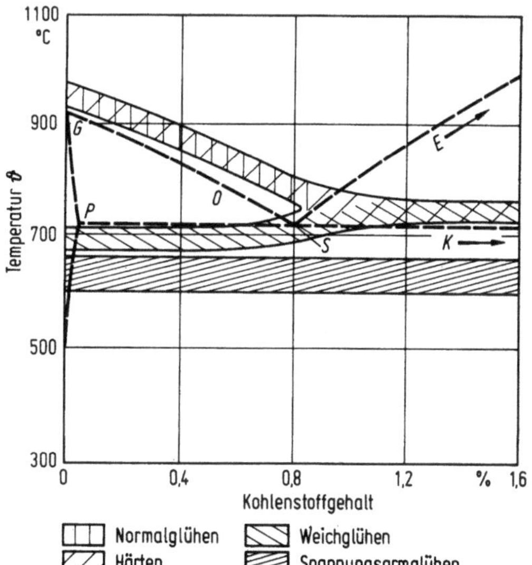

Bild 2.18. Temperaturbereiche für die Wärmebehandlung von unlegiertem Stahl

mit nachfolgendem langsamen Abkühlen im Ofen. Zugfestigkeit und Härte sinken um etwa 10 bis 25%, die Dehnung nimmt geringfügig zu.

Bei Nichteisenmetallen versteht man unter Weichglühen eine Wärmebehandlung, bei der die durch Kaltverformen oder Aushärten erzielte Festigkeitssteigerung rückgängig gemacht wird. Für Aluminium und seine Legierungen liegt die Weichglühtemperatur zwischen 300 und 500 °C. Der vorangegangene Kaltverformungsgrad soll dabei über 50% liegen, damit durch Rekristallisation ein feinkörniges Gefüge erzielt wird. Auf keinen Fall darf die Querschnittsabnahme 20% unterschreiten. Die Rekristallisationsschwelle ist rasch zu durchlaufen (Bild 2.19).

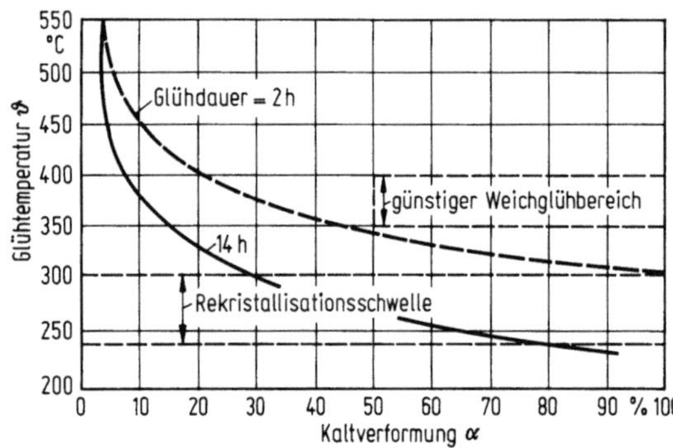

Bild 2.19. Unterste Rekristallisationstemperaturen von kaltverformtem Aluminium (Rekistallisationsschwelle)

2.4.4 Normalglühen

Durch Normalglühen wird ein anormales Gefüge in ein normales, insbesondere in ein feinkörniges Gefüge zurückverwandelt. Das anormale Gefüge kann entweder Grobkorn enthalten oder eine anisotrope Zeilenstruktur oder das sog. Widmannstättengefüge, wie es im Schweißgut oder in Stahlguß anzutreffen ist. Kaltverformte Bereiche lassen sich durch Normalglühen ohne Gefahr der Grobkornbildung beseitigen. Die Glühbehandlung erfolgt durch Erwärmen auf 30 bis 50 K oberhalb der Linie GOS im Eisen-Kohlenstoff-Diagramm (Bild 2.18), Zeitdauer je mm Wanddicke 2 min, mindestens eine halbe Stunde. Abkühlung an ruhender Luft.

Die Abkühlung muß etwas rascher erfolgen als beim Spannungsarmglühen, weil sonst – solange man sich noch im Austenitgebiet befindet – erneut Grobkorn auftreten kann. Überhitzen und Überzeiten müssen vermieden werden.

Das Normalglühen wird nur bei unlegierten und niedriglegierten Stählen durchgeführt.

2.4.5 Härten

Das Härten dient der Erhöhung von Härte und Festigkeit, gegebenenfalls der Verschleißeigenschaften von Stahl.

Es erfolgt bei unlegierten Stählen durch Erwärmen auf 30 bis 50 K oberhalb der Linie GSK im Eisen-Kohlenstoff-Diagramm und Abschrecken in Wasser oder Öl. Anschließend Anlassen auf niedrige Temperaturen, um die Glashärte zu beseitigen. Bei legierten Stählen sind die jeweiligen Vorschriften des Herstellers zu beachten.

Einsatzhärten

Durch Einsatzhärten erhält man wie bei anderen Oberflächenhärteverfahren eine harte Oberfläche bei zähem Kern. Hierzu erfolgt eine Aufkohlung der Randzone weicher Stähle in gasförmigen, flüssigen oder festen kohlenstoffabgebenden Mitteln. Anschließende Härtung wie oben beschrieben, wobei nur die Randzone eine hohe Härte annimmt, weil die Härte vom Kohlenstoffgehalt abhängt und der Kern niedrig gekohlt ist.

2.4.6 Vergüten

Durch Vergüten von hierfür geeigneten Vergütungsstählen erreicht man eine Verbesserung der Festigkeitseigenschaften bei guter Zähigkeit. Die Wärmebehandlung besteht aus einem Härten und nachfolgendem Anlassen auf höhere Temperaturen. Die Veränderung der Festigkeitseigenschaften mit der Anlaßtemperatur ist dem Vergütungsschaubild zu entnehmen. Ein Beispiel hierfür zeigt Bild 2.20. Um eine Durchhärtung bzw. Durchvergütung sicherzustellen, werden Vergütungsstähle für größere Wanddicken bzw. Durchmesser mit Begleitelementen legiert, welche die kritische Abkühlgeschwindigkeit herabsetzen, vor allem mit Chrom, Nickel, Mangan und Molybdän.

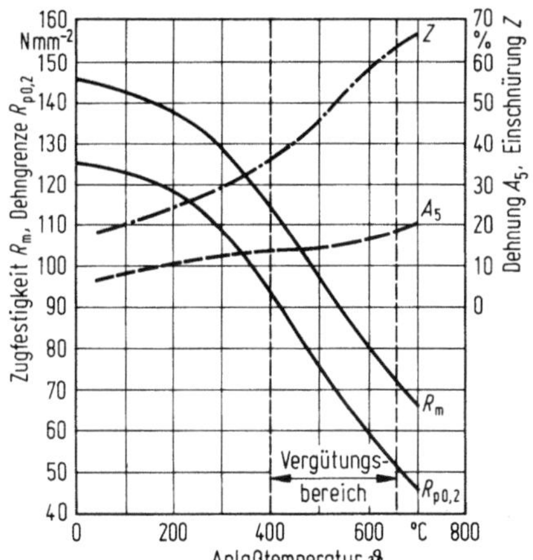

Bild 2.20. Vergütungsschaubild eines 25 CrMo 4

2.4.7 Aushärten

Durch Aushärten lassen sich die Festigkeitseigenschaften aushärtbarer Legierungen verbessern.

Es gibt metallische Werkstoffe (Stähle, Kupfer, Leichtmetalle), die Legierungselemente enthalten, deren Löslichkeit im Hauptbestandteil mit der Temperatur sinkt. Durch die künstliche Unterdrückung der Ausscheidung derartiger Bestandteile kann die Festigkeit von aushärtbaren Aluminiumlegierungen und aushärtbaren hochlegierten Stählen sehr wesentlich gesteigert werden.

Die Wärmebehandlung besteht aus folgenden Abschnitten:
a) Lösungsglühen, um das heterogene Gefüge in ein homogenes zu verwandeln,
b) Abschrecken in Wasser, um einen übersättigten Mischkristall zu erhalten,
c) Aushärten.

Das Aushärten kann auf zweierlei Weise geschehen:

Kaltaushärten, d. h. Lagern bei Raumtemperatur, wobei es zu einphasigen Entmischungen kommt, die über eine Gitterverspannung zur Festigkeitserhöhung führen.

Warmaushärten, d. h. Erwärmen auf z. B. 150 °C, etwa eine halbe Stunde lang (bei aushärtbaren Aluminiumlegierungen), wobei es zu feinstverteilten Ausscheidungen kommt, die das Durchlaufen von Versetzungen behindern, damit die Verformbarkeit herabsetzen und die Festigkeit erhöhen.

2.4.8 Flammentspannen

Das Flammentspannen (früher: Niedrigtemperaturentspannen) ist keine Wärmebehandlung im eigentlichen Sinne. Es dient der Erniedrigung von Eigenspannungen vorzugsweise bei Stumpfnähten in Stahlkonstruktionen. Hierfür wird mit Hilfe von Flachbrennern etwa 100 mm beiderseits der Naht jeweils ein Streifen auf etwa 200 °C erwärmt und anschließend mit einer Wasserbrause abgeschreckt (Bild 2.21). Die Temperaturen in der Naht steigen dabei nicht über 100 °C an. Man erreicht eine plastische Verformung im Nahtbereich und damit einen Abbau der Eigenspannungen [K 9, K 10].

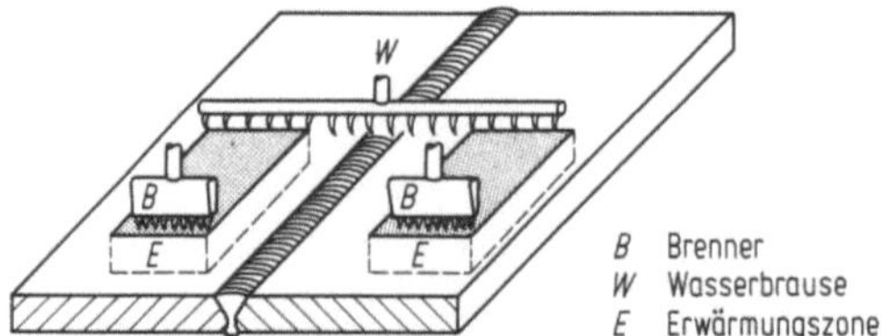

B   Brenner
W   Wasserbrause
E   Erwärmungszone   **Bild 2.21.** Flammentspannen

2.4.9 Stabilglühen, Lösungsglühen, Diffusionsglühen, Blauwärme

a) Stabilglühen

Besteht bei austenitischen Chrom-Nickel-Stählen die Gefahr der Spannungsrißkorrosion, kann ein Spannungsabbau durch kurzzeitiges Stabilglühen bei 850
bis 900 °C vorgenommen werden. Die Abkühlung erfolgt beschleunigt an Luft, um
Karbidausscheidungen zu unterbinden.

b) Lösungsglühen, Diffusionsglühen

Soll bei NE-Metallen ein heterogenes Gefüge in ein homogenes überführt werden,
so geschieht dies durch Lösungsglühen im Gebiet der homogenen Phase.

Sollen Seigerungen beseitigt werden, kann man kurz unterhalb der Soliduslinie
diffusionsglühen. Allerdings ist es nicht immer möglich, hierdurch den
gewünschten Erfolg zu erzielen. Außerdem besteht die Gefahr der interkristallinen
Rißbildung, wenn bei hohen Glühtemperaturen niedrigschmelzende Substanzen
auf den Korngrenzen angeschmolzen werden.

c) Blauwärme

Hier handelt es sich nicht um eine Wärmebehandlung. Im Gebiet der Blauwärme
dürfen keine Verformungsarbeiten durchgeführt werden, weil sonst mit Rissen
gerechnet werden muß. Die Blausprödigkeit von Stahl wird durch Stickstoff
verursacht. Die Temperaturen dieses Gebietes liegen zwischen 120 und 300 °C,
wenn man Zugfestigkeit und Dehnung prüft. Das Gebiet wird zu höheren Temperaturen von 250 bis 350 °C verschoben, wenn man die Kerbschlagzähigkeit als
Maß heranzieht (Bild 2.10 u. 2.11). Man nimmt an, daß diese Verschiebung auf die
erhöhte Beanspruchungsgeschwindigkeit beim Kerbschlagversuch zurückzuführen
ist.

2.4.10 Stufenglühen

Beim Einsatz von niedriglegierten warmfesten Stählen kann es zu Langzeitversprödung, vermutlich als Folge von Korngrenzenausscheidungen, kommen. Um
die Empfindlichkeit dieser Stähle gegenüber Langzeitversprödung in verkürzten
Versuchen prüfen zu können, werden Proben bei zunächst hoher, dann in Stufen
abnehmender Temperatur geglüht (Stufenglühen, step cooling) und deren Kerbschlagarbeit nach dieser Wärmebehandlung geprüft. Beim Stufenglühen handelt es
sich demnach um ein Verfahren zum Prüfen der Versprödungsneigung von Cr-
Mo-Stählen [B 6].

2.5 Schweißnahtnachbehandlung

Zur Erhöhung der Schwingfestigkeit von Schweißverbindungen kann die
Schweißnaht mechanisch oder thermisch nachbehandelt werden.

2.5.1 Mechanische Nachbehandlung

Hierzu gehört das mechanische Bearbeiten von Naht und Nahtübergang, vorzugsweise durch Schleifen in Beanspruchungsrichtung zur Beseitigung von Kerben sowie das Hämmern und Strahlen mit unterschiedichen Strahlmitteln zur Erzeugung eines günstigen Eigenspannungszustandes. Hämmern von Schweißnähten ist, von Ausnahmefällen wie dem Kaltschweißen von Gußeisen und gasgeschweißten Nähten abgesehen, kaum noch üblich. Dagegen nimmt die Bedeutung des Strahlens mit Stahlkugeln oder Stahlkies zu. Bei hochlegierten Stählen geht man auf Keramikpartikel (z. B. Zirkonsilikat) über, um Kontaktelementbildung durch anhaftende Stahlteilchen zu vermeiden. Die Tiefe der Druckspannungszone sollte 0,4 mm erreichen [F 3].

2.5.2 Thermische Nachbehandlung

Mit Verfahren dieser Gruppe wird der Übergang vom Schweißgut zum Grundwerkstoff ein- oder mehrlagig aufgeschmolzen, um die geometrische Kerbe zu mildern. Das am häufigsten angewendete Verfahren ist bei Stahl das Überschweißen des Übergangs mit dem WIG-Brenner bei negativ gepolter Elektrode. Der aufgeschmolzene Bereich erstarrt zu einer feinschuppigen Oberfläche mit größerem Übergangsradius. Vor dem Aufschmelzen ist der Nahtbereich zu reinigen. Endkrater sind zu vermeiden oder in übergangsferne Bereiche zu verlegen. Interessant ist das Verfahren für schwingbeanspruchte Querstumpf- und -kehlnähte. Der Einsatz von Plasma- statt WIG-Brennern hat sich vor allem wegen schlechterer Reproduzierbarkeit der Ergebnisse weniger bewährt [S 8].

3 Unlegierte Stähle

Die Gesamtheit der in der Technik verwendeten Stähle wird üblicherweise nach ihrer Zusammensetzung unterteilt in unlegierte, niedriglegierte und hochlegierte Stähle.

a) Unlegierte Stähle

Wichtigstes Begleitelement ist der Kohlenstoff C, bei Baustählen zwischen rund 0,1 und 0,6%. Absichtlich zugegebene weitere Stahlbegleiter: Si, Mn (Al).

Im Stahl enthaltene weitere Begleitelemente: P, S, Cu, N, (Ti). Obere Grenze des Anteils an Begleitelementen etwa (DIN 17006):

0,5% Si,	0,1% Al,
0,8% Mn,	0,1% Ti,
0,1% S[1],	0,25% Cu (über Schrott eingeschleppt).

b) Niedriglegierte Stähle

Der Anteil an Legierungselementen liegt über der für unlegierte Stähle angegebenen oberen Grenze. Der maximale Gehalt ist auf etwa 5% insgesamt begrenzt.

c) Hochlegierte Stähle

Der Anteil an Legierungselementen übersteigt 5%.
Die angegebenen Grenzen sind fließend, Überschneidungen also möglich.

3.1 Erschmelzungs- und Vergießungsart

Erstere führt bei Stahl zu unterschiedlichen Anteilen an Begleitelementen (Siemens-Martin-, Sauerstoffaufblasstahl), letztere führt bei unberuhigt vergossenen Stählen zu Seigerungen.

Bei Nichteisenmetallen spielt vor allem die Gasaufnahme während des Herstellungsprozesses eine wesentliche Rolle. Sie kann durch Sonderverfahren wie das Erschmelzen im Vakuum herabgesetzt werden.

---

[1] Automatenstähle mit erhöhtem Schwefelgehalt gelten als unlegiert, wenn im übrigen die angegebenen Grenzen eingehalten werden.

3.1.1 Erschmelzungsart

Bild 3.1 läßt die Entwicklung der Stahlherstellungsverfahren in der Bundesrepublik Deutschland erkennen. Danach haben sich in den letzten Jahrzehnten die Verfahren zur Herstellung von Stahl grundlegend verändert. Bis zum Jahr 1960 waren für unlegierte Stähle das Thomas- und das Siemens-Martin-Verfahren bestimmend. Nach diesen beiden Methoden wurden die unlegierten Baustähle etwa je zur Hälfte hergestellt. Für legierte Stähle wurde und wird nach wie vor das Elektrostahlverfahren herangezogen. Die Einführung und rasche Entwicklung des Sauerstoffaufblasverfahrens ab Mitte der sechziger Jahre hat dann die älteren Stahlherstellungsverfahren verdrängt. Aufgrund seiner Wirtschaftlichkeit und der guten Qualität des erzeugten Stahles setzte sich das neue Verfahren durch. Die durchschnittlich erzielten Gehalte an den unerwünschten Begleitelementen Stickstoff und Phosphor in Stählen, die mit den verschiedenen Herstellungsverfahren erschmolzen wurden, zeigt Tabelle 3.1. Moderne Anlagen arbeiten meist mit kombinierten Verfahren, bei denen von oben Sauerstoff und von unten durch den Behälterboden Inertgas, dem z. T. Schlackenbildner beigegeben werden, eingeblasen wird [H 15].

Tabelle 3.1. P- und N-Gehalte für verschiedene Stahlherstellungsverfahren

	P %	N %
T	0,05 bis 0,08	0,01 bis 0,025
M	0,025 bis 0,05	0,003 bis 0,012
Y	< 0,05	< 0,01

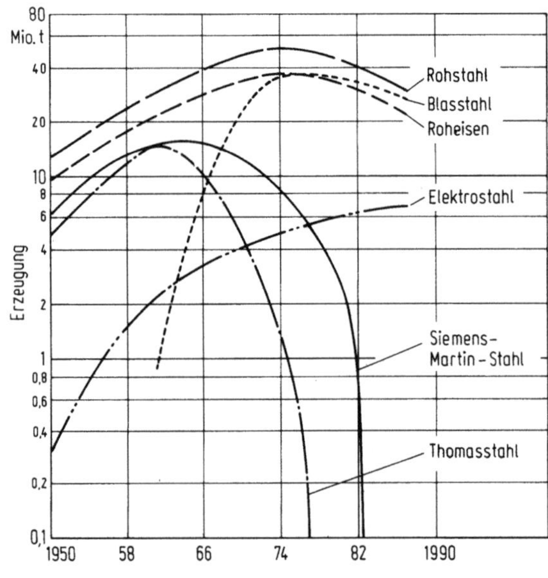

Bild 3.1. Rohstahlerzeugung in der Bundesrepublik

3.1.2 Vergießungsart

Blockguß

Der aus dem Stahlwerk kommende Stahl wird in Kokillen vergossen. Werden hierbei keine Maßnahmen zur Desoxidation des Bades getroffen, kommt es zur Ausbildung unerwünschter Seigerungen (unberuhigtes Vergießen). Durch Zugabe von Desoxidationsmitteln wie Si, Mn und Al lassen sie sich vermeiden (beruhigtes Vergießen).

Die Eigenschaften des Erzeugnisses sind abhängig von der Art und dem Verlauf der Beruhigung, von der Gießtemperatur und -geschwindigkeit, von Größe und Form des Blockes (Blockseigerung bei großem Block ausgeprägter als bei kleinem), Bauart und Gestalt der Kokille und davon, ob mit steigendem oder fallendem Guß gearbeitet wird. Alle diese Faktoren beeinflussen das Grundgefüge, die Verteilung der Begleitelemente wie S, P, C und Mn, Menge und Verteilung der Oxide (Schlacken), Ausbildung der Blocklunker und die etwaige Entstehung und Verteilung von Blasen.

Strangguß

Der überwiegende Teil des erzeugten Stahles wird im Strangguß vergossen. (Vorteil: Die Länge des Gußerzeugnisses beträgt ein Mehrfaches der Kokillenlänge; Einsparung von Vorwalzkosten). Das Stranggießverfahren wird vorzugsweise für beruhigte Stähle angewendet. Bei Blechen, Flach- und Breitflachstählen, die aus Stranggußmaterial hergestellt worden sind, beobachtet man z. T. ausgeprägte *Mittenseigerungen*, die sich als schmale dunkle Linie im Mikro- und Makroschliff abzeichnen. Dagegen treten die insbesondere von unberuhigtem Blockguß her bekannten Seigerungen in Längsrichtung, d. h. vom Blockfuß zum Blockkopf hin mit entsprechenden Auswirkungen auf die mechanischen Eigenschaften, bei Strangguß nicht auf [B 7]. Die hier beobachtete Mittenseigerung läßt sich durch sorgfältige Überwachung der Anlagen, der Gießtemperatur und der Kühlungsverhältnisse beherrschen. Besonders wirksam ist die Unterdrückung einer gerichteten Erstarrung, bei der eine mit Legierungselementen angereicherte Restschmelze von den wachsenden Dendriten zur Mitte hin vorgeschoben wird, durch elektromagnetisches Rühren.

3.1.2.1 Unberuhigtes Vergießen (U)

Werden beim Vergießen von Blockguß keine Maßnahmen zur Desoxidation der Schmelze ergriffen, so erstarrt an den Wandungen der Kokille zunächst ein verhältnismäßig reiner Stahl, während die niedriger schmelzenden Verunreinigungen noch flüssig sind. Gleichzeitig nimmt mit sinkender Temperatur die Löslichkeit der im Stahl gelösten Gase ab. Über die FeO-Reaktion mit Kohlenstoff wird Kohlenmonoxid gebildet gemäß $FeO + C = CO + Fe$. Dieses Kohlenmonoxid sucht unter starker Durchwirbelung des Bades nach oben hin zu entweichen. Dabei nimmt das Gas die noch flüssigen Verunreinigungen zur Mitte und nach oben hin mit, wo sie erstarren. Das Ergebnis ist eine ausgesprochene Entmischungserscheinung, d. h., man findet Anhäufungen von Phosphor und Schwefel und anderen Begleitelementen des Stahles (Stickstoff!) im Innern des Blockes vor, besonders stark im Kopf, weniger stark ausgeprägt in der Mitte und am wenigsten im Fuß. Aus dem Bereich des Kopfes werden die Handelsbaustähle, aus dem Bereich der Mitte und des Fußes die Qualitätsstähle gewonnen.

Anschließend gelangt der so vergossene Block ins Walzwerk, wo er zu Blechen, Rohren, Profilen usw. weiterverarbeitet wird. Die Anreicherungen von Phosphor und Schwefel im Kern bleiben dabei erhalten (Bild 3.2). Wie groß die Unterschiede zwischen Rand und Kern dabei werden können, ist in Tabelle 3.2 wiedergegeben. Für das Schweißen gilt grundsätzlich die Regel, daß derartige Seigerungszonen nicht aufgeschmolzen werden sollen. Andernfalls muß in diesen Bereichen mit Versprödung, gelegentlich auch mit Poren- und Heißrißbildung gerechnet werden. Betrachtet man lediglich diesen Gesichtspunkt und läßt andere konstruktive Gestaltungsregeln außer acht, so sind bei unberuhigt vergossenen Stählen Kehlnähte gegenüber Stumpfnähten vorzuziehen. Bei der Aussteifung von Walzträgern sind die Ecken der Versteifungen auszunehmen (Bild 3.3). Beim Schweißen von Rohrrundnähten findet man zuweilen Porenketten, die auf starke Seigerungen der unberuhigt vergossenen Rohrstähle zurückzuführen sind (bei schwächeren Seigerungen findet man diese Erscheinung nicht). Dies ist möglicherweise dadurch zu

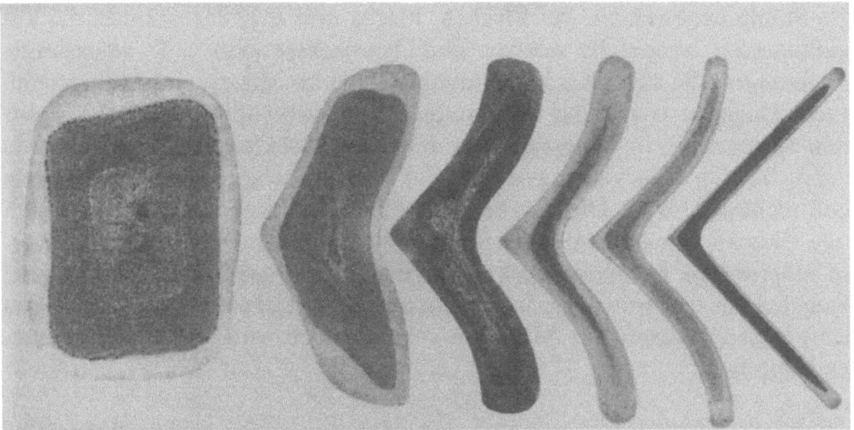

Bild 3.2. Lage der Seigerungszone bei der Herstellung eines Winkelprofilstahles

Tabelle 3.2. Unterschiede in der Zusammensetzung zwischen Rand und Kern eines unberuhigt in Blockguß vergossenen Stahles (Beispiel)

	C %	P %	S %
Gesamtquerschnitt	0,04	0,07	0,05
Randzone	0,04	0,04	0,02
Seigerungszone	0,06	0,20	0,12

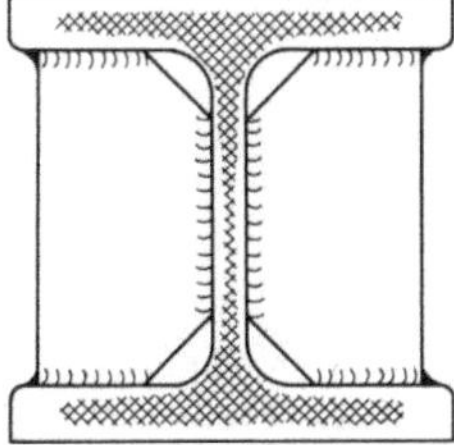

Bild 3.3. Anordnung von Stegaussteifungen in einem Profil aus unberuhigt vergossenem Stahl

erklären, daß sich das im flüssigen Stahl bei höheren Temperaturen lösliche Eisenoxidul mit Eisensulfid gemäß

$$2FeO + FeS = 3Fe + SO_2$$

verbindet. Es kann sich also gasförmiges SO_2 bilden, das zur Porenbildung Anlaß gibt.

Nachweis der Vergießungsart

Der Nachweis der Vergießungsart kann durch die chemische Analyse erfolgen, wobei üblicherweise lediglich Silizium bestimmt wird. Liegt der Siliziumgehalt oberhalb von 0,1%, so ist der Stahl beruhigt vergossen worden.

Eine andere Möglichkeit besteht in der Herstellung eines Baumannabdruckes. Ein normales Fotopapier wird in 5%iger H_2SO_4 getränkt und mit der lichtempfindlichen Schicht nach oben auf eine ebene Unterlage gelegt. Auf diese Schicht kommt die zu untersuchende Probe mit einer geschliffenen, nicht polierten Oberfläche. Nach kurzer Einwirkungsdauer kann die Probe abgenommen und der gewonnene Abdruck ausgewertet werden (Bild 3.4). Die Seigerungszonen zeichnen sich deutlich auf dem Fotopapier ab, das zur Sicherung des Dokumentes fixiert

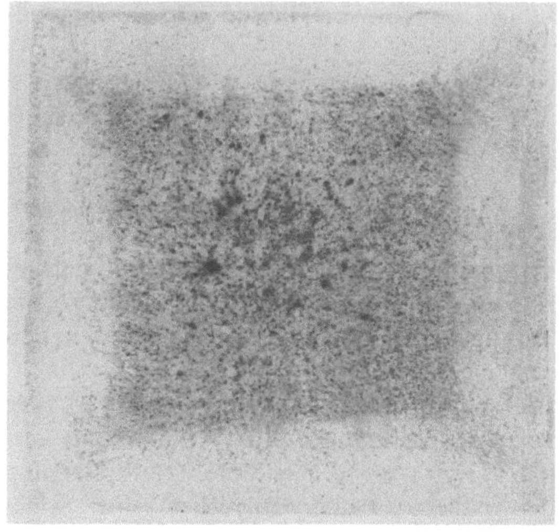

Bild 3.4. Baumannabdruck eines unberuhigt vergossenen Vierkantstahles

werden kann. Es handelt sich dabei um einen rein chemischen Vorgang, der nach folgender Reaktionsgleichung abläuft:

$$FeS + H_2SO_4 \rightarrow H_2S + FeSO_4 \,,$$

$$2AgBr + H_2S \rightarrow Ag_2S + 2HBr \,.$$

Es ergibt sich also eine zweistufige Reaktion, bei der aus Eisensulfid und Schwefelsäure zunächst Schwefelwasserstoff und Eisensulfat gebildet wird und der gebildete Schwefelwasserstoff anschließend mit dem Silberbromid der lichtempfindlichen Schicht des Fotopapiers reagiert, wobei sich Silbersulfid und Bromwasserstoff bilden. Die kennzeichnende Färbung auf dem Fotopapier wird durch das gebildete Silbersulfid verursacht.

Das unberuhigte Vergießen ist bei unlegierten und niedriglegierten Stählen bis zu C-Gehalten von 0,20 bis 0,25 % möglich, je nach Mn-Gehalt. Außerhalb dieses Bereiches sowie bei mit bestimmten Legierungselementen legierten Stählen ist einwandfreies unberuhigtes Vergießen nicht mehr möglich, die Blöcke werden dann randblasig.

Vorteile des unberuhigten Vergießens:
a) Saubere, blasenfreie Randschicht („Speckschicht"). Daher Anwendung, wenn eine gute Oberfläche wesentlich ist, z. B. für Tiefziehbleche.
b) Kleinere Schwindungslunker infolge der starken Durchwirbelung beim „Kochen" des Bades.

Nachteile des unberuhigten Vergießens:
a) Ausbildung von Seigerungen, welche die Alterungsneigung vergrößern. Außerdem können sie, falls beim Schweißen aufgeschmolzen, zu Versprödung im Nahtbereich und damit zu Rissen führen, eventuell auch zu Poren.
b) Bei Thomasstählen sind Seigerungen besonders kritisch, weil dort ohnehin bereits mit höheren Gehalten an P und S zu rechnen ist. In den Seigerungszonen können diese Elemente dann sehr hohe Konzentrationen erreichen. Da Thomasstähle praktisch nicht mehr hergestellt werden, ist dieser Punkt vorzugsweise bei Reparaturschweißungen an Konstruktionen älteren Herstelldatums zu beachten.

3.1.2.2 Halbberuhigte Stähle

In diesem Fall wird die Zugabe von Mn, Si und Al so bemessen und damit die Menge des in der Schmelze gelöst bleibenden Sauerstoffs so eingestellt, daß sich bei der Erstarrung nur eine begrenzte Kohlenmonoxidmenge bildet. Sie muß gerade ausreichen, um einen Überdruck zu erzeugen, der das Eindringen von Luft in den Lunker im Kopf des Blockes verhindert.

Die Flächen des Lunkers, der durch das freigesetzte Kohlenmonoxid in viele Einzelhohlräume aufgeteilt wird, bleiben hierdurch metallisch blank und verschweißen darum beim Walzen. Durch die im wesentlichen beruhigte Erstarrung kommt der halbberuhigte Stahl in seiner Struktur und namentlich seiner Seigerungsarmut dem beruhigten Stahl nahe. Im Gegensatz zu diesem ermöglicht er jedoch ein höheres Halbzeugausbringen [K 11].

3.1.2.3 Beruhigtes Vergießen (R)

Beim beruhigten Vergießen werden dem Bad Desoxidationsmittel beigegeben, die den Sauerstoff durch Bildung fester Oxidationsprodukte abbinden, womit das Kochen des Bades verhindert wird. Die Verunreinigungen im Stahl sind dann bei der Erstarrung über den gesamten Querschnitt gleichmäßig verteilt. Der Abbau des im Stahl gelösten Sauerstoffs erfolgt durch Silizium und Mangan, bei stark beruhigten Stählen zusätzlich durch Aluminium. Der Zusatz erfolgt am besten in die zu einem Drittel gefüllte Gießpfanne. Aus den bereits angegebenen Gründen wird man beim Schweißen beruhigte Stähle gegenüber unberuhigten vorziehen. Im Strangguß werden die Schmelzen grundsätzlich beruhigt vergossen.

3.1.2.4 Stark beruhigtes Vergießen (RR)

Stark oder besonders beruhigt vergossene Stähle enthalten als Desoxidationsmittel außer Silizium auch Aluminium. Aluminium hat eine hohe Affinität zu Sauerstoff und ist deshalb besonders wirksam. Es kommt hinzu, daß fein verteilte Tonerdeeinschlüsse (Al_2O_3) bei der Erstarrung als Keime wirken, so daß der mit Aluminium beruhigte Stahl feinkörnig ausfällt. Die Feinkörnigkeit wirkt sich günstig auf die Verformungsfähigkeit (Zähigkeit) des Stahles aus. Außerdem wird die Umwandlungsfreudigkeit erhöht und damit beim Schweißen die Neigung zur Aufhärtung in der Übergangszone vermindert. Schließlich bindet Aluminium auch Stickstoff in Form von Aluminiumnitrid ab, wodurch die Alterungsbeständigkeit des Stahles erhöht wird. Man spricht daher in diesen Fällen von alterungsunempfindlichen Feinkornstählen. Der Gehalt an Aluminium muß hierfür mindestens 0,02% betragen.

3.1.3 Sekundärmetallurgie

Unter dem Begriff Sekundärmetallurgie werden alle Verfahrensschritte zusammengefaßt, die außerhalb von Hochofen, Blasstahlwerk und Elektro-Lichtbogenofen ablaufen. Hierzu gehören
Pfannenmetallurgie,
Vakuummetallurgie,
Umschmelzverfahren,
Sonderverfahren zur Herstellung hochlegierter Stähle.

Die Sekundärmetallurgie wird für die Erzeugung von solchen Stählen genutzt, an die höchste Qualitätsansprüche gestellt werden. Insbesondere lassen sich mit ihrer Hilfe niedrigste Gehalte an C, S, N, H, P und einiger Spurenelemente einstellen

[S 9]. Ein hoher Reinheitsgrad des Stahles verbessert seine Verformbarkeit und seinen Widerstand gegenüber wasserstoffinduzierten Kaltrissen [D 12].

3.1.3.1 Pfannenmetallurgie

Hierunter fallen alle metallurgischen Maßnahmen, die in stehenden oder transportablen Pfannen außerhalb des eigentlichen Roheisen- oder Stahlherstellungsprozesses ablaufen. Die einfachste Methode stellt das *Inertgasspülen* mit Argon dar, wobei die Pfanne basisch ausgekleidet sein muß und eine hochbasische Schlacke zur Aufnahme der Reaktionsprodukte dient. Zweck des Spülens ist

    der Abbau des Temperaturprofils in der Pfanne vor allem für Strangguß bzw. die schnelle Einstellung der optimalen Gießtemperatur (evtl. mit Kühlschrott),

    homogene Verteilung der Legierungs- bzw. Oxidationsmittel,

    Verbesserung des Reinheitsgrades durch Transport der nichtmetallischen Verunreinigungen in die Schlacke sowie teilweise Entfernung von Gasen,

    Rührhilfe bei metallurgischen Reaktionen.

Das Spülen kann über Lanzen oder Spülsteine erfolgen. Dabei werden mit dem Spülgas falls erforderlich auch Zusätze wie Legierungsmittel oder Schlackenbildner für die Entschwefelung transportiert. Entschwefelung und Verbesserung des Reinheitsgrads sind die wichtigsten Aufgaben der Pfannenmetallurgie. Es lassen sich auf diese Weise Schwefelgehalte bis $< 0,002\%$ und Sauerstoffgehalte bis 2 ppm (gelöst) bzw. 15 ppm (gesamt) erreichen.

3.1.3.2 Vakuummetallurgie

Zur Verringerung des Gehaltes an Wasserstoff, Sauerstoff und Stickstoff kann der flüssige Stahl vor dem Vergießen einer Vakuumbehandlung unterzogen werden, wovon vor allem bei der Herstellung von Edelstählen und großen Schmiedestücken Gebrauch gemacht wird.

3.1.3.3 Umschmelzverfahren

Zur Entfernung unerwünschter Spurenelemente und zur Herstellung von Blöcken, die möglichst frei von Blockseigerungen, Innenfehlern und nichtmetallischen Einschlüssen sind, werden normal abgegossene Blöcke umgeschmolzen. Dies geschieht durch das Elektroschlacke-Umschmelzen (ESU), durch Umschmelzen im Vakuum-Lichtbogenofen oder – vorzugsweise bei Nichteisenmetallen – im Plasma- oder Elektronenstrahl. Die umgeschmolzenen Metalle und Legierungen zeichnen sich durch deutlich verbesserte Warmformbarkeit und durch gute Querzähigkeitswerte (Sicherheit gegen Terrassenbruch bei Stahl) aus, wobei sich die erzwungene gerichtete Erstarrung günstig auswirkt.

3.2 Einfluß der Begleitelemente auf Festigkeit und Schweißeignung der unlegierten Baustähle

Änderungen im Gehalt an P, C, Cr, Mn, Si, Cu und Ni ändern Streckgrenze und Zugfestigkeit des Schweißgutes annähernd linear, während Dehnung und Einschnürung sich umgekehrt proportional verhalten.

Das Ausmaß, in dem jedes einzelne Element Festigkeit und Dehnung des Schweißgutes im Vergleich zu Kohlenstoff beeinflußt, ist bei unlegierten Stählen praktisch unabhängig davon, welche anderen Elemente gleichzeitig vorhanden sind (und in welcher Menge), soweit der Gehalt innerhalb folgender Grenzen liegt:

C	= 0,09 bis 0,18%,	S	= 0,08 bis 0,65%,
Si	= 0,07 bis 1,0%,	Cr	= Spuren bis 1,1%,
Mn	= 0,25 bis 1,9%,	Ni	= Spuren bis 1,3%,
P	= 0,01 bis 0,07%,	Cu	= Spuren bis 0,55%.

Streckgrenze, Festigkeit und Dehnung können aus den vorhandenen Legierungselementen mit für praktische Fälle ausreichender Genauigkeit quantitativ abgeschätzt werden, nicht dagegen die Einschnürung. Der Schweißprozeß beeinflußt diese Gegebenheiten kaum [O 1].

Die nachfolgende Tabelle 3.3 gibt die Wirkung der verschiedenen Legierungselemente auf die mechanischen Eigenschaften wieder, verglichen mit der Wirkung von C.

Tabelle 3.3. Einfluß der Begleit- bzw. Legierungselemente auf das Festigkeitsverhalten von Stahl

Mechanisch-technologische Eigenschaften	Anteile der Elemente in %, die den gleichen Einfluß ausüben wie 0,1% C					
	P	Mn	Si	Cr	Cu	Ni
Streckgrenze	0,2	0,5	0,4	0,55	0,45	0,8
Zugfestigkeit	0,15	0,8	0,7	0,9	1,0	1,3
Dehnung	0,1	0,8	0,5	1,0	0,7	1,5

Den größten Einfluß üben Kohlenstoff und Phosphor aus. Si wirkt ähnlich, der Einfluß ist aber geringer. Die Wirkung von Mn, Cr and Cu ist erheblich geringer, und ihr Einfluß auf die einzelnen Eigenschaften des Schweißgutes ist unterschiedlich. Ni hat den geringsten Einfluß auf die Festigkeit. Die Art, in der die einzelnen Elemente die mechanischen Eigenschaften des Schweißgutes beeinflussen, ist abhängig von dem Ausmaß, in welchem sie sich im Ferrit lösen, und wie sich das Gefüge ausbildet.

3.2.1 Kohlenstoff

Kohlenstoff ist in unlegierten Baustählen atomar im Gitter gelöst und in Form des Zementits Fe_3C im Perlit enthalten. Da Perlit eine höhere Festigkeit aufweist als

Ferrit, steigen mit wachsendem C-Gehalt Zugfestigkeit und Streckgrenze, während Dehnung und Kerbschlagzähigkeit sinken. 0,1% C erhöht die Zugfestigkeit um etwa 90 N mm^{-2}, die Streckgrenze um etwa 40 bis 50 N mm^{-2}. Auch die Warmfestigkeit wird erhöht. Da die Härte eines gehärteten Stahles nur vom Kohlenstoffgehalt abhängig ist, steigt mit diesem auch die Härtbarkeit. Werden Stähle mit höherem C-Gehalt geschweißt, so muß in der wärmebeeinflußten Zone mit Aufhärtungserscheinungen gerechnet werden. Festigkeit und Härte steigen in diesem Bereich stark an, während die Verformungsfähigkeit so weit absinkt, daß es bei Beanspruchung, unter Umständen bereits unter Einwirkung der Eigenspannungen, zu Rissen kommen kann. Bild 3.5 zeigt die Abhängigkeit der Härte vom Kohlenstoffgehalt. Man läßt im allgemeinen bei unlegierten Stählen in der Übergangszone eine Höchsthärte von 350 HV zu. Bei einem Anteil von 50% Martensit im Gefüge wird diese Härte bei einem C-Gehalt von 0,25% erreicht.

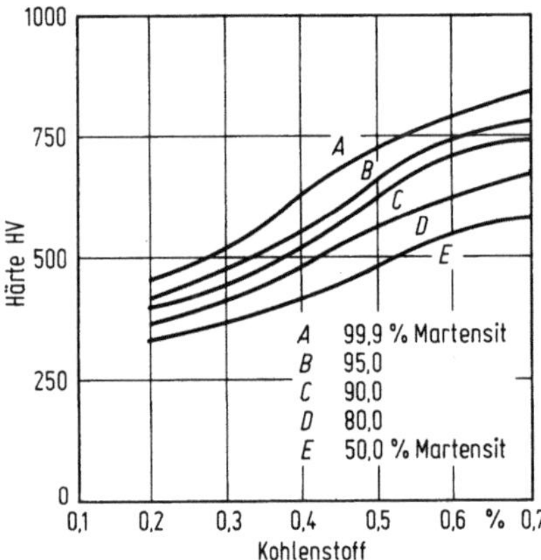

Bild 3.5. Abhängigkeit der Härte vom Kohlenstoffgehalt bei einem unlegierten Baustahl

Bis zu

$$C < 0,25\%$$

ist daher im allgemeinen beim Schweißen unlegierter Stähle nicht mit Rissen als Folge einer Aufhärtung zu rechnen. Stähle mit

$$C > 0,25\%$$

gelten als nur bedingt schweißbar. Dies bedeutet, daß gewisse Vorbedingungen erfüllt werden müssen, wenn ein Stahl mit höherem C-Gehalt rißfrei geschweißt werden soll. Als derartige Vorbedingungen sind zu nennen:

a) Vorwärmen

Durch Vorwärmen wird die Abkühlungsgeschwindigkeit gesenkt und damit die Aufhärtungsgefahr vermindert. Die Höhe der Vorwärmtemperatur ist von Wanddicke, Nahtform, Schweißverfahren und C-Gehalt abhängig. Anhaltswerte finden sich in Tabelle 3.4.

Tabelle 3.4. Anhaltswerte für Vorwärmtemperaturen bei Schweißungen an unlegierten Stählen

C %	Vorwärmtemperatur °C
0,2 bis 0,3	100 bis 150
0,3 bis 0,45	150 bis 275
0,45 bis 0,8	275 bis 425

Die üblichen unlegierten Massenbaustähle weisen etwa folgende C-Gehalte auf (Abweichungen von etwa $\pm$ 20% möglich):

Tabelle 3.5. Anhaltswerte für den C-Gehalt von unlegierten Massenbaustählen

Stahlsorte	St 33	St 37	St 44	St 50	St 52	St 60	St 70
C-Gehalt %	–	0,15	0,15	0,30	0,20	0,40	0,50

Höchstzulässige Kohlenstoffgehalte siehe Tabelle 3.8.

b) Schweißen mit hoher Energiezufuhr

Bei Anwendung einer höheren Energiezufuhr

$$E = \frac{q}{v_s} = \frac{U \cdot I}{v_s} \quad \text{in} \quad \text{J cm}^{-1}$$

erzielt man eine ähnliche Wirkung wie beim Vorwärmen, weil ein größerer Bereich in der Umgebung der Naht auf höhere Temperatur gebracht wird. Die Aufhärtungsneigung sinkt demnach beim Übergang zu größeren Elektrodendurchmessern beim Lichtbogenhandschweißen oder zu Hochleistungsverfahren (z. B. UP-Schweißen). Die Energiezufuhr läßt sich auch durch die Elektrodenführung – z. B. dünne Strichraupe mit hoher, breit gependelte Raupe mit niedriger Schweißgeschwindigkeit – beeinflussen. Diese Einflußgröße kann durch das *Ausziehverhältnis* (weniger korrekt auch als Ausziehlänge bezeichnet) gekennzeichnet werden. Es gibt das Verhältnis der Schweißraupenlänge zur Länge der abgeschmolzenen Elektrode wieder.

c) Erzielung eines gut verformbaren Schweißgutes

Bei der Lichtbogenhandschweißung besitzt das mit basisch umhüllten Elektroden erzeugte Schweißgut eine besonders hohe Verformungsfähigkeit. Es ist daher in der Lage, sich plastisch zu verformen, ohne daß Risse entstehen. Es sei jedoch hier besonders darauf hingewiesen, daß die Verwendung basisch umhüllter Elektroden *allein*, d. h. ohne Berücksichtigung von Vorwärmung, Energiezufuhr und Gestaltung, beim Schweißen höher gekohlter Stähle nicht zum Erfolg führt.

d) Gestaltung

Auch eine zweckmäßige Gestaltung vermag die Rißanfälligkeit herabzusetzen. Hierzu gehört insbesondere die Verwendung nicht zu großer Wanddicken, da mit der Wanddicke auch die Abkühlgeschwindigkeit wächst. Zur Begrenzung der Eigenspannungen sollte die Konstruktion möglichst nachgiebig gestaltet werden. Stumpfnähte sind in diesem Zusammenhang günstiger als Kehlnähte.

Als Beispiel sei das Einschweißen einer dickwandigen Buchse aus St 50 in eine Doppelwand genannt (Bild 3.6). Bei der Ausführung gemäß a) rissen die Kehlnähte auf dem gesamten Umfang, obgleich basisch umhüllte Elektroden verwendet wurden. Da nicht vorgewärmt worden war und die dickwandige Buchse die Wärme sehr rasch abführte, kam es in der Übergangszone zu Aufhärtungen und infolge von Schrumpfeigenspannungen zum Einreißen der Kehlnähte. In dem einem praktischen Fall entnommenen Beispiel war es möglich und zulässig, eine Umkonstruktion gemäß b) vorzunehmen, wodurch die Wanddicke verringert, die Nachgiebigkeit der Konstruktion durch Übergang von Kehlnähten auf Stumpfnähte verbessert und gleichzeitig die Zugänglichkeit zu den Schweißnähten günstiger gestaltet werden konnte. Zum Schweißen wurden wieder basische Elektroden verwendet, jedoch war zusätzlich vorzuwärmen.

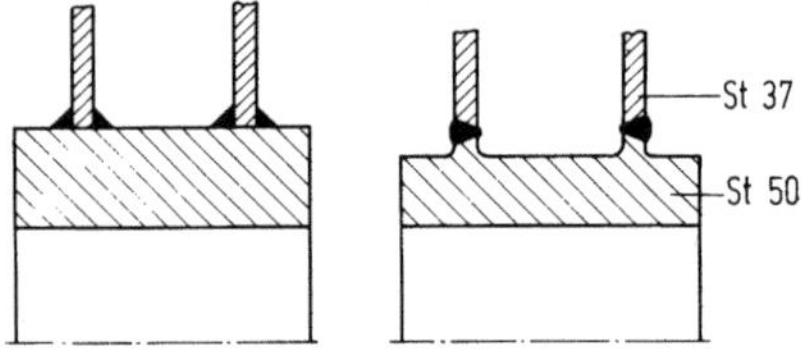

Bild 3.6a u. b. Konstruktive Änderung einer Scheiben-Naben-Verbindung zur Vermeidung von Rissen

3.2.2 Silizium

Die Festigkeitseigenschaften werden durch die in unlegierten Baustählen vorkommenden Si-Gehalte nur unwesentlich beeinflußt (0,1 % Si erhöht die Festigkeit um etwa $10\,\mathrm{N\,mm^{-2}}$).

Si wirkt stark desoxidierend. Ein Fehlen von Silizium weist darauf hin, daß der Stahl unberuhigt vergossen wurde. Nach dem Beruhigen sind im allgemeinen mehr als 0,1 % Silizium im Stahl enthalten. Der Gehalt an Si sollte auf 0,45 % begrenzt bleiben.

3.2.3 Mangan

Mangan erhöht die Zugfestigkeit und Streckgrenze, ohne daß die Verformbarkeit verschlechtert wird. 1 % Mn erhöht die Festigkeit um etwa $120\,\mathrm{N\,mm^{-2}}$. Unlegierte Baustähle enthalten im allgemeinen etwa 0,3 bis 0,8 % Mn. Mangan wirkt desoxidierend und wird gemeinsam mit Silizium zum Beruhigen von Stahl verwendet. Schwefel wird von Mangan zu Mangansulfid abgebunden (günstig, da MnS im

Gegensatz zu FeS in geringem Maße Heißrisse verursacht). Bei C–Mn-Stählen empfiehlt sich ein Mn/S-Verhältnis $\geq$ 20.

3.2.4 Phosphor

Durch Phosphor werden Zugfestigkeit und Streckgrenze erhöht (auch der Korrosionswiderstand gegen Atmosphärilien, vor allem in Verbindung mit Kupfer), während sich die Verformungseigenschaften verschlechtern. 0,1% P entsprechen 40 N mm^{-2} Festigkeitszunahme. Phosphor wirkt kaltversprödend und ist daher auf 0,05% im Stahl zu begrenzen.

Der schädliche Einfluß von Phosphor ist zurückzuführen auf

a) die Neigung zu Entmischungen (Seigerungen) infolge der weiten Ausdehnung des Zweiphasengebietes zwischen 1534 und 1050°C (Bild 3.7; auf der Neigung zu Entmischungen beruht auch die Oberhofferätzung, die zur Kenntlichmachung des Primärgefüges von Stahlguß verwendet wird),

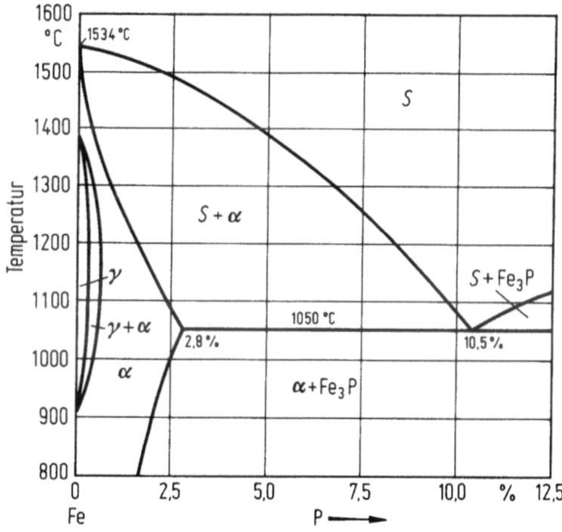

Bild 3.7. Zweistoffschaubild Fe–P

b) geringe Diffusionsgeschwindigkeit von Phosphor im α- und γ-Mischkristall, so daß es nicht zu einem Konzentrationsausgleich kommt,

c) versprödende Wirkung des Phosphors auf den α-Mischkristall.
Die Versprödung des Ferrits führt zur Kaltbrüchigkeit, nachweisbar durch die Verschiebung des Steilabfalls des Kerbschlagzähigkeit zu höheren Temperaturen bei der Prüfung phosphorreicher Stähle.

d) Bei langen Glühzeiten führen Anreicherungen von Phosphor auf den Korngrenzen zu Anlaßversprödung.

Durch eine weitere Absenkung des Phosphorgehalts unter die oben genannte Grenze von 0,05% läßt sich die Zähigkeit der Stähle verbessern. Das gilt auch z. B. für den Tieftemperaturstahl X 8 Ni 9. Im Routinebetrieb sind 0,02% einzuhalten.

Ob eine Absenkung auf noch niedrigere Werte notwendig sein kann, ist bisher noch nicht geklärt. Gegen wasserstoffinduzierte Kaltrissigkeit wird ein Phosphorgehalt von weniger als 0,01% angestrebt [D 13].

3.2.5 Schwefel

Schwefel wird unlegierten Baustählen zuweilen zugegeben, um die Zerspanbarkeit zu verbessern (Automatenstähle). Eisen und Eisensulfid bilden ein niedrigschmelzendes Eutektikum, dessen Schmelzpunkt bei Gegenwart von Eisenoxidul zu noch niedrigeren Temperaturen verschoben wird. Kritisch ist der große Erstarrungsbereich, der vom Schmelzpunkt des Eisens (1534 °C) bis zum Schmelzpunkt des Fe–FeS-Eutektikums bei 988 °C reicht (Bild 3.8). In diesem ganzen Bereich steht der γ-Mischkristall im Gleichgewicht mit der flüssigen Phase, die schließlich die eutektische Konzentration von 31% S erreicht. Diese bildet sich stark um die Primärkörner herum aus. Sowohl bei der Warmverformung als auch beim Schweißen kann es deshalb im Bereich der Korngrenzen zu Aufschmelzungen und Materialtrennungen (interkristallinen Rissen) kommen. Man spricht in solchen Fällen von Heißrissigkeit. Günstig wirkt sich bei höheren Schwefelgehalten die gleichzeitige Anwesenheit von Mangan aus, weil Schwefel eine größere Affinität zu Mangan als zu Eisen besitzt und der Schmelzpunkt des Mangansulfids verhältnismäßig hoch, nämlich bei 1610 °C (Bild 3.9) liegt. Beim Erstarren des Stahles sind die Mangansulfide bereits fest, wirken als Keime und sind später innerhalb der Körner im Stahl verteilt, liegen also nicht auf den Korngrenzen. Liegt ein niedriges Mangan/Schwefel-Verhältnis vor und ist unter Beteiligung weiterer Elemente die Sulfidzusammensetzung komplex, muß dagegen mit einer Anordnung auf den

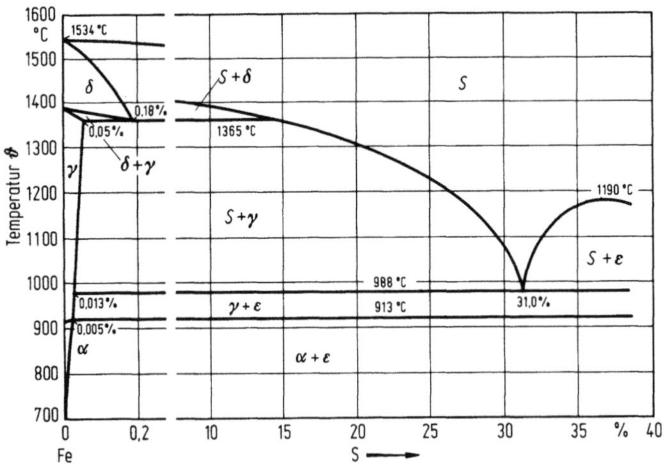

Bild 3.8. Zweistoffschaubild Fe–S

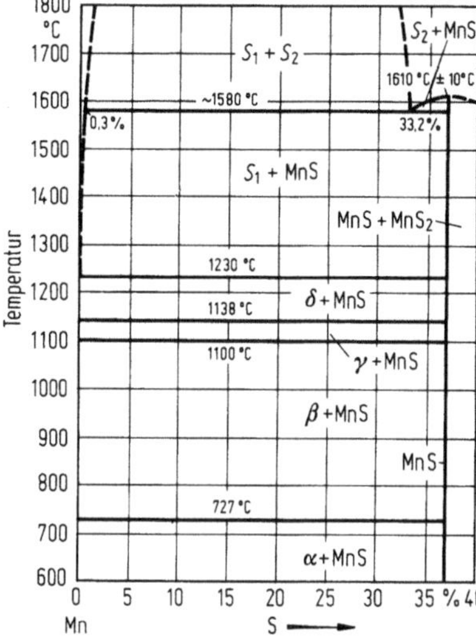

Bild 3.9. Zweistoffschaubild Mn–S

Primärkorngrenzen gerechnet werden. Form und Verteilung der Sulfide bestimmen dann die mechanischen Eigenschaften der Stähle. Man unterscheidet zwischen den folgenden Sulfidausscheidungsformen [D 16]:

Typ I: Kugelförmige Sulfide, die auch Oxidanteile enthalten können. Sie bilden sich bei höheren Sauerstoffgehalten >0,02%.

Typ II: Korngrenzensulfide. Sie entstehen bei niedrigen Sauerstoffgehalten < 0,01%.

Typ III: Eckige Sulfide. Sie bilden sich bei hohen Gehalten an Kohlenstoff und Silizium.

Die Höhe des Sauerstoffgehalts ist demnach entscheidend für die Art der Sulfidausbildung. Der Ausscheidungsverlauf läßt sich im Fe–MnS–MnO- Schaubild verfolgen. Beim Umformen werden die Sulfide gestreckt, die des Typs I weniger stark als die des Typs III. Typ II bildet kettenförmige Einschlüsse. Aufschmelzungsrisse in der WEZ von Schweißverbindungen können durch Sulfidfilme auf den Korngrenzen verursacht werden [S 13].

Die Kerbschlagzähigkeit sinkt mit zunehmendem Schwefelgehalt stark ab und die Anisotropie der Zähigkeitseigenschaften steigt an. Durch Behandeln der Stahlschmelzen mit Ca erhöht sich die Warmfestigkeit der Sulfide, so daß sie beim Walzen nicht gestreckt werden, sondern globular vorliegen. Das führt zu einer stark verbesserten Zähigkeit in Quer- und Dickenrichtung. Dies wiederum erhöht die Sicherheit gegen Terrassenbruch. Dabei handelt es sich um verformungsarme Brüche, die interkristallin längs Korngrenzen verlaufen. Die Bruchebene ist stufenförmig abgesetzt, da sie den gestreckten Sulfiden folgt, was zu der Bezeichnung Terrassen- oder Lamellenbruch geführt hat. Als Maß für die Sicherheit gegen Terrassenbruch wird die Brucheinschnürung Z von in Dickenrichtung beanspruchten Rundzugproben gewählt [D 14, S 10]. Bei Schwefelgehalten von 0,003%, die heute gut zu erreichen sind, erhält man bei üblichen Stahlbaustählen Werte von über 60% für die Brucheinschnürung in Dickenrichtung.

Auch die Empfindlichkeit gegen „Reheat Cracking" beim Spannungsarmglühen warmfester CrMoV-Stähle wird durch Schwefel verstärkt. Es hat sich gezeigt, daß S-Gehalte unter 0,001% Abhilfe schaffen. Auch die Sicherheit gegen wasserstoffinduzierte Risse wird durch niedrige Gehalte an Schwefel erhöht [D 13]. Die früher übliche Begrenzung auf 0,05% [D 15] dürfte damit weitgehend überholt sein.

3.2.6 Stickstoff

Stickstoff liegt im Stahl fast vollständig in Form von Nitriden vor. Da er die Versprödungsneigung unlegierter Baustähle begünstigt, soll der Gehalt an diesem Element in unberuhigt vergossenen Stählen 0,002% nicht übersteigen. Ohne Alterung entsprechen 0,1% Stickstoff 62 Nmm^{-2} Festigkeitszunahme. Auf die Anwesenheit von Stickstoff sind verschiedene Versprödungserscheinungen in unlegierten Baustählen zurückzuführen:

Ausscheidungs- oder Abschreckalterung,
Reck- oder Verformungsalterung,
Blausprödigkeit.

Durch Aluminium bei stark beruhigten Stählen sowie durch Nb, V, Zr und Ti bei mikrolegierten Stählen führen die mit diesen Elementen gebildeten Nitride über Keimwirkung zu Feinkornstählen mit guter Zähigkeit. Da Stickstoff das Austenitgebiet stabilisiert, wird dieses Element bei manchen hochlegierten austenitischen Stählen bewußt als Legierungselement verwendet.

Vom Schweißgut kann Stickstoff aus der Luft aufgenommen werden, besonders bei zu lang gehaltenem Lichtbogen. Wenn er sich infolge sinkender Temperatur aus dem flüssigen Schweißgut ausscheidet, sammelt er sich, zu molekularem Stickstoff rekombiniert, in Poren an. Stickstoff ist die häufigste Ursache für die Porenbildung beim Schutzgasschweißen mit Drahtelektroden aus un- und niedriglegierten Stählen. Auch in der Decklage von Schweißnähten, die mit sehr dick rutilumhüllten Stabelektroden oder rutilumhüllten Hochleistungselektroden geschweißt werden, ist Stickstoff oft für das Auftreten von Poren verantwortlich. Dagegen bilden sich im hochlegierten chromhaltigen Schweißgut Chromnitride, die das Ausscheiden von gasförmigem Stickstoff verhindern [K 12].

3.2.7 Aluminium

Aluminium wirkt stark desoxidierend, denitrierend, und Aluminiumoxid und Aluminiumnitride wirken als Keimbildner bei der Erstarrung. Bei stark beruhigten Stählen soll der Gehalt an metallischem Aluminium mindestens 0,02% betragen. Die Umwandlungsfreudigkeit Al-haltiger Stähle wird erhöht, eine evtl. Aufhärtungsneigung daher abgeschwächt.

3.2.8 Kupfer

Durch die Verwendung von Schrott bei der Herstellung von Stählen nimmt der Kupferanteil in den unlegierten Baustählen ständig zu. Ein Kupfergehalt bis zu etwa 0,26% wird als unschädlich angesehen. Er verzögert bei Gehalten von 0,15 bis 0,5% die Rostungsgeschwindigkeit durch Ausbildung einer sehr dichten, vor dem weiteren Rosten schützenden Deckschicht (wetterfeste Stähle. „Corten" -Stahl, siehe auch 3.2.4). Dehngrenze und Zugfestigkeit werden erhöht.

Bei Erwärmung kupferhaltiger Baustähle reichert sich das Kupfer unter der Zunderschicht an der Stahloberfläche an. Wegen des niedrigen Schmelzpunktes von Kupfer besteht die Gefahr des Auftretens von Lötbruch bei Zugbeanspruchung. Sie wird durch Zinn noch verstärkt. Wird dagegen Kupfer als Legierungselement verwendet, wird zusätzlich mit Nickel legiert, das sich ebenfalls an der Stahloberfläche anreichert. Der Schmelzpunkt der Cu–Ni-Anreicherung liegt so weit oberhalb des Kupferschmelzpunkts, daß kein Lötbruch mehr auftreten kann [D 13].

3.2.9 Vanadin

Vanadin wirkt in unlegierten Baustählen ähnlich wie Aluminium, d. h., es fördert Feinkörnigkeit und Umwandlungsfreudigkeit und bindet Stickstoff ab [V 1].

3.2.10 Arsen, Antimon, Zinn

Diese Elemente verstärken die durch Phosphor verursachte Anlaßversprödung. Eine Beeinflussung der Zähigkeit bei schweißbaren Baustählen wurde bisher nicht nachgewiesen. Trotzdem werden die Gehalte an As, Sb und Sn in Normen und Werkstoffblättern vielfach begrenzt, um sicherer gegen Rißbildung beim Spannungsarmglühen (Reheat Cracking) zu sein [D 13].

3.3 Das Sprödbruchproblem

Unter Sprödbruch versteht man den verformungsarmen Trennbruch von Stahl bei niedriger Nennspannung unter dem Einfluß von Normalspannungen. Sein Auftreten wird begünstigt durch
a) werkstoffbedingte Faktoren (hohe Übergangstemperatur, Alterung),
b) konstruktiv bzw. beanspruchungsbedingte Faktoren (Verformungsbehinderung durch räumliche Spannungszustände, örtliche Spannungskonzentration, hohe Beanspruchungsgeschwindigkeit, konstruktive oder durch die Art der Fertigung bedingte Kerben, tiefe Temperaturen, Eigenspannungen).

Bekannte Beispiele für Sprödbrucherscheinungen an geschweißten Bauwerken sind:
a) Bruch an der Rüdersdorfer Autobahnbrücke,
b) Brüche an belgischen Brücken (Hasselt, Herenthals),
c) Bruch an der Berliner Zoobrücke,
d) Brüche an Schiffen der Liberty-Klasse während des Zweiten Weltkrieges.

Beim Bruch der Rüdersdorfer Brücke traten in der Nacht vom 2. zum 3. Januar 1938 (tiefe Temperaturen) innerhalb von 2 Stunden in zwei verschiedenen Feldern ohne Belastung durch Verkehrslast (niedrige Nennspannung!) mit einem scharfen Knall Risse auf. Sie liefen vom Gurt aus (dickwandig, räumlicher Spannungszustand) in das Stegblech hinein.

Ferritische Stähle mit Streckgrenzen unter 490 N/mm^2 sind bei Temperaturen oberhalb 100 °C und in Dicken bis etwa 75 mm nur dann als sprödbruchempfindlich anzusehen, wenn sie für unter Gasdruck stehende Behälter mit übergroßen Fehlern verwendet werden. In ähnlicher Weise existiert kein allgemeines Sprödbruchproblem bei gewalzten oder stranggepreßten Aluminiumlegierungen mit Festigkeiten unter 310 N/mm^2 in Blechdicken bis zu 25 mm oder bei konventionellen gewalzten 18/8-Chrom-Nickel-Stählen in ähnlichen Dickenbereichen. Die Bemerkung zu Aluminium und austenitischem Stahl bezieht sich auch auf tiefe Temperaturen.

3.3.1 Werkstoffbedingte Faktoren

Als Folge der erhöhten Qualtität moderner Baustähle sind Schadensfälle, die auf sprödbruchempfindliche Stähle zurückgeführt werden können, sehr selten geworden. Zur Bestimmung der Sprödbruchempfindlichkeit wurden in Abschnitt 1.4.3 bereits einige Hinweise gegeben. Vielfach bedient man sich des Kerbschlagbiegeversuches. Die Lage des Steilabfalls ist ein Kriterium für die Temperaturversprödung eines Werkstoffes. Als Maß hierfür wählt man die Übergangstemperatur, bei welcher der Verformungsbruch in den Trennbruch übergeht (Definition der Übergangstemperatur vgl. Abschn. 1.4.3). Die Sprödbruchempfindlichkeit wird vor allem durch Elemente wie Phosphor, Schwefel und Stickstoff im ungünstigen Sinne beeinflußt. Auch die Frage der Seigerungen bei unberuhigten Stählen spielt in diesem Zusammenhang eine Rolle. Alterungsempfindliche Stähle sind auch sprödbruchempfindlich. Wird in kaltverformten Bereichen geschweißt, ist die Gefahr des Auftretens von Sprödbrüchen bei diesen Stählen besonders groß. Im gleichen Sinne wirkt eine Korngrenzenversprödung [z. B. Korngrenzenzementit (Tertiärzementit) bei weichen Stählen]. Ein grobkörniges Gefüge ist weniger verformungsfähig als ein feinkörniges. DIN 17100 (Ausgabe 1980) enthält unter Abschnitt 8.4 einige Angaben über die Sprödbruchunempfindlichkeit der allgemeinen Massenbaustähle. Für Stähle des Typs St 33 wird keine Gewährleistung für ausreichende Sprödbruchunempfindlichkeit übernommen. Für die Gütegruppen 2 und 3 dagegen werden bestimmte Kerbschlagzähigkeitswerte gemäß Tabelle 3.6 garantiert.

Tabelle 3.6. Schweißeignung der allgemeinen Baustähle

Stahlsorte	Kerbschlagarbeit ISO-probe	Prüftemperatur °C				Sprödbruchneigung	Härtungsneigung	Seigerungsverhalten
		−20	+0	+10	+20			
St 33	–					× × ×	× × ×	× ×
USt 37-2	27				0	× ×		×
RSt 37-2	27				0	× ×		
ST 37-3 (unbehandelt)	27		0			×		
St 37-3 (normalgeglüht)	27	0						
St 44-2	27				0	× ×	× ×	
St 44-3 (unbehandelt)	27		0			×	× ×	
St 44-3 (normalgeglüht)	27	0					× ×	
St 52-3 (unbehandelt)	27		0			×	×	
St 52-3 (normalgeglüht)	27	0					×	

Mindestkerbschlagwerte zur Vermeidung von Sprödbrüchen werden auch von G. E. Tummers [T 4] für Kohlenstoffstähle angegeben.

Die nachteiligen Folgen einer Kaltverformung können durch Spannungsarmglühen wieder beseitigt werden. Bei kritischem Verformungsgrad (3 bis 10%) besteht jedoch die Gefahr der Ausbildung von Grobkorn durch Rekristallisation. Der Ausdruck „Spannungsarmglühen" ist in diesem Zusammenhang nur teilweise gerechtfertigt, da die Glühbehandlung bei 650 °C nicht nur weitgehend die vom Herstellungsprozeß und vom Schweißen herrührenden Eigenspannungen beseitigt, sondern auch die metallurgischen Eigenschaften in der WEZ verbessert, ohne dabei das Gefüge zu ändern, soweit von Rekristallisationserscheinungen abgesehen wird.

Für die jeweilige Stahlsorte wird in Tabelle 3.6 auf einzelne Faktoren mit Kreuzen hingewiesen: Größere Anzahl von Kreuzen bedeutet wachsende Schwierigkeiten und dadurch erhöhten Aufwand bei der schweißtechnischen Fertigung. Für jeden der verschiedenen Faktoren ist die Wertigkeit der Kreuze unterschiedlich. Sie ist also zwischen ihnen nicht ohne weiteres vergleichbar.

Bei größerer Wanddicke treten nicht nur ungünstige räumliche Eigenspannungszustände auf, sondern auch die metallurgischen Eigenschaften sind, z. B. infolge des geringeren Verwalzungsgrades, weniger gut. Man hilft sich hier z. T. durch übereinander angeordnete Bleche kleineren Querschnitts (Schichtbauweise). Zur Prüfung der Sprödbruchunempfindlichkeit dicker Bleche wird der Aufschweißbiegeversuch (Kommerellprobe) gemäß Bild 1.7e herangezogen (vgl. DIN 17 100, Abschn. 9.5.7). In den Bildern 1.7 und 1.8 sind weitere Probenformen skizziert, die ebenfalls für die Prüfung der Sprödbruchneigung verwendet werden. In zunehmendem Maße geht man dazu über, die Rißzähigkeit K_{Ic} als Beurteilungskriterium heranzuziehen.

Auch Diskontinuitäten im stofflichen Bereich, d. h. eine sprunghafte Änderung der Werkstoffeigenschaften, z. B. durch Wahl eines dem Grundwerkstoff nicht angepaßten Schweißgutes, sind zu vermeiden.

3.3.2 Konstruktiv bzw. beanspruchungsbedingte Faktoren

3.3.2.1 Räumliche Spannungszustände

Die Werkstoffeigenschaften werden üblicherweise im einachsigen Zugversuch geprüft, während im Bauteil meist räumlich verteilte Spannungen vorliegen. In dickwandigen Konstruktionen beispielsweise entstehen beim Schweißen räumliche, d. h. dreiachsige Zugeigenspannungen, während in dünnwandigen ein ebener Spannungszustand vorherrscht. Die im einachsigen Zugversuch gefundene Dehngrenze $R_{p0,2}$ gilt bei mehrachsiger Beanspruchung nicht mehr. Sie steigt mit wachsender „Räumlichkeit" des Zugspannungszustandes an und kann schließlich die Trennfestigkeit des Werkstoffes erreichen [R 12].

Eine recht übersichtliche Darstellung der Verhältnisse ist möglich, wenn man die Schubspannungshypothese zugrunde legt und für die Beschreibung des Beanspruchungszustandes die Mohrschen Spannungskreise heranzieht [S 11]. Kritisch sind dann die Zustände, deren Spannungskreise eine bestimmte Grenzkurve berühren. Alle Spannungszustände, deren Kreise innerhalb dieser Grenzkurve liegen, sind ungefährlich. Im allgemeinen Fall gilt die parabolische Hüllkurve nach A. Leon als Grenzkurve. Sie schneidet die σ-Achse im Punkt A (Bild 3.10) senkrecht. Die mittlere Hauptnormalspannung σ_2 wird vernachlässigt. Gegenüber der Gestaltsänderungsenergiehypothese ergibt sich jedoch theoretisch im ungünstigsten Fall eine Abweichung von höchstens 15 %, und zwar so, daß die Mohrsche Annahme auf der sicheren Seite liegt [S 11].

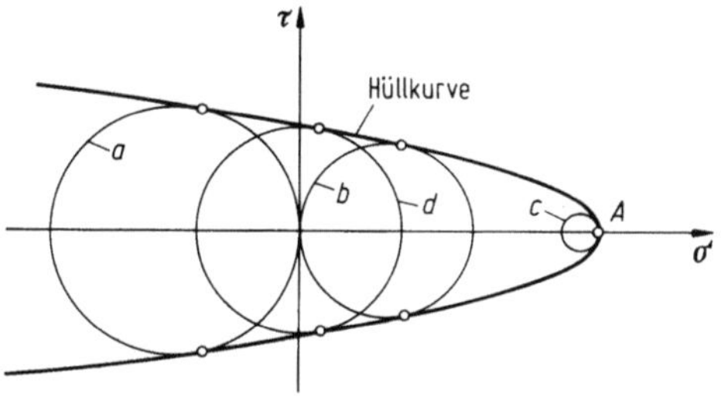

a Einachsiger Druck   c Zweiachsiger Zug
b Einachsiger Zug   d Torsion

Bild 3.10. Mohrsche Darstellung ein- und mehrachsiger Beanspruchung mit Hüllparabel nach A. Leon

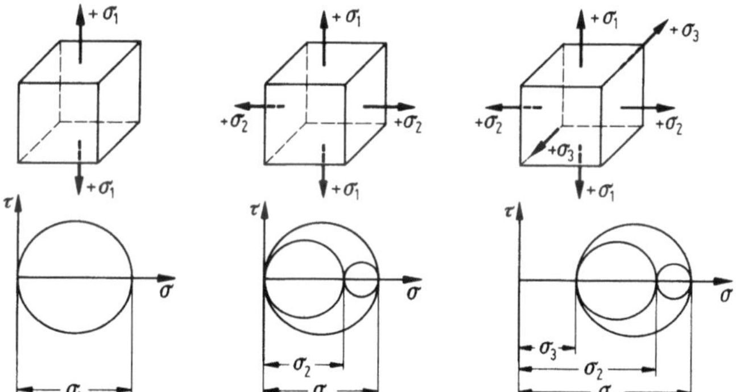

Bild 3.11. Ein- und mehrachsiger Spannungszustand in Mohrscher Darstellung

In Bild 3.11 sind einachsiger, zweiachsiger und dreiachsiger Spannungszustand in der Mohrschen Darstellungsweise wiedergegeben. Bild 3.10 zeigt gleichzeitig einige kritische Beanspruchungszustände (Druck, Verdrehung, Zug). Die Spannungskreise sind von der Hüllkurve umgeben. Jeder Punkt dieser Kurve gibt durch seine Ordinate die Gleitfestigkeit des Werkstoffes an, wenn an der betrachteten Stelle gleichzeitig jene Normalspannung wirkt, die durch die Abszisse des Hüllkurvenpunktes dargestellt wird. Die kritische Schubspannung, d. h. die Gleitfestigkeit, ist bei einachsigem Druck am größten, und sie sinkt, je weiter man sich dem Punkt A nähert. In Punkt A wird die kritische Schubspannung, d. h. die

Gleitfestigkeit zu 0, und die drei Hauptnormalspannungen σ_1, σ_2 und σ_3 sind gleich groß und positiv. Die drei Spannungskreise schrumpfen also zu einem Punkt zusammen. Schubspannungen treten nicht auf, und unter der alleinigen Wirkung von Normalspannungen kommt es ohne bleibende Verformungen zum Trennbruch. Man erkennt daraus, daß mit wachsender „Räumlichkeit" des Spannungszustandes die Gleitfestigkeit und damit die Verformungsfähigkeit sinken, wodurch das Eintreten eines spröden Bruches begünstigt werden muß.

Eine andere, ebenfalls sehr übersichtliche Darstellungsweise wurde von K. H. Rühl [R 12] gewählt. Betrachtet man nämlich das Verformungsverhalten bei räumlichen Spannungszuständen und bezeichnet die Dehnung bei diesem räumlichen Spannungszustand mit ε^*, so können für gegebene Werte von $\sigma_T/R_{p0,2}$ und E'/E für einen beliebigen Räumlichkeitsgrad die bleibenden Verformungen errechnet werden. Für $\sigma_T/R_{p0,2} = 2,5$ und $E'/E = 100$ sind die Ergebnisse der Rechnung in Form eines Höhenlinienfeldes gezeichnet (Bild 3.12).

σ_T	Trennfestigkeit,	ε_b	bleibende Dehnung, einachsig
$R_{p0,2}$	Dehngrenze, einachsig,	μ	$\varepsilon_b^*/\varepsilon_b$
E	Elastizitätsmodul,	α	$\sigma_2/\sigma_1,$
E'	Neigung der Fließkurve oberhalb $R_{p0,2}$	β	$\sigma_3/\sigma_1.$
ε_b^*	bleibende Dehnung, mehrachsig,		

Bild 3.12 läßt erkennen daß

a) bei zweiachsiger Beanspruchung ($\beta = 0$, $\alpha \neq 0$ oder $\alpha = 0$, $\beta \neq 0$) ein mäßiger Abfall der Verformungsfähigkeit eintritt,

b) mit steigender Räumlichkeit (α und β nähern sich gleichzeitig dem Wert 1) die Verformungsfähigkeit absinkt, d. h. der Werkstoff versprödet,

c) es zu vollständiger Versprödung kommt, wenn α und β so groß werden, daß $R_{p0,2} = \sigma_T$, d. h. $\mu = 0$.

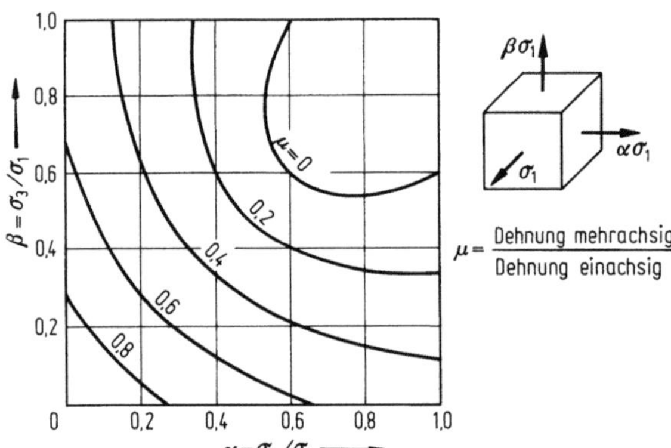

Bild 3.12. Bleibende Dehnung bei räumlichen Spannungszuständen

3.3.2.2 Örtliche Spannungskonzentration

Sprödbrüche werden durch örtliche Spannungskonzentrationen begünstigt, wie sie etwa an scharfen konstruktiven Kerben auftreten können. Zu Kerben im übertragenen Sinne zählen alle Diskontinuitäten, sei es im Beanspruchungs-, sei es im stofflichen oder im konstruktiven Bereich. Auch Anhäufungen von Schweißnähten führen zu örtlichen Spannungskonzentrationen.

3.3.2.3 Beanspruchungsgeschwindigkeit

Erhöht man, etwa im Zugversuch, die Verformungsgeschwindigkeit, so wird die Kurve der Gleitfestigkeit (Bild 3.13) angehoben, d. h., einer rascheren Verformung setzt der Werkstoff einen größeren Widerstand entgegen. Die Kurve der Trennfestigkeit dagegen wird nicht verändert. Kurve *a* gibt den Gleitwiderstand bei kleiner Verformungsgeschwindigkeit wieder und Kurve *b* bei höherer Verformungsgeschwindigkeit; in beiden Fällen kommt es zu einem zähen Bruch. Bei hoher Beanspruchungsgeschwindigkeit tritt bei stark erhöhtem Gleitwiderstand ein Sprödbruch auf, Kurve *c*.

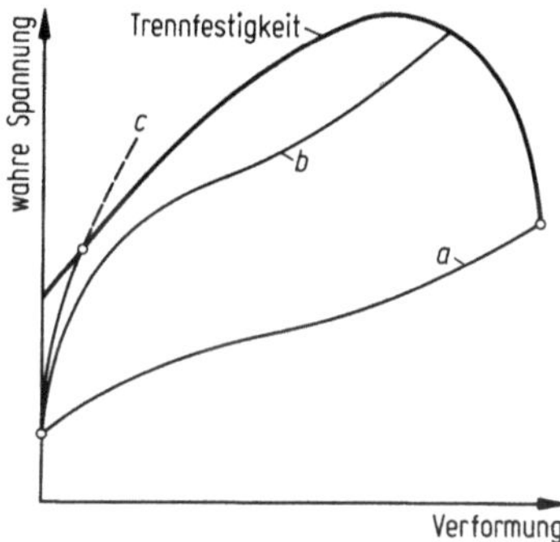

Bild 3.13. Einfluß der Verformungsgeschwindigkeit auf das Bruchverhalten. (Nach Kuntze)

3.3.2.4 Tiefe Temperaturen

Sinkt die Betriebstemperatur unter Raumtemperatur ab, so wirkt sich eine solche Temperaturerniedrigung auf die verschiedenen Metalle unterschiedlich aus. Unlegierte Stähle verspröden dabei, d. h., die Zugfestigkeit nimmt zu, Dehnung und Kerbschlagzähigkeit nehmen ab.

Es sei erwähnt, daß im Gegensatz hierzu Aluminium und seine Legierungen keine Versprödung aufweisen. Die Zugfestigkeit nimmt mit sinkender Temperatur zu, während die Verformungsfähigkeit gleich bleibt oder sogar ansteigt. Ähnliches gilt für Kupfer und Nickel sowie für austenitische Stähle. Diese günstigen Festigkeitseigenschaften im Tieftemperaturbereich machen derartige Werkstoffe für den Einsatz in Kältemaschinen und Luftverflüssigungsanlagen geeignet.

3.3.2.5 Eigenspannungen

In Schweißkonstruktionen sind – soweit sie nicht wärmebehandelt wurden – immer Eigenspannungen vorhanden. Bei zähen Werkstoffen werden die Eigenspannungen weitgehend abgebaut, sobald es als Folge der durch Betriebs- und Eigenspannungen hervorgerufenen Gesamtbeanspruchungen zu plastischer Verformung kommt. Bei spröden Werkstoffen jedoch oder bei hohem Räumlichkeitsgrad des Spannungszustandes sinkt, wie bereits erläutert, die Verformungsfähigkeit ab. In solchen Fällen kann bei Überlagerung von Eigen- und Lastspannungen die Trennfestigkeit erreicht und damit ein Sprödbruch eingeleitet werden.

3.4 Die Massenbaustähle nach DIN 17100

Die unlegierten Massenbaustähle sind unter Berücksichtigung der Vergießungsart in DIN 17100 genormt. Kennzeichnend für den Aufbau der Norm ist die Einteilung der Stähle in drei Gütegruppen. Der Besteller kann gemäß Tabelle 3.7 die Vergießungsart (Desoxidationsart) bestimmen, während die Stähle der Gütegruppe 3 stets besonders beruhigt geliefert werden.

Tabelle 3.7. Massenbaustähle nach DIN 17100

Gütegruppe	1	2	3
Vergießung	–	U, R	RR
A(ISO-V)-Mindestwerte	–	gewährleistet (außer St 50, 60, 70)	gewährleistet
	St 33		
		St 37-2	
		USt 37-2	St 37-3
		RSt 37-2	
		St 44-2	St 44-3
		St 50-2	St 52-3
		St 60-2	–
		St 70-2	–

Gütegruppe 1. Allgemeine Anforderungen.
Gütegruppe 2. Höhere Anforderungen.
Gütegruppe 3. Sonderanforderungen (Dickblech-Schweißkonstruktionen, tiefe Temperaturen).

Tabelle 3.7 gibt die nach DIN 17100 lieferbaren Massenbaustähle wieder. Von der Festigkeitsgruppe St 44 an werden nur beruhigt vergossene Stähle geliefert.

3.4.1 Gewährleistung der Sprödbruchunempfindlichkeit

Bei den Stählen der Gütgruppe 2 und 3 werden Mindestkerbschlagarbeitswerte zur Sicherstellung ausreichender Sprödbruchunempfindlichkeit gewährleistet (Tab. 3.6).

Bei Erzeugnissen der Gütegruppe 3, d. h. bei besonders beruhigten Stählen, muß – soweit eine Prüfung der Kerbschlagarbeit nicht möglich ist (z. B. bei zu geringer Wanddicke) – der Gehalt an metallischem Aluminium mindestens 0,02 % betragen oder eine sinngemäße andere Prüfung bei der Bestellung vereinbart werden. Neben dem Kerbschlagversuch zur Prüfung auf Sprödbruchunempfindlichkeit kann für die oben genannten Stahlsorten bei Dicken von 30 bis 50 mm zur weiteren Beurteilung der Schweißeignung zusätzlich der Aufschweißbiegeversuch bei der Bestellung vereinbart werden (Kommerellprobe, vgl. Bild 1.7e).

Zur Frage der Verjährung einer Materialgarantie ist §477 BGB heranzuziehen [O 2].

3.4.2 Schweißeignung der Massenbaustähle

Nachfolgend einige Angaben zur Schweißeignung der in DIN 17100 genormten Massenbaustähle:

3.4.2.1 Eignung der Stähle nach DIN 17100 zum Schmelzschweißen

St 33

Für St 33 werden keine Werte für die chemische Zusammensetzung gewährleistet. Die Vergießungsart bleibt dem Stahlhersteller überlassen. Die gewährleistete Festigkeit liegt in einem großen Bereich von 290 bis 540 N mm^{-2}. Wie diese Festigkeit erzielt wird, d. h. unter Zugabe welcher Legierungselemente, bleibt dem Stahlhersteller überlassen. St 33 ist daher nur mit Einschränkungen schweißbar. Gegebenenfalls ist ein gesonderter Nachweis der Schweißeignung zu führen.

St 37

St 37 wird vorzugsweise für Schweißkonstruktionen herangezogen. Stähle dieser Gruppe sind zum Schmelzschweißen geeignet, soweit die sonstigen Voraussetzungen gegeben sind: normales Gefüge, ausreichende Feinkörnigkeit, keine zu ausgeprägte Zeilenstruktur (Silikatzeilen), Begrenzung der Phosphor-, Schwefel- und Stickstoffgehalte auf die zulässigen Werte (vgl. 3.2.6), keine zu großen Wanddicken. Beruhigte Stähle sind unberuhigten Stählen vorzuziehen, besonders wenn beim Schweißen Seigerungszonen angeschnitten werden können.

St 44

St 44 liegt mit seinem Kohlenstoffgehalt unter der Grenze des für die Schweißbarkeit zulässigen Wertes von 0,25 %. In Tabelle 3.8 sind die höchstzulässigen Kohlenstoffgehalte der in DIN 17100 genormten unlegierten Massenbaustähle zusammengestellt.

St 50

Bei einem Mittelwert von 0,30 % C, der in praktisch vorliegenden Fällen wesentlich überschritten werden kann, ist dieser Stahl nur noch als bedingt schweißbar anzusehen. Vor allem dickwandigere Teile aus St 50 können nur noch mit entspre-

Tabelle 3.8. Höchstzulässige Kohlenstoffgehalte für Stähle nach DIN 17100

Stahlsorte	Schmelzenanalyse[a] für C bei Wanddicken in mm					
	< 16	> 16 ≤ 30	> 30 ≤ 40	> 40 ≤ 63	> 63 ≤ 100	> 100
St 33	–	–	–	–	–	–
St 37-2	0,17	0,20	0,20	0,20	0,20	
USt 37-2	0,17	0,20	0,20	0,20	0,20	
RSt 37-2	0,17	0,17	0,17	0,20	0,20	nach
St 37-3	0,17	0,17	0,17	0,17	0,17	Vereinbarung
St 44-2	0,21	0,21	0,21	0,22	0,22	
St 44-3	0,20	0,20	0,20	0,20	0,20	
St 52-3	0,20	0,20	0,22	0,22	0,22	
St 50-2	etwa 0,30					
St 60-2	etwa 0,40					
St 70-2	etwa 0,50					

[a] Geringe Abweichungen für Stück- und Schmelzenanalyse sind zulässig, soweit die Schweißbarkeit hierdurch nicht beeinträchtigt wird.

chender Vorwärmung und unter Beachtung der sonstigen Vorsichtsmaßregeln geschweißt werden (vgl. 3.2.1).

St 52

St 52 ist ein hochfester, schweißbarer Baustahl. Er wird nur in Gütegruppe 3, besonders beruhigt vergossen, geliefert. Der C-Gehalt ist bewußt niedrig gehalten. Die höhere Festigkeit erhält dieser Stahl durch andere Legierungselemente, vorzugsweise durch etwa 1,2 % Mangan. Da Mangan die Härtungsneigung fördert, kann es bei größeren Wanddicken erforderlich werden, mit Vorwärmung zu schweißen. Zur Begrenzung der MnS-Gehalte wurden schwefelarme Stähle dieses Typs entwickelt.

St 60 und St 70

Beide Stähle haben einen höheren Kohlenstoffgehalt und sind deshalb im allgemeinen für das Schmelzschweißen ungeeignet.

Die Tabelle 3.9 faßt noch einmal in übersichtlicher Form die Angaben über die Eignung der Massenbaustähle zum Schmelzschweißen zusammen.

Tabelle 3.9. Eignung der Massenbaustähle zum Schmelzschweißen

	Stahlsorte	Schweißeignung
I	St 37-3, St 37-2, St 44-2, St 44-3, St 52-3	Eignung zum Schmelzschweißen vorhanden
II	St 33, St 50-2	mit Einschränkungen schweißbar
III	St 60-2, St 70-2	sehr sorgfältige Vorbereitung und besondere Nachbehandlung erforderlich

3.4.2.2 Eignung der Stähle nach DIN 17100 zum Widerstandsschweißen und Gaspreßschweißen

Eignung zum Abbrennstumpfschweißen und Gaspreßschweißen ist im allgemeinen bei allen Stählen der DIN 17100 vorhanden. Mit Hilfe des Abbrennstumpfschweißens werden auch Werkstoffe aus St 60 und St 70 erfolgreich miteinander verbunden. Gegebenenfalls kann in der Maschine eine Wärmenachbehandlung erfolgen. Ursache für die Anwendbarkeit dieser Verfahren für das Schweißen höher gekohlter Stähle ist vor allem die sehr schmale Wärmeeinflußzone.

Eignung zum Schweißen mittels anderer Preßschweißverfahren, insbesondere für das Punktschweißen, ist im allgemeinen nur bei den Stählen mit höchstens 0,22 % C in der Schmelzenanalyse gegeben. Sie wird auch stark vom Siliziumgehalt und von der Oberflächenbeschaffenheit des Stahles beeinflußt.

Verzunderte Bleche bereiten wegen des erhöhten Kontaktwiderstandes Schwierigkeiten beim Punktschweißen (Spritzen, Verbrennungserscheinungen, großer Elektrodenverschleiß).

3.4.3 Auswahl der Stahlsorten und Gütegruppen nach DIN 17100

Die richtige Auswahl der Stahlsorten nach DIN 17100 zu treffen ist insofern nicht leicht, als man dabei einerseits konstruktive Ausbildung und Beanspruchungsart des zu fertigenden Bauteils zu beachten hat, andererseits aber auch Wirtschaftlichkeitsfragen. Geht man etwa zu Stählen einer niedrigeren Gütegruppe über, so verschlechtert sich die Schweißeignung. Geht man umgekehrt aus Sicherheitsgründen auf eine höhere Gütegruppe über, etwa die Gütegruppe 3, so werden, einen hohen Werkstoffkostenanteil vorausgesetzt, Wirtschaftlichkeitsfragen berührt, da bei der Auswahl dieses Stahles höhere Kosten entstehen.

Der Zwang, die Lagerhaltung klein zu halten, führt dazu, aus den in DIN 17100 angebotenen Stählen eine gewisse Auswahl zu treffen. Hierzu wird man zunächst prüfen, ob die im Betrieb hergestellten Erzeugnisse später einer statischen oder einer dynamischen Beanspruchung unterworfen werden. Außerdem ist wesentlich, welche Wanddicken vorkommen, ob die Konstruktion spannungsarm oder normalgeglüht wird und bei welchen Temperaturen sie späterhin eingesetzt ist. Man wird es vermeiden, unberuhigt vergossene Stähle einzusetzen, wenn damit zu rechnen ist, daß beim Schweißen Seigerungszonen angeschnitten werden. Andererseits müssen die Anforderungen an das Herstellungswerk so bemessen werden, daß keine zu langen Lieferfristen entstehen. Wie man jeweils vorgeht, muß von Fall zu Fall, je nach den gerade vorliegenden Verhältnissen entschieden werden.

3.4.3.1 Werkstoffauswahl für den Stahl-, Kran-, Brücken- und Stahlwasserbau

Man hat sich bemüht, unter Auswertung der Ergebnisse jahrzehntelanger Forschungsarbeiten auf dem Gebiet des Sprödbruchs die Stahlauswahl durch Empfehlungen zu erleichtern. Hierzu dient die DASt-Richtlinie 009 „Empfehlungen zur

Wahl der Stahlgütegruppen für geschweißte Stahlbauten". Zur Beurteilung des *Spannungszustandes* wird zwischen drei Gruppen „niedrig", „mittel" und „hoch" unterschieden, Bild 3.14. Je nach *Bedeutung* des Bauteils werden diese in Bauteile 1. und 2. Ordnung unterteilt, Tabelle 3.10. Hängt von der Funktionsfähigkeit der Bestand oder der Verwendungszweck des Gesamttragwerkes oder der wichtigsten Teile desselben ab oder wird durch langzeitige ständige Beanspruchung mindestens 70% der zulässigen Spannung ausgenutzt, handelt es sich um Bauteile 1. Ordnung. Bei Bauteilen 2. Ordnung wird durch örtliche Schäden der Bestand des Gesamttragwerkes nicht in Frage gestellt. Die *Temperaturbereiche* wurden auf zwei begrenzt. Der Bereich bis $-10\,°C$ berücksichtigt die tiefste Temperatur in geschlossenen Hallen, bis $-30\,°C$ die tiefste Außentemperatur. Für tiefere Temperaturen müssen verschärfte Anforderungen an die Stahlgüte gestellt werden.

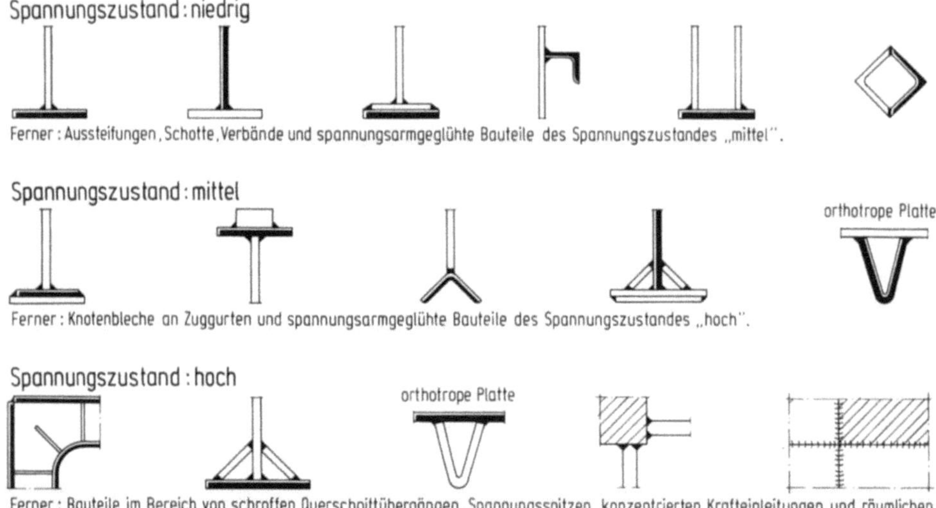

Bild 3.14. Beurteilung des Spannungszustandes nach DASt 009

Bei *Kaltverformungen* $>2\%$ im Schweißnahtbereich einschließlich der angrenzenden Fläche von der Breite der fünffachen Blechdicke sind neben der Bestimmung der Stahlgütegruppe nach Bild 3.15 die Bedingungen der Tabelle 2.3 einzuhalten. Die Berücksichtigung einer Kaltumformung nach DASt wird nur noch bei nicht vorwiegend ruhender Belastung empfohlen [Z 1]. Aus Spannungszustand, Bedeutung des Bauteils, der Temperatur und Zug- oder Druckbeanspruchung bei Gebrauchslast ergeben sich Klassifizierungsstufen I bis V entsprechend Tabelle 3.10. Die Werkstoffauswahl erfolgt nach diesen Klassifizierungsstufen und der Materialdicke gemäß Bild 3.15. Dieses Bild wurde der DIN 17100 angepaßt, die keine Stähle des Typs 1R und 1U mehr enthält. Die Richtlinie DASt 009 wird z. Zt. neu bearbeitet [Z 1].

Tabelle 3.10. Bestimmung der Klassifizierungsstufen

Spannungs-zustand	Bedeutung des Bauteils	Beanspruchung bei Gebrauchslast			
		Druck		Zug	
		Temperatur		Temperatur	
		bis −10°	von −10° bis −30°	bis −10°	von −10° bis −30°
Hoch	1. Ordnung	IV	III	II	I
	2. Ordnung	V	IV	III	II
Mittel	1. Ordnung	V	IV	III	II
	2. Ordnung	V	V	IV	III
Niedrig	1. Ordnung	V	V	IV	III
	2. Ordnung	V	V	V	IV

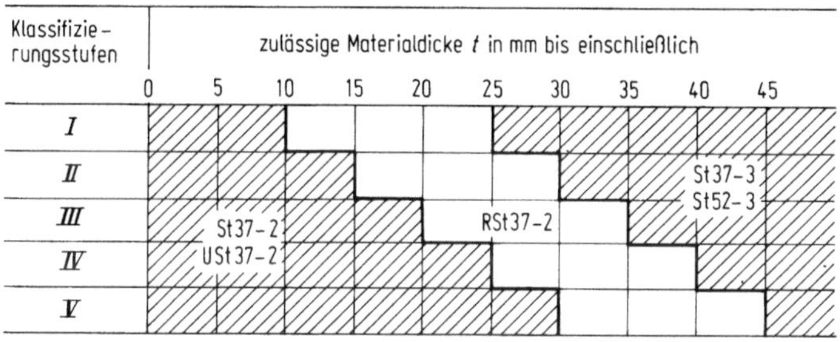

Bild 3.15. Bestimmung der Stahlgütegruppe in Anlehnung an DASt 009 [Z 1]

Wie Gurtungen bzw. eine biegebeanspruchte Rahmenecke nach der DASt-Richtlinie 009 je nach Anwendungsfall zu bewerten sind, ist − um ein typisches Beispiel zu zeigen − in Bild 3.16 dargestellt. Normalglühung ist bei den vorliegenden Blechdicken zweckmäßig, sie wird in DASt 009 jedoch nicht ausdrücklich gefordert.

3.4.3.2 Werkstoffauswahl für Tankbauwerke

Für die Herstellung von Tankbauwerken aus Stahl werden nach DIN 4119 mit Wanddickenbegrenzung Werkstoffe gemäß Tabelle 3.11 empfohlen.

Bei der Verwendung von Feinkornbaustählen mit Streckgrenzen unter 355 N/mm^{-2} darf die angegebene Grenzwanddicke von 30 mm ohne Wärmebehandlung der Schweißnähte auf 40 mm angehoben werden, wenn bei der Ablieferungsprüfung quer zur Hauptwalzrichtung an jeweils 3 ISO-Spitzkerbproben nach DIN 50115 bei −20 °C eine Kerbschlagzähigkeit von mindestens 34 J/cm^2 (Mittelwert) und 24 J/cm^2 (Einzelwert) nachgewiesen und der Gütenachweis durch Abnahmeprüfzeugnis B DIN 50049 geführt ist.

Kennwerte der Bauteile			Bewertung nach DAST 009						
einzelne Bauteile Querschnitt Abmessungen	Verwendung bei	Anwendungs-fall	Spannungszustand	Temperatur	Bedeutung des Bauteils	Kaltverfestigung	Klassifizierungsstufe	Wanddicke in mm	Gütegruppe DIN 17100
2	3	4	5	6	7	8	9	10	11
Gurtungen □ 2500·12 ⊏ 300·28	a) Eisenbahn-brücken	Vollwandträger		bis -30°C			III		2 RN
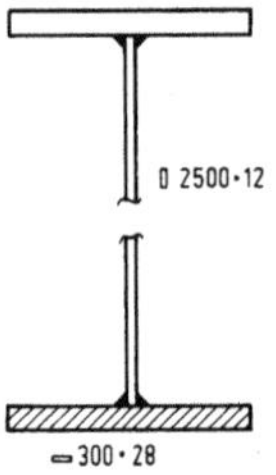	b) Straßen-brücken	Vollwandträger		bis -30°C			III		2 RN
	c) Stahl-wasserbau	Riegel für Schleusentor	niedrig	bis -30°C	1.Ordnung	—	III	28	2 RN
	d) Kranbau	Kran in Halle		bis -10°C			IV		2 RN
	e) Hochbau	Gurt in geschl. Halle (ummantelt)		bis -10°C			IV		2 RN
Rahmen und Stützen mit Biegung äußerer Gurt ⊏ 400·26 innen ⊏ 400·22	a) Eisenbahn-brücken	Rahmenbrücke		bis -30°C			I		3 N
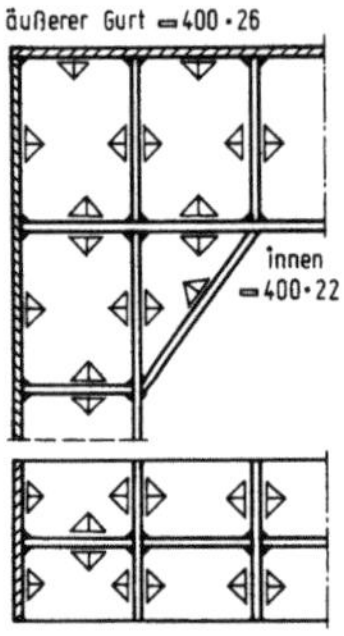	b) Straßen-brücken	Rahmenbrücke		bis -30°C			I		3 N
	c) Stahl-wasserbau	Rahmen eines Schiebetores	hoch	bis -10°C	1.Ordnung	—	II	26	2 RN
	d) Kranbau	Portalkran im Freien		bis -30°C			I		3 N
	e) Hochbau	Rahmen im Stahlwerk		bis -10°C			II		2 RN

Bild 3.16. Bewertung von Gurtungen und einer biegungsbeanspruchten Rahmenecke nach DASt 009

Die Schweißeignung der in Tabelle 3.11 aufgeführten Werkstoffe ist unter Berücksichtigung der in den Normen und Werkstoffblättern genannten Voraussetzungen gegeben. DIN 4119 enthält ergänzend die Angabe, daß alle austenitischen Stähle nach DIN 17440 (außer 1.4305) bis 20 mm sowie Aluminiumwerkstoffe nach DIN 1745 T1 eingesetzt werden können.

Für eingebaute Rechtecktanks (Kellertanks) gilt [G 7]: Für Bleche, die in ebenem Zustand verarbeitet werden, ist Stahl RSt 37 nach DIN 17100 zu verwenden. Werden Kaltverformungen, z. B. durch Abkanten oder Bördeln vorgenommen, so ist Stahl St 37-3 vorzusehen.

Tabelle 3.11. Werkstoffe für Tankbauwerke

Norm, Richtlinie	Stahlsorte	Höchstzulässige Wanddicke mm
DIN 17100 Allgemeine Baustähle	USt 37-2	12,5
	RSt 37-2	20
	St 37-3	30
SEW 087 Wetterfeste	WTSt 37-2	20
Baustähle	WTSt 37-3	30
–	WTSt 52-3	30
Schiffbaustahl	Grad B	
DIN 17155	H I, H II, H III	30
Kesselbleche	17 Mn 4	30
SEW 089, DIN 17102 Feinkornbaustähle	St E 255, St E 285	30
	WSt E 255, WSt E 285	30
	TSt E 255, TTSt E 285	30
	St E 315, St E 355	30
	WSt E 315, WSt E 355	30
	TSt E 315, TTSt E 355	30
	St E 380 bis St E 500	
	WSt E 380 bis WSt E 500	mit Eignungsnachweis
	TSt E 380 bis TSt E 500	

3.4.3.3 Werkstoffauswahl für den Fahrzeugbau

Schienenfahrzeuge

In DIN 5512 wurden Richtlinien für die Werkstoffauswahl in enger Anlehnung an DIN 17100 bzw. DIN 1623 niedergelegt. Sie beziehen sich nur auf den fahrzeugbaulichen Teil der Schienenfahrzeuge, da für die Antriebe und die sonstige Ausstattung z. T. wesentlich andere Gesichtspunkte, z. B. Anforderungen der Elektrotechnik, vorherrschend sind, als etwa Fertigungs- und Schweißeigenschaften (Tab. 3.12 und 3.13).

Straßenfahrzeuge

Auf Straßenfahrzeuge sind die gegebenen Richtlinien sinngemäß anzuwenden. Für Feinbleche wird eine Auswahl von Stählen nach DIN 1623 eingesetzt, siehe DIN 5512 T2. Ein weiteres Blatt DIN 5512 T3 (Entwurf 1988) enthält hochlegierte nichtrostende Stähle, die lichtbogengeschweißt werden können. Die mechanisch-technologischen Eigenschaften der Schweißverbindungen entsprechen bei richtiger Wahl der Schweißzusätze mindestens denen der unverfestigten Grundwerkstoffe. Geeignete Schweißzusätze sind in der Norm aufgeführt.

Tabelle 3.12. Werkstoffe für den fahrzeugbaulichen Teil von Schienenfahrzeugen nach DIN 5512, T. 1, in Anlehnung an DIN 17100

Stahlsorte	Anwendung		Mindestan-forderungen an das Schweißgut[a]
	Richtlinien	bevorzugt für	
St 33	Nur für warmgewalztes Band nach DIN 1016. Zum Schweißen und Kaltumformen ungeeignet. Zu verwenden bei warmgeformten Rohrschellen, für Beilagen, Abdeckbleche usw.	alle Fahrzeuge, Container	–
UQSt 37-2 UQSt 37-2 Cu 3 RSt 37-2 RSt 37-2 Cu 3 RQSt 37-2 RQSt 37-2 Cu 3	Für besondere Abkantprofile (Biegehalbmesser siehe Tab. 3.13) Für normal beanspruchte Bauteile, auch in Schweißverbindungen Für kaltabzukantende Bleche und $\geq$ 3 mm Dicke Breitflachstahl (Biegehalbmesser siehe Tab. 3.13)	Triebfahrzeuge, Reisezugwagen, Güterwagen, Container	4 320
St 37-3	Nur für Bleche der besonders hochbeanspruchten Triebdrehgestelle	Triebfahrzeuge	4 320
St 52-3 St 52-3 Cu 3	Für hochbeanspruchte Bauteile, bei großer Dauerbiegebeanspruchung auch in Schweißverbindungen	Triebfahrzeuge, Reisezugwagen, Güterwagen, Container	4 330 (4 320)[b]
QSt 52-3 QSt 52-3 Cu 3	Anwendung wie bei St 52-3 bzw. St 52-3 Cu 3, jedoch für kaltabzukantende Bleche und ab $\geq$ 3 mm Dicke Breitflachstahl (Biegehalbmesser siehe Tab. 3.13)		
St 50-2 St 60-2	Nur für Rund-, Vierkant- und Flachstahl und für Widerstandsstumpfschweißung, z. B. bei Bremsgestängen	alle Fahrzeuge, Container	5 130[c]

[a] Für alle DB-zugelassenen Schweißzusätze. Kennzahl und Kennziffern bezeichnen die mechanischen Gütewerte des Schweißguts nach DIN 1913.
[b] Bei Einsatz von mitteldick umhüllten Stabelektroden R3 und R(C)3 DIN 1913 T1 für Wurzel- und Dünnblechschweißung (s < 3 mm) von Stumpfnähten.
[c] Nur basische Zusätze. Gefahr der Aufmischung beachten.

Tabelle 3.13. Stahlsorten und kleinster Biegehalbmesser für Kaltabkanten

Stahlsorte	Erzeugnis (Halbzeug)	Zulässiger kleinster innerer Biegehalbmesser für Dicken Maße in mm										
		von 3 bis 4	über 4 bis 5	über 5 bis 6	über 6 bis 7	über 7 bis 8	über 8 bis 10	über 10 bis 12	über 12 bis 14	über 14 bis 16	über 16 bis 18	über 18 bis 20
UQSt 37-2 UQSt 37-2 Cu 3	Bleche ab 3 mm Dicke und Breit-flachstahl		8									
RQSt 37-2 RQSt 37-2 Cu 3 QSt 37-3		6	8	10	12	16	20	25	28	32	40	45
QSt 52-3 QSt 52-3 Cu 3	Bleche ab 3 mm Dicke und Breit-flachstahl (normalgeglüht)	8	10	12	16	20	25	32	36	40	50	63

Tabelle 3.13 gilt für Biegewinkel bis 120° und für Kaltbiegen längs und quer zur Walzrichtung. Für Biegewinkel größer als 120° ist der nächst höhere Tabellenwert zu verwenden.

3.5 Feinbleche aus unlegierten Stählen

Feinbleche ($s < 3$ mm) aus unlegierten Stählen sind in DIN 1623 T1, wenn Umformarbeiten vorgesehen sind oder die Oberfläche veredelt werden soll, gemäß Tabelle 3.14 aufgegliedert.

Für übliche Schweißverfahren sind diese Stähle schweißgeeignet. Für alle in Tabelle 3.14 genannten Stähle kommt die Oberflächengüte 03 und 05 nach Tabelle 3.15 in Betracht.

Tabelle 3.14. Weiche Stähle

Stahlsorte	Werkstoff-Nr	Desoxidationsart	C % max.	N % max.
St 12	1.0330	freigestellt	0,10	0,007[a]
USt 13	1.0333	U	0,10	0,007[a]
RRSt 13	1.0347	RR	0,10	[b]
St 14	1.0338	RR	0,08	[b]

[a] nicht abgebundener Stickstoff.
[b] Stickstoff muß abgebunden sein (> 0,02% Aluminium).

Tabelle 3.15. Oberflächenart und -ausführung bei Feinblechen

Oberflächenart		Oberflächenausführung	
02	nicht entzundert	g	glatt
03	zunderfrei	m	matt
04	verbesserte Oberfläche	r	rauh
05	beste Oberfläche		

Beispiel: St 14 05 m

Sind keine Umform- oder Oberflächenveredelungsarbeiten vorgesehen, sind in DIN 1623 T2 allgemeine Baustähle zusammengefaßt, die in Anlehnung an DIN 17100 mit St 37-2G bis St 70-2G bezeichnet werden. Hinsichtlich der Schweißeignung gelten die Ausführungen von Kap. 3.4.2.1 sinngemäß.

Kaltgewalztes Band und Blech zum Emaillieren aus unlegierten Stählen findet sich in DIN 1623 T3 (Tabelle 3.16). Die Stähle sind bei Anwendung üblicher Schweißverfahren schweißgeeignet.

Tabelle 3.16. Unlegierte Stähle zum Emaillieren

Stahlsorte	Werkstoff-Nr.	Desoxidationsart	C % max.	N % max.
EK 2	1.0391	R	0,08	0,007[a]
EK 4	1.0392	RR	0,08	[b]
ED 3	1.0393	R	0,004	0,007[a]
ED 4	1.0394	RR	0,004	[b]

[a] nicht abgebundener Stickstoff
[b] Stickstoff muß abgebunden sein (> 0,02 Aluminium)

Für kaltgewalztes Band und Blech für größere Dicken ($s < 6$ mm) gilt nach DIN 1624 Tabelle 3.17.

Die Stähle sind bei Anwendung üblicher Schweißverfahren schweißgeeignet.

Tabelle 3.17. Kaltgewalztes Band und Blech mit Wanddicken bis 6 mm

Stahlsorte	Werkstoff-Nr.	Desoxidationsart	C % max.	N	Behandlungs- zustand[c]
St 2	1.0330	freigestellt	0,10	0,007[a]	K, G, LG
USt 3	1.0333	U	0,08	0,007[a]	K 32–K 70
RRSt 3	1.0347	RR	0,10	[b]	
St 4	1.0338	RR	0,08	[b]	

[a] nicht abgebundener Stickstoff
[b] Stickstoff muß abgebunden sein (> 0,02 Aluminium)
[c] K keine Festlegungen
 G geglüht
 LG leicht nachgewalzt
 K 32 bis K 70 kalt nachgewalzt auf eine Zugfestigkeit von 290 bis 690 N/mm^2.

3.6 Unlegierte Einsatz- und Vergütungsstähle

3.6.1 Unlegierte Einsatzstähle

In Tabelle 3.18 sind die unlegierten Einsatzstähle nach DIN 17210 aufgeführt.

Tabelle 3.18. Unlegierte Einsatzstähle DIN 17210

	Bezeich-nung	C %	Si % max.	Mn %	P % max.	S % max.
Qualitäts-stähle	C 10	0,07/0,13	0,40	0,30/0,60	0,045	0,045
	C 15	0,12/0,18	0,40	0,30/0,60	0,045	0,045
Edelstähle	Ck 10	0,07/0,13	0,40	0,30/0,60	0,035	0,035
	Ck 15	0,12/0,18	0,40	0,30/0,60	0,035	0,035
	Cm 15	0,12/0,18	0,40	0,30/0,60	0,035	0,020/0,035

Reinheitsgrad und chemische Zusammensetzung sind vorgeschrieben. Die Stähle sind, auch mit Rücksicht auf ihren begrenzten P- und S-Gehalt, vor dem Einsetzen (Aufkohlen) zum Schweißen gut geeignet. Beim Einsetzen wird die Randzone auf etwa 0,8 % C aufgekohlt. Vom Schweißen in diesem Zustand ist wegen Aufhärtungsgefahr abzuraten. Gegebenenfalls muß der Nahtbereich beim Einsetzen abgedeckt werden, so daß dort keine Aufkohlung erfolgt.

3.6.2 Unlegierte Vergütungsstähle

In Tabelle 3.19 sind die unlegierten Vergütungsstähle nach DIN 17200 aufgeführt.

Tabelle 3.19. Unlegierte Vergütungsstähle DIN 17200

Bezeich-nung	C %	Si % max.	Mn %	P % max.	S % max.
C 22[a]	0,17/0,24	0,40	0,30/0,60	0,045	0,045
C 25	0,22/0,29	0,40	0,40/0,70	0,045	0,045
C 30	0,27/0,34	0,40	0,50/0,80	0,045	0,045
C 35	0,32/0,39	0,40	0,50/0,80	0,045	0,045
C 40[a]	0,37/0,44	0,40	0,50/0,80	0,045	0,045
C 45	0,42/0,50	0,40	0,50/0,80	0,045	0,045
C 50[a]	0,47/0,55	0,40	0,60/0,90	0,045	0,045
C 55	0,52/0,60	0,40	0,60/0,90	0,045	0,045
C 60	0,57/0,65	0,40	0,60/0,90	0,045	0,045

[a] nur für Sonderzwecke.

Außer den angeführten Stählen gibt es die Ck-Reihe (Ck 22 bis Ck 60) mit niedrigerem Phosphor- und Schwefelgehalt (0,035 % P und 0,03 % S) und die Cm-Reihe mit ebenfalls 0,035 % P und einem geregelten S-Gehalt von 0,020 % bis 0,035 %. Die sonstige Zusammensetzung bleibt unverändert.

Reinheitsgrad und chemische Zusammensetzung sind vorgeschrieben (niedriger P- und S-Gehalt garantiert).

Nur die Stähle C 22 und Ck 22 sind zum Schweißen gut geeignet. Die übrigen Stähle sind infolge höheren C-Gehaltes nur bedingt schweißbar. Da die handelsüblichen Elektroden ein Schweißgut mit relativ hoher Festigkeit liefern, kann vielfach auf ein Nachvergüten verzichtet werden. Zu beachten ist das Absinken der Festigkeit im Bereich der Wärmeeinflußzone, dessen Ausmaß vom jeweils gewählten Schweißverfahren und den Schweißbedingungen abhängig ist.

3.7 Unlegierte Rohrstähle

3.7.1 Nahtlose Rohre

Tabelle 3.20 enthält die in DIN 1629 zusammengefaßten nahtlosen Rohre aus unlegierten Stählen für besondere Anforderungen und die in DIN 1630 enthaltenen Stähle für besonders hohe Anforderungen. Sie sind aufgrund ihrer darauf abgestimmten Zusammensetzung zum Schweißen gut geeignet.

3.7.2 Geschweißte Rohre

Die Normen DIN 1626 und DIN 1628 sind ähnlich aufgebaut wie DIN 1629 und DIN 1630 für nahtlose Rohre. Auch hier unterscheidet man zwischen Rohren für besondere und für besonders hohe Anforderungen, siehe Tabelle 3.21. Alle Stähle sind zum Schweißen geeignet. Die Rohre werden vor allem im Apparatebau, Behälterbau, Leitungsbau und im allgemeinen Maschinen- und Gerätebau verwendet.

3.7.3 Präzisionsstahlrohre

Die nahtlosen Präzisionsstahlrohre nach DIN 2391 (St 30 bis St 52) gelten aufgrund ihrer Zusammensetzung und metallurgischen Behandlung als schweißgeeignet. Entsprechendes gilt auch für die geschweißten Rohre nach DIN 2393 (St 28 bis St 52–3). Bei den Zuständen BK (keine Wärmebehandlung nach der letzten Kaltumformung) und BKW (nach der letzten Wärmebehandlung folgt ein leichter Kaltzug) ist die Beeinflussung der Eigenschaften der WEZ durch die Schweißwärme zu beachten. Auch die geschweißten Präzisionsstahlrohre nach DIN 2394 sind zum Schweißen geeignet. Im Zustand BKM (keine Nachbehandlung nach dem Maßwalzen) ist wieder die Beeinflussung der Eigenschaften der WEZ durch die Schweißwärme zu beachten.

Tabelle 3.20. Nahtlose Rohre aus unlegierten Stählen

Norm	Rohrart	Bezeichnung	W.-Nummer	Desoxidation	C % max.	P % max.	S % max.	N % max.
DIN 1629	für bes.	St 37.0	1.0254	R	0,17	0,040	0,040	0,009
	Anforde-	St 44.0	1.0256	R	0,21	0,040	0,040	0,009
	rungen	St 52.0	1.0421	RR	0,22	0,040	0,035	[a]
DIN 1630	für bes.	St 37.4	1.0255	RR	0,17	0,040	0,040	[a]
	hohe Anforde-	St 44.4	1.0257	RR	0,20	0,040	0,040	[a]
	rungen	St 52.4	1.0581	RR	0,22	0,040	0,035	[a]

[a] Zusatz an stickstoffabbindenden Elementen (z. B. mind. 0,020 % Al_{ges}). Zur Sicherstellung ausreichender Festigkeit enthalten die Stähle St 52 einen etwas angehobenen Mn-Gehalt. Bei den Stählen nach DIN 1630 ist der Gehalt an Si auf 0,35 % begrenzt.
Nahtlose Rohre aus kaltzähen Stählen (DIN 17173) sind meist niedriglegiert. Eine Ausnahme macht der Stahl TTSt 35 N und V Werkstoff-Nr. 1.0356, der schweißgeeignet ist.

Tabelle 3.21. Geschweißte Rohre aus unlegierten Stählen

Norm	Rohrart	Bezeichnung	W.-Nummer	Desoxidation	C % max.	Si %	Mn % mind.	P % max.	S %
DIN 1626	besondere	USt 37.0	1.0253	U	0,20			0,040	0,040
	Anforderungen	St 37.0	1.0254	R	0,17			0,040	0,040
		St 44.0	1.0256	R	0,21			0,040	0,040
		St 52.0	1.0421	RR	0,22			0,040	0,035
DIN 1628	besonders	St 37.4	1.0255	RR	0,17	0,35	0,35	0,040	0,040
	hohe	St 44.4	1.0257	RR	0,20	0,35	0,40	0,040	0,040
	Anforderungen	St 52.4	1.0581	RR	0,22	0,55	1,60	0,040	0,035

[a] Zusatz an stickstoffabbindenden Elementen (z. B. mind. 0,020 % Al_{ges})

3.7.4 Gewinderohre

Gewinderohre sind in
  DIN 2440 mittelschwere Gewinderohre,
  DIN 2441 schwere Gewinderohre,
  DIN 2442 Gewinderohre mit Gütevorschrift

enthalten. Eignung zum Schweißen ist in allen Fällen im allgemeinen vorhanden.

3.7.5 Stahlrohre für Wasserleitungen

Geschweißte und nahtlose Stahlrohre für Wasserleitungen (DIN 2460) werden mit glatten Enden, Schweißfase oder als Muffenrohre geliefert. Sie sind bei Anwendung der üblichen Schweißverfahren zum Schweißen geeignet.

3.7.6 Rohre für Fernleitungen

DIN 17172: Stahlrohre für Fernleitungen für brennbare Flüssigkeiten und Gase. Die Rohre aus allen Stahlsorten dieser Norm sind für Gasschmelz-, Lichtbogenschmelz-, Abbrennstumpfschweißen sowie für elektrisches und Gaspreßschweißen geeignet. Bis zu einem Außendurchmesser von 500 mm wird eine Kerbschlagarbeit von 47 J bei 0 °C gewährleistet (Einzelwert bei drei Messungen nicht unter 38 J). Bezeichnungen und Grenzanalysenwerte der in DIN 17172 genormten unlegierten und niedriglegierten Rohrstähle sind in Tabelle 3.22 zusammengestellt.

Tabelle 3.22. Rohrstähle nach DIN 17172

Bezeichnung	Vergießungsart	Streckgrenze N/mm² min.	Schmelzenanalyse % max.		
			C	P	S
St E 210.7	R	210	0,17	0,040	0,035
St E 240.7	R	240	0,17	0,040	0,035
St E 290.7	RR	290	0,22	0,040	0,035
St E 320.7	RR	320	0,22	0,040	0,035
St E 360.7	RR	360	0,22	0,040	0,035
St E 385.7	RR	385	0,23	0,040	0,035
St E 415.7	RR	415	0,23	0,040	0,035
Thermomechanisch behandelte Stähle					
St E 290.7 TM	RR	290	0,12	0,035	0,025
St E 320.7 TM	RR	320	0,12	0,035	0,025
St E 360.7 TM	RR	360	0,12	0,035	0,025
St E 385.7 TM	RR	385	0,14	0,035	0,025
St E 415.7 TM	RR	415	0,14	0,035	0,025
St E 445.7 TM	RR	445	0,16	0,035	0,025
St E 480.7 TM	RR	480	0,16	0,035	0,025

Bei den thermomechanisch behandelten Stählen beträgt der Kohlenstoffgehalt mindestens 0,04 %.

3.8 Unlegierte Kessel- und Druckbehälterstähle

In Tabelle 3.23 sind die in DIN 17155 genormten unlegierten Kesselstähle zusammengefaßt. Da im Kesselbau fast ausschließlich das Schweißen als Verbindungsverfahren angewendet wird, müssen alle Kesselstähle zum Schmelzschweißen geeignet sein. Die Zusammensetzung dieser Werkstoffe wurde daher sorgfältig auf diese Forderung abgestimmt.

Tabelle 3.23. Unlegierte Kesselbaustähle nach DIN 17155

Stahlsorte	Werkst.-Nr.	C	Si	Mn	P	S
		% max.	max.	%	max.	max.
UH I	1.0348	0,14	–	0,20–0,80	0,035·	0,030
H I	1.0345	0,16	≤ 0,35	0,40–1,20	0,035	0,030
H II	1.0425	0,20	≤ 0,35	0,50–1,30	0,035	0,030

Die Festigkeitskennwerte und gewährleistete Kerbschlagarbeit sind dickenabhängig DIN 17155 zu entnehmen.

Infolge des Reinheitsgrades, des gesenkten C- und des erhöhten Mn-Gehaltes, ist das Formänderungsvermögen auch bei tieferen Temperaturen gut. Sämtliche Qualitäten lassen sich gut schweißen.

Für Druckbehälter geeignete Stähle finden sich in den AD-Merkblättern (Tab. 3.24). Bezüglich der Schweißeignung gilt das gleiche wie für Kesselstähle.

3.8.1 Einsatz unlegierter Stähle bei höheren Temperaturen

Mit ansteigender Temperatur sinken Festigkeit und Streckgrenze unlegierter Baustähle – vom Gebiet der Blauwärme abgesehen – ab. Man hat sich daher die Frage vorzulegen, bis zu welchen Temperaturen diese Stähle noch ohne Risiko eingesetzt werden können.

Das AD-Merkblatt W 1 (Tab. 3.25) gibt hierzu leicht anzuwendende Hinweise. Dabei handelt es sich nicht um Grenztemperaturen, oberhalb derer mit plötzlichen Änderungen des Werkstoffverhaltens zu rechnen wäre, sondern mehr um eine Absicherung allgemeinen Charakters.

Tabelle 3.24. Unlegierte Druckbehälterstähle nach AD-Merkblättern

Werkstoff	DIN	Blechdicke s (mm)	Druck p (bar)	Temperatur T (°C)	p D_i	AD-Merkbl.
Blech USt 37-2	17 100	≤ 16		300	20 000	W 1
RSt 37-2		≤ 16		300	20 000	
RSt 37-2 Cu 3		> 16 bis ≤ 40		300	20 000	
St 37-3		> 16 bis ≤ 40		300	20 000	
St 44-2		[a]		300	20 000	
St 44-3		[a]		300	20 000	
St 52-3		[a]		300	20 000	
StE 255	17 102	normalgeglühte Feinkornbaustähle				
StE 285						
usw.						
	17 155	150 warmfeste Stähle (ohne UH I)				
Rohr St 37.0	1629	[b]		300		W 4
St 44.0		[b]		300		
St 52.0		[b]		300		
St 37.4	1630		ohne	300		
St 44.4			Begren-	300		
St 52.4			zung	300		
St 35.8[c]			160	450		
St 45.8[c]			160	450		
St 35.8[d]			ohne	siehe		
St 45.8[d]			Begren-	Norm		
			zung			
TTSt 35 N	17 173		[d]	siehe		
TTSt 35 V			[d]	AD-Merkbl.		
				W 10		
St E 255	17 178					
. . . .	17 179					
St E 460						

[a] Nenndicke temperaturabhängig.
[b] Betriebsüberdruck abhängig vom Außendurchmesser.
[c] Gütestufe I.
[d] Prüfklasse I: ≤ 160, Prüfklasse II: ohne Begrenzung.

3.9 Sonstige unlegierte Baustähle

3.9.1 Schiffbaustähle [V 7]

Im Schiffbau wird weitgehend geschweißt, so daß von den auf diesem Sektor eingesetzten Werkstoffen Schweißeignung vorausgesetzt werden muß. Die vom Germanischen Lloyd hierfür vorgesehenen Stähle sind in Tabelle 3.26 aufgeführt.

Sie sind in drei Festigkeitsgruppen mit jeweils unterschiedlichen Zähigkeitseigenschaften gegliedert. Werkstoffe, die von diesen Vorschriften abweichende Eigenschaften haben, dürfen nur nach besonderer Genehmigung verwendet werden [R 16]. Aus Tabelle 3.27 geht hervor, welcher Schiffbaustahl-Gütegrad einer gewählten Festigkeitsgruppe für ein bestimmtes Bauteil je nach dessen Bedeutung für

Tabelle 3.25. Festigkeitskennwerte K[a] für die Bemessung bei höheren Temperaturen für Stähle nach DIN 17 100

Stahlsorte	Nenndicke mm	Kennwerte K bei Berechnungstemperatur in N/mm²			
		100	200 °C	250	300
USt 37-2 RSt 37-2 RSt 37-2 Cu 3 St 37-3	≤ 16	187	161	143	122
	> 16 bis ≤ 40	180	155	136	117
St 44-2 St 44-2	≤ 16	220	190	180	150
	> 16 bis ≤ 40	210	180	170	140
St 52-3	≤ 16	254	226	206	186
	> 16 bis ≤ 40	249	221	202	181

[a] Der Festigkeitskennwert $K = S \cdot zul\sigma$ (S = Sicherheitskennwert. Er entspricht etwa der Streckgrenze bei Berechnungstemperatur.

den Bestand der Konstruktion, der Art und Höhe der Beanspruchung, der zu erwartenden niedrigsten Betriebstemperaturen und je nach Wanddicke genommen werden muß.

Alle Schiffbaustähle nach Tabelle 3.26 und 3.27 müssen beruhigt vergossen sein, die Feinkörnigkeit ist sicherzustellen. Sie werden normalgeglüht bzw. je nach Wanddicke und verwendeten Feinkornbildnern temperaturgeregelt oder thermomechanisch gewalzt angeliefert.

Für erhöhte Festigkeitsanforderungen kann nach den Vorschlägen der International Association of Classification Societies (IACS) eine weitere Gruppe von Stählen mit einer Mindeststreckgrenze von 390 N/mm² eingesetzt werden. Diese Stähle, sie werden mit A 40, D 40 und E 40 bezeichnet, unterscheiden sich durch Lieferzustand und Zähigkeitsanforderungen. Für den Wanddickenbereich bis 70 mm sind auch die hochfesten Vergütungsstähle GL 420, GL 460, GL 500, GL 550, GL 620 und GL 690 vorgesehen, deren unterschiedliche Güten (GL-D, GL-E, GL-F) sich wiederum durch die Zähigkeitsanforderungen unterscheiden.

Die Anforderungen an unlegierte, niedrig- und hochlegierte Tieftemperaturstähle sollen Tabelle 3.28 entsprechen. Schweißbarkeit kann vorausgesetzt werden. Schweißbedingungen und Art der Wärmebehandlung während und nach dem Schweißen sind vom Hersteller anzugeben.

Weiterhin werden für Schiffbauschweißkonstruktionen mit Wanddicken bis 100 mm die zum Schweißen geeigneten allgemeinen Baustähle nach DIN 17 100 (St 37, St 44, St 52) in den Gütegruppen 2 und 3, beruhigt (R) oder besonders beruhigt (RR) vergossen, verwendet. Für Kessel und Behälter können die Kessel- und Rohrstähle nach DIN 17 155 und 17 175 herangezogen werden.

Tabelle 3.26. Schiffbaustähle (Übersicht)

Stahl-sorte	Güte-grad	Desoxida-tionsverf.	Chemische Zusammensetzung in %													Mech. Gütewerte			$A_v(l/q)$ (ISO-V)	Liefer-zustand
			C max.	Mn min.	Si max.	P max.	S max.	Al	Nb	V	Ti max.	Cu max.	Cr max.	Ni max.	Mo max.	R_e N/mm²	R_m N/mm²	A_5 %		
Normal-feste Schiff-bau-stähle	GL-A	R	0,21	2,5×C	0,35	0,04	0,04												–	warm gewalzt
	GL-B	R	0,21	0,80	0,35	0,04	0,04									mind. 235	400 bis 490	22	27/20 0°C	warm gewalzt [b]
	GL-D	R[a]	0,21	0,60	0,35	0,04	0,04	0,015 säurel.											27/20 −20°C	
	GL-E	RR	0,18	0,70	0,35	0,04	0,04	0,015 säurel.											27/20 −40°C	N oder TM
Höher-feste Schiff-bau-stähle	GL-A 32	R																	31/22 0°C	
	GL-D 32	R														mind. 315	440 bis 590	22	31/22 −20°C	
	GL-E 32	RR	0,18	0,90 bis 1,60	0,50	0,04	0,04	≧ 0,015 säurel.	0,02 bis 0,05	0,05 bis 0,10	0,02	0,35	0,20	0,40	0,08				31/22 −40°C	[c]
	GL-A 36	R																	34/24 0°C	
	GL-D 36	R														mind. 355	490 bis 620	21	34/24 −20°C	
	GL-E 36	RR																	34/24 −40°C	

[a] $t > 25$ mm beruhigt und feinkornbehandelt.
[b] $t > 35$ mm normalgeglüht, temperatur-geregelt oder thermomechanisch gewalzt.
[c] je nach Wanddicke und verwendeten Feinkornbildnern gemäß [V 7] geliefert.

Tabelle 3.27. Werkstoffauswahl für den Schiffskörper

Bauteil	Werkstoffklasse Innerhalb 0,4 L mittschiffs	Außerhalb 0,4 L mitschiffs
Deckstringer des Gurtungsdecks Scheergang Kimmgang Deckgang über einem Längschott	IV	III (II außerhalb 0,6 L mittschiffs)
Bauteile der oberen Gurtung, die mehrachsigen Spannungen oder Spannungskonzentrationen ausgesetzt sind	IV	IV
Gurtungsdeck, Lukeneckenplatten Bodenplattung, Kielgang Oberer Gang von Längsschotten Oberer Gang von Deck-Seitentankböden Durchlaufende Längsverbände über dem Gurtungsdeck	III	I
Wetterdeckbeplattung (allgemein) Seitenbeplattung der Außenhaut Unterer Gang von Längsschotten	II	I
Flachstahl-Längsbalken/spanten des Decks, der Seiten und der Seitenlängsschotte im Bereich der oberen und unteren Gurtung Gurtplatten und Stege gebauter Längsdeckbalken/ Bodenlängsspanten	II	I
Gurtplatten und Stege von Trägersystemen	II	
Ruderkörper, Ruderhacke, Hintersteven, Wellenböcke	II	

Dicke t in mm	≦ 15	> 15 ≦ 20	> 20 ≦ 25	> 25 ≦ 30	> 30 ≦ 35	> 35 ≦ 40	> 40 ≦ 50
Klasse							
I							
II							
III							
VI							
V							

3.9.2 Schienenstähle

Schienenstähle unterliegen Kräften aus Radlasten, Spurführungs-, Beschleunigungs- und Bremsvorgängen, die zu sehr hohen dynamischen Beanspruchungen, Verformungen und Kaltverfestigung führen. Durch Reibung zwischen Rad und Schiene tritt zusätzlich Verschleißbeanspruchung auf, welche die Lebensdauer der Schiene bestimmt [H 12]. Da Schienen durchgehend geschweißt werden, müssen

Tabelle 3.28. Kaltzähe Stähle für den Schiffbau [V 7]

Tiefste Auslegungstemperatur °C	Werkstoffsorte DIN	W.-Nr.	Lieferzustand
− 45	E StE 355	1.1106	N, V
	E StE 380	1.8911	
− 55	13 MoNi 6 3	1.6217	
− 60	14 Ni 6	1.5622	N, N + A, V
− 90	10 Ni 14	1.5637	
− 105	12 Ni 19	1.5680	
− 165	X 8 Ni 9	1.5662	N + N + A, V
− 165	X 2 CrNi 19 11	1.4306	lösungsgeglüht
	X 2 CrNiMo 17 13 3	1.4435	und abgeschreckt
	X 6 CrNiTi 18 10	1.4541	
	X 10 CrNiNb 18 10	1.4550	

N = normalgeglüht, A = angelassen, V = vergütet.

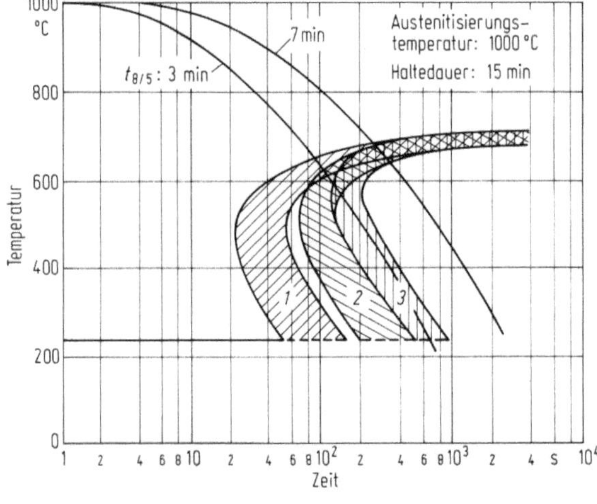

chemische Zusammensetzung								
Stahl	% C	% Si	% Mn	% P	% S	% Cr	% N	% Al$_{gesamt}$	% Al$_{lösl.}$
1	0,71	0,32	1,00	0,016	0,019	0,06	0,006	0,009	—
2	0,64	0,35	1,50	0,020	0,020	0,02	0,006	0,003	—
3	0,71	0,47	0,98	0,018	0,022	1,00	0,003	0,003	0,003

Bild. 3.17

die Schienenstähle schweißgeeignet sein. Ihre Bruchsicherheit unter Anwendungsbedingungen läßt sich mit Hilfe der Bruchmechanik beschreiben [S 15].

Die Schienenstähle gemäß Tabelle 3.29 weisen im Zugfestigkeitsbereich von 700 bis 900 N/mm² ein ferritisch-perlitisches, darüber ein perlitisches Gefüge auf. Die Schweißeignung wird durch den hohen Kohlenstoffgehalt bestimmt.

Tabelle 3.29. Zusammensetzung und Eigenschaften von Schienenstählen nach UIC-Kodex [U 2]

Stahlsorte	C	Si	Mn	Cr	P max	S max	Zug-festig-keit N/mm²	Bruch-deh-nung %
			%					
Güte 700	0,40–0,60	0,80–1,25	0,05–0,35	– –	0,05	0,05	680–830	≥ 14
Güte 900 A	0,60–0,80	0,80–1,30	0,10–0,50	– –	0,04	0,04	≥ 880	≥ 10
Güte 900 B	0,55–0,75	1,30–1,70	0,10–0,50	– –	0,04	0,04	≤ 1030	
Güte 1100	0,60–0,82	0,30–0,90	0,90–1,30	0,80–1,30		0,030	≥ 1080	≥ 9

Um dessen Wirkung hinsichtlich Aufhärtungsneigung zu begrenzen, vermeidet man höhere Gehalte an Mangan, Chrom und anderen die kritische Abkühlungsgeschwindigkeit herabsetzenden Elementen. Die Schweißbedingungen müssen dem Umwandlungsverhalten durch Vorwärmen oder Vor- und Nachwärmen Rechnung tragen, um Martensitbildung zu vermeiden. Bild 3.17 zeigt ZTU-Schaubilder für einige Schienenstähle [H 12]. Geeignete Schweißverfahren sind das Aluminothermische (Thermit-) Schweißen, UP-Auftragschweißen (vor allem bei Weichen und Kreuzungen) und das Abbrennstumpfschweißen.

3.9.3 Stähle für Schmiedeteile

Für Schmiedeteile können schweißgeeignete Stähle aus Feinkornbaustählen der Grundreihe (StE 285 bis StE 500), der warmfesten (WSt E . . .) und der kaltzähen Reihe (TSt E . . .) eingesetzt werden. Sie weisen eine hohe Sprödbruchsicherheit auf und sind bei Beachtung der üblichen Regeln der Schweißtechnik zum Schweißen geeignet.

3.9.4 Betonstähle

Um die Schweißeignung der Betonstähle zu sichern, wurden in DIN 488 T1 Grenzwerte für die Elemente C, P, S und N festgelegt. Für den Nachweis der Schweißeignung nach DIN 488 T 7 und DIN 4099 werden neben der Analysenkontrolle im Einzelfall an Schweißverbindungen Zug-, Biege- und Aufbiegeversuche durchgeführt, wenn die Analysengrenzen überschritten werden. Die Betonstahlsorten BSt 420.S und BSt 500 S nach Tabelle 3.30 werden als gerippter Betonstahl, BSt 500 M als geschweißte Betonstahlmatte aus gerippten Stählen, BSt 500 G und BSt 500 P als glatter bzw. profilierter Bewehrungsdraht geliefert.

   Einzelheiten zum Schweißen von Betonstählen regelt DIN 4099. Zur Gestaltung und zum Schweißen von Betonstahlverbindungen siehe auch [D 20, R 15, Z 3].

Tabelle 3.30. Betonstähle und Bewehrungsdrähte

Stahlsorte	Werkst. Nr	Kurzzeichen	C	P max. %	S %	N_{ges}	Schweißverfahren
BSt 420S	1.0428	IIIS	0,22	0,050	0,050	0,012	E, MAG, GP RA, RP
BSt 500S	1.0438	IVS	0,22	0,050	0,050	0,012	
BSt 500M	1.0466	IVM	0,15	0,050	0,050	0,012	E, MAG, RP[a]
BSt 500P	1.0465	IVP					
BSt 500G	1.0464	IVG					

[a] Der Nenndurchmesser der Mattenstäbe muß $> 6\,\text{mm}$ (MAG) und $> 8\,\text{mm}$ (E) betragen, wenn Stäbe von Matten untereinander oder mit Stabstählen $\leq 14\,\text{mm}$ Nenndurchmesser verschweißt werden.
E: Lichtbogenhandschweißen.
MAG: Metall-Aktivgasschweißen.
RP: Widerstands-Punktschweißen.
RA: Abbrennstumpfschweißen.
GP: Gaspreßschweißen.

3.9.5 Offshorestähle

Statische, dynamische und korrosive Beanspruchung bei tiefer Umgebungstemperatur stellen hohe Anforderungen an Werkstoff und Konstruktion. Entscheidendes Kriterium für die Beurteilung des Stahls ist seine Schweißeignung. Gleichzeitig werden hohe Anforderungen an Festigkeit und Zähigkeit auch bei tiefen Temperaturen gestellt. Diese Eigenschaften werden erreicht durch Optimieren der Zusammensetzung, guten Reinheitsgrad und ein feinkörniges Gefüge. Bevorzugt werden hochfeste Feinkornbaustähle, gegenüber DIN 17102 z. T. etwas abgewandelt, eingesetzt. Normalgeglühte Stähle des Typs StE 355 werden auf CMnNb-Basis hergestellt, weisen einen sehr niedrigen C-Gehalt ($< 0,1\%$) auf und erhalten, um trotzdem die gewünschte Festigkeit sicherzustellen, geringe Mengen an Legierungselementen wie Ni, Cu und V. Damit läßt sich die Streckgrenze bis etwa $460\,\text{N/mm}^2$ anheben. Noch höhere Streckgrenzen und entsprechende Festigkeiten lassen sich durch Wasservergüten erzielen [O 3, S 12]. Für tragende Teile von Meerwasserplattformen mit Wanddicken zwischen 25 und 100 mm betragen die Anforderungen an die Bruchzähigkeit üblicherweise mindestens 30J bei $-40\,°\text{C}$ und mindestens 0,25 mm (CTOD) bei $-10\,°\text{C}$ im geschweißten Zustand. Tabelle 3.31 gibt die wichtigsten Offshorestähle wieder.

Tabelle 3.31. Feinkornbaustähle für Offshorekonstruktionen

Stahlgruppe	Streckgrenze N/mm^2	Bezeichnung	Typ
Niedrigfeste Stähle	< 300	Schiffbaustahl	GL-D, GL-E
Höherfeste Stähle	Ca. 355	StE 355	Mn (DIN 17102)
Hochfeste Stähle	> 400	StE 460	MnNiV/MnCuNiV
		StE 500	CrMo/NiMo
		StE 690	CrMoZr/NiCrMoB

Tabelle 3.32. Chemische Zusammensetzung der Stähle für Schweißzusatzwerkstoffe nach DIN 17 145

Stahlsorte		C % höchstens	Si %	Mn %	P %	S %	Sonstiges %	Anwendbar f. Schweißverfahren (Beispiel)[a]	Angaben über die Verwendung der Stähle in DIN
Kurzname	Werkstoff-Nr.								
Unlegierte Stähle für allgemeine Verwendung									
RSD 5	1.0316	0,03 bis 0,07	0,07 bis 0,17	0,50 bis 0,70	0,030	0,030	$\leq$ 0,20 Cu	G	
RSD 4	1.0317				0,025	0,025			
USD 8	1.0322	0,05 bis 0,10	Spuren	0,40 bis 0,60	0,030	0,030		G, E	8 566
USD 7	1.0323				0,025	0,025			
RSD 8	1.0342	0,05 bis 0,10	0,05 bis 0,12	0,35 bis 0,55	0,030	0,030	höchst-zulässiger Cu-Gehalt	G	
RSD 7	1.0324				0,025	0,025			
USD 10	1.0328	0,08 bis 0,12	Spuren	0,50 bis 0,70	0,030	0,030	nach Vereinbarung	E	
USD 9	1.0329				0,025	0,025			
RSD 10	1.0348	0,08 bis 0,12	0,03 bis 0,08	0,50 bis 0,70	0,030	0,030		E	
RSD 9	1.0349				0,025	0,025			
RRSD 10	1.0351	0,06 bis 0,12	$\leq$ 0,15	0,40 bis 0,60	0,030	0,030	$\leq$ 0,20 Cu	UP	8 557
RSD 10 Si	1.0339	0,06 bis 0,12	0,20 bis 0,40	0,30 bis 0,60	0,030	0,030	$\leq$ 0,20 Cu	UP	8 557
RSD 12	1.0448	0,10 bis 0,16	0,03 bis 0,08	0,65 bis 0,85	0,030	0,030		E	
RSD 13	1.0439				0,025	0,025			
8 Mn 4	1.1117	0,05 bis 0,10	0,20 bis 0,40	0,90 bis 1,2	0,020	0,020		SG	
11 Mn 4 Al	1.0494	0,08 bis 0,14	0,05 bis 0,15	0,90 bis 1,2	0,030	0,030	$\leq$ 0,20 Cu	UP	8 557
11 Mn Si 4	1.0492	0,08 bis 0,15	0,15 bis 0,40	0,80 bis 1,2	0,030	0,030	$\leq$ 0,20 Cu	UP	8 557
12 Mn 6	1.0496	0,07 bis 0,15	$\leq$ 0,12	1,35 bis 1,65	0,030	0,030	$\leq$ 0,20 Cu	E	
12 Mn 6 Al	1.0497	0,08 bis 0,15	0,05 bis 0,25	1,4 bis 1,7	0,030	0,030	$\leq$ 0,20 Cu	E, UP	8 557
17 Mn 3 Al	1.0491	0,15 bis 0,20	0,15 bis 0,30	0,70 bis 1,0	0,025	0,025	$\leq$ 0,20 Cu	G	
21 Mn 6 Al	1.0499	0,18 bis 0,25	0,15 bis 0,25	1,4 bis 1,8	0,025	0,030	$\leq$ 0,20 Cu	G	
45 Mn 4 Al	1.0519	0,40 bis 0,50	0,20 bis 0,30	0,90 bis 1,2	0,025	0,025	$\leq$ 0,20 Cu	UP	

[a] G = Gasschweißen; E = Lichtbogenschweißen; SG = Schutzgas-Lichtbogenschweißen; UP = Unter-Pulverschweißen.

3.9.6 Wetterfeste Baustähle

Aufgrund ihrer Zusammensetzung gehören diese Werkstoffe zu den unlegierten Baustählen. Es werden lediglich gewisse Legierungselemente in geringer Menge zur Verbesserung der Witterungsbeständigkeit zugegeben. Sie wird erreicht durch Deckschichten aus unlöslichen komplexen Verbindungen des Kupfers, Nickels und Chroms, die sich auf der Oberfläche bilden, fest haften und vor einem weiteren Angriff durch die Umgebungsluft schützen. Die Stähle enthalten etwa 0,5–0,65% Cr, 0,3–0,4% Cu, < 0,4% Ni und evtl. < 0,1% V.

Der Rostungsvorgang wird trotz der gebildeten Deckschicht nicht verhindert, sondern nur gebremst. Aus diesem Grund gibt es in der Bundesrepublik Deutschland für diese Stähle keine allgemeine bauaufsichtliche Zulassung, sondern nur eine Zulassung im Einzelfall, vgl. auch [E 5].

3.10 Zusatzwerkstoffe für das Schweißen unlegierter Stähle

Die Zusammensetzung der Schweißzusatzwerkstoffe für unlegierte Stähle enthält DIN 17 145, vgl. Tabelle 3.32.

Die in der Tabelle aufgeführten Schweißzusatzwerkstoffe werden in Form von Stabelektroden für das Metallichtbogenschweißen von Hand, von Massivdraht für das MAG- und Unterpulverschweißen und von Fülldraht für das MAG-Schweißen eingesetzt.

4 Niedriglegierte Stähle

4.1 Allgemeines

4.1.1 Verwendungsbereich

Einsatz- und Vergütungsstähle im Maschinen- und Fahrzeugbau, Feinkornstähle im Stahl- und Behälterbau, warmfeste Stähle im Kessel- und Rohrleitungsbau, Crackstähle in der Erdölindustrie, Flugzeugbaustähle, Tieftemperaturstähle, druckwasserstoffbeständige Stähle.

4.1.2 Einfluß der Legierungselemente auf die Werkstoffeigenschaften

Erhöhen von Streckgrenze und Festigkeit bei Raumtemperatur durch Mischkristallbildung, Feinkorn (Keimbildung), erhöhten Karbidanteil, Sonderkarbide, Ausscheidungshärtung, Auftreten neuer Kristallarten.

Wie sich Zusätze von Legierungselementen auf die Festigkeit normalgeglühter Stähle bei Raumtemperatur auswirken, ist Tabelle 4.1 zu entnehmen.

Erhöhen der Warmfestigkeit durch Chrom und Molybdän.

Verbesserte Durchvergütung durch Herabsetzen der kritischen Abkühlgeschwindigkeit.

Tabelle 4.1. Übersicht über die Festigkeitssteigerung normalgeglühter Stähle bei Raumtemperatur durch Zusatz verschiedener Legierungselemente

	Wirkung des prozentualen Anteils des Legierungselements auf die Steigerung der Zugfestigkeit in $N\,mm^{-2}$					
Legierungselement	0,1%	0,5%	1%	2%	5%	
Kohlenstoff	70	350	650	–	–	
Mangan	12	60	120	–	–	
Silizium	10	50	100	–	–	
Phosphor	40	–	–	–	–	
Nickel	1	10	20	50	150	sowie 0,1%C
	3	20	50	120	–	sowie 0,3%C
Chrom	1	10	20	–	–	sowie 0,1%C
	2	15	30	–	–	sowie 0,3%C
Molybdän	10	50	100	–	–	
Vanadin	10	50	–	–	–	
Wolfram	–	20	40	–	–	

4.2 Das Kohlenstoffäquivalent

Bei einem unlegierten Baustahl stellen sich die Umwandlungen des Austenits in Ferrit und Perlit unter Gleichgewichtsbedingungen nur bei langsamer Abkühlung ein. Durch erhöhte Abkühlungsgeschwindigkeit werden die Umwandlungen zu tieferen Temperaturen verschoben, d. h., es kommt zu Unterkühlungen. Die Umwandlungen laufen dann in Temperaturbereichen ab, in denen die für die Einstellung des Gleichgewichts erforderlichen Diffusionsvorgänge nur noch unvollständig oder überhaupt nicht mehr stattfinden können. Dabei ergeben sich maßgebliche Änderungen im Ablauf der Umwandlungsvorgänge und es kann zur Ausbildung neuer Gefügebestandteile kommen. Je nach Umwandlungsablauf unterscheidet man zwischen Umwandlungen in der Perlitstufe, der Zwischenstufe und der Martensitstufe. Betrachtet man Bild 4.1, so erkennt man, daß mit steigender Abkühlgeschwindigkeit zunächst die Punkte A_{r3} und A_{r1} absinken, und zwar A_{r3} stärker als A_{r1}, bis beide Punkte zusammenfallen (A_r'). Mit kleiner werdendem Abstand zwischen A_{r3} und A_{r1} nimmt die Möglichkeit zur Bildung von Ferrit ab, d. h., mit steigender Abkühlgeschwindigkeit wird der Perlitanteil im Gefüge zunehmen. Schließlich, bei Erreichen der unteren kritischen Abkühlgeschwindigkeit, erfolgt eine teilweise Umwandlung in Zwischenstufe bzw. Martensit (A_{rz} bzw. M_s), während der in Perlit umgewandelte Anteil wieder abnimmt. Von Erreichen der oberen kritischen Abkühlgeschwindigkeit an wird nur noch Martensit gebildet. In der Perlitstufe entstehen die sich bildenden Kristallarten durch Diffusionskristallisation, während in der Martensitstufe ein reiner Umklappvorgang abläuft. An der Bildung des Zwischenstufengefüges sind beide Mechanismen, Umklappvorgang und Kohlenstoffdiffusion, beteiligt.

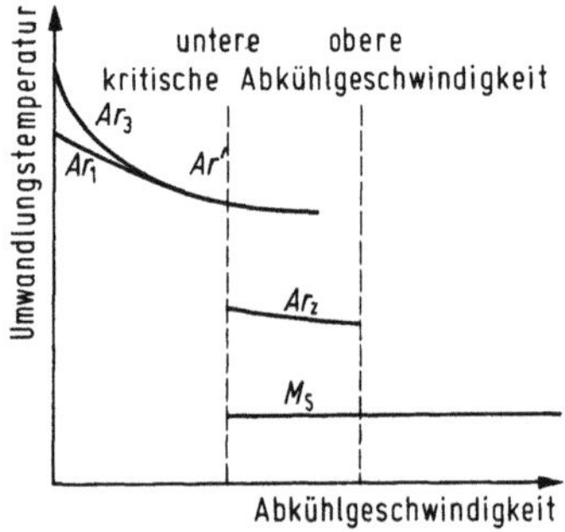

Bild 4.1. Verschiebung der γ/α-Umwandlung eines untereutektoiden Stahles mit steigender Abkühlgeschwindigkeit (schematisch)

Die kritische Abkühlgeschwindigkeit, bei der man zwischen unterer und oberer kritischer Abkühlgeschwindigkeit unterscheidet (Abkühlgeschwindigkeit bei beginnender bzw. vollständiger Martensitbildung), ist eine reine Werkstoffkenngröße. Sie soll unter dem Gesichtspunkt guter Schweißeignung möglichst hoch liegen. Legierungselemente wie Cr, Mn und Ni setzen die kritische Abkühlgeschwindigkeit herab. Dadurch ergibt sich eine erhöhte Aufhärtungsneigung in der wärmebeeinflußten Zone (WEZ). In der Härtereitechnik dagegen ist eine niedrigere kritische Abkühlgeschwindigkeit erwünscht, beispielsweise um eine Durchhärtung bzw. Durchvergütung auch bei größeren Querschnitten erzielen zu können. Das bedeutet, daß die Schweißbarkeit von Stählen, die diese Legierungselemente enthalten, erschwert sein muß. Zur Beurteilung der Aufhärtungsneigung derartiger niedriglegierter Stähle wird vielfach das Kohlenstoffäquivalent herangezogen. Es gibt die der Wirkung des Kohlenstoffs bezüglich der Aufhärtungsneigung äquivalente Menge der verschiedenen Legierungsbestandteile an. Eine der gebräuchlichsten Beziehungen lautet:

$$C_{\text{äqu}} = C + \frac{Mn}{6} + \frac{Cr + Mo + V}{5} + \frac{Ni + Cu}{15}.$$

Vergleicht man verschiedene niedriglegierte Stähle unter Verwendung ihres Kohlenstoffäquivalentes, so kann man sich ein gewisses Bild von der jeweils zu erwartenden Aufhärtungsneigung machen. Man muß dabei jedoch berücksichtigen, daß verschiedene Faktoren unberücksichtigt bleiben, beispielsweise die Korngröße, der Desoxidationsgrad, eine vorangegangene Wärmebehandlung oder Kaltverformung, der Einfluß wichtiger Spurenelemente und anderes mehr. Gerade die leichtlegierten Stähle, die geschweißt werden, reagieren stark auf die Erschmelzungsart. Außerdem kann bei gleichem Kohlenstoffäquivalent die Zähigkeit sehr unterschiedlich sein. Man vergleiche etwa einen unlegierten Stahl mit 0,70% C mit einem niedriglegierten Feinkornstahl mit z. B. $C_{\text{äqu}} = 0{,}70$. Eine Aussage aufgrund des Kohlenstoffäquivalentes ist daher stets vorsichtig zu beurteilen.

Immerhin zeigt Bild 4.2 einen recht brauchbaren Zusammenhang zwischen erforderlicher Vorwärmtemperatur und Kohlenstoffäquivalent [W 6]. Der Darstellung liegen Versuche an der CTS-Probe [C 4] zugrunde, die etwa auf Wurzelschweißungen an Blechdicken von 35 mm und darüber übertragen werden können. Abweichend von der oben angegebenen Beziehung wurde dabei folgender Ausdruck für das Kohlenstoffäquivalent verwendet:

$$C_{\text{äqu}} = C + \frac{Mn}{6} + \frac{Cr}{5} + \frac{Ni}{40} + \frac{Mo}{4} + \frac{Si}{24}.$$

Besonders kritisch ist stets der Nahtbeginn, weil anschließend eine gewisse Vorwärmung durch den Schweißprozeß selbst erfolgt – was bei Nahtbeginn fehlt – und außerdem die sich erwärmende Elektrode Feuchtigkeit verliert und infolgedessen der Wasserstoffgehalt im Schweißgut bei fortschreitender Schweißung kleiner wird. Diese Schwierigkeiten des Nahtbeginns treten bei der Handschweißung bei jeder neu begonnenen Elektrode auf, bei automatischer Schweißung jedoch nur am Nahtbeginn, d. h. gegebenenfalls auf der Vorschweißplatte. Das bedeutet, daß bei automatischer Schweißung u. U. mit niedrigerer Vorwärmtemperatur als es Bild 4.2 entspricht, gearbeitet werden kann.

Berücksichtigt man die Wanddicke, so ergibt sich nach einem älteren Vorschlag [H 7] der in Bild 4.3 wiedergegebene Zusammenhang für das Schweißen bei Raumtemperatur, wobei bei einer Härte $HV_{\text{max}} < 350$ keine Risse auftreten und eine Härte $HV_{\text{max}} < 250$ zu betriebssicheren Schweißungen führt.

Der Einfluß von Kohlenstoff und Legierungselementen auf die Härte in der wärmebeeinflußten Zone in Abhängigkeit von den Schweißbedingungen, wenn

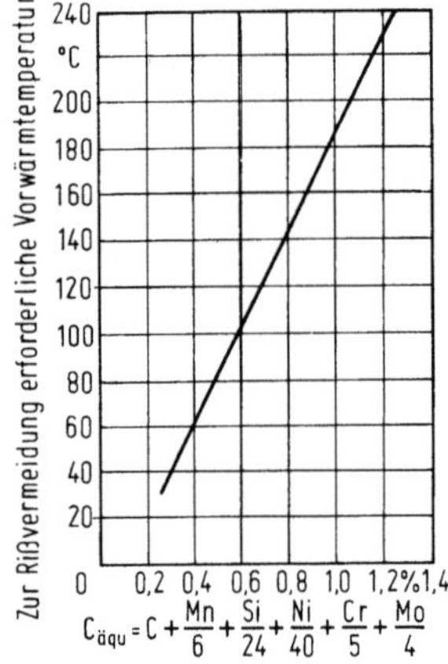

Bild 4.2. Auftreten von Härterissen in der WEZ in Abhängigkeit von kritischen Kohlenstoffäquivalenten und Vorwärmtemperaturen [W 6]

Wanddicke und Ausgangstemperatur gegeben sind, ist qualitativ in Bild 4.4 wiedergegeben.

Mit Hilfe des Kohlenstoffäquivalentes sucht man die Abweichung der Kurven C' von C, d. h. die Härtungsneigung der niedriglegierten Stähle oder mittelbar die kritische Abkühlgeschwindigkeit, zu kennzeichnen. Je nach Größe des Kohlenstoffäquivalentes ist die Energiezufuhr beim Schweißen so zu wählen, daß keine zu hohe Härte in der WEZ auftritt. Die maximal zulässige Härte ist dabei kein fester Wert. Sie hängt ab vom Schweißprozeß (Breite der WEZ, Gefügeausbildung), den Einspannbedingungen während und nach Abschluß des Schweißens, dem Wasserstoffgehalt des niedergeschmolzenen Schweißgutes usw. Über die Härtungsneigung hinaus sagt das Kohlenstoffäquivalent nichts aus.

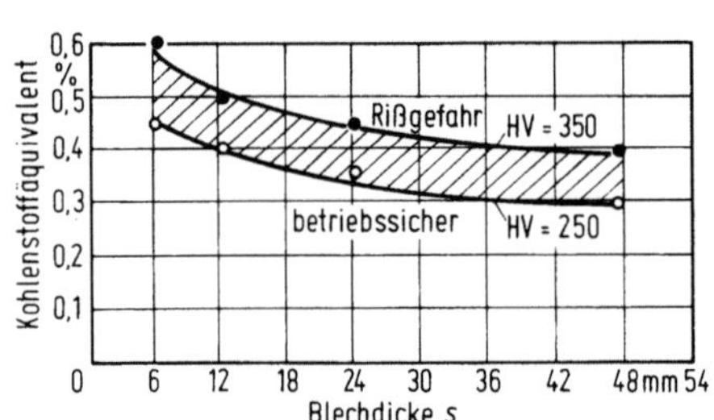

Bild 4.3. Zusammenhang zwischen maximal zulässigem Kohlenstoffäquivalent, Blechdicke und Härte in der WEZ

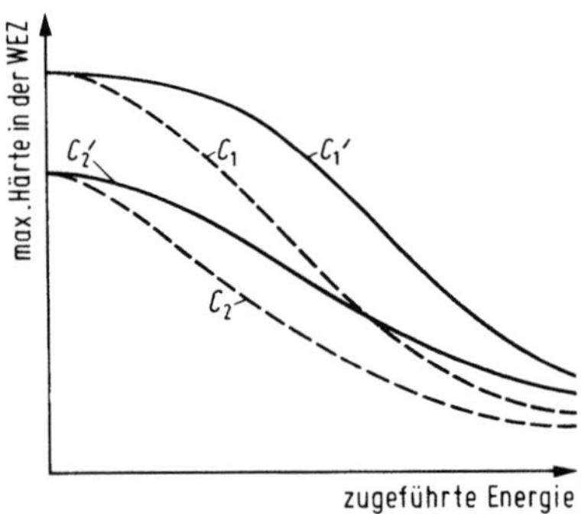

Bild 4.4. Abhängigkeit der Maximalhärte in der WEZ von der beim Schweißen zugeführten Energie (schematisch)

4.3 Das ZTU-Diagramm

Die üblichen Zustandsdiagramme von Zwei- und Mehrstoffsystemen gelten nur für Gleichgewichtszustände, d. h. für sehr langsame Abkühlung. Bei rascherer Abkühlung dagegen finden die Umwandlungen erst bei tieferen Temperaturen statt. Teilweise werden sie sogar mehr oder weniger unterdrückt oder durch andere Vorgänge ersetzt. Es können sich neue Phasen bilden (Zwischenstufengefüge, Martensit), die keinen Gleichgewichtszustand darstellen, sich bei Raumtemperatur jedoch stabil verhalten. Die ZTU-Schaubilder (Zeit-Temperatur-Umwandlungs-Schaubilder) geben die Umwandlungstemperaturen, die Umwandlungszeit und das bei Raumtemperatur vorliegende Gefüge bei verschiedenen technisch auftretenden Abkühlungsgeschwindigkeiten sowie die dabei auftretende Härte an. Sie dienen zur Bestimmung der erforderlichen Abkühlungsgeschwindigkeit bei Wärmebehandlungen von Stahl und können zur Ermittlung der zu erwartenden Aufhärtung, also auch zur Beurteilung der Schweißbarkeit von niedriglegierten Stählen herangezogen werden.

4.3.1 Das isotherme ZTU-Schaubild

Kleine Proben des Werkstoffs werden von Austenitisierungstemperatur auf verschiedene Temperaturen abgeschreckt (von A_{C3} bis zum Martensitpunkt alle 30 bis 50 K) und die Umwandlungsvorgänge bei dieser Temperatur in Abhängigkeit von der Zeit festgestellt (Dilatometer, metallographische Untersuchung, magnetische Messungen). Beginn und Ende von Umwandlungsvorgängen werden in ein Zeit(log)-Temperatur-Diagramm eingetragen. Die Verbindungen der einzelnen Punkte ergeben dann Kurven, aus denen beispielsweise die Umwandlungsfreudigkeit oder -trägheit eines Werkstoffes bei verschiedenen Temperaturen zu ersehen ist. Das Schaubild leistet besonders gute Dienste bei der Wärmebehandlung von Stahl.

4.3.2 Das kontinuierliche ZTU-Schaubild

Hierbei werden Stahlproben nicht auf eine bestimmte Temperatur abgeschreckt, sondern mit unterschiedlicher Geschwindigkeit abgekühlt. In das Zeit-Temperatur-Schaubild werden die Abkühlungskurven, Beginn und Ende der Gefügeumwandlungen längs dieser Abkühlungskurven sowie die nach der Abkühlung erzielte Härte eingetragen. An jeder Abkühlungslinie wird der prozentuale Anteil der jeweils umgewandelten Gefügebestandteile vermerkt. Für die Beurteilung der Schweißbarkeit niedriglegierter Stähle wird dieses kontinuiertliche Schaubild herangezogen.

Will man die Abkühlgeschwindigkeit als für die Gefügeausbildung maßgebliche Größe deutlicher kennzeichnen, verwendet man etwas modifizierte Schaubilder, bei denen die Kühldauer zwischen A_3 bzw. 800°C und 500°C ($t_{8/5}$) auf der Abszisse logarithmisch aufgetragen wird, Bild 4.6. In diesem Fall ist der Abkühlvorgang nicht längs der im üblichen ZTU-Schaubild eingezeichneten Abkühlkurven, sondern auf Senkrechten zur Abszissenaches zu verfolgen.

4.3.3 Übertragung der aus dem ZTU-Diagramm gewonnenen Erkenntnisse auf die beim Schweißen ablaufenden Vorgänge

Die Aufstellung von ZTU-Schaubildern erfolgt unter definierten Bedingungen, die von den beim Schweißen auftretenden abweichen. Daraus ergibt sich naturgemäß die Fragestellung, ob die ZTU-Schaubilder in der vorliegenden Form unmittelbar auf die beim Schweißen gegebenen Verhältnisse angewendet werden können. Mit folgenden Abweichungen muß insbesondere gerechnet werden:

Die Aufheizgeschwindigkeit

Bei der Aufstellung der ZTU-Schaubilder wird mit einer Geschwindigkeit von etwa 5 K/s erwärmt. Demgegenüber muß beim Schweißen in der Wärmeeinflußzone mit max. Aufheizgeschwindigkeiten von 300 bis 400 K/s, und zwar im Temperaturgebiet von 300 bis 900 °C gerechnet werden. Diese max. Aufheizgeschwindigkeit wird durch ein Vorwärmen nur unwesentlich auf etwa 300 K/s gesenkt. Bei automatisch arbeitenden Schweißverfahren dürfte mit noch höheren Aufheizgeschwindigkeiten um 500 K/s zu rechnen sein. Sie beträgt beim Brennschneiden etwa 1750 K/s.

Bei hohen Aufheizgeschwindigkeiten kann die A_{c3}-Temperatur um schätzungsweise 150 K erhöht werden. Die dabei vorliegenden Verhältnisse lassen sich am besten anhand der von Rose [R 13] aufgestellten Zeit-Temperatur-Austenitisierungsschaubilder beurteilen (unvollkommene Austenitisierung, ungelöste Karbide).

Die Austenitisierungstemperatur

Eine Änderung der Austenitisierungstemperatur bewirkt erhebliche Verschiebungen der Umwandlungszeiten. Die ZTU-Schaubilder wurden daher für normale Härtetemperatur und für eine erhöhte Austenitisierungstemperatur von 1050 °C aufgestellt. Beim Schweißen reicht dagegen die in der Wärmeeinflußzone auftretende max. Temperatur bis zur Soliduslinie.

Die Haltezeit

Die Haltezeit (Zeit des Aufenthaltes im Austenitgebiet) beträgt für das ZTU-Schaubild etwa 5 min, beim Schweißen liegt sie dagegen im Bereich von 5 bis 40 s. Ein Vorwärmen bis auf 200 °C vergrößert diese Haltezeit nicht. Dabei ist zu berücksichtigen, daß nach Überschreiten der A_{c3}-Temperatur neben dem Austenit zunächst noch unaufgelöste Karbide vorhanden sind [A 1]. Bei sehr kurzen Haltezeiten werden sich diese Karbide nicht auflösen und können einen entsprechenden Einfluß auf das spätere Umwandlungsverhalten ausüben.

Der Abkühlungsverlauf

Die kontinuierlichen Schaubilder sind aufgrund von Versuchen aufgestellt, bei denen sich die Proben in erster Näherung durch Konvektion nach dem Gesetz $T = T_0 e^{-\alpha t}$ abkühlen. (Kleine Proben werden in einem Gasstrom, z. B. Wasserstoff, abgekühlt). Beim Schweißen erfolgt die Abkühlung weniger durch Wärmeübergang an der Grenze Metall/Gas, als vielmehr durch Wärmeleitung im Bauteil selbst.

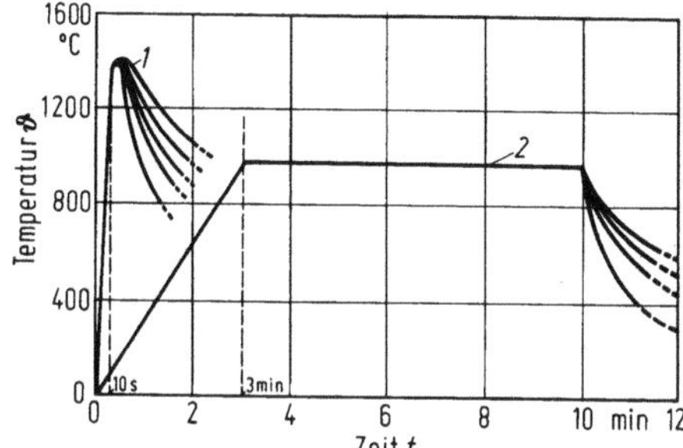

Bild 4.5. Typische Temperaturzyklen einer Schweißprobe (1) und einer Probe zur Aufstellung von kontinuierlichen ZTU-Schaubildern (2)

Trotz den erheblichen Abweichungen, die zwischen den Bedingungen bestehen, unter denen das ZTU-Schaubild aufgestellt wurde, und denen, die einer Schweißung zugrunde liegen (Bild 4.5), lassen sich mit hinreichender Genauigkeit Aussagen über die Schweißbarkeit niedriglegierter Stähle unter Zugrundelegung der ZTU-Schaubilder machen. Die brauchbare Übereinstimmung der ZTU-Schaubilder mit den beim Schweißen vorliegenden Verhältnissen wurde von Hofmann und Burat [H 10] nachgewiesen. Allerdings werden bei Überschreiten der A_{c3}-Temperatur Ferrit- und Perlitbildung zu längeren Zeiten verschoben, weniger ausgeprägt auch die Zwischenstufenumwandlung, während sich ein Einfluß auf die Martensittemperatur nicht feststellen läßt. Beim Schweißen bildet sich als Folge der hohen Austenitisierungstemperatur ein grobes Korn aus. Da weniger Korngrenzen als Keimbildner wirksam werden, verzögern sich die Umwandlungen, was mit einer Rechtsverschiebung der Linien gleichbedeutend ist. Kennt man die unter bestimmten Schweißbedingungen (Werkstoffdicke, Nahtform, Schweißverfahren) auftretenden Abkühlungsgeschwindigkeiten in der Wärmeeinflußzone, so kann man aus dem ZTU-Schaubild für den betreffenden Stahl die zu erwartenden Gefügebestandteile und Härtewerte entnehmen.

Wird dabei eine bezüglich Rißbildung gefahrbringende Martensitmenge festgestellt, so kann durch Änderung der Abkühlungsgeschwindigkeit (z. B. durch Vorwärmen) die Rißgefahr verringert werden.

Kennt man die ZTU-Schaubilder verschiedener für einen bestimmten Anwendungszweck gleichwertiger Stähle, so kann man sich denjenigen Stahl heraussuchen, der voraussichtlich das günstigste Schweißverhalten zeigen wird. Dabei läßt sich voraussagen, daß ein Stahl, der noch bei hohen Abkühlungsgeschwindigkeiten Zwischenstufengefüge bildet, besser schweißbar sein wird als ein anderer Stahl, dessen Umwandlung bei gleicher Abkühlgeschwindigkeit teilweise oder vollkommen in der Martensitstufe abläuft.

ZTU-Schaubilder mit einer kürzeren Haltezeit [H 11] und Austenitisierungstemperaturen von 1 300 °C sollen die bisher vorhandenen Abweichungen verringern (Bild 4.6). In diesem Bild ist nicht wie sonst die gesamte Abkühlzeit aufgetragen, sondern die Abkühlgeschwindigkeit in Form der Abkühlzeit zwischen A_3 und 500 °C (KZTU-Diagramm). Unter Schweißbedingungen aufgestellte ZTU-Schaubilder für zahlreiche Stähle finden sich im „Atlas Schweiß-ZTU-Schaubilder" [S 53].

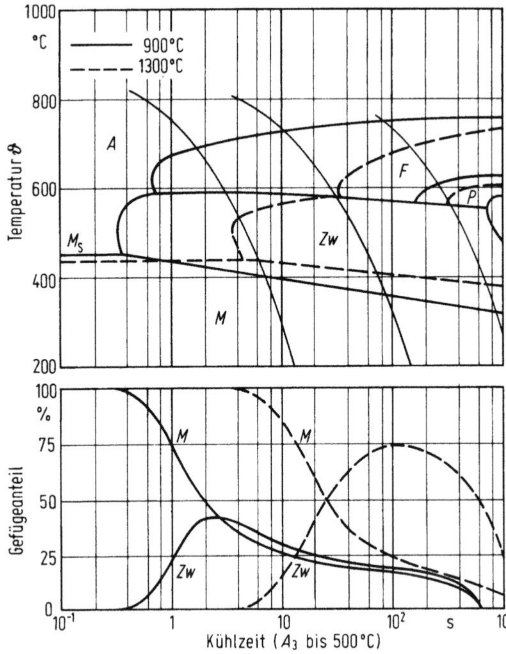

Bild 4.6. ZTU-Schaubild für kontinuierliche Abkühlung eines niedriglegierten Stahles mit 1,2 % Mn, 0,67 % Cu, 0,2 % Ni, 0,1 % V nach Austenitisieren bei üblicher und überhöhter Temperatur [R 2]

4.3.4 Die praktische Anwendung der ZTU-Schaubilder zur Beurteilung der Schweißbarkeit niedriglegierter Stähle

Bei der praktischen Anwendung der ZTU-Schaubilder geht man wie folgt vor:
1. Von dem zu schweißenden niedriglegierten Baustahl wird das zugehörige ZTU-Schaubild herausgesucht, z. B. aus [A 1, S 53].
2. Man verschafft sich Klarheit über die Abkühlungsbedingungen, die beim Schweißen der vorliegenden Wanddicke, Nahtform usw. auftreten werden.
3. Mit der gefundenen Abkühlungskurve geht man in das ZTU-Schaubild und entnimmt ihm, welche Umwandlungsvorgänge ablaufen, welches Gefüge bei Raumtemperatur zu erwarten ist und welche Höchsthärte in der Wärmeeinflußzone auftreten wird.
4. Sind Gefügeausbildung oder -härte bedenklich, so wird man entweder die Abkühlungsverhältnisse ändern müssen, etwa durch Vorwärmen, durch andere konstruktive Ausbildung bzw. durch erhöhte Energiezufuhr beim Schweißen, oder man wird auf einen besser schweißbaren Stahl übergehen. In letzterem Falle wäre eine erneute Überprüfung unter Verwendung des zugehörigen ZTU-Schaubildes am Platze.

Beurteilung der Abkühlungsverhältnisse

Die Abkühlverhältnisse können im Einzelfall durch eine entsprechende Temperaturmessung bestimmt werden. Da derartige Messungen teuer sind, wird man sich bemühen, auf bereits vorliegende Anhaltswerte zurückzugreifen:

Der Abkühlungsverlauf wird durch folgende Faktoren bestimmt: Werkstückdicke, Vorwärmtemperatur, Nahtform, Wärmeeinbringung, Wärmeleitfähigkeit des Stahles. Solange man sich ausschließlich mit niedriglegierten Stählen befaßt, kann die Wärmeleitfähigkeit vernachlässigt werden, da sie nur in geringen Grenzen bei unterschiedlicher Zusammensetzung schwankt (vgl. hierzu [M 1, N 1]). Gemäß Abschnitt 2.1.1 läßt sich die Abkühlgeschwindigkeit berechnen.

Die Martensitbildungstemperatur

Auch die Martensitbildungstemperatur kann dem ZTU-Schaubild entnommen werden. Sie sollte möglichst hoch (über 400 °C) liegen, weil Gefügespannungen, wie sie bei der Martensitumwandlung entstehen, bei höheren Temperaturen besser, d. h. ohne Rißbildung aufgenommen werden können. Außerdem nimmt mit steigender M_s-Temperatur die Neigung zu Flockenbildung ab, für welche niedriglegierte Stähle vielfach empfindlich sind.

Die Zwischenstufennase

Um die bei der Abkühlung nach dem Schweißen erfolgenden Umwandlungen möglichst in der verformungsfähigen Zwischenstufe, nicht in der Martensitstufe, ablaufen zu lassen, sollte die Zwischenstufe im Diagramm möglichst weit nach links reichen. Aus diesem Grund ist z. B. ein Stahl des Typs 10 CrMo 9 10 (Bild 4.7a), der im Kesselbau als warmfester Stahl verwendet wird, besser zum Schweißen geeignet als ein Stahl des Typs 18 CrNi 8 (Bild 4.7b).

Quantitative Aussagen des ZTU-Schaubildes. Will man bezüglich der für das Schweißen eines bestimmten Stahles erforderlichen Vorwärmtemperatur quantitative Schlüsse aus dem ZTU-Schaubild ziehen, so ist trotz des unbestreitbaren Wertes der Schaubilder Vorsicht geboten. Auf internationaler Ebene wurde 1963 festgestellt [Z 2], „daß noch keine definitiven Folgerungen in bezug auf Beziehungen zwischen ‚klassischen' Umwandlungskurven und solchen gezogen werden können, die analytisch bei schnellem thermischen Zyklus oder beim Schweißen selbst ermittelt werden. ‚Klassische Kurven' besitzen deshalb nur qualitativen Wert für die Vorhersage und Interpretation der Umwandlungen, welche in einem Stahl während einer Schweißung erfolgen."

Trotzdem hat man sich verschiedentlich bemüht, die vorhandenen Schwierigkeiten zu überwinden. Man kann davon ausgehen, daß, wenn man die Rißgefahr beim Schweißen betrachtet, der entscheidende Schritt beim Legen der Wurzellage getan wird. Der umgebende Werkstoff ist noch kalt, und die entstehenden hohen Schrumpfspannungen können sich nicht auf einen schon geschweißten Teilquerschnitt abstützen. In den meisten Fällen wird es ausreichen, die für die Wurzelschweißung erforderliche Vorwärmtemperatur zu bestimmen und diese dann auch für die weiteren, weniger gefährdeten Lagen beizubehalten.

Die Bestimmung der Abkühlgeschwindigkeit in Abhängigkeit von Wärmeeinbringung und Wanddicke kann durch Messung (umständlich und kostspielig oder durch Rechnung (vgl. Abschn. 2.1.1) oder unter Benutzung von Erfahrungswerten [M 1] erfolgen. In allen Fällen kann die gefundene Abkühlgeschwindigkeit auch als Abkühlzeit zwischen A_{r3} und 500 °C angeschrieben werden.

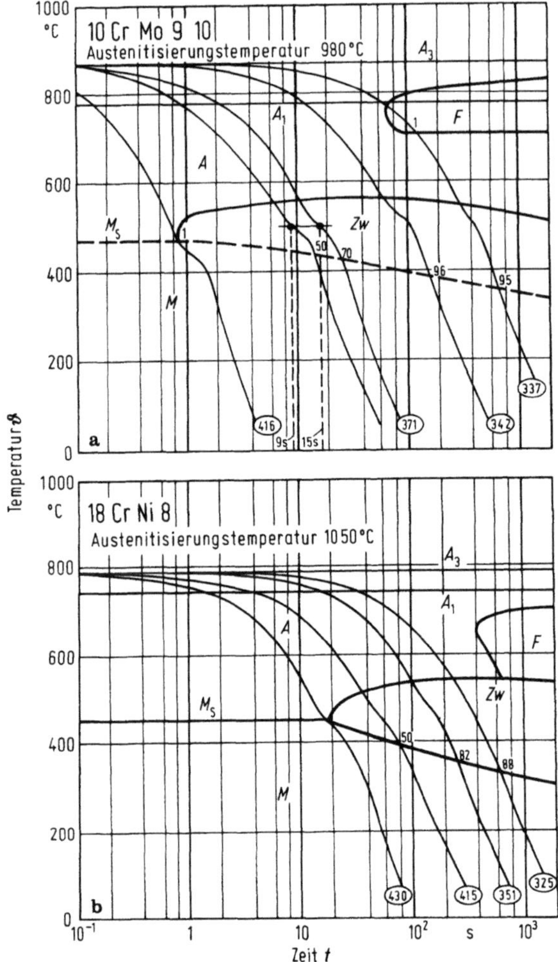

Bild 4.7a u. b. ZTU-Schaubilder der Stähle 10 CrMo 9 10 und 18 CrNi 8

Hierdurch wird ein Vergleich mit den von F. Nehl [N 5] vorgeschlagenen Kennwerten K_{30} und K_{50} ermöglicht (K_{30} und K_{50}: Abkühlzeit von A_{C3} auf 500 °C, bei der 30% bzw. 50% Martensit im Gefüge auftreten, entnommen aus dem ZTU-Schaubild des zu schweißenden Stahles). Nach [N 5] kann ein gewisser Martensitanteil ohne nachteilige Beeinträchtigung des Verformungsvermögens zugelassen werden, und zwar 30%, wenn nicht spannungsarm geglüht wird, und 50%, wenn nach dem Schweißen spannungsarm geglüht wird.

Hierzu ein Beispiel:

Zu schweißen sei eine Stumpfnaht an einem 10 CrMo 9 10 mit 25 mm Wanddicke. Aus dem ZTU-Schaubild (Bild 4.7a) können die Kennwerte

$$K_{30} = 15,0\,s$$
$$K_{50} = 9,0\,s$$

entnommen werden (vgl. auch Tab. 4.2).

Werte für zu erwartende Abkühlzeiten K_s beim Lichtbogenschweißen von Stahl bei Verwendung unterschiedlicher Elektrodendurchmesser sind in Bild 4.8 wiedergegeben [B 9]. Nimmt man an, daß die Wurzelschweißung mit 3,25 mm $\varnothing$ Elektroden erfolgt, so ist mit den oben angegebenen Kennwerten K_{30} und K_{50} folgende Vorwärmung erforderlich:

ohne Wärmenachbehandlung (K_{30}): 130 °C,
mit Wärmenachbehandlung (K_{50}):   keine.

Eine Überprüfung zeigt allerdings, daß die so bestimmten Vorwärmtemperaturen in der Regel zu niedrig liegen.

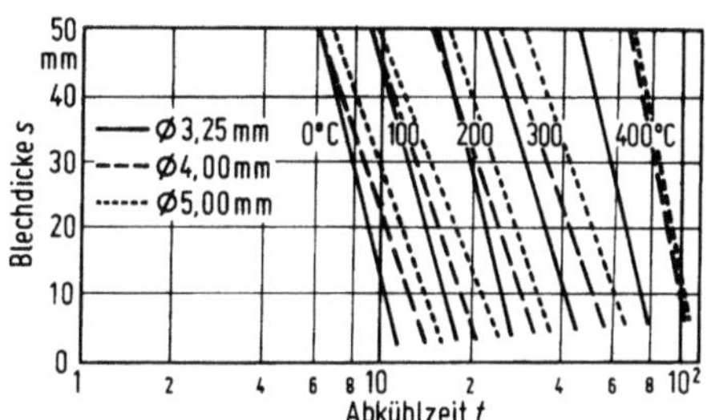

Bild 4.8. Abkühlzeiten $t = K_s$ von 850–500 °C in Abhängigkeit von der Blechdicke für verschiedene Vorwärmtemperaturen und Elektrodendurchmesser

Tabelle 4.2. Kennwerte K_{30} und K_{50} und Kohlenstoffäquivalent $C_{\text{äqu}}$

$$C_{\text{äqu}} = C + \frac{Mn}{6} + \frac{Cr + Mo + V}{5} + \frac{Ni + Cu}{15} + \frac{Si}{24}$$

Werkstoff	K_{30}	K_{50}	$C_{\text{äqu}}$
H II	2,0	1,0	0,23
St 52-3	4,0	2,5	0,42
15 Mo 3	4,5	2,5	0,37
19 Mn 5	11	4,8	0,41
13 CrMo 44	14	7	0,55
10 CrMo 9 10	15	9	–[a]
15 CrNi 6	26	8,5	–[a]
16 MnCr 5	55	14	0,60
18 CrNi 8	60	32	–[a]
25 CrMo 4	90	50	0,61

[a] Grenzen für die Anwendung der Beziehung für $C_{\text{äqu}}$: C 0,5%, Mn 1,6%, Ni 3,5%, Mo 0,6%, Cr 1%, Cu 1% sind überschritten.

Einen Vergleich zwischen den Werten K_{30} bzw. K_{50} und dem Kohlenstoffäquivalent $C_{\text{äqu}}$ kann man der Tabelle 4.2 entnehmen.

Man erkennt, daß steigenden Werten für K_{30} und K_{50} in den meisten Fällen ein erhöhtes $C_{\text{äqu}}$ entspricht. Eine Abhängigkeit ist jedoch nicht eindeutig abzuleiten.

4.3.5 Das STAZ-Schaubild

Für die Darstellung der in der WEZ auftretenden Gefügearten ist ein Spitzentemperatur-Abkühlzeit-Schaubild (STAZ) vorgeschlagen worden [B 10]. Es

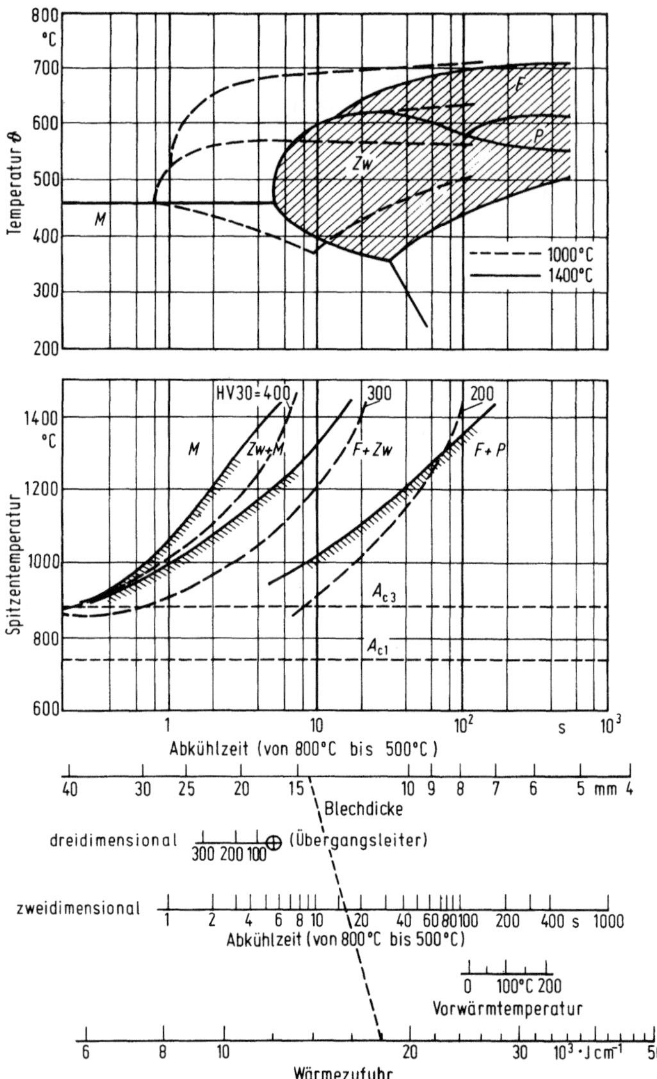

Bild 4.9. ZTU-Schaubilder (oben) und Spitzentemperaturabkühlzeit-(STAZ-)Schaubild (Mitte) mit Nomogramm zur Ermittlung der Abkühlzeit für vorgegebene Wärmezufuhr und Blechdicke für den Werkstoff St E 355

wird aus einer Reihe von ZTU-Diagrammen gewonnen, die für unterschiedliche Austenitisierungstemperaturen aufgenommen wurden. Bild 4.9 (Mitte) zeigt ein derartiges Schaubild. Es läßt erkennen, welche Temperaturzyklen rein martensitisches oder Mischgefüge liefern, bzw. zu Gefügen bestimmter Härte führen.

Setzt man voraus, daß die Abkühlzeit zwischen 800 und 500 °C für alle Punkte der WEZ einer Schweißung gleich ist [K 13], lassen sich die Übergangszone im STAZ-Schaubild durch eine Senkrechte darstellen und das dort vorliegende Gefüge sowie die dazugehörigen Härtewerte ablesen.

Mit Hilfe eines Nomogrammes (Bild 4.9) läßt sich die Abkühlzeit von 800 bis 500 °C aus Blechdicke, Wärmezufuhr und Vorwärmetemperatur ermitteln. Man verbindet hierfür die entsprechenden Punkte auf den Skalen für Blechdicke und Wärmezufuhr. Der Schnittpunkt der Verbindungslinie mit der mittleren Skala liefert den gesuchten Wert für die Abkühlzeit. Der Einfluß der Vorwärmtemperatur kann mit der Vorwärmtemperaturskala berücksichtigt werden.

Gleichzeitig kann dem Nomogramm entnommen werden, bei welchen Kombinationen von Blechdicke, Wärmezufuhr und Vorwärmtemperatur das Abkühlen vom zweidimensionalen in den dreidimensionalen Fall [R 7] übergeht. Wenn die Verbindungslinie zwischen den Skalen für Blechdicke und Wärmezufuhr die Übergangsleiter auf der rechten Seite des zur Vorwärmtemperatur gehörenden Punktes schneidet, liegt zweidimensionales Abkühlen vor. Befindet sich der Schnittpunkt auf der linken Seite, erfolgt das Abkühlen dreidimensional und ist somit von der Blechdicke unabhängig. In [B 10] finden sich Anwendungsbeispiele.

Wird das Gefüge der Wärmeeinflußzone nicht durch Schweißen, sondern durch eine simulierende Wärmebehandlung erzeugt, wobei unterschiedliche Temperaturzyklen durchlaufen werden, lassen sich die Eigenschaften der WEZ bestimmen und in Spitzentemperatur-Abkühlzeit-Eigenschafts-Schaubildern (STAZE) darstellen [G 8]. Derartige Diagramme ermöglichen neben grundlegenden Betrachtungen über den Einfluß der Schweißparameter Aussagen über die Werkstoffwahl bzw. die zweckmäßige Variation der Schweißbedingungen.

4.4 Die CTS-Probe von Cottrell

Bei den bisher genannten Verfahren zur Abschätzung der Schweißbarkeit bzw. der erforderlichen Vorwärmtemperatur wurde die Zusammensetzung des Zusatzwerkstoffes unberücksichtigt gelassen. Bei der CTS-Probe (Controlled Thermal Severity test [C 1, C 4, C 5]) wird eine Verbindung gemäß Bild 1.9 geschweißt und als kritische Abkühlgeschwindigkeit (bei 300 °C) diejenige definiert, bei der es für eine bestimmte Werkstoff/Elektroden-Kombination in der WEZ zur Rißbildung kommt. Nahtform und Wanddicke werden gemäß Bild 4.10 durch eine Kennzahl TSN (Thermal Severity Number) berücksichtigt (TSN = 4 × Gesamtwerkstoffdicke, durch welche die Wärmeabfuhr erfolgt, gemessen in Zoll). Die Tabellen 4.3 und 4.4 zeigen den Zusammenhang zwischen TSN, kritischer Abkühlgeschwindigkeit, Schweißbarkeitsindex und Vorwärmung.

Beispiel: Für eine im CTS-Test bestimmte kritische Abkühlgeschwindigkeit von 15 K/s (Werkstoffeigenschaft) ist für

$$TSN \geq 8 \quad \text{mit Rissen ,}$$

$$TSN \leq 6 \quad \text{nicht mit Rissen}$$

zu rechnen (Tab. 4.3).
Dabei bedeutet z. B. TSN = 8:
Stumpfnaht in 2 Blechen mit $s = 25{,}4$ mm (1″) Dicke

$$TSN = [4(1 + 1)]$$

Nahtform und Wärmeabfluß	Dicke der Wege für die Wärmeabfuhr [Zoll]	TSN
durch 2 Bleche 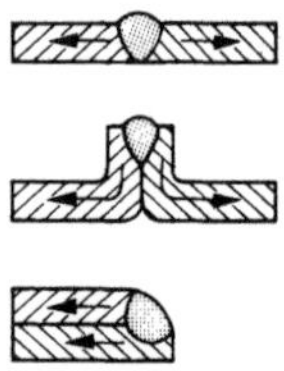	beide Bleche 1/4	2
	1/4 + 1/2	3
	1/4 + 3/4	4
	beide Bleche 1/2	4
	1/2 + 1	6
	beide Bleche 1	8
	1 + 2	12
durch 3 Bleche 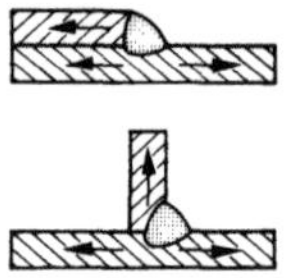	alle Bleche 1/4	3
	alle Bleche 1/2	6
	alle Bleche 1	12
	alle Bleche 2	24
	1/4 + 1/2 + 1/2	5
	1/2 + 1 + 1	10
	2 + 1 + 1	16
durch 4 Bleche 	alle Bleche 1/4	4
	alle Bleche 1/2	8
	alle Bleche 1	16
	alle Bleche 2	32
	1/4 + 1/2 + 1/2 + 1/2	7
	1/2 + 1/2 + 1 + 1	12

Bild 4.10. Kennzahlen TSN für Nahtform und Wärmeabfluß nach dem CTS-Verfahren [C 5]

Tabelle 4.3. Zuordnung von kritischer Abkühlgeschwindigkeit und Schweißbarkeitsindex

Kritische Abkühlgeschwindigkeit bei 300 °C K/s	TSN Risse	TSN keine Risse	Schweißbarkeitsindex unter Berücksichtigung der Elektrode
> 32	–	12	A
20 bis 32	12	8	B
11 bis 20	8	6	C
6 bis 11	6 } und darüber	4 } und darüber	D
4 bis 6	4	3	E
2 bis 4	3	2	F
< 2	2	–	G

und TSN = 6:

Kehlnaht in T-Stoß aus 3 Blechen je 1/2″ dick

$$TSN = [4(1/2 + 1/2 + 1/2)] \, .$$

Im vorliegenden Fall lautet der Schweißbarkeitsindex: C (abhängig vom Elektrodentyp). Mit diesem Index kann dann aus Tabelle 4.4 die erforderliche Vorwärmtemperatur entnommen werden (z. B. 100 °C für eine Schweißnahtbreite von 5 mm).

Das geschilderte Verfahren gibt die Tendenz richtig wieder, ist aber im übrigen sehr ungenau. Zwischen den Tabellenwerten und in der Praxis gemessenen wurden starke Abweichungen (30%) festgestellt.

Tabelle 4.4. Schweißbarkeitsindex und Vorwärmtemperatur (W steht für Temperaturen unter −50 °C)

TSN	Schweiß-barkeits-index	Vorwärmtemperatur in °C					
		Nahtbreite bei Einlagenkehlnaht in mm					
		5	6,5	8	9,5	11	12,5
2	A	W	W	−	−	−	−
	B	W	W	−	−	−	−
	C	W	W	−	−	−	−
	D	0	W	−	−	−	−
	E	50	W	−	−	−	−
	F	125	25	−	−	−	−
3	A	W	W	W	W	−	−
	B	W	W	W	W	−	−
	C	0	W	W	W	−	−
	D	75	−25	W	W	−	−
	E	125	15	W	W	−	−
	F	175	100	25	−25	−	−
6	A	0	W	W	W	W	W
	B	50	W	W	W	W	W
	C	100	20	W	W	W	W
	D	150	100	25	−25	W	W
	E	175	125	75	20	−25	W
	F	225	175	125	100	75	25

4.5 Vorwärmtemperaturen und Energiezufuhr

Nach den in Abschnitt 4.3 und 4.4 genannten Verfahren können die Vorwärmtemperaturen bestimmt werden. Angenähert gilt etwa Tabelle 4.5 [R 14].

Durch die Energiezufuhr beim Schweißen kann die Gefügeausbildung in der WEZ in ähnlicher Weise gesteuert werden wie durch Vorwärmen. Wählt man als Maß für die Abkühlgeschwindigkeit die Abkühlzeit zwischen 800 und 500 °C in Sekunden, so findet man [R 2] einen einfachen Zusammenhang (Bild 2.5 und 2.6) zwischen dieser Abkühlzeit und dem Faktor

$$L = \frac{q}{v_{\mathrm{s}} \cdot \sqrt{nd}} \quad \text{in} \quad \frac{\mathrm{J}}{\mathrm{cm}\sqrt{\mathrm{cm}}} ;$$

q Wärmezufuhr in $\mathrm{J\,s^{-1}}$,
v_s Schweißgeschwindigkeit in $\mathrm{cm\,s^{-1}}$,
d Wanddicke in cm,
n Wärmeabflußzahl (Bild 2.4),

wobei $q = U \cdot I$ beim Lichtbogenschweißen ist.

Eine vergrößerte Energiezufuhr führt demnach unter Berücksichtigung von Schweißgeschwindigkeit, Wanddicke und Nahtform ebenfalls zum Verringern der Abkühlgeschwindigkeit, was auch aus den Beziehungen (2.3) bis (2.6) hervorgeht.

Es erscheint notwendig, Verfahren zur Wahl der Vorwärmtemperatur weiterzuentwickeln, wie sie für das Lichtbogenschweißen von Stahlbauten aus St 52

Tabelle 4.5. Anhaltswerte für die Vorwärmtemperatur beim Schweißen niedriglegierter Stähle

I	Mäßiges Vorwärmen bis etwa 200 °C	Kesselbaustähle	17 Mn 4, 19 Mn 5 15 Mo 3, 20 Mo 3, 18 CrMo 3
II	Vorwärmen auf 200 bis 250 °C, teilweise höher	16 MnCr 5 20 MnCr 5 13 CrMo 4 4 13 CrMoV 4 2	
III	Vorwärmen auf 250 °C langsames Abkühlen Spannungsarmglühen	24 CrMo 5 24 CrMo 4 24 CrMoV 5 5 21 CrMoV 5 1 10 CrMo 9 10 12 CrMo 19 5	
IV	Vorwärmen auf 250 °C Nachvergüten	30 CrMoV 9 34 Cr 4	
V	Schweißen vermeiden	35 NiCr 18 31 NiCr 14 24 NiCr 14 36 NiCr 6	30 CrNiMo 8 34 CrNiMo 6 36 CrNiMo 4 45 CrV 7 50 CrV 4 41 Cr 4

bereits existieren [D 19]. Bisher gibt es verschiedene Verfahren mit unterschiedlichen Geltungsbereichen [R 8]. Das Verfahren nach Stahl-Eisen-Werkstoffblatt SEW 088 Beiblatt hat sich hierfür bewährt. Die Bilder 4.11 und 4.12 basieren auf diesem Blatt und zeigen die Abhängigkeit der Abkühlzeit $t_{8/5}$ von Streckenenergie

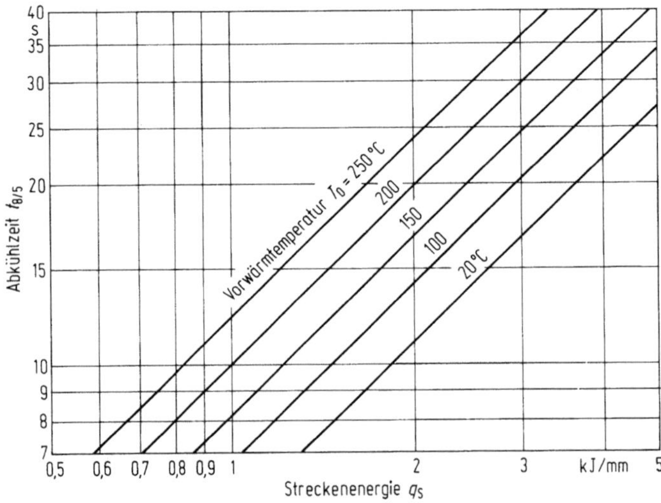

Bild 4.11. Abkühlzeit $t_{8/5}$ bei dreidimensionaler Wärmeableitung für das Unterpulverschweißen niedriglegierter hochfester Baustähle (nach [S 4]).

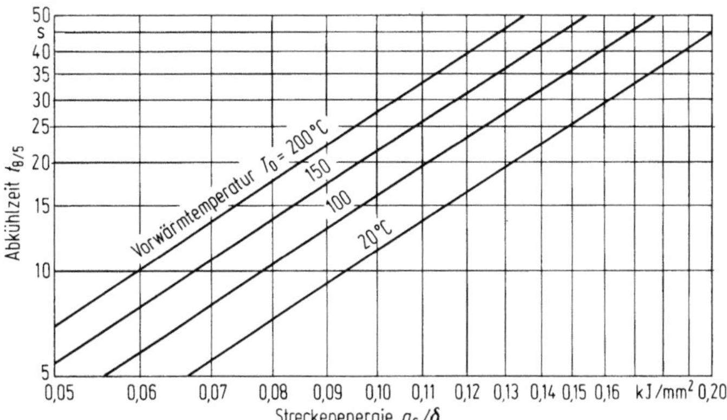

Bild 4.12. Abkühlzeit $t_{8/5}$ bei zweidimensionaler Wärmeableitung für das Unterpulverschweißen niedriglegierter hochfester Baustähle (nach [S 4]).

und Vorwärmtemperatur für dreidimensionale und zweidimensionale Wärmeableitung. Das Verfahren läßt sich leicht auf einem Rechner programmieren [F 5].

4.6 Legierungselemente und Schweißbarkeit

Die Legierungselemente beeinflussen das Umwandlungsverhalten der Stähle.

a) C, Mn, Cr (Ni, Mo)

erschweren die Diffusion von Kohlenstoff. Die Umwandlungen werden daher verlangsamt und zu tieferen Temperaturen verschoben (Umwandlungsträgheit). Die kritische Abkühlgeschwindigkeit wird herabgesetzt, was Martensitbildung schon bei geringen Abkühlgeschwindigkeiten bedeutet und damit beim Schweißen Aufhärtungsgefahr in der WEZ.

Mangan erhöht die Festigkeit des Ferrits durch Mischkristallbildung. Der Perlitpunkt verschiebt sich zu niedrigen Kohlenstoffgehalten hin, und der Karbidgehalt wird erhöht. Perlitische Stähle enthalten bis etwa 3% Mn (Bild 4.13). Anwendung von Manganstählen je nach C-Gehalt für

    Baustähle,
    Schweißdrähte,
    Kettenlaschen,
    Werkzeuge,
    Federn.

Beispiele:

15 Mn 3	20 Mn Si 5
14 Mn 4	36 Mn 5 ⎫
17 Mn 5	40 Mn 4 ⎬ zum Schweißen nicht geeignet
19 Mn 5 (St 52)	50 Mn 7 ⎭
21 Mn 4	

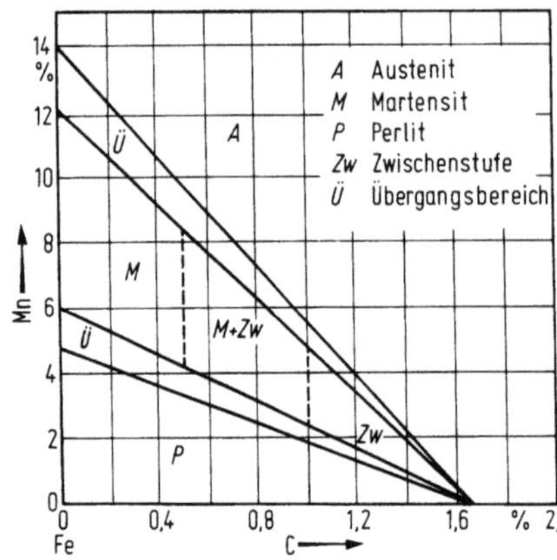

Bild 4.13. Gefügeausbildung von Stählen, abhängig vom Kohlenstoff- und Mangangehalt nach rascher Abkühlung von höherer Temperatur (etwa 1000 °C). Nach L. Guillet [R 14]

Chrom besitzt eine hohe Affinität zu Kohlenstoff und bildet leicht Sonderkarbide. Der so gebundene Kohlenstoff ist in seiner Diffusionsbewegung gehemmt, was zu erhöhter Anlaßbeständigkeit führt. Chrom wirkt außerdem kornverfeinernd. Die Verschiebung des Perlitpunktes ist Bild 4.14 zu entnehmen.

Anwendung der Chromstähle als Einsatz-, Vergütungs-, warmfeste und druckwasserstoffbeständige Stähle (in Verbindung mit Mo).

Beispiele:
     15 CrNi 6
     18 CrNi 8
     13 CrMo 4 4
     20 CrMo 9
     20 CrMoV 13 5
     21 CrV 4
     21 CrMo 3
     25 CrMo 4
     } erhöhte Anlaßbeständigkeit durch Mo

Nickel bewirkt eine Festigkeitssteigerung durch feinere Karbidverteilung (keine Ni-Karbide!). Die Mischkristallwirkung ist geringer als bei Mangan. Der Einfluß von Nickel auf die Gefügeausbildung geht aus Bild 4.15 hervor.

Anwendung der Nickelstähle:

Kaltzähe Stähle wie 14 Ni 6, 12 Ni 6, 12 Ni 19, 16 Ni 14,
Vergütungsstähle wie 24 Ni 4, 24 Ni 8.

Molybdän ist ein Karbidbildner wie Chrom. Die kritische Abkühlgeschwindigkeit wird *stark* herabgesetzt, die Perlitstufe zugunsten der Zwischenstufe unterdrückt. Die Anlaßbeständigkeit wird erhöht. Es gibt kaum reine Molybdänstähle (15 Mo 3). Molybdän wird im allgemeinen zusammen mit anderen Legierungselementen verwendet. Warmfester Stahlguß ist immer molybdänlegiert.

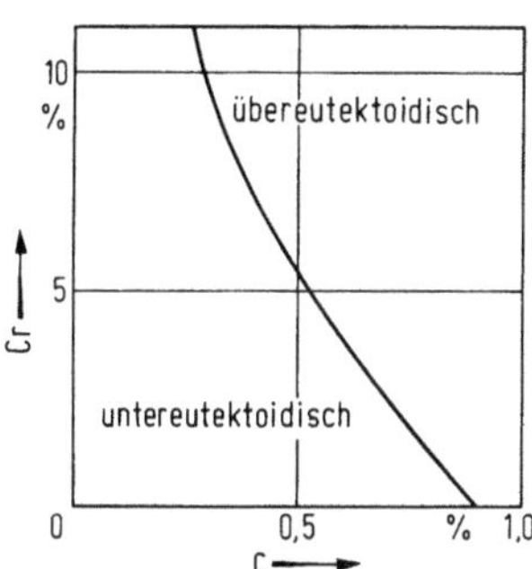

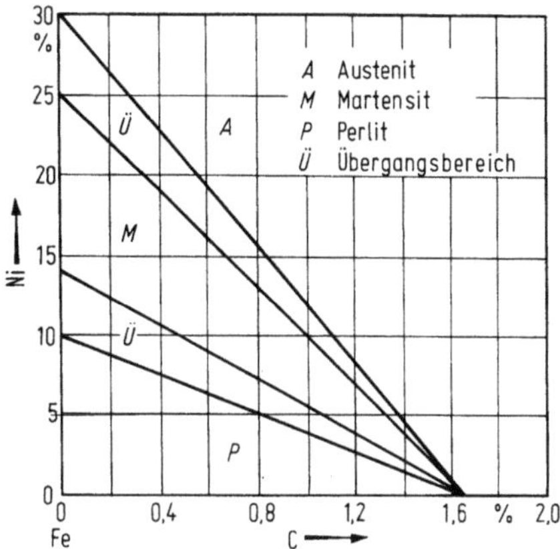

Bild 4.14. Verschiebung des Perlitpunktes bei Chromstählen

Bild 4.15. Gefügeausbildung von Stählen, abhängig vom Kohlenstoff- und Nickelgehalt nach rascher Abkühlung von höheren Temperaturen (etwa 1000 °C). Nach L. Guillet [R 14]

b) *Al, V, Ta, Ti, Nb, Zr*

begünstigen die Umwandlung bei höheren Temperaturen durch Keimbildung. Das Gefüge wird feinkörnig. Sie wirken gleichzeitig als Desoxidations- (vor allem Aluminium) und Denitrierungsmittel. Nb, Ta, Ti, V und Zr binden auch den Kohlenstoff in Form feinster Karbide (bzw. Karbonitride). Bei geeigneter Wärmebehandlung können Streckgrenze und Festigkeit bei guter Zähigkeit über eine Ausscheidungshärtung verbessert werden. Auch das Streckgrenzenverhältnis R_{eL}/R_m steigt an. Durch Erhöhung der Umwandlungsfreudigkeit sinkt die Neigung zum Aufhärten beim Schweißen. Die Sprödbruchsicherheit wird, vor allem durch Feinkornbildung, erhöht. Die genannten Legierungselemente werden nur in Mengen von einigen hundertstel Prozent zulegiert.

Bei Zugabe von Niob hängt die Zähigkeit des Schweißguts vom Nb-Gehalt, dem Zusatzwerkstoff und den Schweißbedingungen ab [D 22]. Niedriger Nb-Gehalt ($\leq 0,02\,\%$) führt zu unveränderter oder besserer Zähigkeit bei niedriger Streckenenergie ($t_{8/5} \leq 50\,\mathrm{s}$). Bei höherer Streckenenergie nimmt sie dagegen ab, wenn sich auf den Korngrenzen niobfreier Ferrit ausbildet. Bei höheren Nb-Gehalten von $> 0,05\,\%$ erreicht das Schweißgut die beste Zähigkeit bei Zusatzwerkstoffen, die zu einem hohen Anteil von „nadeligem Ferrit" führen. Durch Wiedererwärmung des Schweißguts tritt eine die Zähigkeit vermindernde Sekundärhärtung auf.

c) *Cu*

führt ab 0,3 % zu einem Ausscheidungseffekt, d. h. man erhält eine erhöhte Streckgrenze ohne Beeinträchtigung der Schweißeignung im naturharten und bei Vergütungsstählen im vergüteten Zustand. Die Streckgrenze steigt um 10 bis

40 N mm^{-2} (St 52 enthält bis zu 0,55% Cu). Da die Streckgrenzenerhöhung bis zu 350 bis 400 °C erhalten bleibt, werden Cu-legierte Stähle im Kesselbau verwendet.

Die Umwandlung erfolgt vorwiegend in der Zwischenstufe. Beim Schweißen erhält man deshalb auch bei großen Querschnitten kaum Aufhärtungen. Die Korrosion an Industrieluft wird ab 0,2% Cu verzögert, aber nicht verhindert.

Die als Folge des Kupferzusatzes weit vorgeschobene Zwischenstufennase zeigt das ZTU-Schaubild eines Cu–Ni-Stahles (Bild 4.16).

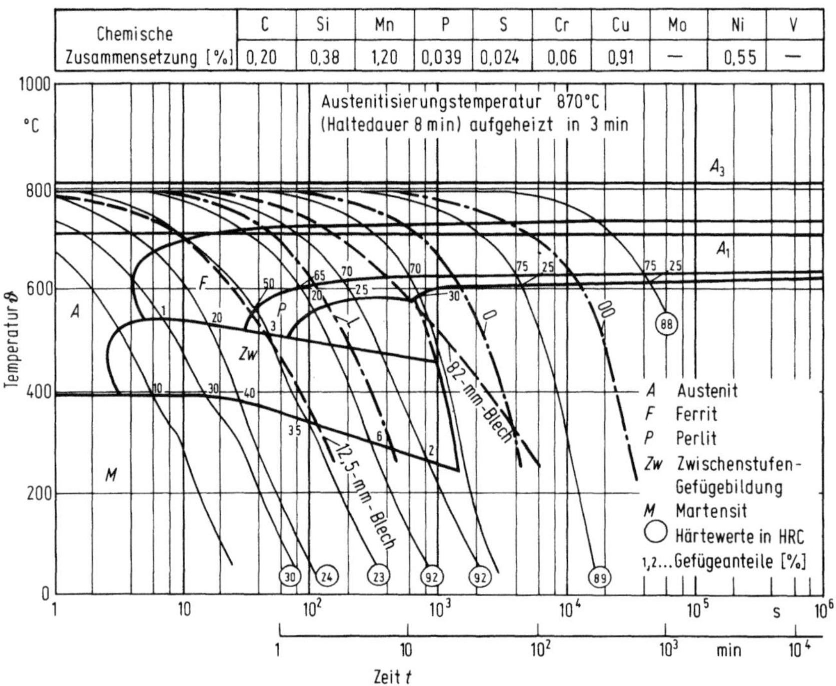

Bild 4.16. ZTU-Schaubild für kontinuierliche Abkühlung eines Kupfer-Nickel-Stahles [N 1]

d) Bor

begünstigt die Zwischenstufenumwandlung ohne Martensitbildung bei Luftabkühlung. Borlegierte Stähle werden in Deutschland selten verwendet.

4.7 Zusatzwerkstoffe für niedriglegierte Stähle

Es gilt allgemein die Regel: Schwachlegierte Stähle werden mit artgleichen, höherlegierte z. T. mit artfremden (z. B. austenitischen) Zusatzwerkstoffen geschweißt. Letzteres gilt für den Fall, daß eine Aufhärtung in der WEZ nicht vermieden werden kann. Dann nutzt man die gute Verformungsfähigkeit des austenitischen Schweißgutes aus. Auch Nickelbasislegierungen können hierfür herangezogen werden.

Lufthärter (z. B. Panzerstähle 30 CrNiMo 8) werden mit austenitischem Zusatz vom Typ 25/20 oder 18/8 geschweißt. Sie haben eine Festigkeit von etwa 600 N mm^{-2} bei niedriger Streckgrenze von 250 bis 400 N mm^{-2}. Eine schmale martensitische Zone in der WEZ wird in Kauf genommen. Sie ist durch Glühen nicht zu beseitigen. Bei geringem C-Gehalt bleibt der Martensit weich und beeinträchtigt die Eigenschaften der Verbindungen nicht unzulässig stark. Zweckmäßig ist es in solchen Fällen, „kalt" zu schweißen, also mit kleinem Elektrodendurchmesser, um die Vermischung klein zu halten. Eine Wärmenachbehandlung in den für den betreffenden Stahl typischen Temperaturbereichen ist auch bei austenitischem Zusatzwerkstoff möglich (Ausnahme: Tieftemperaturstähle). Eine gewisse Chromkarbidbildung ist im allgemeinen nicht nachteilig, weil sie nur die Korrosionsbeständigkeit beeinflußt, die bei niedriglegierten Stählen nicht gefordert wird.

Über die Begrenzung einiger Legierungselemente in Zusatzwerkstoffen für das Schweißen niedriglegierter Stähle gibt Tabelle 4.6 Auskunft, die Zusammensetzung der üblichen Schweißzusatzwerkstoffe findet sich nach DIN 17145 in Tabelle 4.7.

Beim Schweißen ungleichartiger niedriglegierter Stähle ist das Diffusionsverhalten der beteiligten Legierungselemente zu berücksichtigen. Ist beispielsweise ein 10 CrMo 9 10 mit 20 CrMoV 13 5 zu verbinden, so ist als Zusatz eine CrMoV-Legierung zu verwenden, um einer Vanadinverarmung im Übergang zum vanadinhaltigen Stahl entgegenzuwirken. Dabei wird das etwas ungünstigere Abschmelzverhalten, verglichen mit einem Zusatz aus 10 CrMo 9 10, in Kauf genommen.

Tabelle 4.6. Richtlinien für die Zusammensetzung des Zusatzwerkstoffes, wenn kein dem Grundwerkstoff genau entsprechender Zusatzdraht verfügbar ist

Legierungselement	Gehalt im Zusatzwerkstoff in %
C	< 0,20
Cr	gleiche Anteile wie im Grundwerkstoff
Ni	> 2,5 bei Mn/S > 35[a]
Mo	0,5 bis 1,0
V	0,3 bis 0,5 ⎫ ähnliche Anteile
Mn	0,5 bis 1,5 ⎭ wie im Grundwerkstoff

[a] Abbindung von S durch Zugabe von Mn, um Bildung von Nickelsulfid zu verhinden.

4.8 Schweißen der üblichen niedriglegierten Stähle

4.8.1 Einsatzstähle

Die Stähle gemäß Tabelle 4.8 sind an sich für Schweißzwecke nicht vorgesehen. Wenn überhaupt, sollten sie vor dem Einsetzen geschweißt werden. Dann bestehen keine besonderen Schwierigkeiten. Der Zusatzwerkstoff sollte ähnlich wärmebehandelbar sein wie der Grundwerkstoff. Bei zu hohem Mn-Gehalt können Härtespannungen Rißbildung verursachen. Ist der Grundwerkstoff ölhärtend, muß

Tabelle 4.7. Chemische Zusammensetzung der Zusatzwerkstoffe für niedriglegierte Stähle nach DIN 17 145

Stahlsorte Kurzname	Werkstoffnummer	Chemische Zusammensetzung in Gewichtsprozent											Üblicher Wärmebehandlungszustand
		C	Si	Mn	P	S	$Al_{ges.}$	Cu	Cr	Mo	Ni	Sonstige	
					höchstens								
11 Mn 4 Si	1.0492	0,07 bis 0,15	0,15 bis 0,40	0,80 bis 1,20	0,030	0,030	0,030	0,20	$\leqq$ 0,15	–	$\leqq$ 0,15	–	
11 Mn 4 Al	1.0494	0,07 bis 0,15	$\leqq$ 0,15	0,80 bis 1,20	0,030	0,030	0,040[3]	0,20	$\leqq$ 0,15	–	$\leqq$ 0,15	–	
12 Mn 6	1.0496	0,07 bis 0,15	0,05 bis 0,25	1,30 bis 1,70	0,030	0,030	0,030	0,20	$\leqq$ 0,15	–	$\leqq$ 0,15	–	warm gewalzt (unbehandelt)
13 Mn 6	1.0479	0,07 bis 0,15	0,25 bis 0,50	1,30 bis 1,70	0,030	0,030	–	0,20	$\leqq$ 0,15	–	$\leqq$ 0,15	–	
10 MnSi 5	1.5112	0,06 bis 0,12	0,50 bis 0,80	1,00 bis 1,30	0,025	0,025	0,020	0,20	$\leqq$ 0,15	$\leqq$ 0,15	$\leqq$ 0,15	Ti + Zr $\leqq$ 0,15	
11 MnSi 6	1.5125	0,07 bis 0,14	1,30 bis 1,60	1,30 bis 1,60	0,025	0,025	0,020	0,20	$\leqq$ 0,15	$\leqq$ 0,15	$\leqq$ 0,15	Ti + Zr $\leqq$ 0,15	
10 MnSi 7	1.5130	0,07 bis 0,14	0,80 bis 1,20	1,60 bis 1,90	0,025	0,025	0,020	0,20	$\leqq$ 0,15	$\leqq$ 0,15	$\leqq$ 0,15	Ti + Zr $\leqq$ 0,15	
12 Mn 8	1.5086	0,08 bis 0,16	0,05 bis 0,25	1,75 bis 2,25	0,025	0,025	0,030	0,20	$\leqq$ 0,15	–	$\leqq$ 0,15	–	
13 Mn 12	1.5089	0,08 bis 0,16	0,15 bis 0,35	2,75 bis 3,25	0,025	0,025	0,030	0,20	$\leqq$ 0,15	–	$\leqq$ 0,15	–	
9 MnNi 4	1.6215	0,05 bis 0,15	0,05 bis 0.20	0,95 bis 1,25	0,020	0,020	0,030	0,20	$\leqq$ 0,20	–	0,35 bis 0,60	–	
17 MnNi 4	1.6216	0,14 bis 0,25	0,10 bis 0,35	0,80 bis 1,20	0,025	0,025	0,030	0,20	$\leqq$ 0,20	–	0,65 bis 0,90	–	
11 NiMn 5 4	1.6225	0,07 bis 0,15	$\leqq$ 0,15	0,80 bis 1,20	0,015	0,015	0,030	0,20	$\leqq$ 0,20	–	1,10 bis 1,60	–	
11 NiMn 9 4	1.6227	0,07 bis 0,15	$\leqq$ 0,15	0,80 bis 1,20	0,015	0,015	0,030	0,20	$\leqq$ 0,20	–	2,00 bis 2,50	–	
10 MnMo 4 5	1.5424	0,07 bis 0,13	0,50 bis 0,80	0,90 bis 1,30	0,025	0,025	0,030	0,20	$\leqq$ 0,15	0,45 bis 0,65	$\leqq$ 0,15	–	
11 MnMo 4 5	1.5425	0,08 bis 0,15	0,05 bis 0,25	0,80 bis 1,20	0,025	0,025	0,030	0,20	$\leqq$ 0,15	0,45 bis 0,65	$\leqq$ 0,15	–	
13 MnMo 6 5	1.5426	0,08 bis 0,15	0,05 bis 0,25	1,30 bis 1,70	0,025	0,025	0,030	0,20	$\leqq$ 0,15	0,45 bis 0,65	$\leqq$ 0,15	–	
13 MnMo 8 5	1.5427	0,08 bis 0,15	0,05 bis 0,25	1,75 bis 2,25	0,025	0,025	0,030	0,20	$\leqq$ 0,15	0,45 bis 0,65	$\leqq$ 0,15	–	warm gewalzt (unbehandelt) oder geglüht
11 CrMo 4 5	1.7346	0,10 bis 0,16	0,05 bis 0,25	0,80 bis 1,20	0,020	0,020	0,030	–	0,85 bis 1,20	0,45 bis 0,65	–	–	
11 CrMo 5 5	1.7339	0,08 bis 0,15	0,50 bis 0,80	0,80 bis 1,20	0,020	0,020	0,030	–	1,00 bis 1,30	0,45 bis 0,65	–	–	
12 CrMo 11 10	1.7305	0,08 bis 0,15	0,15 bis 0,35	0,40 bis 0,70	0,020	0,020	0,030	–	2,50 bis 3,00	0,90 bis 1,15	–	–	
7 CrMo 11 10	1.7384	0,03 bis 0,10	0,50 bis 0,80	0,80 bis 1,20	0,020	0,020	0,030	–	2,50 bis 3,00	0,90 bis 1,15			
6 CrMo 9 10	1.7385	0,03 bis 0,10	0,05 bis 0,25	0,40 bis 0,70	0,020	0,020	0,030	–	2,00 bis 2,40	0,90 bis 1,15			

auch der Zusatz Ölhärter und nicht etwa Wasserhärter sein. Die Aufkohlung kann bei sauren Elektroden durch Einschlüsse oxidischen Charakters behindert werden. Basisch umhüllte Elektroden zeigen ein günstigeres Verhalten, weil sie keine Silikate enthalten, welche die Aufkohlung beeinflussen könnten.

Beim Schmelzschweißen sind die Stähle mit $\geq 1\%$ Chrom und 1% Nickel vorzuwärmen.

4.8.2 Vergütungsstähle

Vergütungsstähle weisen einen höheren Kohlenstoffgehalt auf, weshalb beim Schweißen Vorsichtsmaßnahmen erforderlich sind. Meist wird im vergüteten Zustand geschweißt. Anschließend kann, falls möglich, angelassen bzw. nachvergütet werden.

Die WEZ kann entsprechend Bild 4.17 mehrere deutlich voneinander unterscheidbare Bereiche enthalten. Die beiden Hauptbereiche a) ohne und b) mit γ–α-Umwandlung haben folgende Merkmale:

a) In der Anlaßzone steigt mit zunehmender Maximaltemperatur die Zähigkeit; die Festigkeit (Härte) nimmt jedoch beim Annähern an A_1 beträchtlich ab. Eine hohe Anlaßbeständigkeit (Mo, V) begrenzt den Festigkeitsabfall. Der oft zu beobachtende Härtesack hat sein Minimum um A_1. Zwischen A_1 und A_3 ist wegen der beginnenden γ–α-Umwandlung bei schneller nachfolgender Abkühlung mit wieder wachsenden Härtewerten zu rechnen.

b) Bei Temperaturen des unteren γ-Gebietes sind die Diffusionsgeschwindigkeiten relativ gering, so daß noch sehr feine Gefüge entstehen können. Die Aufhärtung ist noch nicht bedeutend. Günstig ist die Ausbildung eines weichen Martensits wie bei den niedriggekohlten Feinkornstählen. Eine andere Möglichkeit ist die Wahl eines umwandlungsfreudigen Stahles mit ausgedehntem Zwischenstufengebiet. Bei höheren Maximaltemperaturen (1 100 bis 1 200 °C) kommt man in das Gebiet der Grobkornzone (Auflösung der Nitride, grobes Austenitkorn). Der Grundwerkstoff sollte deshalb Keimbildner enthalten, die eine feinkörnige Martensit- und Zwischenstufenumwandlung garantieren und damit die Zähigkeit verbessern. Das Maximum der Aufhärtung liegt in dieser Zone dicht an der Schmelzgrenze.

Durch Kaltverfestigung kann bei Beanspruchung (z. B. im Zerreißversuch) der Festigkeitsverlust in der WEZ wieder ausgeglichen werden. Alle Stähle nach DIN 17 200 (Tab. 4.9) sind für das Abbrennstumpfschweißen geeignet, der Stahl 28 Mn 6 auch für das Schmelz- und Widerstandspunktschweißen. Beim Schweißen der übrigen Stähle dieser Norm sind entsprechende Vorsichtsmaßnahmen erforderlich (evtl. artfremder, z. B. austenitischer Zusatzwerkstoff). Mindestwerte für die Streckgrenze der in DIN 17 200 zusammengefaßten Stähle gibt Tabelle 4.10 wieder. Man erkennt, daß mit steigender Wanddicke (Durchmesser) zur Durchvergütung höhere Legierungsgehalte nötig sind.

In den über A_{c3} erhitzten Werkstoffbereichen ist je nach Blechdicke infolge rascher Abkühlung mit Martensitbildung, d. h. mit Härtespitzen zu rechnen. Er-

Tabelle 4.8. Chemische Zusammensetzung der Einsatzstähle (Schmelzenanalyse) nach DIN 17210

Stahlsorte		Chemische Zusammensetzung, Massenanteil in % [1,2]							
Kurzname	Werkstoff-nummer	C	Si max.	Mn	P max.	S[3]	Cr	Mo	Ni
17 Cr 3	1.7016	0,14 bis 0.20	0,40	0,40 bis 0,70	0,035	0,035	0,60 bis 0,90	–	–
20 Cr 4	1.7027	0,17 bis 0,23	0,40	0,60 bis 0,90	0,035	0,035	0,90 bis 1,20	–	–
20 CrS 4	1.7028	0,17 bis 0,23	0,40	0,60 bis 0,90	0,035	0,020 bis 0,035	0,90 bis 1,20	–	–
16 MnCr 5	1.7131	0,14 bis 0,19	0,40	1,00 bis 1,30	0,035	0,035	0,80 bis 1,10	–	–
16 MnCrS 5	1.7139	0,14 bis 0,19	0,40	1,00 bis 1,30	0,035	0,020 bis 0,035	0,80 bis 1,10	–	–
20 MnCr 5	1.7147	0,17 bis 0,22	0,40	1,10 bis 1,40	0,035	0,035	1,00 bis 1,30	–	–
20 MnCrS 5	1.7149	0,17 bis 0,22	0,40	1,10 bis 1,40	0,035	0,020 bis 0,035	1,00 bis 1,30	–	–
20 MoCr 4	1.7321	0,17 bis 0,22	0,40	0,70 bis 1,00	0,035	0,035	0,30 bis 0,60	0,40 bis 0,50	–
20 MoCrS 4	1.7323	0,17 bis 0,22	0,40	0,70 bis 1,00	0,035	0,020 bis 0,035	0,30 bis 0,60	0,40 bis 0,50	–
22 CrMoS 3 5	1.7333	0,19 bis 0,24	0,40	0,70 bis 1,00	0,035	0,020 bis 0,035	0,70 bis 1,00	0,40 bis 0,50	–
21 NiCrMo 2	1.6523	0,17 bis 0,23	0,40	0,65 bis 0,95	0,035	0,035	0,40 bis 0,70	0,15 bis 0,25	0,40 bis 0,70
21 NiCrMoS 2	1.6526	0,17 bis 0,23	0,40	0,65 bis 0,95	0,035	0,020 bis 0,035	0,40 bis 0,70	0,15 bis 0,25	0,40 bis 0,70
15 CrNi 6	1.5919	0,14 bis 0,19	0,40	0,40 bis 0,60	0,035	0,035	1,40 bis 1,70	–	1,40 bis 1,70
17 CrNiMo 6	1.6587	0,15 bis 0,20	0,40	0,40 bis 0,60	0,035	0,035	1,50 bis 1,80	0,25 bis 0,35	1,40 bis 1,70

[1] In dieser Tabelle nicht aufgeführte Elemente dürfen dem Stahl außer zum Fertigbehandeln der Schmelze ohne Zustimmung des Bestellers nicht absichtlich zugesetzt werden. In Zweifelsfällen sind die Grenzgehalte nach EURONORM 20 maßgebend.

[2] Außer bei den Elementen Phosphor und Schwefel sind geringfügige Abweichungen von den Grenzen für die *Schmelzenanalyse* zulässig, wenn eingeengte Streubänder der Härtbarkeit im Stirnabschreckversuch bestellt werden.

[3] Jeweils Höchstgehalte außer in den Fällen, in denen Spannen angegeben sind.

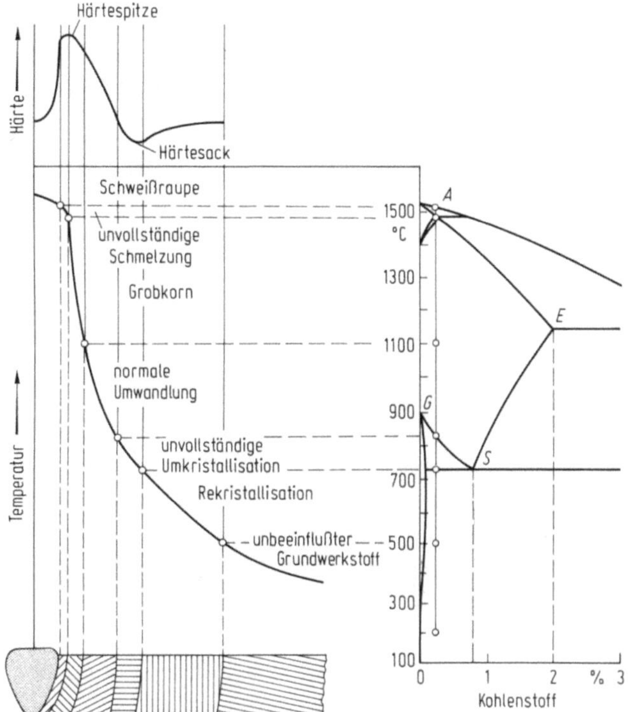

Bild 4.17. Einfluß des Schweißens auf Gefüge und Härte bei Vergütungsstählen

höhte Vorwärmung setzt zwar die Härte herab, verstärkt jedoch auch den Festigkeitsabfall in der Anlaßzone. Nach den Empfehlungen des IIW ist für die WEZ eine Höchsthärte von 350 HV 10 festgelegt worden, für bestimmte Stähle auch über 400. Die Zulässigkeit einer Erhöhung dieses Wertes (geringere Vorwärmung) ist im Einzelfall nachzuweisen. Verbindliche Richtlinien hierfür gibt es vorläufig nicht, jedoch gilt es als möglich, z. B. bei günstiger konstruktiver Ausbildung der Anschlüsse und Verwendung trockener basisch umhüllter Elektroden den angegebenen Richtwert zu überschreiten.

4.8.3 Niedriglegierte und mikrolegierte schweißbare Feinkornbaustähle

Als erster höherfester Baustahl wurde in Deutschland der Stahl St 52 entwickelt. Mit seinem Einsatz begann die Entwicklung zum Stahlleichtbau. Bei sämtlichen nach dem Kriege wieder hergestellten oder neu errichteten Rheinbrücken wurden hochfeste Stähle, in erster Linie St 52, in Anteilen bis zu 40% und mehr verwendet.

Die Festigkeit hat der St 52 durch sein Hauptlegierungselement Mangan sowie durch seine Feinkörnigkeit erhalten. Die Feinkörnigkeit erhält der Stahl durch die Zugabe von Aluminium (er wird ausschließlich als St 52-3 erschmolzen). Die Festigkeitserhöhung durch einen höheren Kohlenstoffgehalt ist nicht möglich, da dieser aus Gründen guter Schweißeignung auf 0,22% begrenzt ist.

Tabelle 4.9. Chemische Zusammensetzung niedriglegierter Vergütungsstähle nach DIN 17 200

Stahlsorte		Massenanteil in %								
Kurzname	Werkstoff-nummer	C	Si max.	Mn	P max.	S	Cr	Mo	Ni	V
28 Mn 6	1.1170	0,25 bis 0,32	0,40	1,30 bis 1,65	0.035	0,03	–	–	–	–
32 Cr 2	1.7020	0,28 bis 0,35	0,40	0,50 bis 0,80	0,035	0,03	0,40 bis 0,60	–	–	–
32 CrS 2	1.7021	0,28 bis 0,35	0,40	0,50 bis 0,80	0,035	0,020 bis 0,035	0,40 bis 0,60	–	–	–
38 Cr 2	1.7003	0,35 bis 0,42	0,40	0,50 bis 0,80	0,035	0,03	0,40 bis 0,60	–	–	–
38 CrS 2	1.7023	0,35 bis 0,42	0,40	0,50 bis 0,80	0,035	0,020 bis 0,035	0,40 bis 0,60	–	–	–
46 Cr 2	1.7006	0,42 bis 0,50	0,40	0,50 bis 0,80	0,035	0,03	0,40 bis 0,60	–	–	–
46 CrS 2	1.7025	0,42 bis 0,50	0,40	0,50 bis 0,080	0,035	0,020 bis 0,035	0,40 bis 0,60	–	–	–
28 Cr 4	1.7030	0,24 bis 0,31	0,40	0,60 bis 0,90	0,035	0,03	0,90 bis 1,20	–	–	–
28 CrS 4	1.7036	0,24 bis 0,31	0,40	0,60 bis 0,90	0,035	0,020 bis 0,035	0,90 bis 1,20	–	–	–
34 Cr 4	1.7033	0,30 bis 0,37	0,40	0,60 bis 0,90	0,035	0,03	0,90 bis 1,20	–	–	–
34 CrS 4	1.7037	0,30 bis 0,37	0,40	0,60 bis 0,90	0,035	0,020 bis 0,035	0,90 bis 1,20	–	–	–
37 Cr 4	1.7034	0,34 bis 0,41	0,40	0,60 bis 0,90	0,035	0,03	0,90 bis 1,20	–	–	–
37 CrS 4	1.7038	0,34 bis 0,41	0,40	0,60 bis 0,90	0,035	0,020 bis 0,035	0,90 bis 1,20	–	–	–
41 Cr 4	1.7035	0.38 bis 0,45	0,40	0,60 bis 0,90	0,035	0,03	0,90 bis 1,20	–	–	–
41 CrS 4	1.7039	0,38 bis 0,45	0,40	0,60 bis 0,90	0,035	0,020 bis 0,035	0,90 bis 1,20	–	–	–
25 CrMo 4	1.7218	0,22 bis 0,29	0,40	0,60 bis 0,90	0,035	0,03	0,90 bis 1,20	0,15 bis 0,30	–	–
25 CrMoS 4	1.7213	0,22 bis 0,29	0,40	0,60 bis 0,90	0,035	0,020 bis 0,035	0,90 bis 1,20	0,15 bis 0,30	–	–
34 CrMo 4	1.7220	0,30 bis 0,37	0,40	0,60 bis 0,90	0,035	0,03	0,90 bis 1,20	0,15 bis 0,30	–	–
34 CrMoS 4	1.7226	0,30 bis 0,37	0,40	0,60 bis 0.90	0,035	0,020 bis 0,035	0,90 bis 1,20	0,15 bis 0,30	–	–
42 CrMo 4	1.7225	0,38 bis 0,45	0,40	0,60 bis 0,90	0,035	0,03	0,90 bis 1,20	0,15 bis 0,30	–	–
42 CrMoS 4	1.7227	0,38 bis 0,45	0,40	0,60 bis 0,90	0,035	0,020 bis 0,035	0,90 bis 1,20	0,15 bis 0,30	–	–
50 CrMo 4	1.7228	0,46 bis 0,54	0,40	0,50 bis 0,80	0,035	0,03	0,90 bis 1,20	0,15 bis 0,30	–	–
36 CrNiMo 4	1.6511	0,32 bis 0,40	0,40	0,50 bis 0,80	0,035	0,03	0,90 bis 1,20	0,15 bis 0,30	0,90 bis 1,20	–
34 CrNiMo 6	1.6582	0,30 bis 0,38	0,40	0,40 bis 0,70	0,035	0,03	1,40 bis 1,70	0,15 bis 0,30	1,40 bis 1,70	–
30 CrNiMo 8	1.6580	0,26 bis 0,34	0,40	0,30 bis 0,60	0,035	0,03	1,80 bis 2,20	0,30 bis 0,50	1,80 bis 2,20	–
50 CrV 4	1.8159	0,47 bis 0,55	0,40	0,70 bis 1,10	0,035	0,03	0,90 bis 1.20	–	–	0,10 bis 0,20
30 CrMoV 9	1.7707	0,26 bis 0,34	0,40	0,40 bis 0,70	0,035	0,03	2,30 bis 0,25	–	0,15 bis 0,25	0,10 bis 0,20

Die Festigkeitseigenschaften unlegierter Stähle werden im allgemeinen durch den Gehalt an Kohlenstoff bestimmt. Es besteht jedoch auch die Möglichkeit, durch Zulegieren geringer Anteile von Elementen wie Al, Nb, Ti, Zr und V Streckgrenze und Festigkeit bei guten Zähigkeitseigenschaften zu erhöhen und somit einen höheren Kohlenstoffgehalt, der die Schweißeignung in ungünstigem Sinne beeinflußt, zu vermeiden. Man spricht in diesem Zusammenhang von mikrolegierten Stählen. Die Wirkung der genannten Elemente liegt in der Erzielung eines feinkörnigen Gefüges, darüber hinaus aber auch über Verbindungen mit Kohlenstoff und Stickstoff in einer durch Ausscheidungshärtung verursachten Festigkeitssteigerung. Durch kontrolliertes Walzen, auch als thermomechanische Behandlung bekannt [F 4, H 9], lassen sich diese Verfestigungsmechanismen für begrenzte Blechdicken besonders gut ausnutzen.

Die für die Verfestigungswirkung wichtige Karbid- und Nitridbildung läßt sich durch Gegenüberstellung der freien Bildungsenthalpien der im Stahl bei höherer Temperatur sich bildenden Karbide und Nitride verfolgen [M 9]. Die Verbindungen werden in der Reihenfolge V–Nb–Ti beständiger (Bild 4.18). Die Affinität von Vanadin zu Kohlenstoff ist sehr gering, so daß in vanadinhaltigen Stählen in erster Linie mit Nitridbildung zu rechnen ist.

Allgemein gilt, daß aus thermodynamischer Sicht die Nitridbildung gegenüber der Karbidbildung bevorzugt abläuft. Da jedoch auch in perlitarmen Stählen der Kohlenstoffgehalt um etwa eine Zehnerpotenz höher liegt als der Stickstoffgehalt, muß die Nitridbildung nicht unbedingt überwiegen.

Die Beeinflussung der Dehngrenze $R_{\mathrm{p0,2}}$ durch Ausscheidungshärtung und Kornverfeinerung läßt sich durch die Beziehung

$$R_{\mathrm{p0,2}} = \sigma_0 + k_y d^{-1/2} + \Delta\sigma_0$$

beschreiben [P 2]. Dabei bedeutet σ_0 die Spannung, die erforderlich ist, um in einem Ferriteinkristall die Versetzungen zu bewegen (Reibungsspannung). $k_y d^{-1/2}$ ist der Korngrenzenanteil, wobei die freie Weglänge der Versetzungen im Ferrit dem Korndurchmesser d gleichgesetzt wird ($k_y \approx 20\,\mathrm{N\,mm^{-3/2}}$ für Baustähle). $\Delta\sigma_0$ schließlich ist der Streckgrenzenanstieg durch Aushärtung.

Die Kornverfeinerung führt nicht nur zu einer erhöhten Streckgrenze, sondern gleichzeitig zu verbesserter Sprödbruchsicherheit, was sich wiederum vereinfacht durch die Petchbeziehung [P 2] für die Übergangstemperatur $T_{\ddot{u}}$ der Kerbschlagzähigkeit darstellen läßt,

$$T_{\ddot{u}} = a + md^{-1/2}$$

mit $m \approx -12\,\mathrm{K\,mm^{1/2}}$ für die meisten Baustähle.

Dagegen führt die Aushärtung zu einem Ansteigen der Übergangstemperatur, nach [P 2] etwa gemäß

$$\Delta T_{\ddot{u}} = b\Delta\sigma_0$$

mit $b = 0{,}35\,\mathrm{KN^{-1}\,mm^2}$.

Zur Vermeidung einer Beeinträchtigung der Sprödbruchsicherheit sollte der Anteil der Kornverfeinerung an der Streckgrenzenerhöhung mindestens 40% betragen [M 9].

Tabelle 4.10. Streckgrenze von niedriglegierten Vergütungsstählen in Abhängigkeit vom Durchmesser nach DIN 17 200

Mindeststreckgrenze in N/mm²

N/mm²					
1200–1100					
1100–1000	30 CrNiMo 8 30 CrMoV 9 34 CrNiMo 6	30 CrNiMo 8 30 CrMoV 9			
1000–900	42 CrMo(S) 4 50 CrMo 4 36 CrNiMo 4 50 CrV 4	34 CrNiMo 6	30 CrNiMo 8 30 CrMoV 9		
900–800	41 Cr (S) 4 34 CrMo (S) 4	36 CrNiMo 4 50 CrV 4	34 CrNiMo 6	30 CrNiMo 8 30 CrMoV 9	
800–700	37 Cr (S) 4 34 Cr (S) 4 25 CrMo (S) 4	50 CrMo 4 42 CrMo (S) 4	50 CrMo 4 36 CrNiMo 4 50 CrV 4	34 CrNiMo 6	30 CrNiMo 8 30 CrMoV 9
700–	46 Cr (S) 2 28 Cr (S) 4	41 Cr (S) 4 37 Cr (S) 4 25 CrMo (S) 4	42 CrMo (S) 4 36 CrNiMo 4	50 CrMo 4 50 CrV 4	34 CrNiMo 6 50 CrV 4

Mindeststreckgrenze in N/mm^2

Mindeststreckgrenze in N/mm^2	$d \leq 16$	$16 < d \leq 40$	$40 < d \leq 100$	$100 < d \leq 160$	$160 < d \leq 250$
	C 55, Ck 55, Cm 55 38 Cr (S) 2	46 Cr (S) 2 28 Cr (S) 4	41 Cr (S) 4	42 CrMo (S) 4	50 CrMo 4 36 CrNiMo 4
	C 50, Ck 50, Cm 50	C 60, Ck 60, Cm 60			
	C 45, Ck 45, Cm 45	C 55, Ck 55, Cm 55	37 Cr (S) 4	34 CrMo (S) 4	42 CrMo (S) 4
	C 40, Ck 40, Cm 40	C 50, Ck 50, Cm 50	34 Cr (S) 4		
	C 35, Ck 35, Cm 35	C 45, Ck 45, Cm 45			34 CrMo (S) 4
	C 30, Ck 30, Cm 30	C 40, Ck 40, Cm 40	28 Cr (S) 4	25 CrMo (S) 4	
	C 25, Ck 25, Cm 25	C 35, Ck 35, Cm 35	C 45, Ck 45, Cm 45		
	C 22, Ck 22, Cm 22				
		C 25, Ck 25, Cm 25	C 35, Ck 35, Cm 35		
		C 22, Ck 22, Cm 22			

Durchmesserbereich in mm

[1] Für Durchmesser über 40 bis 63 mm.

Anmerkung: Die Schreibweise „(S)" bedeutet in Tabelle 4.10, daß sowohl die Stahlsorte mit einem Höchstgehalt an Schwefel als auch die mit einem geregelten Gehalt an Schwefel zutrifft.

Z. B.: Die Schreibweise 38 Cr (S) 2 steht für die Stahlsorte 38 Cr 2 und 38 CrS 2.

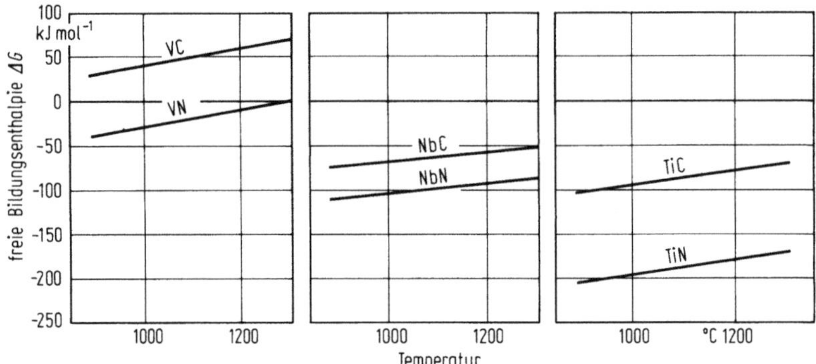

Bild 4.18. Freie Bildungsenthalpie der Karbide und Nitride von Niob, Vanadin und Titan in austenitischem Eisen oder Stahl

Durch Warmwalzen unter kontrollierten Bedingungen (thermomechanische Behandlung) läßt sich die Festigkeit ebenfalls erhöhen. Dabei strebt man eine möglichst niedrige Endwalztemperatur ($<$ 900 °C), einen hohen Endverformungsgrad und beschleunigte Abkühlung an. Die dadruch veränderten Rekristallisationsbedingungen führen zu einer verfeinerten Korngröße des Ferrits.

Die Weiterentwicklung des St 52 zu höheren Festigkeiten stellen die schweißbaren Feinkornbaustähle dar, von denen es heute in Deutschland nahezu 100 Sorten gibt. Diese Stähle können nach ihrer Festigkeit und nach der Art ihrer Wärmebehandlung eingeteilt werden. Leitet sich die Benennung des St 52 noch von seiner Zugfestigkeit ab, so geben die Stahlbezeichnungen für Feinkornbaustähle die Streckgrenze an; d. h. der St 52 würde einem StE 360 entsprechen. Nach der Wärmebehandlung unterscheidet man zwei Hauptgruppen: die normalgeglühten Stähle (Gefüge besteht aus Ferrit und Perlit) und die vergüteten Stähle (ein Wasservergüten führt zu Martensit und Zwischenstufe, Luftvergüten – selten angewendet – zu Zwischenstufe und Ferrit).

Die Vorteile einer erhöhten Streckgrenze bei ähnlich guten Schweißeigenschaften wie bei den bekannten Baustählen St 37 und St 52 besteht in der kleineren verwendbaren Blechdicke (Stoffleichtbau, geringere Mehrachsigkeit der Eigenspannungen, erhöhte Sprödbruchsicherheit). Das geringere Eigengewicht führt z. B. bei Kränen zu einer kleineren Totlast und geringeren Massenkräften.

Diese Vorteile sind jedoch nicht immer voll ausnutzbar. Dort, wo der Elastizitätsmodul in die Festigkeitsberechnung eingeht (Durchbiegung, Knicken, Beulen), muß beachtet werden, daß dieser bei allen un- und niedriglegierten Stählen gleich ist. Hieraus ergibt sich, daß z. B. bei Knickgefahr nur bei geringen Schlankheitsgraden Vorteile aus einer erhöhten Festigkeit zu ziehen sind. Ähnlich verhält es sich mit der Schwingfestigkeit [H 13, W 7], die nicht proportional zur Streckgrenzenerhöhung zunimmt (im Extremfall steigt sie praktisch überhaupt nicht an). Die erhöhte Streckgrenze läßt sich bei schwingender Beanspruchung nur dann ausnutzen, wenn die Kerbwirkung gemindert und das Verhältnis $\varkappa$ von Unter- zu Oberspannung größer wird ($\varkappa = \sigma_u/\sigma_o$). So ist der Einsatz von hochfesten Stählen bei Brücken z. T. dadurch gerechtfertigt, daß hier bei großen Spannweiten wegen

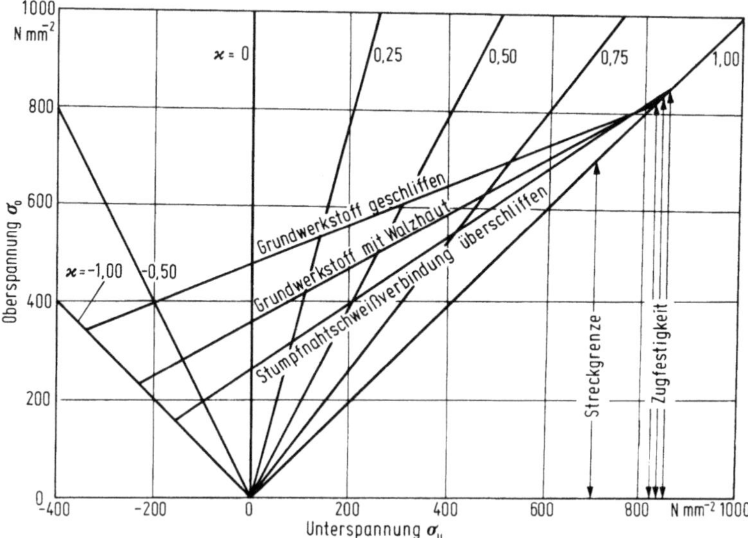

Bild 4.19. Dauerschwingfestigkeit von StE 690 [M 12]

der hohen Grundlast günstige x-Werte auftreten (Bild 4.19). Ein höherfester Stahl wird dort günstig eingesetzt werden können, wo die Dauerfestigkeit nach Schwingspielbereichen und Spannungskollektiven ermittelt wird (z. B. Kranbau, wo alle möglichen Belastungen nur sehr selten gemeinsam auftreten). Die Feinkörnigkeit der Feinkornbaustähle wird nicht nur wie beim St 52-3 durch Zugabe von Al, sondern zusätzlich durch Zulegieren von Zr, Ti, Ta, V, Nb(B) (meistens nur 0,1 bis 0,01 %) erreicht, deren Nitride und Karbide als Keimbildner wirken (siehe Abschn. 4.6). Dadurch werden Zähigkeit und Festigkeit beträchtlich erhöht.

Ein feines Korn bedeutet kleinere Diffusionswege und damit eine beschleunigte γ–α-Umwandlung; die Perlit- und Zwischenstufe wird früher erreicht (die Linien im ZTU-Diagramm sind nach links zu kürzeren Zeiten verschoben). Die kritische Abkühlgeschwindigkeit wird erhöht, d. h., es bildet sich ein größerer Anteil Zwischenstufe und weniger Martensit bei geringerer Aufhärtung in der WEZ.

Das Auflösungs- und Ausscheidungsverhalten von Legierungselementen in der WEZ von Feinkornbaustählen ist von [S20] untersucht worden.

4.8.3.1 Normalgeglühte Feinkornbaustähle

Die normalgeglühten Feinkornbaustähle gewährleisten Streckgrenzen von 255 bis 500 N/mm² (blechdickenabhängig) bei Zugfestigkeiten von 360 bis 780 N/mm².

Streckgrenze R_{eH} und Zugfestigkeit R_m fallen bei diesen Stählen mit steigender Blechdicke (etwa 10 N mm⁻² Abzug für 10 mm zusätzliche Blechdicke). Die Mindestdehnung A ist für alle Blechdicken gleich.

DIN 17102 umfaßt die in Tabelle 4.11. zusammengefaßten Stahlsorten in den vier Reihen:

Grundreihe StE . . .

warmfeste Reihe WStE . . . mit Mindestwerten für die 0,2%-Dehngrenze bei erhöhter Temperatur

kaltzähe Reihe TStE . . . mit Mindestwerten für die Kerbschlagarbeit bis −50 °C

kaltzähe Sonderreihe mit Mindestwerten für die Kerbschlagarbeit bis −60 °C.

Tabelle 4.11. Schweißgeeignete Feinkornbaustähle

Stahlsorte	Werkst.-Nr.	C max.	Si max.	Mn	P max.	S max.	N max.	Al$_{ges}$ min.
StE 255	1.0461	0,18	0,40	0,50	0,035	0,030	0,020	0,020
WStE 255	1.0462	0,18		bis	0,035	0,030		
TStE 255	1.0463	0,16		1,30	0,030	0,025		
EStE 255	1.1103	0,16			0,025	0,015		
StE 285	1.0486	0,18	0,40	0,60	0,035	0,030		
WStE 285	1.0487	0,18		bis	0,035	0,030		
TStE 285	1.0488	0,16		1,40	0,030	0,025		
EStE 285	1.1104	0,16			0,025	0,015		
StE 315	1.0505	0,18	0,45	0,70	0,035	0,030		
WStE 315	1.0506	0,18		bis	0,035	0,030		
TStE 315	1.0508	0,16		1,50	0,030	0,025		
EStE 315	1.1105	0,16			0,025	0,015		
StE 355	1.0582	0,20	0,10	0,90	0,035	0,030		
WStE 355	1.0565	0,20	bis	bis	0,035	0,030		
TStE 355	1.0566	0,18	0,50	1,65	0,030	0,025		
EStE 355	1.1106	0,18			0,025	0,015		
StE 380	1.8900	0,20	0,10	1,00	0.035	0,030		
WStE 380	1.8930		bis	bis	0,035	0,030		
TStE 380	1.8910		0,60	1,70	0,030	0,025		
EStE 380	1.8911				0,025	0,015		
StE 420	1.8902				0,035	0,030		
WStE 420	1.8932				0,035	0,030		
TStE 420	1.8912				0,030	0,025		
EStE 420	1.8913				0,025	0,015		
StE 460	1.8905				0,035	0,030		
WStE 460	1.8935				0,035	0,030		
TStE 460	1.8915				0,030	0,025		
EStE 460	1.8918				0,025	0,015		
StE 500	1.8907	0,21			0,035	0,030		
WStE 500	1.8937				0,035	0,030		
TStE 500	1.8917				0,030	0,025		
EStE 500	1.8919				0,015	0,015		

Die mechanisch-technologischen Eigenschaften finden sich in [S16] und DIN 17102. Die im Vergleich zu unlegierten Baustählen guten Werte für die Kerbschlagarbeit zeigt Tabelle 4.12.

Werden diese Stähle mit unlegiertem Zusatz MAG-geschweißt, ändern sich die mechanischen Eigenschaften des Schweißguts durch Aufnahme von V, Nb und Zr aus dem Grundwerkstoff nicht. Enthält der Zusatz dagegen diese Elemente, nehmen die gebildeten Mikroschlackeanteile insbesondere bei Verwendung von Mischgas ab mit der Folge, daß Zugfestigkeit und Zähigkeit ansteigen [M 10].

Im beim Schweißen auf mehr als 1200 °C erwärmten Bereich der WEZ nahe der Schmelzlinie, in dem sich die vorhandenen Ausscheidungen weitgehend auflösen, kommt es zum Wachsen der Austenitkörner und bei deren Umwandlung während der Abkühlung zu einem groben Sekundärgefüge mit verminderter Zähigkeit. Außerdem bewirkt das grobe Austenitkorn eine verzögerte Umwandlung und begünstigt dadurch die Bildung von oberem Bainit, was ebenfals die Zähigkeit beeinträchtigt. Feine Ausscheidungen von Titannitrid, die bei der Temperatur von 1200 °C noch nicht gelöst werden, bremsen das Kornwachstum, begünstigen also ein feinkörnigeres Gefüge im kritischen Bereich der WEZ. Nachgewiesen wurde dieser Effekt für Stähle des Typs StE 360 [B 11, U 3]. Günstig ist ein Ti/N-Verhältnis von 2. Weder durch Spannungsarmglühen noch durch Mehrlagenschweißen wird die Wirkung des Titannitrids rückgängig gemacht.

Bei Perlit-reduzierten Sorten liegt der Perlitgehalt unter etwa 25%, bei Perlitfreien unter 5%. Um eine hohe Zähigkeit sicherzustellen, wird der Schwefelgehalt niedrig gehalten oder eine günstige Form der Sulfide eingestellt. Für Sauergaseinsatz muß der Stahl mit hoher Reinheit erschmolzen werden.

Die IIW-Formel für das Kohlenstoffäquivalent (Abschnitt 4.2) ist nur bei längeren Abkühlzeiten gültig [D 21]. Bei kürzeren Abkühlzeiten $t_{8/5}$ zwischen 2 und 5 s wird stattdessen die folgende Beziehung für das Kohlenstoffäquivalent vorgeschlagen

$$C_{\text{äqu}} = C + Mn/20 + Mo/15 + Ni/40 + Cr/10 + V/10 + Cu/20 + Si/25 \,.$$

Tabelle 4.12. Gewährleistete Kerbschlagarbeit (ISO-Probe) für normalgeglühte Feinkornbaustähle nach DIN 17 102

Stahlsorten folgender Reihen	Proben- richtung	Mindeswerte der Kerbschlagarbeit A_v für Erzeugnisdicken $10 \leq s \leq 150\,\text{mm}$[1,2,3] bei Prüftemperaturen in °C								
		−60	−50	−40	−30	−20 J	−10	0	+10	+20
Grundreihe und	längs	–	–	–	–	39	43	47	51	55
Warmfeste Reihe	quer[4]	–	–	–	–	21	24	31	31	31
Kaltzähe Reihe	längs	–	27	31	39	47	51	55	59	63
	quer[4]	–	16	20	24	27	31	31	35	39
Kaltzähe Sonderreihe	längs	25	30	40	50	65	80	90	95	100
	quer[4]	20	27	30	35	45	60	70	75	80

[1] Für Dicken über 150 mm sind die Werte zu vereinbaren.
[2] Als Prüfergebnis gilt der Mittelwerte aus 3 Versuchen. Der Mindestmittelwert darf dabei nur von einem Einzelwert, und zwar höchstens um 30%, unterschritten werden.
[3] Bei Erzeugnisdicken unter 10 mm gelten die Angaben in Abschnitt 7.4.1.5.2 von DIN 17 102
[4] Nur für Blech und Band in Walzbreiten $\geq 600\,\text{mm}$; für Breitflach- und Formstahl siehe Abschnitt 7.4.1.5.1 DIN 17 102

Bei Werten unterhalb 25% ist kein Vorwärmen erforderlich, wenn basische Elektroden mit niedrigem Wasserstoffgehalt eingesetzt werden. Bei Wanddicken über etwa 20 mm und höherem Kohlenstoffäquivalent kann die Vorwärmtemperatur gemäß nachfolgender Tabelle errechnet oder durch Implant-, Tekken-bzw. CTS-Versuche bestimmt werden. Es ist zu beachten, daß eine zu große Steckenenergie beim Schweißen die Zähigkeit verschlechtern und zu einem Festigkeitsabfall in der WEZ führen kann.

Tabelle 4.13. Vorwärmtemperatur zum Schweißen niedriggekohlter, niedriglegierter, warmgewalzter Stähle [D 21]

Schweißverfahren	Wasserstoffgehalt HD $(cm^3/100\,g)$	Abkühlzeit $t_{8/5}(s)$	Formel $T_v = f(C_{\ddot{A}qu})$
Zelluloseumhüllte Stabelektrode	40	2–6	$T_v = 416 \cdot \log(100 \cdot C_{\ddot{A}qu}) - 456$ $T_v = 678 \cdot C_{\ddot{A}qu} - 52$[a]
Basisch umhüllte Stabelektrode	10	2–6	$T_v = 490 \cdot \log(100 \cdot C_{\ddot{A}qu}) - 596$ $T_v = 739 \cdot C_{\ddot{A}qu} - 104$[a]
Basisch unhüllte Stabelektrode	5	2–6	$T_v = 597 \cdot \log(100 \cdot C_{\ddot{A}qu}) - 784$ $T_v = 826 \cdot C_{\ddot{A}qu} - 158$[a]
Schutzgas-schweißung	3	2–6	$T_v = 764 \cdot \log(100 \cdot C_{\ddot{A}qu}) - 1064$ $T_v = 994 \cdot C_{\ddot{A}qu} - 233$[a]

[a] Lineare Beziehung bis etwa $C_{\ddot{a}qu} = 0,3$

Ein Spannungsarmglühen geschweißter Konstruktionen bei etwa 530 bis 580 °C wird nach Kaltverformung teilweise dann gefordert, wenn nicht ein erneutes Normalglühen (bei über 5% Kaltverformung) vorgeschrieben ist.

Für das Schweißen der Feinkornbaustähle kommt man mit wenigen Zusatzdrahtsorten aus: artgleich oder artähnlich mit C < 0,15%; Mn-legiert für die niedrigen Festigkeitsstufen, Mn-Ni-Mo-legiert für die höheren Festigkeitsstufen und falls ein nachträgliches Normalglühen erforderlich ist. Beim UP-Schweißen ist der Phosphorgehalt so niedrig wie möglich zu halten, am besten unter 0,01%. Das Mn/Si-Verhältnis sollte größer als 2 gewählt werden. Zum Unterpulverschweißen der Feinkornbaustähle siehe auch [D 25].

4.8.3.2 Wasservergütete hochfeste Feinkornbaustähle

Im Fahrzeug- und Kranbau geht man zur Massenreduzierung auf Stähle noch höherer Festigkeit gemäß Tabelle 4.14 über, die bisher nicht genormt sind [U 4]. Die in der Tabelle genannten Zusammensetzungen sind als Beispiele aufzufassen. Es handelt sich um thermomechanisch gewalzte, wasservergütete Feinkornbaustähle [M 11, M 17].

Tabelle 4.14. Hochfeste mikrolegierte Feinkornbaustähle

Stahlsorte	C %	Si %	Mn %	Cr %	Mo %	Zr %	Ni %	V %
StE 640	≤ 0,20	≤ 0,60	≤ 0,90	0,6–1,0	0,2–0,6	0,06–0,12	≤ 0,035	
StE 690	≤ 0,20	≤ 0,60	≤ 0,90	0,6–1,0	0,2–0,6	0,06–0,12	≤ 1,0	≤ 0,1
StE 890	≤ 0,20	≤ 0,50	≤ 0,70	≤ 0,60	≤ 0,30		≤ 2,0	≤ 0,1
StE 960	≤ 0,20	≤ 0,50	≤ 0,80	≤ 0,70	≤ 0,40		≤ 2,0	≤ 0,1

Die schweißgeeigneten hochfesten Feinkornbaustähle unterscheiden sich durch ihre auf gute Schweißeignung hin orientierten Eigenschaften von den normalen Vergütungsstählen nach DIN 17 200.

Ihre gewährleisteten Streckgrenzen reichen von etwa 640 N mm^{-2} bis etwa 1 000 N mm^{-2} ($R_m = 1\,200$ N mm^{-2}). Ihre mechanischen Eigenschaften sind von der Blechdicke weniger abhängig als dies bei normalisierten Stählen der Fall ist, da sich wegen der guten Durchhärtbarkeit bei Wasservergütung gleichmäßigere Qualitäten erzeugen lassen. Der Vergütungsprozeß besteht aus dem Austenitisieren bei etwa 900 °C, dem Abschrecken in Wasser, wobei sich ein sehr feines Gefüge aus Martensit und unterer Zwischenstufe ausbildet, und dem anschließenden Anlassen auf 600 bis 720 °C. Beim Schweißen kann eine ähnlich exakte Wärmeführung über den gesamten wärmebeeinflußten Bereich natürlich nicht erreicht werden (siehe Abschn. 4.8.2). Die Schweißbedingungen sind auf den jeweiligen Stahl genau abzustimmen, da sonst zu hohe Härtespitzen (Risse) oder Erweichungen und Zähigkeitsverlust auftreten. Gelingt z. B die Unterkühlung des Stahles mindestens bis zur unteren Zwischenstufe nicht vollständig (Abstimmung von Blechdicke, Zusammensetzung und Wärmeeinbringung), so entstehen Gefüge mit ungünstigeren Eigenschaften.

Die verschiedenen Festigkeitsstufen der vergüteten Feinkornbaustähle lassen sich durch zwei Maßnahmen erreichen: höhere Legierungsanteile und niedrigere Anlaßtemperaturen.

Die Nickelgehalte liegen i. allg. unter 1%, bei den Schweißzusatzwerkstoffen jedoch höher (1 bis 3,5% Ni + Mn, Mo, Cr). Das Vergütungsschaubild eines StE 690 zeigt Bild 4.20. Hervorzuheben sind die ausgezeichneten Dehnungs- und guten Kerbschlagzähigkeitswerte auch bei den tieferen Anlaßtemperaturen.

Das Streckgrenzenverhältnis der wasservergüteten Feinkornbaustähle ist sehr hoch. Trotzdem ist das Rißauffangvermögen so gut, daß selbst bei extrem kalter

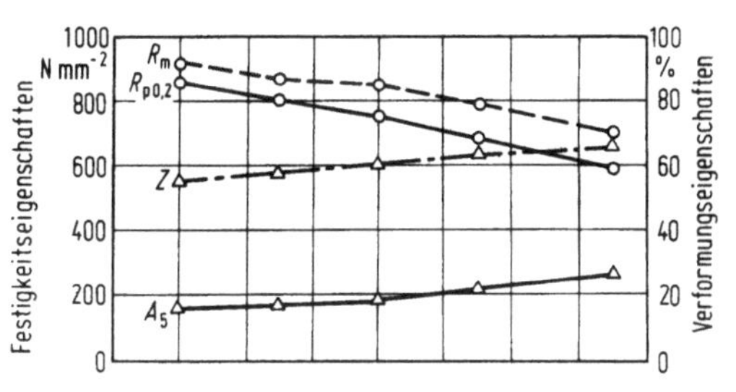

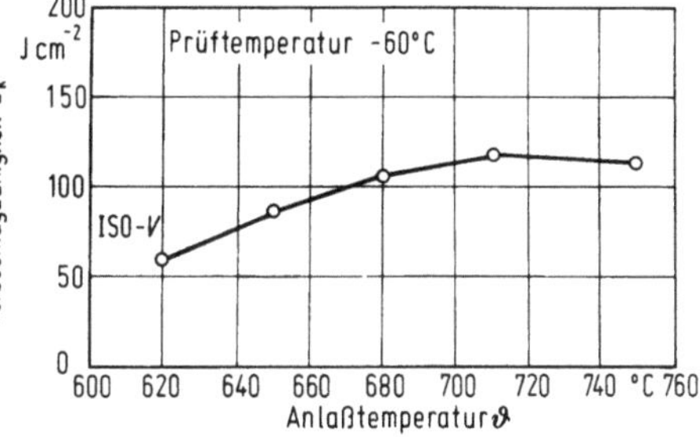

Bild 4.20. Vergütungsschaubild eines StE 690

Witterung kein Sprödbruch befürchtet zu werden braucht. Die Rißauffangtemperaturen liegen vielfach unter $-50\,°C$. Für einen StE 640 sind die kritischen Temperaturen, die mit verschiedenen Sprödbruchprüfungen erhalten wurden, in Bild 4.21 dargestellt.

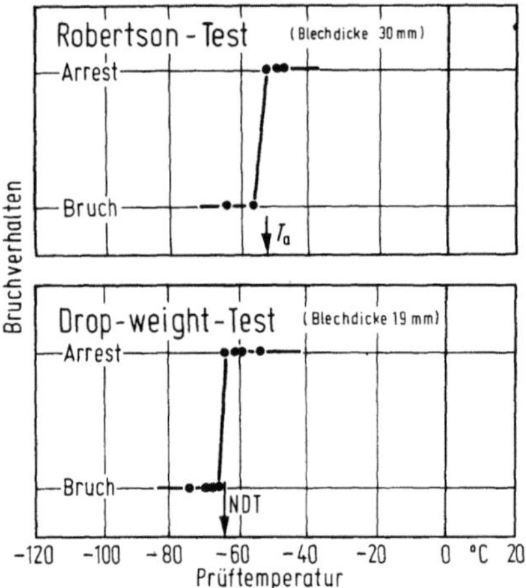

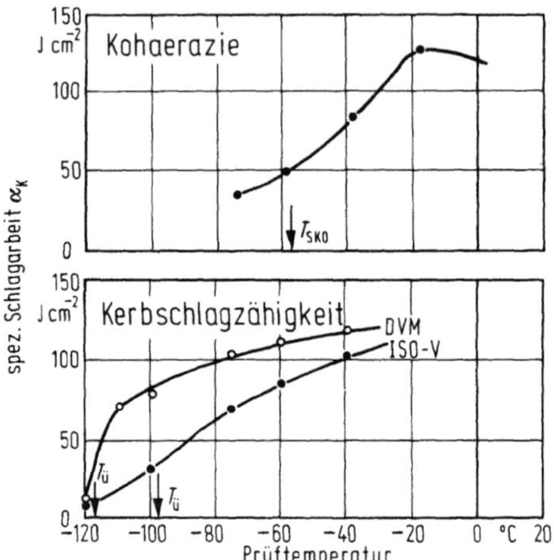

Bild 4.21. Sprödbruchprüfung eines StE 640

Da es bei Sprödbruchüberlegungen nicht nur auf die Aufhärtung der WEZ ankommt, sondern auch auf den Spannungszustand, den Wasserstoffgehalt und besonders die Zähigkeit, gilt heute die vom IIW festgelegte Grenze von 350 HV für eine maximal zulässige Aufhärtung als überholt. Die Höchsthärte sollte vielmehr nach der Streckgrenze des hochfesten Stahls abgestuft werden. Genau kann die kritische Höchsthärte jeweils nur durch entsprechende Großversuche ermittelt werden. Ungefährlich können häufig noch Werte von 400 bis 450 HV sein.

Ebenso ungerechtfertigt wie eine feste Grenze für noch zulässige Härtewerte ist die Angabe eines Grenz-Martensitgehaltes wie z. B. 50% Martensit, weil eine Änderung der Analyse und der Wärmebehandlung bei den Stählen sehr starke Unterschiede bezüglich der Zähigkeit oder Sprödigkeit des Martensitgefüges bedingen kann. Normalerweise ist die hohe Zähigkeit des gebildeten wenig verspannten, niedriggekohlten, kubischen Martensits mit den Eigenschaften des sehr zähen gleichzeitig entstandenen unteren Zwischenstufengefüges vergleichbar.

Die Zähigkeit des kubischen Martensits ist eine Folge der hohen Martensitbildungstemperatur M_s, verursacht durch einen niedrigen C-Gehalt $<0,22\%$ (besser: $<0,18\%$) und eine begrenzte Menge an bestimmten Legierungselementen. M_s liegt häufig zwischen 400 und 440 °C. Bei dieser Temperatur unterliegt das Gefüge einem gewissen selbsttätigen Anlaßeffekt. Dagegen wandelt sich ein hochgekohlter Austenit zwischen 200 und 300 °C in tetragonal stark verspannten Martensit um. Die bei niedrigen Temperaturen nur geringe Beweglichkeit der Atome führt dann zu einem größeren Anteil an nichtumgewandeltem Restaustenit, der z. T. verzögert unter Auftreten von Härtespannungen in Martensit umklappt. Die Entstehung von weniger zähem Martensit kann auch bei den niedriggekohlten Feinkornstählen durch eine unsachgemäße, d. h. in diesem Fall zu langsame Abkühlung zwischen A_3 und A_1 auftreten. Im $(\alpha + \gamma)$-Phasengebiet wird dann bei der Ferritbildung der Austenit mit Kohlenstoff angereichert, der dann kohlenstoffreicheren, stärker verspannten Martensit ergibt. Dieses Gefüge ist zwar insgesamt weicher, aber nicht so zäh wie ein gleichmäßig niedriggekohltes Martensitgefüge.

Eine zu hohe Abkühlgeschwindigkeit hat andererseits oft eine zu hohe Härte (Festigkeit) zur Folge. Eine zu langsame Abkühlgeschwindigkeit führt zu geringerer Härte, viel wichtiger sind jedoch die häufig stark abgesunkenen Zähigkeitswerte, so daß man höhere Abkühlgeschwindigkeiten bevorzugt. Mit steigender Blechdicke und abnehmender Energiezufuhr nimmt die Abkühlgeschwindigkeit zu. Wegen der erforderlichen Einhaltung einer Mindestabkühlgeschwindigkeit muß daher besonders bei dünnen Blechen die maximale Wärmeeinbringung begrenzt werden (abhängig von der Vorwärmtemperatur). Ein Beispiel für das Schweißen ohne Vorwärmung ist in Bild 4.22 dargestellt. Den Zusammenhang von maximal zulässiger Wärmeeinbringung, Blechdicke und verschiedenen Vorwärmtemperaturen zeigt Bild 4.23.

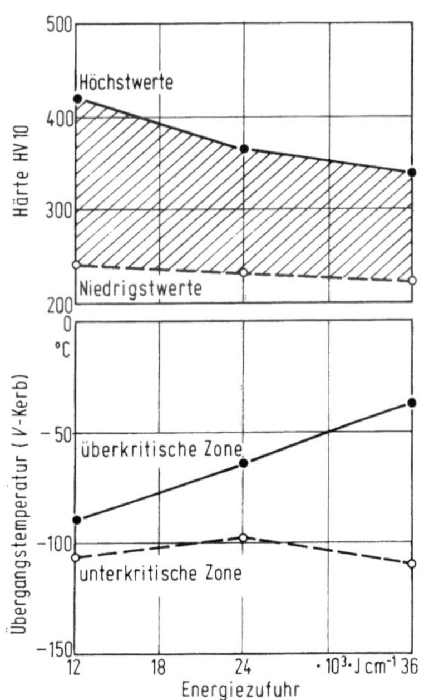

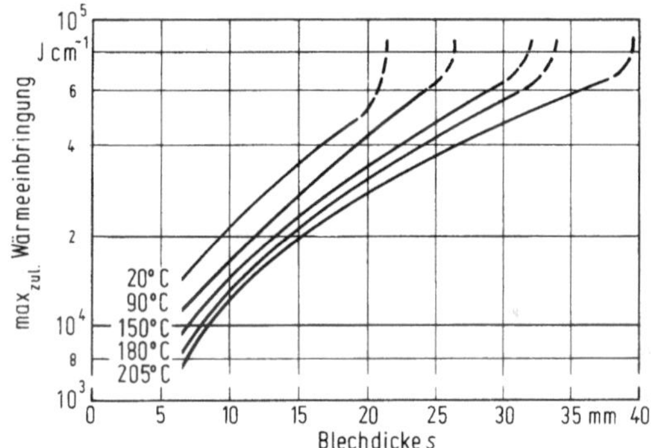

Bild 4.22. Maximal zulässige Wärmeeinbringung beim Schweißen von StE 690 in Abhängigkeit von Blechdicke und Vorwärmtemperatur

Bild 4.23. Einfluß der Energiezufuhr auf die Härte und Übergangstemperatur von Einlagenschweißungen bei StE 640, Blechdicke 20 mm [D 23]

Bei Verwendung eines Rißparameters

$$P_c = C + \frac{V}{10} + \frac{Mo}{15} + \frac{Mn + Cu + Cr}{20} + \frac{Si}{30} + \frac{Ni}{60} + 5\,B + \frac{H}{60} + \frac{s}{600}$$

mit

H = Wasserstoffgehalt im Schweißgut in cm³/100 g
s = Wanddicke in mm

ergibt sich ein linearer Zusammenhang zwischen Vorwärmtemperatur und Rißparameter, wenn man als Kriterium das Auftreten von Rissen in der Wärmeeinflußzone wählt, vgl. Bild 4.24 [J 4].

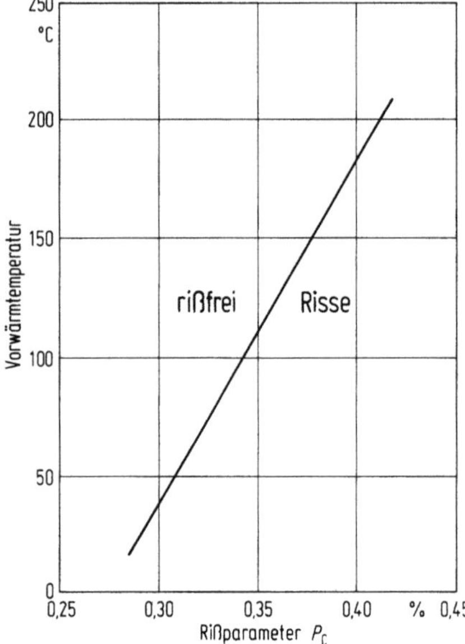

Bild 4.24. Zusammenhang zwischen Vorwärmtemperatur und Rißparameter

Im allgemeinen erfordern die Feinkornstähle keine Wärmebehandlung nach dem Schweißen. Falls nicht Eigenspannungen abgebaut werden müssen, sollte nicht über 100 °C vorgewärmt werden, da sonst mit einer Zähigkeitsabnahme gerechnet werden muß. Bei 100 °C erfolgt noch kein merkliches Absinken der Höchsthärte.

Als Schweißverfahren wird für die hochfesten wasservergüteten Feinkornbaustähle vorzugsweise das MAG-Schweißen mit den Schutzgasen M2 und C nach DIN 32526 eingesetzt. Von [G 9] werden die in Tabelle 4.15 zusammengestellten Elektroden und Schutzgase empfohlen. Die erforderliche Vorwärmtemperatur richtet sich nach Erzeugnisdicke und angewendetem Schweißverfahren. Sie liegt bei StE 890 um etwa 40 K oberhalb derjenigen von St 52-3 [U 4].

Tabelle 4.15. Elektroden und Schutzgase für das Schweißen von hochfesten, wasservergüteten Feinkornbaustählen [G 9]

Stahlsorte	Lage	Massivdraht	Schutzgas	Fülldraht	Schutzgas
StE 690	Wurzel.	1 NiMo	C oder M2	1 NiMo	C oder M2
	Füll-u. Deckl.	Mn 1,5 NiCrMo	C oder M2	2 NiCrMo	C oder M2
StE 890	Wurzel	Mn 1,5 NiCrMo	C oder M2	Mn 2 Ni 1 CrMo	M2
	Füll-u. Deckl.	Mn 2 NiCrMo	C oder M2	Mn 2 Ni 1 CrMo	M2

Beim Brennschneiden ist ab etwa 30 mm Blechdicke auf 120 bis 200 °C vorzuwärmen, desgleichen wenn nach dem Schneiden kalt umgeformt wird, vgl. [U 5].

4.8.4 Niedriglegierte ultrafeste Baustähle

Entwickelt zunächst für Zwecke der Luftfahrt, dann auch für erhöhten Widerstand gegen dynamische Schlagbeanspruchung in der Schutztechnik. 0,2%-Dehngrenzen von 1260 bis 1700 N mm^{-2} werden bei Zugfestigkeiten von 1340 bis 2090 N mm^{-2} erreicht (Tab. 4.16). Der Kohlenstoffgehalt liegt mit 0,25 bis 0,43% bereits recht hoch, überschreitet also die für schweißbare Stähle im allgemeinen einzuhaltende Grenzanalyse. Die Stähle werden hart vergütet, d. h. nach dem Härten nur wenig angelassen. Bild 4.25 zeigt das Vergütungsschaubild eines 30 CrNiMo 8 [V 2]. Er wird auf Temperaturen unterhalb 200 °C angelassen. Das Verhältnis von Zugfestigkeit zu Dauerschwingfestigkeit ist bei diesen höchstfesten Stählen sehr ungünstig:

Stahlsorte	σ_D/R_m
Übliche Vergütungsstähle	0,45
Ultrafester Stahl des Typs CrNiMoVSi, auf 1750 bis 2150 N/mm² vergütet [V 2]	0,36 bis 0,38

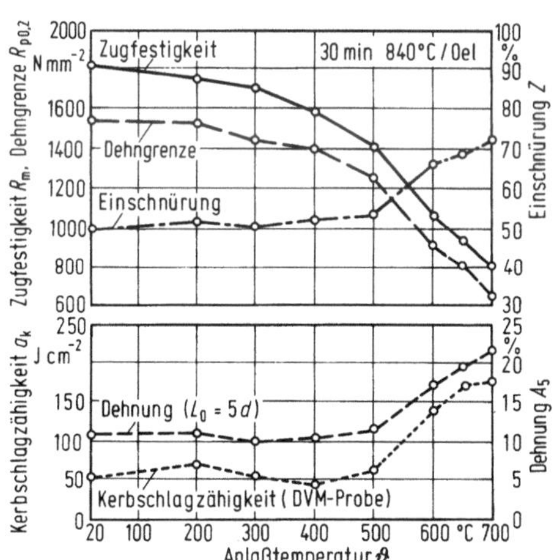

Bild 4.25. Vergütungsschaubild von 30 CrNiMo 8

Ein anderer Stahltyp dieser Gruppe ist der 30 CrMo 5 2 [B 12].

Ein Schmelzschweißen dieser meist dünnwandigen höchstfesten Stähle ist nur mit Vorsichtsmaßnahmen möglich, weil es sich ausnahmslos um Lufthärter handelt. Sie werden im allgemeinen auf 200 bis 400 °C je nach Zusatzwerkstoff vorgewärmt. Unmittelbar nach dem Schweißen ist im Ofen normalzuglühen und in der für den Werkstoff vorgesehenen Weise zu vergüten.

Tabelle 4.16. Chemische Zusammensetzung und mechanische Eigenschaften ultrafester Stähle

Stahl	Mittlere chemische Zusammensetzung in %								Kennzeichnende Festigkeitswerte					
	C	Mn	Si	Ni	Cr	Mo	V	Sonstige	Zug-festig-keit $N\,mm^{-2}$	Streck-grenze $N\,mm^2$	Bruch-deh-nung %	Ein-schnü-rung %	Kerb-schlag-zähigkeit $J\,cm^{-2}$	Anlaß-tempe-ratur °C
30 CrNiMo 8 (Werkst.-Nr. 1.6604.9)	0,30	0,45	0,25	2,0	2,0	0,35	–	–	1 700	1 350	>7[a]	–	30[b]	200
A	0,40	0,50	1,75	1,25	0,75	0,40	0,10	–	1 800	1 600	>8[a]	40	40[b]	~300
B	0,40	0,75	0,25	1,83	0,80	0,25	–	–	1 335	1 260	15	49	47[c]	495
B									1 900	1 490	10	35	33[c]	230
C	0,30	0,90	0,25	1,83	0,85	0,43	0,08	–	1 650	1 430	11	44	31[c]	345
C									1 790	1 470	10	42	29[c]	245
D	0,30	0,70	0,55	2,05	1,20	0,45	–	–	1 665	1 370	11	42	28[c]	320
E	0,25	1,35	1,50	1,83	0,30	0,40	–	–	1 620	1 335	13	49	52[c]	290
F	0,40	0,85	0,60	2,20	1,45	0,50	–	–	2 040	–	–	–	–	–
G	0,40	1,30	2,30	–	1,40	0,35	0,20	–	2 060	1 690	10	35	24[c]	290
H	0,40	0,75	0,25	0,85	0,80	0,20	–	Bor	2 020	1 660	7	28	22[c]	250
I	0,43	0,90	0,55	0,75	0,90	0,55	–	Bor	2 040	–	–	–	–	–
K	0,43	0,80	1,60	1,83	0,85	0,38	0,08	–	2 090	1 700	8	23	31[c]	260

Willkürliche Bezeichnung einiger nicht genormter ultrafester Stähle A-K

[a] A_5.
[b] DVM-Probe.
[c] Charpy-V-Probe.

Für das Lichtbogenschweißen werden basische Elektroden gewählt, die ein artgleiches Schweißgut ergeben, das wie der Grundwerkstoff wärmebehandelt werden kann. Die Legierungselemente können dabei dem Kerndraht oder der Umhüllung (hüllenlegierte Elektroden) beigegeben werden.

Auch für das WIG-Schweißen werden artgleiche Zusatzdrähte benutzt. Schon kleinste Gehalte an P und S können zur Bildung niedrigschmelzender Eutektika auf den Korngrenzen und damit zu Heißrissen führen. Werden austenitische Zusatzwerkstoffe verwendet, so wird ohne Vorwärmen im vergüteten Zustand geschweißt.

4.8.5 Niedriglegierte Kessel-, Rohr- und druckwasserstoffbeständige Stähle

Bis etwa 400 °C Betriebstemperatur werden die warmfesten Feinkornbaustähle gemäß Tabelle 4.11 eingesetzt, deren wichtigstes Legierungselement das Mangan ist. Oberhalb dieser Temperatur wählt man legierte Stähle in Verbindung mit einer geeigneten Wärmebehandlung. Der Mangangehalt wird weiter bis etwa 1,5% erhöht (Mischkristallhärtung), vor allem aber Molybdän bis etwa 1,0% und einige Prozent Chrom zugesetzt, gegebenenfalls mit weiteren Zusätzen an Vanadin und Niob.

Alle niedriglegierten Kesselbleche nach DIN 17 155 (Tabelle 4.17) sind schmelz- und abbrennstumpfschweißbar. Bei den Stählen 19 Mn 6, 13 CrMo 4 4 und 10 CrMo 9 10 ist ein Vorwärmen während des ganzen Schweißvorganges auf 200 °C erforderlich, für die Stähle 17 Mn 4 und 15 Mo 3 wird es bei Dicken über 10 mm empfohlen. Die Stähle ab 13 CrMo 4 4 sind Lufthärter. Beim UP-Mehr- lagenschweißen der Chrom-Molybdänstähle können Querrisse als Folge des Zu- sammenwirkens von Wasserstoff und Eigenspannungen auftreten. Sie lassen sich durch eine erhöhte Zwischenlagentemperatur von z. B. 225 °C bei Stählen mit 1,25% Cr und 0,5% Mo vermeiden [M 14]. Ein Problem kann sich beim Schweißen der Chrom-Molybdänstähle hinsichtlich reversibler Warmversprödung ergeben. Sie tritt nach längerem Aufenthalt im oder langsamer Abkühlung aus dem Temperaturgebiet zwischen 350 und 600 °C auf. Die Übergangstemperatur wird zu höheren Temperaturen verschoben. Ursache hierfür sind Verunreinigungen an Arsen, Antimon, Zinn und Phosphor, die sich auf den Korngrenzen anreichern. Perlitisches Gefüge ist am wenigsten, martensitisches am stärksten anfällig [K 15]. Es konnte nachgewiesen werden, daß die Langzeitversprödung der Stähle vom Typ 2 1/4% Cr/1% Mo durch einen sogenannten J-Faktor bestimmt wird [G 12, W 9]:

$$J = (Si + Mn)(P + Sn) \cdot 10^4 \, .$$

Mangan und Silizium sind in dieser Formel enthalten, weil diese Elemente dazu neigen, mit P und Sn Verbindungen einzugehen und damit die unerwünschten Ausscheidungen zu fördern. Der J-Faktor sollte unter 150 liegen. Die Verbindungs- bildung zwischen Mangan bzw. Silizium mit den Spurenelementen tritt jedoch im Schweißgut infolge der hohen Abkühlgeschwindigkeit nicht auf, so daß der

Tabelle 4.17. Niedriglegierte Kesselbaustähle nach DIN 17 155

Stahlsorte		Massengehalte in %												
Kurzname	Werk-stoff-Nummer	C	Si	Mn	P max.	S max.	Al_{ges}	Cr	Cu max.	Mo	Nb max.	Ni max.	Ti max.	V max.
17 Mn 4	1.0481	0,14 bis 0,20	$\leq$ 0,40	0,90 bis 1,40	0,035	0,030	$\geq$ 0,020	$\leq$ 0,25[1,2]	0,30[1,2]	$\leq$ 0,10[1,2]	0,01[1]	0,30[1,2]	0,03[1]	0,03[1]
19 Mn 6	1.0473	0,15 bis 0,22	0,30 bis 0,60	1,00 bis 1,60	0,035	0,030	$\geq$ 0,020	$\leq$ 0,025[1,2]	0,30[1]	$\leq$ 0,10[1,2]	0,01[1]	0,30[1,2]	0,03[1]	0,03[1]
15 Mo 3	1.5415	0,12 bis 0,20	0,10 bis 0,35	0,40 bis 0,90	0,035	0,030	3	$\leq$ 0,25[1]	0,30[1]	0,25 bis 0,35		0,30[1]		
13 CrMo 4 4	1.7335	0,08 bis 0,18	0,10 bis 0,35	0,40 bis 1,00	0,035	0,030	3	0,70 bis 1,10	0,30[1]	0,40 bis 0,60				
10 CrMo 9 10	1.7380	0,06 bis 0,15	$\leq$ 0,50	0,40 bis 0,70	0,035	0,030	3	2,00 bis 2,50	0,30[1]	0,90 bis 1,10				

[1] Die Einhaltung dieser Grenzwerte ist nur nach besonderer Vereinbarung nachzuweisen.
[2] Die Summe der Massengehalte an Cr, Cu, Mo und Ni darf nicht größer als 0,70% sein.
[3] Der Al-Gehalt der Schmelze ist zu ermitteln und in der Bescheinigung anzugeben.

J-Faktor die Verhältnisse im Schweißgut nicht richtig wiedergibt. Besser ist hierfür die von Bruscato vorgeschlagene Beziehung

$$X = (10\,P + 5\,Sb + 4\,Sn + As)/100$$

geeignet, in der die Elemente in ppm einzusetzen sind. Sie hat den Vorteil, daß Mn und Si entfallen und stattdessen auch Antimon und Arsen berücksichtigt werden. Der nach dieser Beziehung errechnete Wert soll unter 20 liegen [B 13, D 26].

Zum UP-Engspaltschweißen der Längs- und Rundnähte von Großbehältern aus 10(12) CrMo 9 10 mit S1 CrMo 2 als Zusatz siehe [G 10]. Die Festigkeitseigenschaften bei erhöhter Temperatur gehen aus Tabelle 4.18 hervor. Weitere gebräuchliche ferritische warmfeste Stähle enthält Tabelle 4.19.

Zu den Stählen 15 NiCuMoNb 5 und 17 MnMoV 6 4 liegen Untersuchungen zur Anfälligkeit gegenüber Relaxationsrissen in der WEZ vor. Ein umfangreicherer Beitrag zum Schweißen von 14 MoV 6 3 findet sich in [M 15]. Während der klassische Stahl 10 CrMo 9 10 kaum Schwierigkeiten bereitet, sind beim Einsatz des 14 MoV 6 3 verschiedentlich Schäden aufgetreten [K 17]. Er besitzt als Folge einer Ausscheidungshärtung durch Vanadinkarbide eine besonders gute Zeitstandfestigkeit und kann bis 550 °C verwendet werden. Er wird ebenso wie der 10 CrMo 9 10 beim Schweißen unterhalb der Martensitbildungstemperatur gehalten und aus der Schweißwärme heraus angelassen auf 690 bis 730°. Wird zu lange oder zu hoch geglüht, koagulieren die Karbide und die Zeitstandfestigkeit verschlechtert sich. Bei sorgfältiger Handhabung von Schweißung und Wärmebehandlung lassen sich die beobachteten Schäden wie Querrisse im Schweißgut und verringerte Zähigkeit vermeiden. Auch Reparaturschweißungen wurden erfolgreich ausgeführt [M 18, S 21].

Als druckwasserstoffbeständige Stähle werden solche Stähle angesehen, die gegen Entkohlung durch Wasserstoff bei höheren Drücken und hohen Temperaturen und gegen die mit ihr verbundene Versprödung und Korngrenzenrissigkeit wenig anfällig sind. Dabei sind die Legierungselemente Chrom, Wolfram, Molybdän und in gewissem Maße auch Vanadin wirksam. Sie stabilisieren das Eisenkarbid. Chrom wirkt darüber hinaus als Sonderkarbidbildner. Tabelle 4.20 enthält einige übliche Zusammensetzungen druckwasserstoffbeständiger Stähle. Sie sind zum Schweißen geeignet, wobei die gleichen Regeln zu beachten sind wie bei den warmfesten Stählen.

Schweißzusatzwerkstoffe zum Lichtbogenschweißen warmfester Stähle sind in DIN 8575 genormt, Tabelle 4.21.

4.8.6 Niedriglegierte Flugzeugbaustähle

In Tabelle 4.22 sind die schweißbaren, niedriglegierten Flugzeugbaustähle zusammengefaßt.

1.7214. Dieser Vergütungsstahl wird mit dem Zusatzwerkstoff 1.7324.0 geschweißt. Bei nachträglicher Vergütung steigt die Festigkeit auf 900 N mm^{-2} an. Mit Aufhärtungen in der WEZ ist zu rechnen. Der Stahl entspricht einem

Tabelle 4.18. 0,2%-Dehngrenze niedriglegierter Kesselbaustähle bei erhöhten Temperaturen nach DIN 17 155

Stahlsorte		Erzeugnisdicke mm	0,2%-Dehngrenze bei der Temperatur						
Kurzname	Werk-stoff-Nummer		200°C	250°C	300°C	350°C N/mm² min.	400°C	450°C	500°C
17 Mn 4	1.0481	≤ 60	245	225	205	175	155	135	–
		> 60 bis ≤ 100	230	210	190	165	135	115	–
		> 100 bis ≤ 150	215	195	175	155	135	115	–
19 Mn 6	1.0473	≤ 60	265	245	225	205	175	155	–
		> 60 bis ≤ 100	250	230	210	190	165	145	–
		> 100 bis ≤ 150	235	215	195	175	155	135	–
15 Mo 3	1.5415	≤ 10	240	220	195	185	175	170	165
		> 10 bis ≤ 40	225	205	180	170	160	155	150
		> 40 bis ≤ 60	210	195	170	160	150	145	140
		> 60 bis ≤ 100	200	185	160	155	145	140	135
		> 100 bis ≤ 150	190	175	150	145	140	135	130
13 CrMo 44	1.7335	≤ 10	255	245	230	215	205	195	190
		> 10 bis ≤ 40	240	230	215	200	190	180	175
		> 40 bis ≤ 60	230	220	205	190	180	170	165
		> 60 bis ≤ 100	220	210	195	185	175	165	160
		> 100 bis ≤ 150	210	200	185	175	170	160	155
10 CrMo 9 10	1.7380	≤ 40	245	240	230	215	205	195	185
		> 40 bis ≤ 60	235	230	220	205	195	185	175
		> 60 bis ≤ 100	225	220	210	195	185	175	165
		> 100 bis ≤ 150	215	210	200	185	175	165	155

Tabelle 4.19. übliche ferritische warmfeste Stähle für nahtlose und geschweißte Kesseltrommeln, Sammler, Flansche usw.

Stahlsorte Kurzname	Chemische Zusammensetzung						
	% C	% Mn	% Cr	% Mo	% Nb	% Ni	% V
13 MnNiMo 5 4	$\leq$ 0,16	1,00 $\cdots$ 1,60	0,20 $\cdots$ 0,40	0,20 $\cdots$ 0,40	$\sim$ 0,01	0,60 $\cdots$ 1,00	
17 MnMoV 6 4	$\leq$ 0,19	1,40 $\cdots$ 1,70		0,20 $\cdots$ 0,40		0,50 $\cdots$ 1,00	0,10 $\cdots$ 0,19
15 NiCuMoNb 5[a]	$\leq$ 0,17	0,80 $\cdots$ 1,20	$\leq$ 0,30	0,25 $\cdots$ 0,50	0,015 $\cdots$ 0,040	1,00 $\cdots$ 1,30	
12 MnNiMo 5 5	$\leq$ 0,15	1,10 $\cdots$ 1,50	$\leq$ 0,30	0,20 $\cdots$ 0,50		0,80 $\cdots$ 1,60	$\leq$ 0,05
11 NiMoV 5 3	$\leq$ 0,15	1,20 $\cdots$ 1,50		0,20 $\cdots$ 0,50		1,20 $\cdots$ 1,80	0,06 $\cdots$ 0,13
16 MnMoNi 5 4	$\leq$ 0,18	1,10 $\cdots$ 1,65		0,20 $\cdots$ 0,50		0,50 $\cdots$ 1,20	
22 NiMoCr 3 7	0,17 $\cdots$ 0,25	0,50 $\cdots$ 1,00	0,30 $\cdots$ 0,50	0,50 $\cdots$ 0,80		0,60 $\cdots$ 1,20	$\leq$ 0,03
20 MnMoNi 5 5	0,17 $\cdots$ 0,23	1,00 $\cdots$ 1,50	$\leq$ 0,30	0,45 $\cdots$ 0,60		0,50 $\cdots$ 0,80	$\leq$ 0,03
15 MnNi 6 3	0,12 $\cdots$ 0,18	1,20 $\cdots$ 1,65	$\leq$ 0,15	$\geq$ 0,08		0,50 $\cdots$ 0,85	$\leq$ 0,02
14 MoV 6 3	0,10 $\cdots$ 0,18	0,40 $\cdots$ 0,70	0,30 $\cdots$ 0,60	0,50 $\cdots$ 0,70			0,22 $\cdots$ 0,32
12 CrMo 19 5	$\leq$ 0,15	0,30 $\cdots$ 0,60	4,0 $\cdots$ 6,0	0,45 $\cdots$ 0,65			

[a] 0,50 bis 0,80% Cu.

Tabelle 4.20. Druckwasserstoffbeständige Stähle nach Entwurf 1984 SEW 590

Stahlsorte (Kurzname)	Chemische Zusammensetzung						Mechanische Eigenschaften							
							bei 20°C						bei 450°C 0,2%-Dehngrenze	bei 500°C 10^4 h-Zeitstandfestigkeit[e]
							Streckgrenze[b]	Zugfestigkeit	Bruchdehnung A^c		Kerbschlagarbeit[c,d]			
	% C	% Si	% Mn	% Cr	% Mo	% Sonstiges	N/mm² min.	N/mm²	1 % min.	q	1 J min.	q	N/mm² min.	N/mm²
25 CrMo 4	0,22 ··· 0,29	≤ 0,40	0,50 ··· 0,90	0,90 ··· 1,2	0,15 ··· 0,30		345	540 ··· 690	18	15	48	27	185	176
12 CrMo 9 10	0,10 ··· 0,15	≤ 0,30	0,30 ··· 0,80	2,0 ··· 2,5	0,90 ··· 1,10	0,010 ··· 0,040 Al, ≤ 0,30 Ni, ≤ 0,20 Cu	355	540 ··· 690	20	18	64	48	275	191
12 CrMo 12 10	0,06 ··· 0,15	≤ 0,50	0,30 ··· 0,60	2,65 ··· 3,35	0,80 ··· 1,06		355	540 ··· 690	20	18	64	48	275	
12 CrMo 19 5	0,06 ··· 0,15	≤ 0,50	0,30 ··· 0,60	4,0 ··· 6,0	0,45 ··· 0,65		390	570 ··· 740	18	16	55	39	280	130
X 12 CrMo 9 1	0,07 ··· 0,15	0,25 ··· 1,0	0,30 ··· 0,60	8,0 ··· 10,0	0,90 ··· 1,10		390	590 ··· 740	20	18	55	34	295	215
20 CrMoV 13 5	0,17 ··· 0,23	0,15 ··· 0,35	0,30 ··· 0,50	3,0 ··· 3,3	0,50 ··· 0,60	0,45 ··· 0,55 V	590	740 ··· 880	17	13	55	34	420	186

[a] Der Phosphor- und Schwefelgehalt ist für alle Stähle je ≤ 0,030%.
[b] Falls sich die Streckgrenze nicht ausprägt, gelten die Werte für die 0,2%-Dehngrenze.
[c] Die Kurzzeichen bedeuten: 1 = Längsproben, q = Querproben.
[d] An ISO-V-Proben, jeweils Mittelwert von drei Proben.
[e] Zugspannung, die nach 10 000 h zum Bruch führt (Mittelwerte).

Tabelle 4.21. Schweißzusatzwerkstoffe zum Lichtbogenschweißen warmfester Stähle in Anlehnung an DIN 8575

Bezeichnung	Cr	Mo	Mn	% V	Ni	Sonstige
Schweißzusatzwerkstoffe zum Lichtbogenhandschweißen						
E Mo		0,4–0,7				
E MoV	0,3–0,6	0,8–1,2		0,25–0,6		
E CrMo 1	0,8–1,3	0,45–0,7				
E CrMoV 1	0,9–1,5	0,9–1,3		0,1–0,35		
E CrMo 2	2,0–2,6	0,9–1,3				
E CrMo 5	4,0–6,0	0,4–0,7				
E CrMo 9	8,0–10,0	0,9–1,2				
E CrMoWV 12	10,0–12,0	0,8–1,2		0,2–0,4	$\leq 0,8$	0,4–0,6 W
Schweißzusatzwerkstoffe zum WIG-und MSG-Schweißen						
SG Mo		0,4–0,6				
SG MoV	0,3–0,6	0,5–1,0		0,2–0,4		
SG CrMo 1	1,0–1,3	0,4–0,6				
SG CrMo 2	2,3–1,0	0,9–1,2				
SG CrMo 5	5,5–6,5	0,5–0,8				
SG CrMo 9	8,5–10,0	0,8–1,2				
SG CrMoWV 12	10,5–12,0	0,8–1,2		0,2–0,4	$\leq 0,8$	0,4–0,6 W
Schweißzusatzwerkstoffe zum Unterpulverschweißen						
S 2 Mo	< 0,15	0,45–0,65	0,8–1,2		$\leq 0,15$	
S 3 Mo	„	„	1,3–1,7		„	
S 4 Mo	„	„	1,75–2,25		„	
S 2 MoV	0,3–0,6	0,5–1,0	0,6–1,0	0,25–0,45		
S 2 CrMo 1	0,9–1,3	0,45–0,65	0,6–1,0			
S 4 CrMo 1	0,9–1,3	0,45–0,65	1,75–2,25			
S 1 CrMo 2	2,2–2,8	0,9–1,15	0,3–0,7			
S 1 CrMo 5	5,5–6,5	0,5–0,8	0,4–0,75			
S 2 CrMoWV 12	10,5–12,5	0,8–1,2	0,4–1,2	0,2–0,4	$\leq 0,8$	0,4–0,6 W

25 CrMo 4 gemäß DIN 17200. Er wird für Teile verwendet, die nach dem Schweißen auf hohe Festigkeit vergütet werden müssen. Geeignet für Betriebstemperaturen bis 350 °C.

1.7334. Dieser Stahl wird ebenfalls mit dem Zusatzwerkstoff 1.7324.0 geschweißt und erreicht dabei eine Festigkeit von etwa 500 N mm^{-2}. Die in Tabelle 4.22 angegebene Festigkeit von 800 bis 1000 N mm^{-2} bezieht sich auf den Kern nach dem Einsatzhärten. Der Stahl ist ähnlich zusammengesetzt wie der 15 Cr 3 nach DIN 17210.

1.7734. Der im Elektroofen erschmolzene Stahl (Wanddicken zwischen 0,5 und 12 mm) erlangt seine hohe Festigkeit durch Ausscheidungshärtung. Durch Molybdänzusatz werden A_1 auf 770 °C und A_3 auf 900 °C erhöht und die Warmfestigkeitseigenschaften so günstig beeinflußt, daß bei 500 °C noch mit

$$R_{\mathrm{m}} = 700 \, \text{N mm}^{-2},$$

$$R_{\mathrm{p}0,2} = 540 \, \text{N mm}^{-2}$$

zu rechnen ist [R 17]. Weniger günstig sind die Festigkeitseigenschaften bei tiefen Temperaturen.

Tabelle 4.22. Schweißbare, niedriglegierte Flugzeugbaustähle

Stoff-Nr.	Stahlsorte	Chemische Zusammensetzung in %							
		C	Si	Mn	P	S	Cr	Mo	V
1.7214	Cr-Mo-Vergütungsstahl	0,22 bis 0,29	0,15 bis 0,35	0,5 bis 0,8	< 0,020	< 0,015	0,9 bis 1,2	0,15 bis 0,25	–
1.7334	Cr-Mo-Einsatzstahl	0,17 bis 0,22	0,15 bis 0,35	0,6 bis 0,8	< 0,035	< 0,035	0,3 bis 0,6	0,3 bis 0,05	–
1.7734	Cr-Mo-V Vergütungsstahl	0,12 bis 0,18	0,20	0,8 bis 1,1	< 0,020	< 0,015	1,25 bis 1,50	0,8 bis 1,0	0,2 bis 0,3

Zustand	Festigkeitseigenschaften			Wärmebehandlung
	R_m in N mm^{-2}	$R_{\mathrm{p0,2}}$ in N mm^{-2}	A_5 in %	
luftvergütet nach dem Schweißen	650	480	15	kein Vergüten nach dem Schweißen 830 bis 860°C/Öl
vergütet	900	700	12	+ 520/580°C/Luft
einsatzgehärtet	800 bis 1000	600	10	850 bis 930°C Aufkohlen 820 bis 870°C/Öl oder Warmbad 170 bis 210°C/Luft
geschweißt	500			
geglüht	620		12 bis 14	
luftvergütet	700	550	12 bis 14	730°C/Luft (Zustand 4)
luftvergütet	1000	800	10	630°C/Luft (Zustand 5)
ölvergütet	1050 bis 1100	950	10	610°C/Öl (Zustand 6)

Geschweißt wird vorwiegend unter Schutzgas (WIG) mit artgleichem Zusatzwerkstoff 1.7734.2. In der Naht und der WEZ ist mit einer Härte von 350 bis
400 HV ohne Härtespitzen und ohne Erweichungszonen zu rechnen. Man kann
daher im luftvergüteten Zustand ohne Wärmenachbehandlung schweißen (bisher
nur für kleine Wanddicken $s < 7$ mm erprobt). Die Festigkeit der Verbindung
beträgt etwa 1000 N mm^{-2} [R 17].

Zusatzwerkstoff 1.7324.0

Für alle unlegierten und niedriglegierten schweißbaren Luftfahrtstähle (außer
1.7734) wird der auf 900 N mm^{-2} vergütbare Chrom-Molybdän-Stahl 1.7324.0 mit
folgender Zusammensetzung verwendet (Tab. 4.23):

Tabelle 4.23. Zusammensetzung in % des Schweißzusatzwerkstoffes 1.7324.0

C	Si	Mn	P	S	Cr	Mo
0.17 bis 0,22	0,15 bis 0,35	0,6 bis 0,8	0,02	0,015	0,3 bis 0,6	0,4 bis 0,5

4.8.7 Niedriglegierte Tieftemperaturstähle

In diese Gruppe fallen kaltzähe Stähle, bei denen es auf Zähigkeit bei tieferen
Temperaturen (etwa unter $-50\,°C$) ankommt. Nicht behandelt werden an dieser

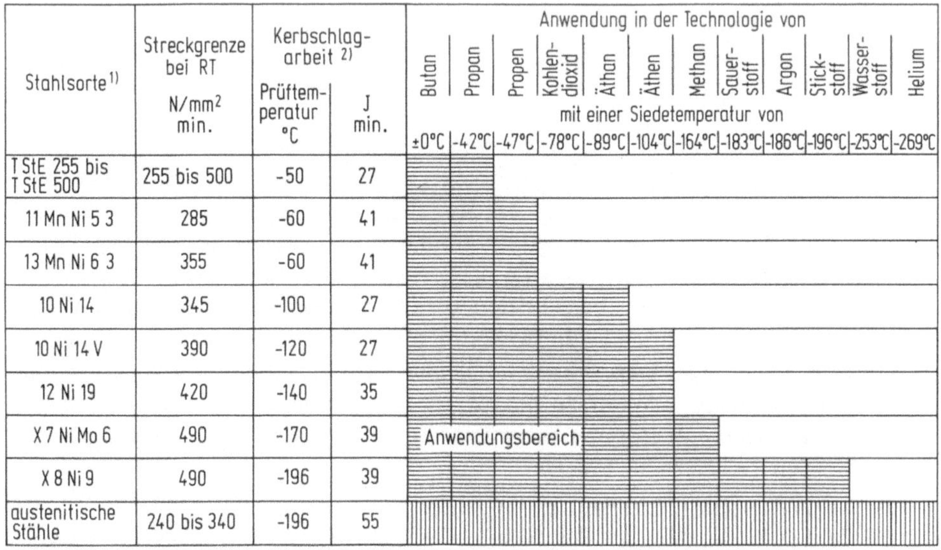

Bild 4.26. Anwendungsbereich kaltzäher Baustähle in der Flüssigas-Technologie. Nach [23]

Tabelle 4.24. Zusammenstellung von Druckgefäßen und Sicherheitsbehältern in Kernreaktoranlagen

Reaktor	Druckgefäß					
	Werkstoff[a] $(R_{p0,2})_{20}/$ $(R_{p0,2})_{warm}$	D_i mm	$s_{zyl.} + s_{platt}$ (im Stutzenb.) mm	$t_{Ausl.}$ $t_{Betr.}$ °C	$p_{iAusl.}$ $p_{iBetr.}$ bar	σ_n N mm^{-2}
1 VAK-Kahl 15 MW$_e$	19 Mn 5 + Mo 320/220	2438	98 + 6,5	350 286	89 71	114 91
2 MZFR-Karlsruhe 50 MW$_e$	21 MnMo 5 5 320/250	4100	137 + 7 (240 + 7)	300 280	101 90	155 138
3 AVR- innerer Jülich Behälter	19 Mn 5 + Mo 320/240	5700	40	325 140	12,5 11,25	83 74
15 MW$_e$ äußerer Behälter	HSB 45 310/250	7600	30	200 80	12 11,45	141 134
4 KRB-Gundremmingen 237 MW$_e$	20 NiMoCr 3 6 350/315	3708	124 + 7 (215 + 7)	316 293	89 71	136 108
5 KWL-Lingen 260 MW$_e$	20 NiMoCr 3 6 400/350	3600	84 + 6 (164 + 6)	340 286	86 73	186 157
6 KWO-Obrigheim 283 MW$_e$	25 NiMoCr 3 6 350/320	3480	160 + 7 (320 + 7)	345 310	176 146	199 165
7 HRD-Kahl 25 MW$_e$	23 NiMoCr 3 6 400/348	2960	105 + 7 (135 + 7)	360 302	111 93,5	155 130
8 FDR-Otto Hahn 10^4 WPS	15 MnMoNiV 5 3 450/400	2360	60 + 8,5 (80 + 8,5)	300 278	86 65	171 129
9 KKS-Stade 600 MW$_e$	22 NiMoCr 3 7 400/350	4080	192 + 7 392 + 7	355 289	179 158	187 174
10 KWW-Würgassen 600 MW$_e$	22 NiMoCr 3 7 400/360	5300	129 + 5	340 286	89 71	186 148
11 KW BASF 960 MW$_e$ + 2000 t/h	22 NiMoCr 3 7 400/350	4360	220 + 5	350 319	180 114	

Stelle die kaltzähen Stähle TStE 255 bis TStE 500, die ohne besondere Schwierigkeiten zu schweißen sind, sowie die hochlegierten Cr–Ni- und Ni-Stähle. Den niedriglegierten kaltzähen Stählen werden zur Feinkornerzeugung nitrid- und karbonitridbildende Elemente wie Aluminium und Niob zugegeben. Bei den höher mit Nickel legierten Stählen (Tabelle 4.24) sollte beim Schweißen eine Arbeitstemperatur von 80 °C nicht überschritten werden, um Heißrisse zu vermeiden. Die Schweißzusätze sind auf den Grundwerkstoff abzustimmen, wobei man artgleiches Schweißgut bevorzugt. Der Wasserstoffgehalt im Schweißgut möglichst hoher Reinheit ist auf niedrige Werte zu begrenzen, um sich gegen Kaltrisse zu sichern. Die Legierungselemente können bei umhüllten Elektroden der Umhüllung beigegeben werden (Kerndraht unlegiert). Für 10 Ni 14 werden sowohl ferritische Zusätze (2,5% Ni) als auch austenitische verwendet. Der Nickelgehalt im Schweißgut wird zur Vermeidung von Warmrissen auf 2,5 bis 3,5% begrenzt, der Schwefelgehalt auf 0,02% oder weniger. Ab etwa 5% Ni im Grundwerkstoff wird in der Regel nur noch austenitisch geschweißt, und zwar alternativ mit hohem (ca.

in der Bundesrepublik Deutschland [P 11]

| $R_{p0,2\text{warm}}/\sigma_n$ | Sicherheitsbehälter | | | | | | |
	Werkstoff[a] $(R_{p0,2})_{20}/$ $(R_{p0,2})_{\text{warm}}$	D_i mm	s mm	$t_{\text{Ausl.}}$ °C	$p_{i\text{Ausl.}}$ $p_{i\text{Prüf.}}$ bar	$\sigma_{n\text{Ausl.}}$ $\sigma_{n\text{Prüf.}}$ N mm^{-2}	$R_{p0,2\text{warm}}/$ $\sigma_{n\text{Ausl.}}$ $R_{p0,220}/$ $\sigma_{n\text{Prüff}}$
1,9	BH 38	13 700	21	155	7,05	198	1,6
2,4	370/320				7,8	226	1,6
1,6	HSB 40 S	24 400	15,5	50	2,1	86	3,4
1,8	290/290				2,5	118	2,5
2,9	HSB 45	16 000	12	100	3,0	133	2,2
3,2	310/290				3,2	147	2,1
1,8	HSB 45	16 000	12	100	3,0	133	2,2
1,9	310/290				3,2	147	2,1
2,4	BH 51	30 000	26,5	135	4,65	206	2,0
2,9	490/415				5,75	269	1,8
1,9	FB 50 S	30 000	30	138	4,8	190	1,7
2,2	360/326				5,7	235	1,5
1,6	BH 36 KA	44 000	18	125	4,05	186	1,8
1,9	360/330	(Kugel)			4,36	205	1,8
2,25	FB 50 S	20 000	30	155	6,4	181	1,7
2,73	360/312				7,86	228	1,6
2,3	BH 51	9 500	30	200	15,5	230	1,7
3,1	480/380				21	316	1,5
1,87	HSB 50/HSB 55	48 000	30	130	4,85	154	1,87
2,05	36/288, 460/382	(Kugel)			5,25	170	2.12
1,94	BHW 25	27 000	18	135	5,35	165	1,97
2,4	360/325	(Kugel)			5,8	180	2,0
		48 000 (Kugel)		140	5,0		

[a] Firmenbezeichnung für Feinkornbaustähle

65%) oder nierigem (ca. 13%) Nickelgehalt des Zusatzes [E 4, H 14, K 14]. In diesen Fällen sollte keine Wärmenachbehandlung erfolgen, weil infolge einer Diffusion des Kohlenstoffs in den Austenit hinein die Kerbschlagzähigkeit bei tieferen Temperaturen beeinträchtigt wird. Für das Schutzgasschweißen ist ein Zusatz hoher Reinheit zweckmäßig. UP-Schweißen ist mit Sonderdrähten möglich [P 3].

4.8.8 Niedriglegierte Kernreaktorstähle

Seit etwa 1960 sind in der Bundesrepublik Deutschland Reaktordruckbehälter mit größeren Wanddicken bekannt. Anfangs wurden zu ihrer Herstellung die seit langem bewährten niedriglegierten Stähle wie z. B. 19 Mn 5 eingesetzt. Höhere Beanspruchungen (Druck, Temperatur) ergaben jedoch bei schnell zunehmender Behältergröße unter Zugrundelegung einer Streckgrenze von etwa 300 bis

360 N mm^{-2} Werkstoffdicken, die unwirtschaftlich wurden. Höherfeste Werkstoffe wie die normalisierten, zum Teil warmfesten Feinkornbaustähle ($R_{p0,2}$ bis etwa 500 N mm^{-2}) gewannen daher zunehmend an Interesse. Einige dieser niedriglegierten CrMo- oder CrNiMo-Stähle besitzen einen etwas erhöhten Kohlenstoffgehalt (etwa 0,25 %), der beim Schweißen Vorsichtsmaßnahmen erforderlich macht. Höhere Festigkeiten werden auch durch Vergüten erreicht. Tabelle 4.24 zeigt einige Werkstoffe und ihre Eigenschaften, die bei der Fertigung von Druckgefäßen und Sicherheitsbehältern in Deutschland verwendet worden sind.

Die hohen Werkstoffestigkeiten bei den großen Einheiten sind schon deshalb erforderlich, weil die zulässige Masse von in der Werkstatt geschweißten Druckbehältern wegen der zur Verfügung stehenden Montage- und Transportmöglichkeiten zur Zeit auf 300 bis 600 t begrenzt ist. Zukünftige Entwicklungen könnten zu Spannbetonbehältern führen, zum Übergang auf Mehrlagenbehälter (mehrere dünne Stahlbleche ersetzen ein dickes) oder zum formgebenden Schweißen (das gesamte Bauteil besteht z. B. aus UP- oder ES-Schweißgut).

Das Problem bei der Einführung neuer Werkstoffe, Schweißzusatzwerkstoffe, Schweißverfahren und Schweißkonstruktionen liegt außer in der sehr aufwendigen Herstellung von Großschweißproben in Reaktorqualität besonders in der oft zeitlich langwierigen, durch die hohen Sicherheitsanforderungen jedoch gerechtfertigten Zulassungsprozedur.

Stähle, die für Bauteile im Primärkreislauf von Kernkraftwerken insbesondere für Reaktordruckbehälter in Betracht kommen, sind in Tabelle 4.25 zusammengestellt. Die Stähle 1 bis 5 sind schweißbar, desgleichen die Stähle 6 bis 8, die etwa 3,5 % Ni enthalten. Beim Schweißen ist darauf zu achten, daß Vorwärmung, Streckenenergie und Zusatzwerkstoff auf die Eigenarten des jeweiligen Werkstoffes abgestimmt sind. Bei erforderlicher Wärmenachbehandlung sind die dafür vorgesehenen Bedingungen unter Berücksichtigung des Ausscheidungsverhaltens der Stähle genau einzuhalten, um das Auftreten von Rissen als Folge plastischer Verformung bei erhöhter Temperatur in Verbindung mit versprödenden Ausscheidungen (Reheat Cracking) zu vermeiden.

Tabelle 4.25. Niedriglegierte Reaktorstähle

Nr.	Kurzname	Werkstoff-Nr.	Wärmebehandlung	$R_{p0,2}$ N/mm^2	R_m N/mm^2	Lieferform
1	20 MnMoNi 5 5	1.6310		420	560 bis 680	Bleche
2	22 NiMoCr 3 7	1.6751		430	590 bis 710	und
3	12 MnNiMo 5 5	1.6343	V	410	570 bis 720	Schmiede-
4	12 MnNiMoV 5 4	1.6342		470	620 bis 770	stücke
5	8 CrMoNiNb 9 10	1.6770		290	470 bis 610	
6	20 NiMoV 14 5	1.6348		600	750 bis 900	Schmiede-
7	20 NiCrMo 14 6	1.6742	V	650	800 bis 950	stücke
8	20 NiCrMoV 14 6	1.6950		650	800 bis 950	

Bemerkung: Die angegebenen Festigkeitswerte sind abhängig von Wanddicke und Vergütungsbehandlung. Einzelheiten zu Werkstoffauswahl und Verarbeitung sind den KTA-Richtlinien zu entnehmen (KTA = Kerntechnischer Ausschuß).

4.8.9 Dualphasenstähle

Unter niedriglegiertem Dualphasenstahl versteht man solche Stähle, deren Gefüge aus einem an Kohlenstoff übersättigten Ferrit mit inselartig eingelagertem Martensit (5–20%) besteht. Daneben können geringe Mengen an Bainit und Restaustenit auftreten. Diese Stähle zeichnen sich durch ein niedriges Streckgrenzenverhältnis von 0,4 bis 0,7, eine starke Kaltverfestigungsneigung und hohe Bruchdehnung aus. Die Festigkeit kann durch Anlassen (Bake-Hardening) weiter erhöht werden.

Die Herstellung des Dualphasenstahls erfolgt durch Glühen im Gamma-Alpha-Zweiphasengebiet mit anschließender beschleunigter Abkühlung oder direkt aus der Walzhitze heraus. In diesem Fall sind erhöhte Anteile an Mangan, Chrom und Molybdän erforderlich, um die kritische Abkühlgeschwindigkeit herabzusetzen und Martensit zu erhalten. Wichtig ist die richtige Wahl der Endwalztemperatur (bei A_{r3}) bei einer Haspeltemperatur von etwa 200 °C [M 13]. Über das Schweißen dieser Stähle ist bisher wenig bekannt geworden.

5 Hochlegierte Stähle

Die hochlegierten Stähle enthalten mehr als 5 % Legierungselemente. Sie werden hergestellt zur

Verbesserung der Korrosions- oder der Hitzebeständigkeit,
Erzielung besonderer elektrischer oder magnetischer Eigenschaften,
Erhöhung der Verschleißfestigkeit,
Verbesserung der Festigkeitseigenschaften für den Einsatz bei tiefen Temperaturen.

Die wichtigsten Legierungselemente lassen sich in zwei Gruppen einteilen:

Austenitbildner, durch welche das γ-Feld erweitert wird: Ni, C, Cu, Mn, N,
Ferritbildner, durch welche das γ-Feld eingeschnürt wird: Cr, Mo, Si, Al, W, Ti, Nb, V.

Dies sei anhand der nachfolgenden drei Zustandsschaubilder veranschaulicht, Bild 5.1. Bei hohen Legierungsgehalten erhält man umwandlungsfreie Legierungen, z. B. die ferritischen Stähle bei hohen Chrom-, die austenitischen bei hohen Nickelgehalten.

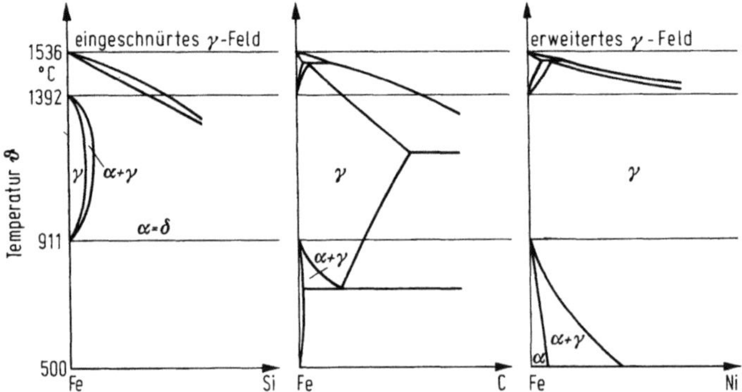

Bild 5.1. Erweiterung und Einschnürung des γ-Gebietes durch Legierungselemente

Das Zustandsschaubild Eisen-Chrom-Nickel und der Einfluß weiterer Legierungselemente auf dieses Schaubild ist [F 6] zu entnehmen.

5.1 Das Schaeffler-Diagramm

Einen Überblick über das Gefüge, das sich in hochlegierten Stählen nach Luftabkühlung von etwa 900 °C einstellt, liefert das Schaeffler-Diagramm (Bild 5.2). Es
wurde ermittelt für das Schweißen eines 1/2″-Bleches mit 3/16″-∅-Elektroden, ist
jedoch weitgehend auf andere Verhältnisse übertragbar [O 4, S 17].

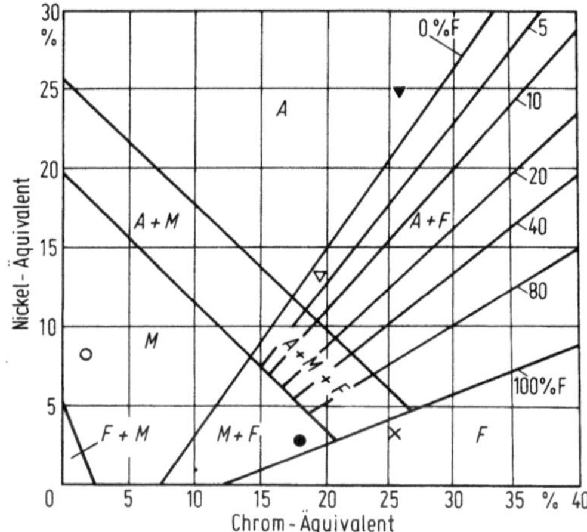

Nickel - Äquivalent = % Ni + 30 %C + 0,5 %Mn + 30 %N
Chrom - Äquivalent = %Cr + % Mo + 1,5 % Si + 0,5 %Nb
Gebiete: *A* Austenit; *F* Ferrit; *M* Martensit

Beispiele:		Zusammensetzung [%][1]										
Zeich.	Kurzname	C	Si	Mn	P	S	Cr	Cu	Mo	Ni	V	Al
O	25 CrMo 4	0,25	0,25	0,65	0,035[2]	0,035[2]	1,05	0,16	0,20	0,33	0,01	
●	X 8 Cr 17	0,08	1,00[2]	1,00[2]			16,5					
×	X 10 Cr Al 24	0,10	1,30	1,00[2]			24,0					1,5
▽	X 12 Cr Ni 18 8	0,12	1,00[2]	2,00[2]			18,0			9,0		
▼	X 12 CrNi 25 21	0,12	0,75[2]	2,00[2]			25,0			20,5		

1) Mittelwerte, sofern nicht mit 2) gekennzeichnet
2) Höchstwerte

Bild 5.2. Schaeffler-Diagramm

Bei sehr hohen Abkühlgeschwindigkeiten, z. B. 10^6 K/s, wie sie beim Laserschweißen auftreten können, ergeben sich Abweichungen. Die Linien für 0 bis
100 % Ferrit rücken einander näher [D 27].

Man wählt Nickel als Maßstab für die austenitisierende Wirkung und Chrom
als Maßstab für die ferritstabilisierende Wirkung der Legierungselemente und
definiert als

Nickeläquivalent $Ni_{\text{äqu.}}$ = Ni + 30 C + 0,5 Mn + 30 N

Chromäquivalent $Cr_{\text{äqu.}}$ = Cr + Mo + 1,5 Si + 0,5 Nb

(Legierungsgehalte jeweils in Prozent).

Einige häufig verwendete Stähle sind in das Schaubild eingetragen. Stabil- oder vollaustenitische Stähle finden sich im Gebiet A, metastabil austenitische im Feld A + F, ferritische im Gebiet F und Stähle, die bei Luftabkühlung martensitisch werden, im Feld M.

Das Diagramm läßt sich insbesondere zur Abschätzung der Aufmischung bei Mehrlagenschweißungen und Schweißplattierungen verwenden, vgl. Abschnitt 6.

5.2 Ferritische Stähle

Die nichtrostenden Stähle enthalten 13 bis 17% Cr, die hitzebeständigen bis zu 24% (Tab. 5.1 und 5.2), vgl. DIN 17440. Für eine gute Rostbeständigkeit sind mindestens 13% Chrom erforderlich, wenn nicht sehr niedrige Kohlenstoff – und Stickstoffgehalte eingestellt werden wie etwa beim X 2 Cr 11 [W 10]. Als hitze- und zunderbeständig gelten solche Stähle, die oberhalb 550 °C auf der Oberfläche eine festhaftende Oxidschicht bilden, die gegen die schädigende Wirkung heißer Gase, Flugasche, Salz- und Metallschmelzen schützt. Tabelle 5.1 enthält die nichtrostenden und säurebeständigen hochlegierten ferritischen Stähle in Anlehnung an DIN 17440, Tabelle 5.2 hitzebeständige ferritische Stähle mit Grenztemperaturen für die Zunderbeständigkeit an Luft [W 8].

Die ferritischen Chromstähle haben ein vorwiegend ferritisches und martensitisches Gefüge, wobei in der Regel der Martensit durch Anlassen in ein weicheres und zäheres Anlaßgefüge umgewandelt wird. Das Schweißgut besteht im Schweißzustand aus Martensit und Deltaferrit mit geringen Anteilen an Restaustenit, wenn artgleicher oder artähnlicher Schweißzusatz verwendet wird. Der Deltaferrit vermindert die Kerbschlagzähigkeit [F 6]. Beim Schweißen der hochlegierten ferritischen Stähle treten einige Schwierigkeiten auf:

a) Kornwachstum

Bei Temperaturen oberhalb 900 °C, beschleunigt ab 1050 °C, kommt es zu Grobkornbildung (nicht bei austenitisch-ferritischen Stählen) mit nachteiligen Folgen bezüglich der Verformungsfähigkeit. Eine nachträgliche Beseitigung durch Wärmebehandlung ist bei umwandlungsfreien Stählen nicht möglich. Zusätze von Ti, N und Al können durch Keimvermehrung die Grobkornbildung bremsen. Eine Erhöhung des Korndurchmessers von 45 auf 130 μm verschiebt die Übergangstemperatur um etwa 35 K.

b) 475°-Versprödung

Im Temperaturgebiet zwischen 450 und 525 °C kommt es als Folge von Ausscheidungsvorgängen [M 16] zu Versprödungserscheinungen. Empfindlich sind Stähle mit höherem Chromgehalt (> 17%), bei langzeitiger Hochtemperaturbeanspruchung auch darunter. Stähle mit Cr-Gehalten unter 14% sind weitgehend unempfindlich. Da beim Schweißen die Verweilzeiten auf der kritischen Temperatur zu kurz sind, um sich auswirken zu können, ist die 475-°C-Versprödung hierfür

Tabelle 5.1. Nichtrostende und säurebeständige hochlegierte ferritische und martensitische Stähle in Anlehnung an DIN 17440

Stahlsorte		Chemische Zusammensetzung (Massenanteil in %)				
Kurzname	Werkstoffnummer	C	Cr	Mo	Ni	Sonstige
X 6 Cr 13	1.4000	$\leq$ 0,08	12,0 bis 14,0	–	–	–
X 6 CrAl 13	1.4002	$\leq$ 0,08	12,0 bis 14,0	–	–	Al 0,10 bis 0,30
X 10 Cr 13	1.4006	0,08 bis 0,12	12,0 bis 14,0	–	–	–
X 15 Cr 13	1.4024	0,12 bis 0,17	12,0 bis 14,0	–	–	–
X 20 Cr 13	1.4021	0,17 bis 0,25	12,0 bis 14,0	–	–	–
X 30 Cr 13	1.4028	0,28 bis 0,35	12,0 bis 14,0	–	–	–
X 38 Cr 13	1.4031	0,35 bis 0,42	12,5 bis 14,5	–	–	–
X 46 Cr 13	1.4034	0,42 bis 0,50	12,5 bis 14,5	–	–	–
X 45 CrMoV 15	1.4116	0,42 bis 0,50	13,8 bis 15,0	0,45 bis 0,60	–	V 0,10 bis 0,15
X 6 Cr 17	1.4016	$\leq$ 0,08	15,5 bis 17,5	–	–	–
X 6 CrTi 17	1.4510	$\leq$ 0,08	16,0 bis 18,0	–	–	Ti 7 × % C bis 1,20
X 4 CrMoS 18	1.4105	$\leq$ 0,06	16,5 bis 18,5	0,2 bis 0,6	–	P $\leq$ 0,060; S 0,15 bis 0,35; Mn $\leq$ 1,
X 12 CrMoS 17	1.4104	0,10 bis 0,17	15,5 bis 17,5	0,2 bis 0,6	–	P $\leq$ 0,060; S 0,15 bis 0,35; Mn $\leq$ 1,
X 20 CrNi 17 2	1.4057	0,14 bis 0,23	15,5 bis 17,5	–	1,5 bis 2,5	–

Tabelle 5.2. Hitzebeständige hochlegierte ferritische Stähle mit Grenztemperaturen für die Zunderbeständigkeit an Luft [W 8]

Werkstoff		Chemische Zusammensetzung in %				Zunderbeständigkeit an Luft bis
Kurzname	Nr.	C max.	Al	Cr	Si	
Ferritische Stähle						
X 10 CrAl 13	1.4724	0,12	1,0	13,0	1,0	850 °C
X 10 CrAl 18	1.4742	0,12	1,0	18,0	1,0	1 000 °C
X 10 CrAl 24	1.4762	0,12	1,5	24,5	1,0	1 150 °C

praktisch ohne Bedeutung. Im übrigen kann sie durch kurzzeitiges Erwärmen auf 700 bis 800 °C/Wasser aufgehoben werden.

c) σ-Phase

Zwischen 650 und 850 °C kann sich eine spröde intermetallische Fe–Cr-Verbindung ausscheiden, deren Existenzgebiet aus dem isothermen Schnitt bei 650 °C durch das Dreistoffsystem Fe–Cr–Ni hervorgeht (Bild 5.3). Sie weist eine Härte von etwa 1000 HV auf. Hohe Chromgehalte verstärken die Versprödung. Bild 5.4 ist ein gutes Hilfsmittel zur Abschätzung der Sigmaphasenbildung bei ferritischen Chromstählen mit Si-Gehalten bis 2,5% [S 18]. Durch Glühen bei 900 °C wird die σ-Phase wieder beseitigt, so daß anfällige Stähle bei Temperaturen oberhalb 900 °C ohne Versprödungsgefahr verwendet werden können. Im übrigen gilt auch hier, daß beim Schweißen infolge der nur kurzen Verweilzeiten im kritischen Temperaturgebiet im allgemeinen nicht mit dem Auftreten der σ-Phase zu rechnen ist.

d) Interkristalline Korrosion

Durch rasches Abkühlen von Temperaturen über 900 °C werden die ferritischen Chromstähle anfällig gegenüber interkristalliner Korrosion. Die Anfälligkeit läßt sich durch Anlassen auf 650 bis 900 °C beseitigen, durch Zugabe von Sonderkarbidbildnern vermindern. Die Entstehungsbedingungen sind andere als bei den austenitischen Stählen [R 14]. Die ferritischen Chromstähle werden zur Vermeidung der interkristallinen Korrosion ab 18% Cr stabilisiert, i. allg. mit Titan. Notwendiger Ti-Gehalt in %: 0,20 + 4 (C + N).

e) Kerbempfindlichkeit

Mit zunehmendem Chromgehalt sinkt die Kerbschlagzähigkeit ab. Durch Begrenzung des Kohlenstoff- und Stickstoffgehaltes auf zusammen 0,03 bis 0,05% erhält man jedoch nach dem Schweißen Verbindungen mit ausreichender Zähigkeit. Bei nicht zu großer Wanddicke kann auf Vorwärmen und Wärmenachbehandlung verzichtet werden.

Anderenfalls empfiehlt sich ein gleichmäßiges Vorwärmen auf etwa 200 °C und eine Nachbehandlung bei 700 bis 800 °C. Durch Vorwärmen wird die Rißgefahr vermindert, durch Nachbehandlung die Sprödigkeit. Eine möglichst geringe

Tabelle 5.3. Anhaltsangaben über das Langzeitverhalten hitzebeständiger Werkstoffe bei hohen Temperaturen (Mittelwerte des bisher erfaßten Streubereichs) nach SEW 470-76

Stahlsorte		Tem-peratur	1%-Zeitdehn-grenze[a] für		Zeitstandfestigkeit[b] für		
Kurzname	Werk-stoff-Nr.	°C	1000 h N/mm^2	10000 h	1000 h N/mm^2	10000 h	100000 h
X 10 CrAl 7	1.4713						
X 7 CrTi 12	1.4720	500	80	50	160	100	55
X 10 CrAl 13	1.4724	600	27,5	17,5	55	35	20
X 10 CrAl 18	1.4742	700	8,5	4,7	17	9,5	5
X 10 CrAl 24	1.4762	800	3,7	2,1	7,5	4,3	2,3
X 18 CrN 28	1.4749	900	1,8	1,0	3,6	1,9	1,0
X 20 CrNiSi 25 4	1.4821						
		600	110	85	185	115	65
X 12 CrNiTi 18 9	1.4878	700	45	30	80	45	22
		800	15	10	35	20	10
		600	120	80	190	120	65
X 15 CrNiSi 20 12	1.4828	700	50	25	75	36	16
X 7 CrNi 23 14	1.4833	800	20	10	35	18	7,5
		900	8	4	15	8,5	3,0
		600	150	105	230	160	80
X 12 CrNi 25 21	1.4845	700	53	37	80	40	18
X 15 CrNiSi 25 20	1.4841	800	23	12	35	18	7
		900	10	5,7	15	8,5	3,0
		600	105	80	180	125	75
X 12 NiCrSi 36 16	1.4864	700	50	35	75	45	25
		800	25	15	35	20	7
		900	12	5	15	8	3
		600	130	90	200	152	114
X 10 NiCrAlTi 32 20	1.4876	700	70	40	90	68	47
(lösungsgeglüht)		800	30	15	45	30	19
		900	13	5	20	11	4

[a] Das ist die auf den Ausgangsquerschnitt bezogene Spannung, die nach 1000 oder 10000 h zu einer bleibenden Dehnung von 1% führt.

[b] Das ist die auf den Ausgangsquerschnitt bezogene Spannung, die nach 1000, 10000 oder 100000 h zum Bruch führt.

Wärmezufuhr (z. B. Elektroden kleinen Durchmessers) verringert die Grobkornbildung. Bei Kehlnähten ist die Kehlnahthöhe klein zu halten. Die Blechdicke sollte, vor allem bei hohen Chromgehalten, 6 mm nicht überschreiten. Geschweißt wird mit artgleichem oder austenitischem Zusatzwerkstoff. Das verformungsfähige austenitische Schweißgut ist vorzuziehen, wenn die Korrosionsbedingungen (Schwefel!) dies zulassen. Zuweilen werden die inneren Lagen mit austenitischem, die äußeren mit ferritischem Zusatz geschweißt. Bei zyklischer Temperaturbeanspruchung treten bei Verwendung austenitischen Schweißgutes hohe Eigenspannungen als Folge der sehr unterschiedlichen Wärmeausdehnungskoeffizienten auf (Tab. 5.3), die zu Ermüdungsrissen führen können. Bei Wahl eines austenitischen Zusatzwerkstoffes bevorzugt man einen stabil austenitischen Werkstoff mit 22% Cr, 14% Ni und 2,7% Mo. Einen Überblick über das Schweißen der hochlegierten ferritischen Stähle vermittelt [K 18].

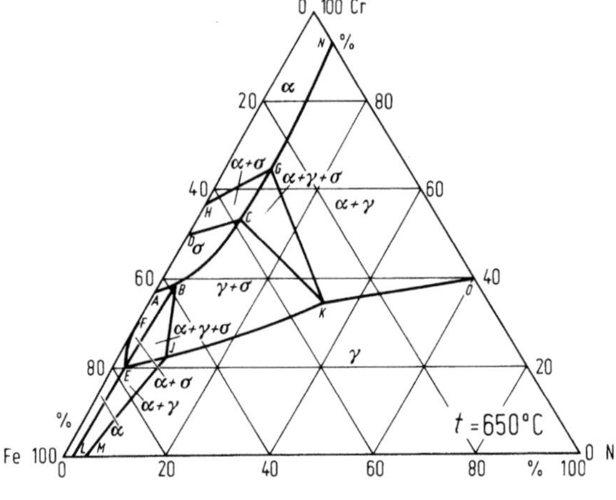

Bild 5.3. Isothermer Schnitt durch das Dreistoffschaubild Fe–Ni–Cr

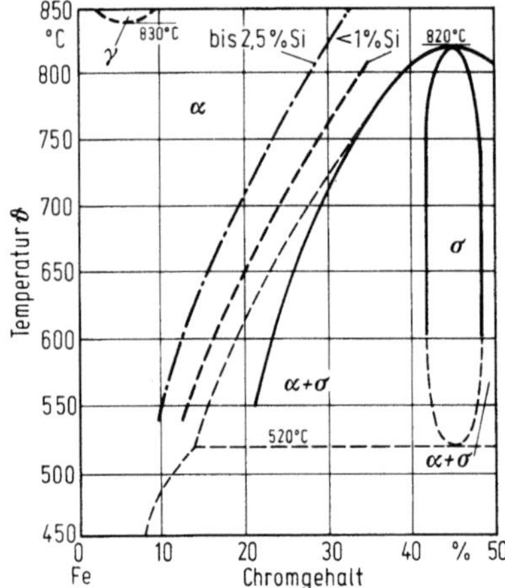

Bild 5.4. σ-Phasenbildung in Abhängigkeit von der Temperatur und den Legierungselementen Cr und Si

Tabelle 5.4. Linearer Ausdehnungskoeffizient bei ferritischen und austenitischen Stählen

Stahlsorte	Linearer Ausdehnungskoeffizient K^{-1}	Temperaturbereich °C
Hochlegierter ferritischer Stahl	$12 \cdot 10^{-6}$	20 bis 500
Hochlegierter austenitischer Stahl	$19 \cdot 10^{-6}$	20 bis 500

Zusatzwerkstoffe mit 25% Cr und 4% Ni, die – zurückzuführen auf weitere Legierungselemente – austenitisch-ferritisch sind, haben etwa den gleichen Ausdehnungskoeffizienten wie die rein ferritischen Stähle.

DIN 8556 enthält die für das Schweißen der nichtrostenden und hitzebeständigen hochlegierten ferritischen Stähle empfohlenen Schweißzusatzwerkstoffe sowohl für das Lichtbogenschweißen mit Stabelektroden als auch für das Schutzgas- und Unterpulverschweißen.

Bei Nb-legierten Stählen ist für Stabelektroden Nb $\geq$ 8 C und $\leq$ 1,1%, für Schutzgas- und UP-Schweißen Nb $\geq$ 12 C. In beiden Fällen können bis 20% des Nb-Gehaltes durch Ta ersetzt werde. Für Schutzgasschweißen sind Si-Gehalte > 0,5 Massen-%, für das UP-Schweißen < 0,5 Massen-% üblich. Zum Unterpulverschweißen siehe auch [T 6].

5.3 Austenitische Stähle

5.3.1 Metastabile austenitische Stähle

Der bekannteste Vertreter dieser Gruppe aus dem Feld A + F des Schaeffler-Diagrammes ist der 18/8 Chrom-Nickel-Stahl (V 2 A). Infolge der guten Verformbarkeit des Austenits sind diese Stähle grundsätzlich gut schweißbar, benötigen weder Vorwärmen noch Nachbehandlung und werden mit artgleichem Zusatzwerkstoff geschweißt. Ein ausgeprägtes Kornwachstum tritt im Gegensatz zu den ferritischen Stählen nicht auf, auch keine 470-°C-Versprödung. Trotzdem sind auch hier einige Punkte zu beachten.

a) σ-Phase

Der Ferritanteil der metastabil austenitischen Stähle begünstigt die Bildung der in Abschnitt 5.2 bereits beschriebenen spröden σ-Phase. Hält man sich jedoch beim Schweißen nicht lange im kritischen Temperaturgebiet von 650 bis 850 °C auf, ist nicht mit einem Zähigkeitsverlust zu rechnen. Die σ-Phase kann durch Erwärmen auf 1050 °C bei nachfolgendem raschem Abkühlen beseitigt werden.

b) Interkristalline Korrosion

Da die metastabilen austenitischen Stähle vorwiegend als säurebeständige Werkstoffe, beispielsweise im chemischen Apparatebau, eingesetzt werden, ist der Frage der Korrosionsbeständigkeit eine besonders große Bedeutung beizumessen. Diese ist in erster Linie vom Chromgehalt abhängig. Als Grenze für eine ausreichende Beständigkeit sind etwa 12% Cr anzusehen, gleichmäßige Verteilung dieses Legierungselementes in der Grundmasse vorausgesetzt. Beim Schweißen treten beiderseits der Naht Zonen auf, die – wenn auch kurzzeitig – auf 650 bis 750 °C erwärmt werden. Dabei wird ein Teil des zunächst im Austenit gelösten Kohlenstoffes ausgeschieden und lagert sich in Form vom Chromkarbiden an den Korngrenzen an. Dadurch verarmt längs der Korngrenzen die Grundmasse an Chrom, und zwar bis unter die Resistenzgrenze. Entlang dieser Bereiche kommt es dann bei Korrosionsbeanspruchung bevorzugt zur Zerstörung bis zum Herauslösen einzelner Körner (Kornzerfall).

Es gibt noch andere Theorien zur Erklärung dieser Erscheinung, die Chromverarmungstheorie ist jedoch recht einleuchtend. Zusätzlich spielt der Potentialunterschied zwischen Korninnerem und Korngrenzen eine Rolle. Eine Prüfung auf Kornzerfallsbeständigkeit kann durch einen Korrosionstest nach DIN 50914 erfolgen.

Man kann sich weitgehend gegen das Auftreten der interkristallinen Korrosion schützen:

Stabilisieren mit Titan oder Tantal/Niob. Diese Elemente haben eine stärkere Affinität zu Kohlenstoff als Chrom und bilden daher bevorzugt Karbide. Damit wird die Bildung der unerwünschten Chromkarbide verhindert. Je nach Kohlenstoffgehalt sind gemäß

$$\frac{Ti}{C} \geqq 5, \quad \frac{Nb}{C} \geqq 8, \quad \frac{Ta}{C} \geqq 16 \quad oder \quad \frac{Ta + Nb}{C} \geqq 8$$

die stabilisierenden Elemente dem Grund- und Zusatzwerkstoff hinzuzufügen. Titan ist in Schweißelektroden nicht brauchbar, weil es beim Abschmelzen zu leicht oxidiert wird. Vorzugsweise werden daher die Zusatzwerkstoffe mit Niob stabilisiert.

Wärmebehandlung. In manchen Fällen ist es möglich, die geschweißte Konstruktion auf Temperaturen um 1050 °C zu erwärmen, um die gebildeten Chromkarbide wieder in Lösung gehen zu lassen. Wird anschließend rasch abgekühlt, unterbleibt eine erneute Ausscheidung von Chromkarbiden.

Niedriger C-Gehalt. Wird der Kohlenstoffgehalt sehr niedrig gehalten (< 0,03%), kann ebenfalls die Korrosionsanfälligkeit herabgesetzt werden (ELC-Stähle, ELC = Extra Low Carbon). Die durch Absenkung des C-Gehaltes verminderte Festigkeit kann durch Zulegieren von etwa 0,15% Stickstoff wieder angehoben werden.

Eine typische Serie von 18/8-Chrom-Nickel-Stählen, bei denen die genannten Möglichkeiten verwirklicht wurden, enthält Tabelle 5.5. Bei Zugabe von Ferritbildnern (Ti, Nb) oder Entzug von Austenitbildnern (C) wird der Nickelgehalt zur Stabilisierung des Austenits etwas erhöht. Zuweilen werden unstabilisierte, niedriggekohlte Zusatzwerkstoffe für das Schweißen stabilisierter austenitischer Stähle herangezogen [K 16]. In solchen Fällen sollte die Betriebstemperatur 350 °C nicht übersteigen. Zur Optimierung der Schweißzusatzwerkstoffe zum Metallinertgasschweißen von austenitischen Stählen vgl. [L 4].

Stickstofflegierte Stähle wurden entwickelt, um bei niedriggekohlten Stählen Streckgrenze und Festigkeit bei guter Zähigkeit anzuheben. Dadurch wurde gleichzeitig das austenitische Gefüge stabilisiert und die Korrosionsbeständigkeit von Schweißnaht und Wärmeeinflußzone (Lochfraß- und Spannungsrißkorrosion) verbessert. Diese stickstofflegierten Stähle sind mit unstabilisierten Zusatzwerkstoffen zu schweißen, da durch das Auflegieren mit Stickstoff im Schweißgut der Ferritgehalt auf Werte unter 4% sinken kann. Bei Anwesenheit von Niob als Stabilisator können dann bei der Abkühlung nach dem Schweißen Heißrisse auftreten. Stabilisierte Stähle lassen sich im übrigen nicht zusätzlich mit Stickstoff legieren, weil dieses Legierungselement die Stabilisatoren abbinden und damit unwirksam machen würde. Für das Schutzgasschweißen dieser stickstofflegierten Stähle werden als Schutzgase Argon mit 5% Wasserstoff und Helium mit 5% Wasserstoff vorgeschlagen [E 6].

Tabelle 5.5. Typische Serie von austenitischen Chrom-Nickel-Stählen unterschiedlicher C-, N-, Ti- und Nb-Gehalte

Stahlsorte		C	Cr	Mo	Ni	Sonstige
Kurzname	Werkstoffnummer			%		
X 5 CrNi 18 10	1.4301	$\leq 0{,}07$	17,0 bis 19,0	–	8,5 bis 10,5	–
X 5 CrNi 18 12	1.4303	$\leq 0{,}07$	17,0 bis 19,0	–	11,0 bis 13,0	–
X 10 CrNiS 18 9	1.4305	$\leq 0{,}12$	17,0 bis 19,0	–	8,0 bis 10,0	$P \leq 0{,}060$; S 0,15 bis 0,35
X 2 CrNi 19 11	1.4306	$\leq 0{,}030$	18,0 bis 20,0	–	10,0 bis 12,5	–
X 2 CrNiN 18 10	1.4311	$\leq 0{,}030$	17,0 bis 19,0	–	8,5 bis 11,5	N 0,12 bis 0,22
X 6 CrNiTi 18 10	1.4541	$\leq 0{,}08$	17,0 bis 19,0	–	9,0 bis 12,0	Ti 5 × % C bis 0,80
X 6 CrNiNb 18 10	1.4550	$\leq 0{,}08$	17,0 bis 19,0	–	9,0 bis 12,0	Nb 10 × % C bis 1,00
X 5 CrNiMo 17 12 2	1.4401	$\leq 0{,}07$	16,5 bis 18,5	2,0 bis 2,5	10,5 bis 13,5	–
X 2 CrNiMo 17 13 2	1.4404	$\leq 0{,}030$	16,5 bis 18,5	2,0 bis 2,5	11,0 bis 14,0	–
X 2 CrNiMoN 17 12 2	1.4406	$\leq 0{,}030$	16,5 bis 18,5	2,0 bis 2,5	10,5 bis 13,5	N 0,12 bis 0,22
X 6 CrNiMoTi 17 12 2	1.4571	$\leq 0{,}08$	16,5 bis 18,5	2,0 bis 2,5	10,5 bis 13,5	Ti 5 × % C bis 0,80
X 6 CrNiMoNb 17 12 2	1.4580	$\leq 0{,}08$	16,5 bis 18,5	2,0 bis 2,5	10,5 bis 13,5	Nb 10 × % C bis 1,00
X 2 CrNiMoN 17 13 3	1.4429	$\leq 0{,}030$	16,5 bis 18,5	2,5 bis 3,0	11,5 bis 14,5	N 0,14 bis 0,22; $S \leq 0{,}025$
X 2 CrNiMo 18 14 3	1.4435	$\leq 0{,}030$	17,0 bis 18,5	2,5 bis 3,0	12,5 bis 15,0	$S \leq 0{,}025$
X 5 CrNiMo 17 13 3	1.4436	$\leq 0{,}07$	16,5 bis 18,5	2,5 bis 3,0	11,0 bis 14,0	$S \leq 0{,}025$
X 2 CrNiMo 18 16 4	1.4438	$\leq 0{,}030$	17,5 bis 19,5	3,0 bis 4,0	14,0 bis 17,0	$S \leq 0{,}025$
X 2 CrNiMoN 17 13 5	1.4439	$\leq 0{,}030$	16,5 bis 18,5	4,0 bis 5,0	12,5 bis 14,5	N 0,12 bis 0,22; $S \leq 0{,}025$

Für eine Anwendung im Tieftemperaturbereich kommen nach AD-Merkblatt W 10 folgende Stähle in Betracht, die mit artgleichem Zusatzwerkstoff geschweißt werden (Tab. 5.6):

Tabelle 5.6. Anwendungsbereiche nichtrostender austenitischer Stähle nach DIN 17440 im Tieftemperaturbereich

Stahlsorte	Werkstoff-Nr.	Tiefste Beanspruchungstemperatur für den Beanspruchungsfall in °C		
		I	II	III
X 5 CrNi 18 10	1.4301	− 200	− 255	− 270
X 5 CrNi 18 12	1.4303	− 200	− 255	− 270
X 2 CrNi 19 11	1.4306	− 270	− 270	− 270
X 6 CrNiTi 18 10	1.4541	− 270	− 270	− 270
X 6 CrNiNb 18 10	1.4550	− 200	− 255	− 270
X 5 CrNiMo 17 12 2	1.4401	− 200	− 255	− 270
X 2 CrNiMo 17 13 2	1.4404	− 200	− 255	− 270
X 6 CrNiMoTi 17 12 2	1.4571	− 270	− 270	− 270
X 6 CrNiMoNb 17 12 2	1.4580	− 200	− 255	− 270
X 2 CrNiN 18 10	1.4311	− 270	− 270	− 270
X 2 CrNiMoN 17 12 2	1.4406	− 270	− 270	− 270
X 2 CrNiMoN 17 13 3	1.4429	− 270	− 270	− 270

Beanspruchungsfall I:	Die Festigkeitswerte der AD-Merkblätter der Reihe W werden mit den in AD-Merkblatt B 0 genannten Sicherheitsbeiwerten voll ausgenutzt.
Beanspruchungsfall II:	Spannungsspitzen durch Gestaltung und Herstellung werden weitgehend vermieden und Festigkeitswerte werden nur zu 75% ausgenutzt, Spannungsarmglühen bei $s > 10$ mm erforderlich (Ausnahmen siehe AD-Merkblatt W 10)
Beanspruchungsfall III:	Festigkeitswerte werden nur zu 25% ausgenutzt. Spannungsspitzen werden durch Gestaltung und Herstellung weitgehend vermieden.

Die 18/8-Chrom-Nickel-Stähle sind sehr korrosionsbeständig gegenüber oxidierenden Medien, außer in Gegenwart von Chlorionen. In letzterem Fall besteht die Gefahr von Lochfraß- und Spannungsrißkorrosion. Die Korrosionsbeständigkeit wird dann wesentlich verbessert, auch gegenüber reduzierenden Medien, wenn Mo-haltige Stähle verwendet werden. Sie enthalten bis etwa 5% Molybdän. Allerdings erhöht sich damit die Neigung zur unerwünschten Ausscheidung intermetallischer Phasen (Sigma-, Chi- und Lavesphase). Durch Zusätze von etwa 0,15% Stickstoff wird die Ausscheidung dieser Phasen verzögert. Ein Beispiel hierfür ist der X 3 CrNiMoN 17 13 5 (1.4439). Er enthält keinen Delta-Ferrit, der beim Schweißen oder während einer Wärmebehandlung zu Sigma-Phase zerfallen könnte. Der vergleichbare Stahl ohne Stickstoff X 5 CrNiMo 17 13 (1.4449) enthält dagegen Delta-Ferrit. Durch Stickstoff wird auch die $M_{23}C_6$-Karbidbildung verzögert, so daß bis zu 30 mm Wanddicke nicht stabilisiert zu werden braucht [B 15].

In unkritischen Fällen, also bei geringer Korrosionsbeanspruchung, werden gelegentlich auch chrom- und nickelfreie austenitische Stähle auf Mangan-Aluminium-Basis (ca. 20% Mn, 4,5% Al + N) eingesetzt und schutzgasgeschweißt (75% Ar + 25% CO_2) [L 5]. Auch der für Verschleißzwecke verwendete austenitische

Manganhartstahl mit 13 % Mn und 1,3 % C wäre an dieser Stelle zu erwähnen. Er bereitet beim Schweißen keine Schwierigkeiten.

Die Festigkeit von austenitischen CrNiMnMo-Stählen kann durch Massivaufstickung erheblich gesteigert werden. Ursache hierfür ist die gitteraufweitende Wirkung des zwangsgelösten Stickstoffs. Hierfür werden verschiedene Verfahren wie das Aufsticken in Druckinduktionsöfen, im Plasmalichtbogenofen oder im Elektroschlackeumschmelzverfahren unter Druck (DESU) herangezogen [P 8]. Über das Schweißen dieser Stähle ist bisher wenig bekannt geworden.

5.3.2 Austenitisch-ferritische Stähle

Die austenitisch-ferritischen („Duplex"-) Stähle verbinden hohe statische und dynamische Festigkeit mit guter Beständigkeit gegenüber Spannungsrißkorrosion. Der austenitische Anteil begründet die Zähigkeit und allgemeine Korrosionsbeständigkeit, der ferritische Anteil erhöht die Festigkeit (0,2 %-Dehngrenze etwa 450 N/mm^2) und den Widerstand gegenüber Spannungsrißkorrosion.

Die Stähle sind grundsätzlich gut zum Schweißen geeignet. Infolge der Instabilität des Gefüges kommt es jedoch in der Wärmeeinflußzone zur teilweisen Umwandlung von γ- in α-Eisen. Dadurch werden Verformungsfähigkeit und Korrosionsbeständigkeit verschlechtert. Die Stähle sind empfindlich gegenüber sulfidischer SRK [B 14]. Wie sich Kohlenstoff, Stickstoff und die Schweißbedingungen auf die Gefügeausbildung auswirken, wurde von [H 17] untersucht. Bei starker Schrumpfung können Erstarrungsrisse auftreten [N 7]. Sie werden auf Mikroseigerungen zurückgeführt. Sie sind am geringsten bei gleichzeitig feinkörnigem Gefüge, wenn etwa 20 % Ferrit eingehalten werden [M 19]. Meist handelt es sich allerdings um Stähle mit höheren Ferritgehalten von 40 bis 50 %. Zur Verbesserung der Gefügestabilität wurden Stähle des Typs

    1.4462   X 2 CrNiMoN 22 5,

                X 5 CrNiMoCu 21 8

und mit sehr niedrigen Gehalten an Kohlenstoff und Stickstoff wie

    1.4575   X 1 CrNiMoNb 28 4 2 [W 10]

entwickelt. Weitere Stähle, die in Chemie und Petrochemie verwendet werden, sind [N 8]

    X 3 CrNiMo 25 6 2,

    X 3 CrNiMoCu 25 5 3 2,

    X 10 CrNiMoTi 21 6 2,

Beim Schweißen darf in der Wärmeeinflußzone das Verhältnis von Austenit zu Ferrit im Schweißgut nicht unter 50 % abfallen. Als Zusatzwerkstoffe kommen X 4 CrNiMoNb 25 7, X 2 CrNiMo 18 6 5 und S-NiCr 30 Fe 27 MoCu oder eine Nickelbasislegierung mit etwa 2 % Mo in Betracht. Für das WIG-Schweißen muß der Mo-Gehalt begrenzt werden, um σ-Phasenbildung bei starker Aufmischung zu vermeiden.

Eingehende Untersuchungen zum Schweißen von X 2 CrNiMoN 22 5 haben gezeigt, daß die Abkühlzeit zwischen 1200 und 800 °C über 6–10 s und der Stickstoffgehalt im Schweißgut über 0,12 % liegen sollte. Für den Schweißzusatzwerkstoff wird eine Zusammensetzung von 22 % Cr, 9 % Ni, 3 % Mo und Stickstoff vorgeschlagen [P 14]. Mindestens 0,2 % N im Schweißgut sind nötig, um eine Streckgrenze von 485 N mm^{-2} [K 28] sicherzustellen, mindestens 0,3 % N für 550 N mm^{-2}. Der gegenüber dem Grundwerkstoff erhöhte Nickelgehalt im Zusatz gewährleistet die gewünschte Festigkeit und Zähigkeit. Ein Problem kann sich dadurch ergeben, daß bei 475 °C eine den Ferrit versprödende Phase und bei 700 °C die σ-Phase ausgeschieden wird, wobei Mo beides begünstigt, während N die Ausscheidungen zu bremsen scheint [K 28]. Der erhöhte Nickelgehalt im Schweißgut hebt die Temperatur an, bei der die σ-Phase stabil ist. Und zwar steigt diese Temperatur von < 950 °C bei 5 % Ni auf > 1100 °C bei 20 % Ni [G 21]. Zur Beseitigung der unerwünschten Ausscheidungen ist bei entsprechend zusammengesetztem Schweißgut ein Glühen bei einer Temperatur >1093 °C mit anschließendem Abschrecken im Wasser erforderlich. Weder bei der Wärmebehandlung noch im Betrieb sollte die Temperatur im Bereich von 315 bis 925 °C liegen [K 28].

Bei höher legierten Duplexstählen wie dem

X 2 CrMnNiMoN 25 6 4

kann durch geeignete Legierungsmaßnahmen eine dem X 2 CrNiMoN 22 5 gegenüber bessere Schweißeignung (weniger Grobkorn) erzielt werden [P 14].

Auch Mischverbindungen mit unlegierten Stählen sind möglich [L 6, L 7]. Zur Entwicklung von Zusatzwerkstoffen für stickstofflegierte Duplex-Stähle siehe auch in [P 5]. Durch Massivaufsticken mit 0,6–0,8 % N z. B. des Stahls 1.4460 mit 26 % Cr und 5 % Ni werden diese Stähle aufgrund der austenitstabilisierenden Wirkung des Stickstoffs vollaustenitisch.

5.3.3 Stabile austenitische Stähle

Hier handelt es sich um zugleich korrosionsbeständige und hochwarmfeste Werkstoffe, z. B. des Typs 13/13-, 16/13- oder 25/20-Chrom-Nickel-Stahl.

Beim Schweißen dieser Stähle kann es im Hochtemperaturgebiet oberhalb 1250 °C, bei Langzeitbeanspruchung auch bei tieferen Temperaturen, zu Mikrorissen auf den Korngrenzen kommen. Es handelt sich dabei um Heißrisse, die auf eine verminderte Korngrenzenfestigkeit zurückzuführen sind [P 1]. Man kann sich den Vorgang etwa folgendermaßen erklären (Bild 5.5):

Erstarrt ein Stahl des Typs 18/8, so scheiden sich aus der Schmelze zunächst α-(δ-)Mischkristalle aus, die eine hohe Löslichkeit für Si, S, P, O und Nb besitzen. Die auf den Korngrenzen erstarrende Restschmelze ist dann relativ frei von Verunreinigungen. Erstarrt dagegen ein Stahl des Typs 25/20, so scheiden sich primär γ-Mischkristalle mit nur geringer Löslichkeit für die angegebenen Verunreinigungen aus, während sich die Restschmelze daran anreichert. Die Korngrenzen

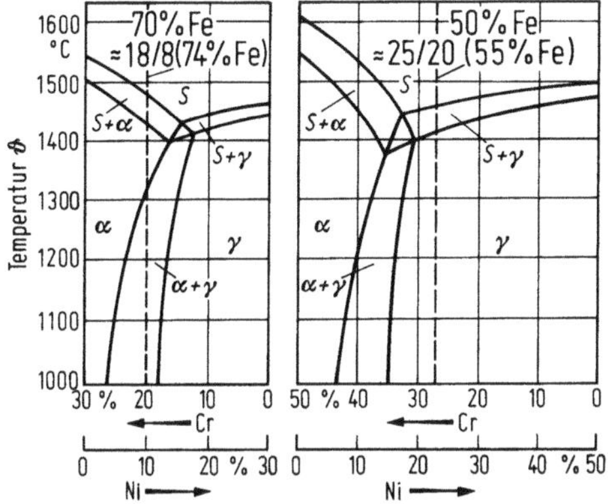

Bild 5.5. Teilbereich des Zustandsschaubildes Cr–Ni mit 70% Fe (links) und 50% Fe (rechts)

werden dann einen erhöhten Anteil an Verunreinigungen aufweisen und rißempfindlich sein. Bild 5.6 gibt im Dreistoffschaubild Fe–Cr–Ni die Bereiche mit primärer δ- bzw. γ-Kristallisation wieder und an einem Beispiel die Lage von Grundwerkstoff und Schweißgut in diesem Diagramm [O 4, P 6]. Zur Anwendung geeigneter Prüfmethoden für die Beurteilung der Heißrißanfälligkeit von austenitischem Schweißgut vgl. u. a. [P 7].

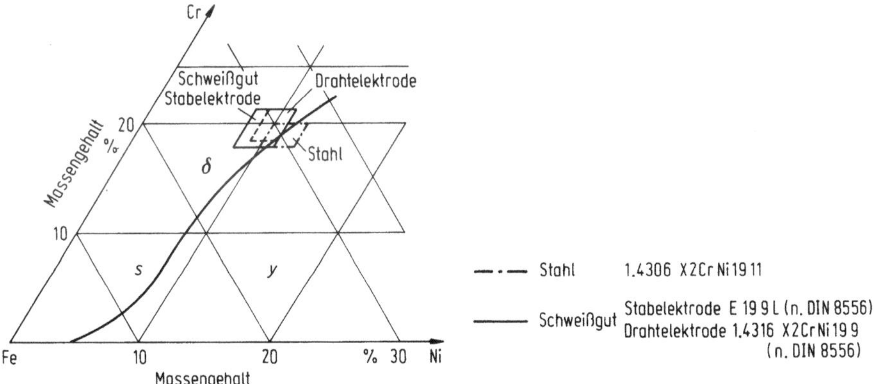

Bild 5.6. Liquidusfläche im System Fe–Cr–Ni mit Beispiel nach [P 6]

Abhilfe. Durch einen gewissen *Ferritanteil* im austenitischen Schweißgut läßt sich die Heißrißanfälligkeit verringern [T 5]. Andererseits wird durch ihn die Sigmaphasenbildung begünstigt, und die Naht wird magnetisierbar, was zuweilen unerwünscht ist.

Der Ferritgehalt (Deltaferrit) sollte oberhalb 4% liegen. Oberhalb 10% findet man neben der σ-Phase chromreichen Ferrit auf den Korngrenzen, der die Rißneigung erhöht. Wird ein aufgrund seines richtig eingestellten Ferritgehaltes heißrißunempfindlicher Zusatzwerkstoff auf Ni-reichem Grundwerkstoff oder auf entsprechend zusammengesetzter Pufferlage abgeschmolzen, kann er durch Vermischung ferritfrei und damit wieder heißrißempfindlich werden. Der Ferritgehalt kann metallographisch oder mit magnetischen Methoden bestimmt werden, wobei den letzteren unter Verwendung von Standards z. Z. der Vorzug gegeben wird (Haftkraftmessung).

Da es schwierig ist, den „wahren" Ferritgehalt anzugeben, wurde vom Welding Research Council die Verwendung von „Ferrite-Numbers" (FN) anstelle des Prozentgehaltes vorgeschlagen. Sie sind ein willkürlicher, durch Standards festgelegter Wert, der sich auf den Ferritgehalt eines entsprechend magnetischen Schweißgutes bezieht. Unter Berücksichtigung der AWS-Vorschrift „Standard Procedures for Calibrating Magnetic Instruments to Measure the Delta-Ferrite Content of Austenitic Stainless Steel Weld Metal" kann damit eine einheitliche und vergleichbare Bestimmung des Deltaferrit-Gehaltes im Schweißgut erfolgen. Bis etwa 10 % Ferrit stimmen die Ferrit-Nummern mit dem aus dem de Long-Diagramm (Bild 5.7) ermittelten Prozentgehalt fast überein [L 3, R 18, S 19, S 22]. Im Schweißgut werden Ferritzahlen FN = 4 bis 12 angestrebt.

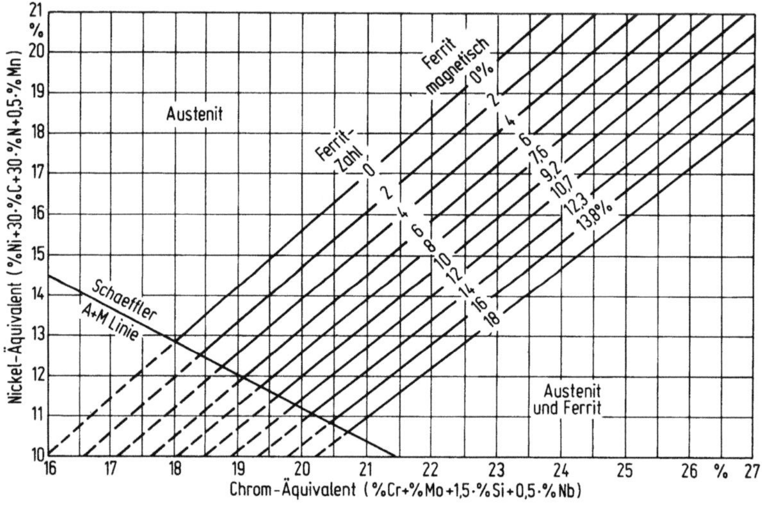

Bild 5.7. Ferrit-Nummer und de Long-Diagramm

Weitere Maßnahmen:

Sehr *reine Erschmelzung* ferritfreier Zusatzwerkstoffe und Zugabe von desoxidierend und kornverfeinernd wirkenden Bestandteilen zur Umhüllung, beispielsweise Mn, Mo, Ce und N.

Schweißgerechte Gestaltung (geringe Reaktionsspannungen) und Begrenzung der Wanddicke (geringe Eigenspannung).

Geringe Wärmezufuhr beim Schweißen, d. h. kleine Elektrodendurchmesser, schmale Raupen, gegebenenfalls Kupferunterlagen. Besonders geeignet sind deshalb das Elektronenstrahl- und Laserstrahlschweißen [G 14].

Einige Stahlgüten des stabil austenitischen Typs sind in Tabelle 5.2, Zusatzwerkstoffe in DIN 8 556 zu finden.

Molybdänhaltige vollaustenitische Stähle müssen mit Zusätzen geschweißt werden, die ein ferritfreies Schweißgut ergeben, weil molybdänhaltiger Ferrit in bestimmten Medien nicht korrosionsbeständig ist. Für die chemische Industrie wurden Stähle mit niedrigem C-Gehalt entwickelt, die neben 2 bis 5% Mo einen N-Gehalt von 0,10 bis 0,16% enthalten [G 11]. Für den Einsatz in aggressiven nicht oxidierenden Medien wird außerdem 1 bis 3% Cu zulegiert [H 16]. Tabelle 5.7 enthält einige dieser Stähle.

Tabelle 5.7. Vollaustenitische, molybdänhaltige Stähle mit hoher Korrosionsbeständigkeit

Nr.	Kurzname	Werkstoff-Nr.
1	X 2 CrNiMo 18 14 3	1.4435
2	X 2 CrNiMoN 17 13 5	1.4439
3	X 2 CrNiMo 18 16 4	1.4438
4	X 2 CrNiMoCu 20 25 4 2	
5	X 3 CrNiMoCu 18 16 5	
6	X 2 CrNiMoN 25 25 2	1.4465
7	X 2 CrNiMoN 25 22 2	
8	X 5 CrNiMoCuNb 20 18	
9	X 2 CrNiSi 18 15	
10	X 4 CrNiMnMoN 19 16 5	

Stahl Nr. 2 weist gegenüber Nr. 1 einen erhöhten Widerstand gegen Lochfraß in aggressiveren Cl⁻-haltigen Medien auf, Stahl Nr. 3 wird für Harnstoffanlagen und in der pharmazeutischen Industrie eingesetzt. Für alle drei Stähle hat sich ein vollaustenitisches Schweißgut des Typs X 2 CrNiMo 18 4 5 für das Metall-Lichtbogenschweißen als geeignet erwiesen.

Gute Korrosionsbeständigkeit gegenüber Phosphorsäure und Schwefelsäure zeigen die Stähle Nr. 4 und 5, die mit Cu legiert sind. Empfohlen werden Elektroden, die ein dem Stahl Nr. 4 entsprechendes Schweißgut liefern, bei P- und S-Gehalten unter 0,015%.

Die Stähle Nr. 6 und Nr. 7 wurden für die Harnstoff- und Nitratindustrie entwickelt. Das Schweißgut sollte in seiner Zusammensetzung dem Stahl Nr. 6 entsprechen.

Für Stahl Nr. 8, für Korrosionsbeständigkeit gegenüber Schwefelsäure entwickelt, wird der Zusatzwerkstoff S-NiCr 30 Fe 27 MoCu empfohlen, der auch für andere Stähle dieser Gruppe eingesetzt werden kann.

Stahl Nr. 9 wurde für den Einsatz in hochkonzentrierter Salpetersäure konzipiert. Geschweißt wird mit niedrigem Wärmeeinbringen unter Verwendung eines Zusatzwerkstoffes mit etwa 8% Ferrit im Schweißgut. Stahl Nr. 10 läßt sich durch MAG-Impulsschweißen verbinden [G 13].

Einige stabil austenitische hitzebeständige Stähle sind in Tab. 5.8 zusammengestellt. Hinsichtlich des Schweißens ergeben sich keine weiteren neuen Gesichtspunkte. Nichtmagnetische vollaustenitische Stähle für den Schiffbau, z. B. für Minenräumboote, etwa des Typs 20 Cr/16 Ni/6 Mn/3 Mo/0,2 N lassen sich rißfrei und ohne Delta-Ferrit im Schweißgut schweißen [D 28].

Tabelle 5.8. Vollaustenitische hitzebeständige Stähle mit Grenztemperaturen für die Zunderbeständigkeit an Luft

Werkstoff		Chemische Zusammensetzung						Zunderbeständigkeit an Luft
Kurzname	Nr.	% C max.	% Al	% Cr	% Ni	% Si	% Sonstiges	bis
X 15 CrNiSi 20 12	1.4828	0,20		20,0	12,0	2,0		1000 °C
X 12 CrNi 25 21	1.4845	0,15		25,0	20,5	0,5		1100 °C
X 15 CrNiSi 25 20	1.4841	0,20		25,0	20,5	2,6		1150 °C
X 10 NiCrAlTi 32 20	1.4876	0,12	0,3	21,0	32,0	0,5	0,4 Ti	1100 °C

5.4 Martensitische Stähle

Hochwarmfeste Vergütungsstähle mit 12 % Chrom des Typs

X 22 CrMoV 12 1	Werkstoff-Nr. 1.4923,
X 11 CrNiMo 12	Werkstoff-Nr. 1.4938,
X 19 CrMoVNb 11 1	Werkstoff-Nr. 1.4913.

werden vor allem im Kraftwerks-, Turbinen- und Triebwerksbau verwendet. Die Warmfestigkeitseigenschaften dieser 12 %-Chromstähle wird durch Mo, V, W, Nb und B bestimmt, die mit C und N während des Anlassens Sonderkarbide bilden.

Von besonderem Interesse ist der erstgenannte Stahl 1.4923. Es handelt sich dabei um einen martensitischen, hochlegierten Stahl, der vorwiegend in konventionellen Kraftwerken für Überhitzerrohre, Frischdampfleitungen und ähnliche warmlaufende Bauteile eingesetzt wird [S 24]. Der X 20 CrMoV 12 1 ermöglicht dünnwandigere Konstruktionen als die warmfesten, niedriglegierten Stähle. Er kann als Bindeglied zwischen den ferritisch-bainitischen und den hochlegierten austenitischen Stählen angesehen werden. Als Voraussetzung für sein gutes Standzeitverhalten ist die vollmartensitische Gefügestruktur mit feindispersiv ausgeschiedenen Cr–Mo–Mischkarbiden $M_{23}C_6$ anzusehen. Beim Schweißen dieses Stahls ist eine der Umwandlungscharakteristik entsprechende Wärmevor- bzw. Nachbehandlung erforderlich, vgl. hierzu das isotherme ZTU-Diagramm in Bild 5.8. Insbesondere im Hinblick auf die gewünschten Zähigkeitseigenschaften ist eine sehr sorgfältige Temperaturführung einzuhalten. Untersuchungen haben gezeigt, daß die Martensitumwandlung bei etwa 250 °C beginnt und erst bei Raumtemperatur beendet ist. Der infolge dieser Umwandlung auftretende spröde Gefügezustand muß durch eine Wärmenachbehandlung bei 720 bis 780 °C beseitigt werden. Dabei geht die anfangs hohe Härte von > 500 HV 10 auf ein normales Niveau von etwa 300 HV 10 zurück. Für das Schweißen gibt es zwei Möglichkeiten, nämlich austenitisches Schweißen mit einer Arbeitstemperatur oberhalb des Martensitpunktes oder martensitisches Schweißen unterhalb des Martensitpunktes.

Beim austenitischen Schweißen mit artgleichem Zusatz [K 17, M 21, S 25] wird bei kleinen Wanddicken (< 8 mm) auf 200–250 °C, bei größeren auf 350 bis

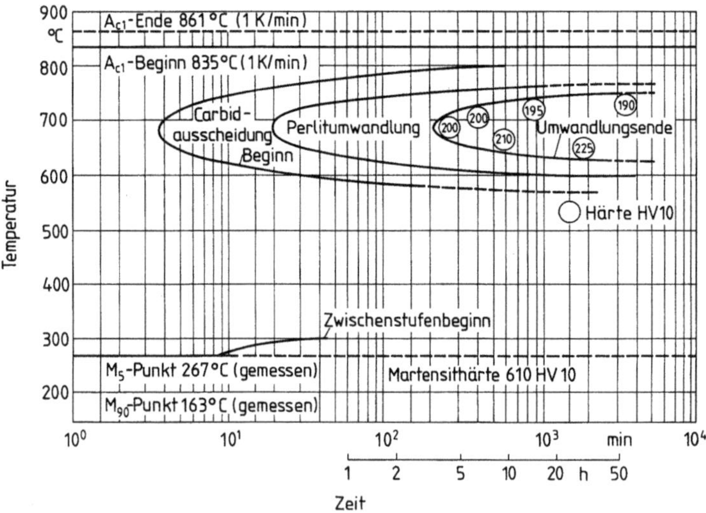

Bild 5.8. Isothermes ZTU-Schaubild des martensitischen Stahls X20 CrMoV 12 1

400 °C vorgewärmt. Die Zwischenlagentemperatur soll 450 °C nicht übersteigen. Anschließend wird bis unterhalb des Martensitpunktes abgekühlt (100 bis 150 °C) und dort etwa 2 Stunden gehalten, wobei sich das martensitische Gefüge ausbildet. Dies ist wichtig, weil etwa noch vorhandener Restaustenit sich beim nachfolgenden Anlassen in spröden Martensit umwandelt bzw. unter Ausscheidung von Karbiden zerfällt, was die Zähigkeit herabsetzt. Einen typischen Verlauf der Wärmeführung zeigt Bild 5.9 [S 25].

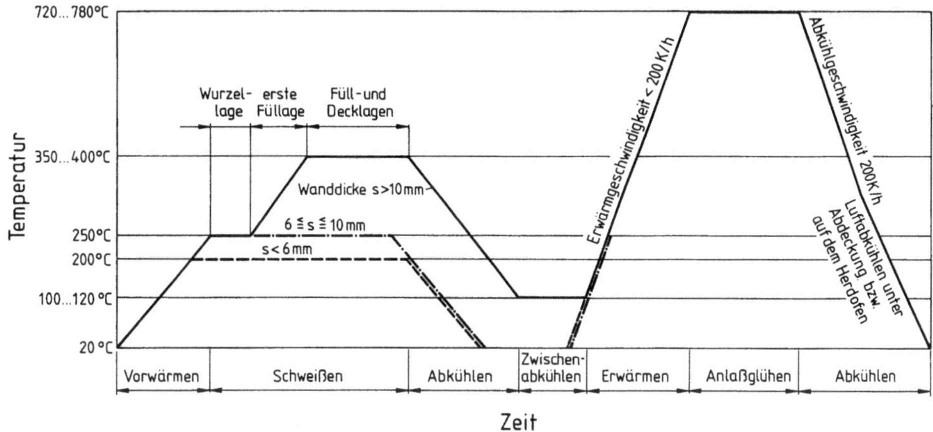

Bild 5.9. Wärmeführung beim austenitischen Schweißen eines X20 CrMoV 12 1 [S 25]

Beim martensitischen Schweißen, das vorzugsweise für dickwandige Teile oberhalb 100 mm angewendet wird, wandelt sich ein Teil des Austenits bereits während des Schweißens in Martensit um. Durch die nachfolgenden Lagen wird dieser spröde Martensit in angelassenen überführt, so daß ein Teil des Schweißguts eine höhere Zähigkeit aufweist und sich beim Zwischenabkühlen geringere Gefügeumwandlungsspannungen ergeben. Der Restaustenitgehalt wird verringert und das Zwischenabkühlen kann bis unterhalb 80 °C, evtl. sogar bis auf Raumtemperatur, erfolgen [S 26]. Zum Elektronenstrahlschweißen des X 20 CrMoV 12 1 siehe auch [D 29].

Die Zähigkeit der martensitischen Struktur und die Kaltrißsicherheit martensitischer Stähle läßt sich durch Absenken des Kohlenstoffgehalts und durch ein weitgehend deltaferritfreies Gefüge durch Legieren mit 4–6 % Nickel erzielen. Auf diese Weise gelangt man zu den sogenannten weichmartensitischen Stählen [F 6]. Tabelle 5.8 enthält Richtwerte für deren chemische Zusammensetzung. Angewendet werden diese Stähle z. B. für Pumpen, Verdichter, Wasserturbinen, Guß- und Schmiedeteile [T 7].

Tabelle 5.9. Weichmartensitische Stähle einschließlich aushärtbarer Sorten nach [B 19]

Stahlsorte	$C_{max.}$	Cr	Mo %	Ni	Cu	Nb
X 5 CrNi 13 1	0,05	13	0–0,4	1–2		
X 5 CrNi 13 4	0,05	13	0,4	4		
X 5 CrNiMo 13 4 1	0,05	13	1,5	4		
X 5 CrNi 13 6	0,05	13	0,4	6		
X 5 CrNiMo 13 6 1	0,05	13	1,5	6		
X 5 CrNi 16 6	0,05	16		6		
X 5 CrNiMo 16 5 1	0,05	16	1,5	5		
X 5 CrNi 17 4	0,05	17		4		
X 5 CrNiMo 17 4 1	0,05	17	1,5	4		
X 5 CrNiMoCu 14 5 1	0,05	14	1,5	5	1,5	0,2
X 5 CrNiCuNb 17 4 3	0,05	17		4	3	0,3

Alle nichtaushärtbaren weichmartensitischen Stähle sind gut schweißbar, vgl. [F 6], wenn man auf niedrigste Wasserstoffgehalte achtet. Geeignete Zusatzwerkstoffe wurden entwickelt [T 7]. Die ausscheidungshärtbaren weichmartensitischen Stähle werden selten geschweißt, weil zur Erzielung der durch das Aushärten erhaltenen mechanisch-technologischen Eigenschaften auch in der Schweißverbindung zuweilen eine vollständige Wärmebehandlung der geschweißten Bauteile erforderlich ist mit Lösungsglühen, Abschrecken und Anlassen, was meist nicht praktikabel ist (begrenzte Ofengröße, Verzug, Kosten usw.).

5.5 Aushärtbare Stähle

Eine Reihe von Legierungselementen wie Al, Ti, Mo u. a. in hochlegierten Stählen führen zu einer Festigkeitssteigerung durch Ausscheidungshärtung. Besonders interessant ist hier die zu den ultrafesten schweißbaren Baustählen gehörende

Gruppe der martensitaushärtenden Stähle [N 4, S 23, Z 4]. Sie enthalten vor allem Nickel, Kobalt und Molybdän, wie z. B. der 18/7/5-Ni/Co/Mo-Stahl, wodurch sichergestellt ist, daß sich beim Abkühlen nach einer Austenitisierung in jedem Falle, d. h. unabhängig von der Abkühlgeschwindigkeit, ein vollständig martensitisches Gefüge bildet. Da der Kohlenstoffgehalt höchstens 0,03 % beträgt, ist dieser Martensit (Nickelmartensit) relativ weich bei guten Zähigkeitseigenschaften. Durch eine anschließende Anlaßbehandlung bei niedrigen Temperaturen (480 °C) scheiden sich aus dem martensitischen Grundgefüge intermetallische Phasen aus, die zu einer Verspannung des Martensitgitters und damit zu einer Aushärtung führen (Tab. 5.10). Dehnung und Kerbschlagzähigkeit sinken dabei kaum.

Tabelle 5.10. Beispiele für martensitaushärtende Stähle [B 16]

Bezeichnung	Werkstoff-Nr.	Zusammensetzung in %					$R_{p0,2}$ N/mm²
		Co	Cr	Mo	Ni	Ti	
X 2 NiCoMo 18 8 5	1.6359	8	–	4,8	18	0,5	1 650
X 2 NiCoMo 18 12	1.6355	12	–	5,2	18	1,0	2 200
–	–	15	–	10	13	0,2	2 700
X 1 CrNiCoMo 13 8 5	1.6960	5	12	2	8	0,8	1 500
X 2 CrNiCoMo 12 8 5	1.6980	5	11,5	2	8	1,1	1 650

Geschweißt wird mit etwa artgleichem Zusatz [W 12], wobei die Festigkeit in der WEZ (Bereich, der auf etwa 650 °C erwärmt wurde) um etwa 6 % absinkt. Versprödungserscheinungen werden nicht beobachtet. In diesem Bereich bildet sich teilweise stabiler Austenit, der auch bei der nachfolgenden Abkühlung nicht wieder in Martensit umwandelt und infolgedessen auch nicht aushärtet. Hierauf ist die geringfügige Festigkeitseinbuße zurückzuführen. Es besteht die Möglichkeit, im lösungsgeglühten Zustand zu schweißen und anschließend auszuhärten.

Eine erhöhte Wasserstoffaufnahme ist zu vermeiden, weil die martensitaushärtenden Stähle größere Mengen an Wasserstoff lösen, dabei jedoch verspröden. Dies ist insbesondere dann von Bedeutung, wenn die Stähle galvanisiert werden sollen (sie sind nicht korrosionsbeständig). Die Oberflächen sollten dann nicht durch Beizen vorbehandelt, sondern anodisch in Schwefelsäure geätzt werden. Dabei wird kein Wasserstoff entwickelt. Nach dieser Vorbehandlung lassen sich die Stähle einwandfrei vernickeln oder cadmieren.

Über das Elektronenstrahlschweißen und eine geeignete Wärmebehandlung von weiteren Stählen des bereits genannten Typs, nämlich

X 2 NiCoMo 18 12 4,

X 2 NiCoMo 13 15 10,

X 2 NiCoMoW 18 12 2 3

wird in [K 19, K 20] berichtet.

5.6 Austenitformgehärtete, höchstfeste Stähle

Unter den verschiedenen thermomechanischen Behandlungen von Stahl gilt das Austenitformhärten als besonders aussichtsreich, höchste Festigkeit bei brauchbaren Zähigkeiten zu erzielen. Der Verfahrensablauf ist [F 7] für das Beispiel eines X 41 CrMoV 5 1 zu entnehmen. Nach dem Austenitisieren wird in das Gebiet des metastabilen Austenits abgekühlt und dort isotherm mit einem Umformgrad von mindestens 50 % verformt. Beim anschließenden Abkühlen wandelt sich der verformte Austenit im Regelfall in Martensit, bei isothermischer Umwandlung in Bainit um. Ursache für die dabei erzielte hohe Zugfestigkeit von z. B. $R_m = 2800$ N/mm^2 bei einer Dehnung von $A_5 = 7\%$ ist eine hohe Versetzungsdichte, die sich vom unterhalb der Rekristallisationstemperatur verformten Austenit auf den Martensit vererbt, eine große Anzahl von Punkt- und Stapelfehlern und die Ausbildung einer Substruktur im Martensit.

Die meisten Erfahrungen, u. a. aus der Luftfahrt, liegen für den X 41 CrMoV 5 1 vor. Das Verfahren ist jedoch grundsätzlich auch für niedriglegierte Stähle wie etwa den 32 CrMo 12 einsetzbar. Der Stahl X 41 CrMoV 5 1 (Werkstoff-Nr. 1.7 783/1.7 784) ist eigentlich ein Warmarbeitsstahl, dessen Festigkeit durch normales Vergüten und Anlassen auf 500 °C etwa 2000 N/mm^2 beträgt. Sie läßt sich durch Austenitformhärten (AFH) wesentlich steigern [S 27]. Zum Schweißen dieser Stähle, die meist in geringer Wanddicke unter 2 mm vorliegen, werden mechanisierte Verfahren mit hoher Energieflußdichte eingesetzt wie das Elektronenstrahl-, Laserstrahl- und Wolframplasmaschweißen. Nach [F 8] wurden beim Elektronenstrahlschweißen 1,5 mm dicker Bleche mit einer Schweißgeschwindigkeit von 1,2 m/min und beim Plasmaschweißen mit 0,36 m/min fehlerfreie Verbindungen hergestellt, wobei auf ein Vorwärmen verzichtet werden konnte. Durch eine Wärmenachbehandlung (2 × 500 °C 1 h) läßt sich die Zähigkeit der WEZ verbessern. Die verbesserte Zähigkeit ist bei dynamischer Beanspruchung der Verbindungen unbedingt erforderlich.

5.7 Kaltzähe Tieftemperaturstähle

Die niedriglegierten kaltzähen Stähle wurden bereits im Abschnitt 4.8.7 behandelt. Die Temperaturbereiche, in denen die unlegierten, niedrig- und hochlegierten Stähle verwendet werden können, sind aus Bild 5.10 zu ersehen. Hier sollen der 9 % Ni-Stahl und die austenitischen Mn/Cr- bzw. Cr/Ni-Stähle näher betrachtet werden.

Der 9 % Ni-Stähl (X 8 Ni 9, $R_{p0,2} = 500$ N mm^{-2}, $R_m = 600$ bis 800 N mm^{-2}, $A_5 = 17\%$) weist nach entsprechender Wärmebehandlung (Wasservergütung bei 800 °C mit anschließendem Anlassen auf 570 °C oder doppelte Normalglühung bei 900 und 790 °C mit anschließendem Anlassen auf 570 °C) ein Gefüge auf, das vorwiegend aus niedriggekohltem, verhältnismäßig weichen, angelassenen Martensit und Bainit besteht. Außerdem wird die Zähigkeit stark von geringen

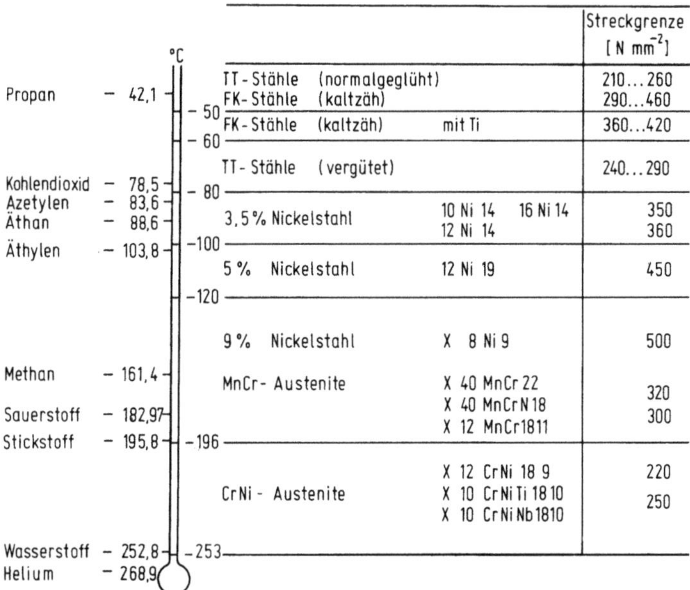

Bild 5.10. Einsatzbereiche von Tieftemperaturstählen [E 4]

Mengen Austenit bestimmt, der sich während der Anlaßbehandlung neu bildet und auch bei tiefen Temperaturen stabil bleibt. Das Schweißen, insbesondere das Lichtbogenschweißen mit umhüllten Stabelektroden, bereitet keine Schwierigkeiten. Es wird nicht vorgewärmt, um die WEZ schmal und die Verweilzeiten bei höherer Temperatur kurz zu halten. Andernfalls kommt es zu unerwünschter Austenitbildung. Aus dem gleichen Grund ist ein kleiner Elektrodendurchmesser und die Strichraupentechnik zu bevorzugen [E 4]. Als Zusatz dienen vorzugsweise austenitische bzw. Nickelbasiswerkstoffe gemäß Tabelle 5.11 [H 18].

Das Metallschutzgasschweißen mit hochargonhaltigem Mischgas (98 % Ar, 2 % O_2) in senkrechter Position kann ebenfalls eingesetzt werden [E 7], für größere Wanddicken das Unterpulverschweißen [B 17].

Artgleicher ferritischer Zusatzwerkstoff wird selten eingesetzt. Mittels des MSG-Impulslichtbogenschweißens wurden jedoch auch bei Verwendung eines artgleichen, ferritischen Zusatzes gute Ergebnisse erzielt, wobei sich ein Schutzgasgemisch aus 50 % Ar und 50 % He bewährt hat [E 8]. Vorteilhaft sind dabei die geringeren Zusatzwerkstoffkosten und der gleiche Wärmeausdehnungskoeffizient von Grund- und Zusatzwerkstoff, verbunden mit einer geringeren Heißrißgefahr.

Tabelle 5.11. Zusatzwerkstoffe für das Schweißen von 9 % Ni-Stahl

Bezeichnung	Werkstoff-Nr.	R_m N/mm²	$R_{p0,2}$ N/mm²	A_5 %
S-NiCr 20 Nb	2.4806	550	370	30
SG-X 20 CrNiMnW 17 13	–	590 bis 740	440	30
SG-X 2 CrNiMnMoN 19 15	1.4455	640 bis 690	450	35

9% Ni-Stähle können mit üblichen Brennschneidgeräten ohne Vorwärmung brenngeschnitten werden. Wird das Brennschneiden zur Nahtvorbereitung benutzt, sind die Nahtflanken durch leichtes Schleifen von Oxiden zu befreien. Schwierigkeiten kann beim Schweißen der höher Ni-legierten Stähle der Einfluß des Restmagnetismus bereiten. Durch Blaswirkung kann der Lichtbogen so stark abgelenkt werden, daß ein sachgemäßes Schweißen verhindert wird. Die verwendeten Bleche sollten daher nach der letzten Wärmebehandlung auf Feldstärken unter 1,6 kA/m (20 Oe) entmagnetisiert werden. Beim Schweißen mit Gleichstrom kann der Werkstoff schon durch die stromführenden Schweißkabel magnetisiert werden. Geeignete Maßnahmen gegen Blaswirkung sind das Schweißen mit Wechselstrom oder WIG, das Anbringen von Gegenpolen, das Aufsetzen von Permanentmagneten.

Zum Schweißen der höher mit Nickel, teilweise auch mit Co, Mo bzw. mit Ti legierten Stähle siehe [S 29, W 13].

Die austenitischen Manganstähle

X 40 MnCr 22,

X 40 MnCrN 18,

X 12 MnCr 18 11

sind bei einwandfreiem Gefügezustand in geschweißten Konstruktionen bis zu $-196\,°C$ einsetzbar. Sie können mit 70% Ni- oder 25/20/6 CrNiMn-Stabelektroden geschweißt werden.

Die austenitischen Chromnickelstähle (vgl. Tab. 5.6)

X 5 CrNi 18 9,

X 10 CrNiTi 18 9,

X 10 CrNiNb 18 9

sind bereits als korrosionsbeständige Stähle bekannt (vgl. Abschn. 5.3). Sie sind metastabil austenitisch, d.h. bei längerer Einwirkung tiefer Temperaturen oder bei plastischer Verformung kann der Austenit in die Martensitphase umklappen und damit versprۆ...

damit verspröden. Dies ist besonders bei Mo-legierten und Nb-legierten Stählen der Fall. Da bei Tieftemperaturbeanspruchung im allgemeinen nicht gleichzeitig Korrosionsbeanspruchung auftritt, sind daher als Zusatzwerkstoffe die unstabilisierten austenitischen 18/8-Chrom-Nickel-Stähle zu empfehlen.

5.8 Warmarbeitsstähle

Hochlegierte Warmarbeitsstähle gemäß Tabelle 5.12 werden für thermisch beanspruchte Werkzeuge wie Schmiedegesenke, Kunststoff- oder Druckgußformen eingesetzt. Sie werden meist im weichgeglühten Zustand angeliefert und nach der Bearbeitung vergütet [B 18]. Infolge ihres hohen Kohlenstoffgehalts in Verbindung mit ihrem Chromgehalt sind sie Lufthärter, was beim Schweißen entsprechend zu berücksichtigen ist. Verbindungsschweißungen kommen kaum vor, Auftragschweißungen dagegen spielen sowohl bei der Neufertigung als auch bei der Reparatur eine wichtige Rolle.

Zur Standmengenerhöhung von Schmiedegesenken stehen verschiedene schweißtechnische Möglichkeiten zur Auswahl. Beim Füllschweißen wird mit artgleichem Zusatz gearbeitet. Geschweißt wird entweder oberhalb der Martensitbildungstemperatur mit einer Arbeitstemperatur von 500 °C, verbunden mit anschließendem Abschrecken in Öl und zweimaligem Anlassen bei 550 °C, oder unterhalb der Martensitbildungstemperatur bei 200 °C Arbeitstemperatur. In diesem Fall braucht nicht angelassen zu werden. Allerdings ist die Zähigkeit bei Raumtemperatur gering, so daß beim Schmieden mit so reparierten Werkzeugen auf eine Werkzeuggrundtemperatur von mindestens 300 °C geachtet werden muß.

Für das partielle Panzern oder auch für das ganzheitliche Auftragen einer Schicht mit hohem Verschleißwiderstand bei noch guter Rißsicherheit unter Temperaturwechselbeanspruchung haben sich Kobaltbasislegierungen als geeignet erwiesen, die durch Metallichtbogenschweißen von Hand oder durch Schutzgasschweißen aufgebracht werden können. Am günstigsten verhielt sich in entsprechenden Untersuchungen Stellit 21 mit etwa 0,25 % C, 1 % Si, 1 % Mn, 27 % Cr, 5 % Mo, 3 % Ni, 1 % Fe, Rest Co bei einer Schichtdicke von 1 mm. Die Standmenge der Schmiedegesenke ließ sich damit um etwa den Faktor 4 erhöhen [R 19, S 28].

Tabelle 5.12. Übliche hochlegierte Warmarbeitsstähle mit Richtanalysen

Stahlsorte	W.-Nr.	C	Si	Mn	Cr	Mo	V	W	Co
					%				
X 38 CrMoV 5 1	1.2343	0,40	1,0	0,3	5,0	1,3	0,5	–	–
X 40 CrMoV 5 1	1.2344	0,40	1,0	0,3	5,2	1,3	1,0	–	–
X 32 CrMoV 3 3	1.2365	0,30	0,3	0,3	3,0	2,8	0,5	–	–
X 40 CrMoV 5 3	1.2367	0,40	0,3	0,3	5,0	3,0	0,5	–	–
X 30 WCrV 9 3	1.2581	0,30	0,2	0,3	2,6	–	0,4	8,5	–
X 32 CrMoCoV 3 3 3	1.2885	0,32	0,3	0,3	3,0	2,8	0,5	–	3,0

5.9 Schweißverfahren für hochlegierte Stähle

5.9.1 Metallichtbogenschweißen mit Stabelektrode

Das Verfahren wird weitgehend eingesetzt, die Elektroden sind titansauer oder basisch (bei dickwandigen Konstruktionen) umhüllt.

Tabelle 5.13. Wärmeleitfähigkeit unlegierter und hochlegierter Stähle

Stahl	Wärmeleitfähigkeit bei 20 °C $W\,m^{-1}\,K^{-1}$
Unlegiert	52,5
Hochlegiert ferritisch	30
Hochlegiert austenitisch	14,5 bis 18,5

5.9.2 Schutzgasschweißen

Je nach Wanddicken kommen Wolfram-Inertgas-Schweißen (WIG) oder Metall-Inertgas-Schweißen (MIG) in Betracht.

Tabelle 5.14. Zusammensetzung der hochlegierten Stähle für Schweißzusatzwerkstoffe

Stahlsorte		C	Si	Mn	P	S
Kurzname	Werk-stoff-Nr.	%	%	%	%	%
Warmfeste Stähle						
X 10 CrMo 6 1	1.7376	0,05 bis 0,15	0,20 bis 0,60	0,40 bis 0,70	0,020	0,020
X 11 CrMo 6 1	1.7374	0,08 bis 0,15	0,20 bis 0,40	0,40 bis 0,70	0,020	0,020
X 7 CrMo 10 1	1.7388	$\leq$ 0,10	0,30 bis 0,80	0,40 bis 0,70	0,020	0,020
X 8 CrMo 10 1	1.7387	$\leq$ 0,10	0,30 bis 0,50[b]	0,40 bis 0,70	0,020	0,020
X 24 CrMoV 12 1	1.4936	0,20 bis 0,28	0,05 bis 0,40	0,40 bis 2,0	0,025	0,025
Kaltzähe Stähle						
X 15 CrNiMn 18 8	1.4370	$\leq$ 0,20	$\leq$ 1,5	5,5 bis 7,5	0,035	0,020
X 2 CrNiMnMoN 20 16	1.4455	$\leq$ 0,03	$\leq$ 1,5	6,0 bis 9,0	0,035	0,020
X 5 CrNi 19 9	1.4302	$\leq$ 0,06	$\leq$ 1,5	$\leq$ 2,0	0,025	0,020
X 5 CrNiNb 19 9	1.4551	$\leq$ 0,07	$\leq$ 2,0	$\leq$ 2,0	0,025	0,020
X 12 CrNi 25 20	1.4842	$\leq$ 0,15	$\leq$ 1,5	1,0 bis 2,5	0,025	0,020
S–NiCr 20 Nb	2.4806	$\leq$ 0,1	$\leq$ 0,5	2,5 bis 3,5		
Nichtrostende Stähle						
X 8 Cr 14	1.4009	$\leq$ 0,10	$\leq$ 0,75	$\leq$ 1,5	0,030	0,030
X 8 Cr 18	1.4015	$\leq$ 0,10	$\leq$ 1,5	$\leq$ 1,5	0,030	0,030
X 8 CrTi 18	1.4502	$\leq$ 0,10	$\leq$ 1,5	$\leq$ 1,5	0,030	0,030
X 8 CrNb 18	1.4518	$\leq$ 0,10	$\leq$ 1,5	$\leq$ 1,5	0,030	0,030
X 20 CrMo 17 1	1.4115	0,15 bis 0,25	$\leq$ 1,5	$\leq$ 1,5	0,030	0,030
X 3 CrNi 13 4	1.4351	$\leq$ 0,04	0,20 bis 0,60	0,50 bis 0,80	0,040	0,025
X 5 CrNi 19 9	1.4302	$\leq$ 0,06	$\leq$ 1,5	$\leq$ 2,0	0,025	0,020
X 2 CrNi 19 9	1.4316	$\leq$ 0,025	$\leq$ 1,5	$\leq$ 2,0	0,025	0,020
X 5 CrNiNb 19 9	1.4551	$\leq$ 0,07	$\leq$ 2,0	$\leq$ 2,0	0,025	0,020
X 2 CrNiMo 18 14	1.4433	$\leq$ 0,025	$\leq$ 1,5	$\leq$ 2,0	0,025	0,025
X 5 CrNiMo 19 11	1.4403	$\leq$ 0,06	$\leq$ 1,5	$\leq$ 2,0	0,025	0,020
X 2 CrNiMo 19 12	1.4430	$\leq$ 0,025	$\leq$ 1,5	$\leq$ 2,0	0,025	0,020
X 5 CrNiMoNb 19 12	1.4576	$\leq$ 0,07	$\leq$ 2,0	$\leq$ 2,0	0,025	0,020
X 5 CrNiMo 18 13	1.4447	$\leq$ 0,06	$\leq$ 1,5	$\leq$ 2,0	0,025	0,020
X 2 CrNiMo 18 16	1.4438	$\leq$ 0,025	$\leq$ 1,0	$\leq$ 2,0	0,025	0,020
X 6 NiCrMoCuNb 20 18	1.4507	$\leq$ 0,07	$\leq$ 1,5	$\leq$ 2,0	0,025	0,020
X 5 CrNiMoNb 25 25	1.4587	$\leq$ 0,07	$\leq$ 1,5	$\leq$ 1,5	0,025	0,020
X 2 CrNiMo 19 14	1.4432	$\leq$ 0,025	$\leq$ 1,0	$\leq$ 2,0	0,025	0,020
X 2 CrNi 21 10	1.4331	$\leq$ 0,025	$\leq$ 1,0	$\leq$ 2,0	0,025	0,025
X 2 CrNiNb 21 10	1.4555	$\leq$ 0,025	$\leq$ 1,0	$\leq$ 2,0	0,025	0,025
X 2 CrNiNb 24 12	1.4556	$\leq$ 0,025	$\leq$ 1,0	$\leq$ 2,0	0,025	0,025
X 2 CrNi 24 12	1.4332	$\leq$ 0,025	$\leq$ 1,0	$\leq$ 2,0	0,025	0,025

5.9.3 UP-Schweißen

In Deutschland wird das Verfahren für das Verbindungsschweißen hochlegierter Stähle in zunehmendem Maße angewendet. Es ist üblich für das Auftragschweißen, auch mit Bandelektroden.

Cr %	Mo %	Ni %	Sonstiges %	Anwendbar f. Schweißverfahren (Beispiel)[a]	Angaben über die Verwendung der Stähle in DIN
5,5 bis 6,5	0,50 bis 0,80			G, SG, UP	
5,5 bis 6,5	0,50 bis 0,80		$\leq$ 0,20 Cu	UP	8 575
8,5 bis 10,0	0,90 bis 1,1		$\leq$ 0,20 Cu	SG	8 575
9,0 bis 10,0	0,90 bis 1,1		0,25 bis 0,40 V	E	
11,0 bis 13,0	0,80 bis 1,2	$\leq$ 1,0	(0,40 bis 0,70 W)	E, SG, UP	8 575
17,0 bis 20,0		7,5 bis 9,5		SG, UP	8 556
17,0 bis 22,0	2,5 bis 3,5	14,0 bis 17,0	0,12 bis 0,20 N	E, SG, UP	
18,0 bis 20,0		8,5 bis 10,5		E, SG, UP	8 556
18,0 bis 20,0		8,0 bis 10,0	Nb $\geq$ 12 × % C[c]	E, SG, UP	8 556
24,0 bis 27,0		19,0 bis 22,0		E, SG, UP	8 556
18,0 bis 22,0		$\geq$ 67,0	2,0 bis 3,0 Nb	E, SG, UP	1 736
13,5 bis 15,5				E, SG, UP	8 556
16,5 bis 18,5				E, SG, UP	
16,5 bis 18,5		($\leq$ 1,0)	0,4 bis 0,7 Ti	E, SG, UP	8 556
16,0 bis 18,0			Nb $\geq$ 12 × % C[c]	E, SG, UP	8 556
16,5 bis 18,5	1,0 bis 1,5			E, SG, UP	8 556
12,5 bis 15,0	$\leq$ 1,0	3,0 bis 5,0		E, SG, UP	8 556
18,0 bis 20,0		8,5 bis 10,5		E, SG, UP	8 556
18,0 bis 21,0		9,0 bis 11,0		E, SG, UP	8 556
18,0 bis 20,0		8,0 bis 10,0	Nb $\geq$ 12 × % C[c]	E, SG, UP	8 556
17,0 bis 19,0	2,5 bis 3,5	13,0 bis 16,0		E, SG, UP	8 556
18,0 bis 20,0	2,5 bis 3,0	10,0 bis 12,0		E, SG, UP	8 556
17,0 bis 19,0	2,5 bis 3,0	10,0 bis 13,0		E, SG, UP	8 556
18,0 bis 20,0	2,5 bis 3,0	10,0 bis 13,0	Nb $\geq$ 12 × % C[c]	E, SG, UP	8 556
17,0 bis 19,0	4,0 bis 5,0	12,5 bis 15,5		E, SG, UP	8 556
17,0 bis 19,0	3,0 bis 4,0	15,0 bis 17,0		E, SG, UP	
17,5 bis 20,0	2,0 bis 2,5	20,0 bis 22,0	Nb $\geq$ 12 × % C[c] 1,8 bis 2,2 Cu	E, SG, UP	8 556
25,0 bis 27,0	2,0 bis 2,5	24,0 bis 26,0	Nb $\geq$ 12 × % C[c]	E, SG, UP	8 556
17,5 bis 19,5	2,5 bis 3,0	13,5 bis 15,0		E, SG, UP	
20,0 bis 22,0		9,5 bis 11,5		E, SG, UP	
20,0 bis 22,0		9,5 bis 11,5	0,60 bis 0,90 Nb	E, SG, UP	8 556
23,0 bis 25,0		11,0 bis 13,0	0,60 bis 0,90 Nb	E, SG, UP	8 556
23,0 bis 25,0		11,0 bis 13,0		E, SG, UP	8 556

Tabelle 5.14. (Fortsetzung)

Stahlsorte		C % höchstens	Si %	Mn %	P %	S %
Kurzname	Werk- stoff- Nr.					
Hitzebeständige Stähle						
X 8 Cr 9	1.4716	$\leq$ 0,10	$\leq$ 1,5	$\leq$ 1,5	0,030	0,030
X 8 Cr 14	1.4009	$\leq$ 0,10	$\leq$ 0,75	$\leq$ 1,5	0,030	0,030
X 8 Cr 30	1.4773	$\leq$ 0,10	$\leq$ 2,0	$\leq$ 1,5	0,030	0,030
X 12 CrNi 25 4	1.4820	$\leq$ 0,15	$\leq$ 1,5	$\leq$ 1,5	0,025	0,020
X 12 CrNi 22 12	1.4829	$\leq$ 0,15	$\leq$ 2,0	$\leq$ 2,0	0,025	0,020
X 12 CrNi 25 20	1.4842	$\leq$ 0,15	$\leq$ 1,5	1,0 bis 2,5	0,025	0,020
X 12 NiCr 36 18	1.4863	$\leq$ 0,20	$\leq$ 2,0	$\leq$ 2,0	0,025	0,020
S–NiCr 20 Nb	2.4806	$\leq$ 0,1	$\leq$ 0,5	2,5 bis 2,5		
X 5 CrNi 19 9	1.4302	$\leq$ 0,06	$\leq$ 1,5	$\leq$ 2,0	0,025	0,020
X 15 CrNiMn 18 8	1.4370	$\leq$ 0,20	$\leq$ 1,5	5,5 bis 7,5	0,035	0,020
Verschleißbeständige Stähle						
X 110 Mn 14	1.3402	1,00 bis 1,25	0,35 bis 0,70	13,5 bis 14,5	0,08	0,020
X 45 CrSi 9 3	1.4718	0,40 bis 0,50	3,0 bis 3,5	0,30 bis 0,50	0,030	0,025
X 15 CrNiMn 18 8	1.4370	$\leq$ 0,20	$\leq$ 1,5	5,5 bis 7,5	0,035	0,020
X 10 CrNi 30 9	1.4337	$\leq$ 0,15	$\leq$ 1,0	$\leq$ 2,5	0,030	0,025
X 25 CrMoNi 17 1	1.4145	0,20 bis 0,30	$\leq$ 1,0	$\leq$ 1,0	0,030	0,030
X 12 CrNi 25 20	1.4842	$\leq$ 0,15	$\leq$ 1,5	1,0 bis 2,5	0,025	0,020
Nichtmagnetisierbare Stähle						
X 15 CrNiMn 18 8	1.4370	$\leq$ 0,20	$\leq$ 1,5	5,5 bis 7,5	0,035	0,020
X 2 CrNiMnMoN 20 16	1.4455	$\leq$ 0,03	$\leq$ 1,5	6,0 bis 9,0	0,035	0,020
X 12 CrNi 25 20	1.4842	$\leq$ 0,15	$\leq$ 1,5	1,0 bis 2,5	0,025	0,020
X 2 CrNiMo 19 14	1.4432	$\leq$ 0,025	$\leq$ 1,0	$\leq$ 2,0	0,025	0,020

[a] G = Gasschweißen; E = Lichtbogenschweißen; SG = Schutzgas-Lichtbogenschweißen; UP = Unter-Pulver-Schweißen.
[b] Bei für Schutzgasschweißung vorgesehenen Schweißzusatzwerkstoffen ist ein Siliziumgehalt bis 0,70% zulässig.
[c] Ein Teil des Niobs kann durch die doppelte Menge Tantal ersetzt werden.

5.9.4 Gasschweißen

Im allgemeinen nicht zu empfehlen. Bei Sauerstoffüberschuß muß mit Oxidation, bei Acetylenüberschuß mit Aufkohlung gerechnet werden. Chromoxide sind nachträglich schwer zu entfernen, Kohlenstoffanreicherungen setzen bei den korrosionsbeständigen Stählen die chemische Beständigkeit herab. Außerdem führt die niedrige Wärmeleitfähigkeit zu starker Wärmekonzentration (Tab. 5.14), was zur Vermeidung von örtlicher Überhitzung zu beachten ist.

Cr %	Mo %	Ni %	Sonstiges %	Anwendbar f. Schweißverfahren (Beispiel)[a]	Angaben über die Verwendung der Stähle in DIN
8,0 bis 10,0				E, SG, UP	
13,5 bis 15,5				E, SG, UP	8 556
29,0 bis 31,0		($\leq$ 2,0)		E, SG, UP	8 556
25,0 bis 27,0		4,0 bis 6,0		E, SG, UP	8 556
21,0 bis 23,0		10,0 bis 13,0		E, SG, UP	8 556
24,0 bis 27,0		19,0 bis 22,0		E, SG, UP	8 556
17,0 bis 19,0		36,0 bis 40,0		E, SG, UP	8 556
18,0 bis 22,0		$\geq$ 67,0	2,0 bis 3,0 Nb	E, SG, UP	1 736
18,0 bis 20,0		8,5 bis 10,5		E, SG, UP	8 556
17,0 bis 20,0		7,5 bis 9,5		E, SG, UP	8 556
				G, E, SG	
9,0 bis 10,0				E, SG, UP	
17,0 bis 20,0		7,5 bis 9,5		E, SG, UP	8 556
26,0 bis 31,0		8,0 bis 11,0		G, E, SG, UP	
16,0 bis 18,0	1,0 bis 1,5	0,40 bis 0,60		E, SG	
24,0 bis 27,0		19,0 bis 22,0		E, SG, UP	8 556
17,0 bis 20,0		7,5 bis 9,5		E, SG, UP	8 556
17,0 bis 22,0	2,5 bis 3,5	14,0 bis 17,0	0,12 bis 0,20 N	E, SG, UP	
24,0 bis 27,0		19,0 bis 22,0		E, SG, UP	8 556
17,5 bis 19,5	2,5 bis 3,0	13,5 bis 15,0			

5.10 Zusatzwerkstoffe für hochlegierte Stähle

Angaben über Zusatzwerkstoffe für das Schweißen hochlegierter Stähle finden sich in den jeweiligen Werkstoffnormen (z. B. in DIN 17 465 für hitzebeständigen Stahlguß) sowie zusammenfassend in Stahl-Eisen-Lieferbedingung 880, vgl. Tabelle 5.14. Weitere Hinweise auf Zusatzwerkstoffe sind den einzelnen Werkstoffgruppen gewidmeten Abschnitten zu entnehmen. Zunehmend werden auch Fülldrahtelektroden für das Schweißen der hochlegierten Stähle eingesetzt [G 15, K 23, P 10, W 14], wobei zwischen hüllenlegierten und füllungslegierten Elektroden zu unterscheiden ist. Bei der hüllenlegierten Elektrode (schlackebildender Draht) besteht der Mantel aus der jeweiligen Legierung, während die Füllung vor allem Schlakenbildner und daneben desoxidierende Stoffe und bis zu 3 % Metallpulver enthält. Füllungslegierte Elektroden (Metallpulver-Draht) bestehen dagegen aus einem unlegierten Mantel, während die Legierungselemente die Füllung darstellen, so daß kaum Schlacke gebildet wird.

5.11 Wurzelschutz beim Schweißen korrosionsbeständiger Stähle

Durch Wurzelschutzgase sollen unerwünschte Reaktionen der Schweißwurzel mit der Umgebungsatmosphäre, insbesondere mit dem Sauerstoff der Luft, vermieden oder begrenzt werden (F 12, D 66). Verwendet werden hierfür Ar, N_2 und Gemische dieser Gase mit Wasserstoff. Der Restsauerstoffgehalt im Wurzelschutzgas soll unter 1% liegen.

5.12 Nachbehandlung

Für hohe Korrosionsbeständigkeit sind Oberflächenschichten, auch Anlauffarben, zu beseitigen. Die Oberfläche ist zu polieren. Eine eventuell erforderliche Wärmebehandlung richtet sich nach dem jeweiligen Werkstofftyp. Am besten eignet sich hierfür das Beizen.

6 Plattierte Stähle und Schweißplattierungen

6.1 Plattierte Stähle

An Schweißverbindungen sind folgende Anforderungen zu stellen:
a) Die Homogenität der Plattierung und damit ihre Korrosionsbeständigkeit darf nicht beeinträchtigt werden.
b) Zwischen Grundwerkstoff und Plattierung dürfen sich keine komplexen Legierungen mit unzureichenden mechanischen Gütewerten ausbilden.

Man wird diesen Forderungen durch Wahl eines geeigneten Schweißverfahrens (z. B. Metallichtbogenschweißen, Schutzgas-, UP-Schweißen), eines geeigneten Zusatzwerkstoffes, richtiger Nahtanordnung und Nahtform sowie geeigneter Schweißfolge gerecht. Die Schweißnaht muß in ihrer Zusammensetzung in bezug auf die Korrosionsbeständigkeit dem Plattierungswerkstoff entsprechen. Hierzu sind wegen der unvermeidbaren Vermischung in der Regel mindestens zwei Schweißlagen erforderlich.

Im allgemeinen soll zuerst der Grundwerkstoff mit einem artgleichen Zusatzwerkstoff geschweißt werden, bei dickeren Blechen mit mechanisierten Verfahren. Die weiteren Arbeitsgänge sind Bild 6.1 zu entnehmen [D 30], vgl. DIN 8553.

Zur Wahl des geeigneten Zusatzwerkstoffes kann das Schaeffler-Diagramm herangezogen werden (Bild 6.2). Nimmt man etwa an, daß ein unlegierter Grundwerkstoff (Cr-Äquivalent = 0,3 und Ni-Äquivalent = 3,0) mit einem austenitischen Stahl (Cr-Äquivalent = 18, Ni-Äquivalent = 13,8) plattiert ist und sich beim Schweißen aus der Vermischung folgende Querschnittsverhältnisse für eingeschmolzenen Zusatzwerkstoff (F_{Zusatz}), aufgeschmolzene Plattierung ($F_{\text{platt.}}$) und aufgeschmolzenen Grundwerkstoff ($F_{\text{Grundw.}}$) ergeben,

$$\frac{F_{\text{Zusatz}}}{F_{\text{ges.}}} = 0,5, \quad \frac{F_{\text{platt.}}}{F_{\text{ges.}}} = 0,3, \quad \frac{F_{\text{Grundw.}}}{F_{\text{ges.}}} = 0,2,$$

so erhält man für die kritische Wurzellage z. B. einen Zusatzwerkstoff Z (Cr-Äquivalent = 26, Ni-Äquivalent = 15,6), um ein dem metastabilen Austenit (etwa dem Punkt C in Bild 6.2) entsprechendes Schweißgut sicherzustellen. Die weiteren Lagen können dann mit einer dem Plattierungswerkstoff entsprechenden 18/8 Chromnickelstahlelektrode geschweißt werden.

Zur Ausführung des Schweißens plattierter Stähle vgl. [D 31]. Als Plattierungswerkstoffe kommen außer austenitischen Stählen auch Nickel und Kupfer mit ihren Legierungen und Titan [W 15] in Betracht.

Arbeits-folge	Ausführung A — für Plattierungswerkstoff-Dicken vorzugsweise bis 5 mm	Ausführung B — für Plattierungswerkstoff-Dicken > 2,5 mm	Bemerkungen für das Verbindungsschweißen von Stählen mit Plattierungen aus nichtrostenden und hitzebeständigen Chrom-Stählen und aus austenitischen Chrom-Nickel-Stählen	Nickel und Nickel-Legierungen	Kupfer und Kupfer-Legierungen
1	Schweißen des Grundwerkstoffes — Grundwerkstoff / Plattierungswerkstoff	Schweißen des Grundwerkstoffes — Grundwerkstoff / Plattierungswerkstoff	Schweißen des Grundwerkstoffes mit geeignetem Schweißzusatzwerkstoff. Beim Schweißen der Wurzel darf der Plattierungswerkstoff nicht angeschmolzen werden.	Schweißen des Grundwerkstoffes mit geeignetem Schweißzusatzwerkstoff. Beim Schweißen der Wurzel darf der Plattierungswerkstoff nicht angeschmolzen werden.	
2	Plattierungsseite Nahtvorbereitung und Schweißen der Kapplage — Plattierungswerkstoff / e / Grundwerkstoff	Plattierungsseite Nahtvorbereitung und Schweißen der Kapplage — Plattierungswerkstoff / Grundwerkstoff	Wurzel so tief ausarbeiten, daß das fehlerfreie Schweißgut des Grundwerkstoffes erfaßt wird. Kapplage entweder mit dem für den Grundwerkstoff gewählten Schweißzusatzwerkstoff oder mit einem geeigneten hochlegierten, der Plattierung genügenden Schweißzusatzwerkstoff schweißen. Bei der Ausführung A ist im Falle, daß die Kapplage mit dem für den Grundwerkstoff geeigneten Schweißzusatzwerkstoff geschweißt wird, ein Sicherheitsabstand e erforderlich, um ein Anschmelzen des Plattierungswerkstoffes zu vermeiden.	Arbeitsfolge nach Ausführung B ist für Nickel und Nickel-Legierungen nicht üblich. Wurzel so tief ausarbeiten, daß das fehlerfreie Schweißgut des Grundwerkstoffes erfaßt wird. Kapplage mit einem dem Plattierungswerkstoff entsprechenden Schweißzusatzwerkstoff schweißen.	Arbeitsfolge nach Ausführung A ist für Kupfer und Kupfer-Legierungen nicht üblich. Kapplage bis Höhe Unterkante der Plattierung mit einem dem Grundwerkstoff artgleichen Schweißzusatzwerkstoff schweißen.
3	Schweißen der Plattierung — Plattierungswerkstoff / Grundwerkstoff	Schweißen der Plattierung — Plattierungswerkstoff / Grundwerkstoff	Der Plattierungswerkstoff soll mit einem artgleichen oder höherlegierten Schweißzusatzwerkstoff geschweißt werden; für die Auswahl des Schweißzusatzwerkstoffes ist maßgebend, daß die an die Plattierung gestellten Anforderungen auch von der Schweißnaht erfüllt werden.	Der Plattierungswerkstoff ist mit einem dem Plattierungswerkstoff entsprechenden Schweißzusatzwerkstoff zu schweißen. Die erste Lage ist als Zugraupe mit möglichst niedriger Stromstärke zu schweißen.	Der Plattierungswerkstoff ist mit einem dem Plattierungswerkstoff entsprechenden Schweißzusatzwerkstoff zu schweißen. Die erste Lage ist als Zugraupe mit möglichst niedriger Stromstärke zu schweißen.

Bild 6.1. Beispiele für die Arbeitsfolge beim Schweißen eines plattierten Bleches in V-Naht

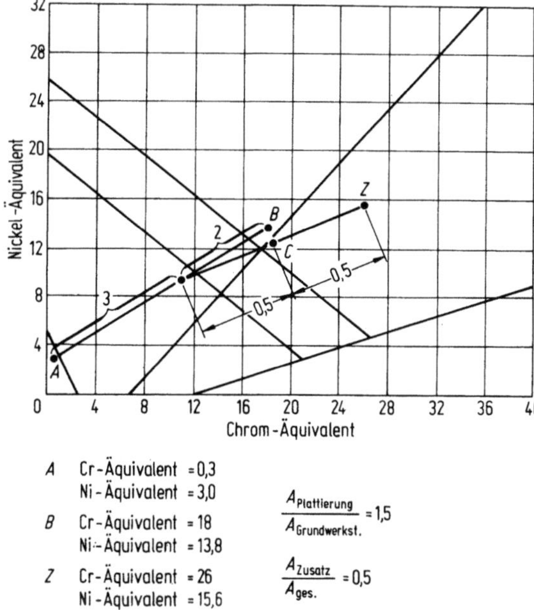

A	Cr-Äquivalent	= 0,3
	Ni-Äquivalent	= 3,0
B	Cr-Äquivalent	= 18
	Ni-Äquivalent	= 13,8
Z	Cr-Äquivalent	= 26
	Ni-Äquivalent	= 15,6
C	Schweißgutzusammensetzung	

$$\frac{A_{Plattierung}}{A_{Grundwerkst.}} = 1{,}5$$

$$\frac{A_{Zusatz}}{A_{ges.}} = 0{,}5$$

Bild 6.2. Auswahl des Zusatzwerkstoffes zum Schweißen plattierter Bleche

6.2 Schweißplattierungen

Bei großen Dicken des Trägerwerkstoffes ist es unwirtschaftlich oder nicht möglich, walzplattierte Werkstoffe zu verwenden. In diesen Fällen wird die korrosionsbeständige Werkstoffschicht durch Auftragschweißen aufgebracht. Dabei kommt es vor allem darauf an, den Grundwerkstoff möglichst wenig aufzuschmelzen, um die Vermischung klein zu halten. Angewendet wird das Schweißplattieren vor allem im chemischen Apparatebau.

Bei walzplattierten Apparaten sind an Rund- und Längsnähten Ergänzungsplattierungen erforderlich, bei größeren Dicken geht man ganz auf das Schweißplattieren über und setzt hierfür die verschiedenen Lichtbogenschweißverfahren ein: Das Metallichtbogenschweißen mit Stabelektrode z. B. für die Übergangsplattierung vom Stutzen zur Behälterinnenwand, das WIG- und das MAG-Impulsschweißen für die Innenplattierung von Stutzen mit kleinem Durchmesser und für größere Flächen das UP-Draht, UP-Band-, UP-Doppelband-, das RES-Bandschweißen (Elektroschlackeschweißen) [O 5, K 22] sowie das Sprengplattieren. Bei den Bandschweißverfahren werden in der Regel Bänder mit 0,5 mm Dicke und 60 mm Breite verwendet. Das RES-Verfahren zeichnet sich durch eine besonders geringe Aufmischung von 5 bis 10 %, hohe Abschmelzleistung (Schweißgeschwindigkeit) und durch die Erzielung einer glatten Oberfläche der Auftragung aus. Überraschend gut ist die Bindung zwischen Grundwerkstoff und Auftragschicht auch beim Sprengplattieren.

Beim nachträglichen Spannungsarmglühen sind gelegentlich im niedriglegierten Grundwerkstoff Unterplattierungsrisse aufgetreten, deren Ursache dem Mechanismus des Reheat Cracking zuzuordnen ist, evtl. begünstigt durch Wasserstoff. Als Abhilfe wurde neben der Wahl eines weniger rißempfindlichen Stahls vorgeschlagen, die erste Auftraglage mit möglichst niedriger Streckenenergie zu schweißen und die nachfolgenden mit möglichst hoher, um eine weitgehende Umkörnung der Grobkornzone zu erreichen, in der die Risse zu erwarten sind [P 9].

Ein interessantes Verfahren, vor allem wenn der Zusatzwerkstoff nicht in Bandform hergestellt werden kann, stellt das Plasma-Heißdraht-Auftragschweißen dar (PHA) [R 20].

7 Eisen–Gußwerkstoffe

7.1 Stahlguß

Stahlgußschweißungen werden durchgeführt, um Fehler zu beseitigen, die bei der Herstellung des Stahlgusses auftreten können, ferner, um durch Reparaturschweißungen Fehlstellen wie z. B. Risse auszubessern, die im Betrieb entstanden sind, und schließlich, um in Konstruktionsschweißungen Stahlgußteile untereinander oder mit gewalztem Stahl zu verbinden und damit geschweißte Verbundkonstruktionen herstellen zu können. Die unlegierten, niedrig- und hochlegierten Stahlgußsorten zeichnen sich, sofern sie eine nennenswerte Zähigkeit aufweisen, durch eine gute Schweißeignung aus [Z 5].

7.1.1 Unlegierter Stahlguß

Die in Deutschland üblichen unlegierten Stahlgußsorten sind in DIN 1 681 genormt und in Tabelle 7.1 wiedergegeben.

Üblicherweise werden Stahlgußstücke vor der Ablieferung einer Normalglühung unterzogen, die mit einer Gefügeumwandlung verbunden ist. Dadurch wird sowohl das Widmannstättengefüge beseitigt als auch ein Eigenspannungsabbau erreicht. Lediglich bei Gußstücken untergeordneter Bedeutung kann mit Zustimmung des Bestellers auf die Wärmebehandlung verzichtet werden. Bezüglich der Schweißeignung des wärmebehandelten Stahlgusses gelten in Abhängigkeit von der Zusammensetzung sinngemäß die gleichen Gesichtspunkte wie bei gewalztem Stahl, und es können die gleichen Schweißverfahren einschließlich des Metallschutzgas- und Unterpulverschweißens angewendet werden. Einzelheiten zu Fertigungsschweißungen sind DIN 17 245 zu entnehmen, wo besonders eingehend das Schweißen von GS-C25 behandelt wird.

7.1.1.1 Instandsetzungs- und Fertigungsschweißungen

Unter Fertigungsschweißen werden die Schweißarbeiten verstanden, die notwendig sind, um ein fehlerfreies Gußstück herzustellen. Dazu gehört die evtl. erforderliche Gußfehlerbeseitigung ebenso wie z. B. das Schließen von Kernspiegelöffnungen. Die Instandsetzungs- oder Reparaturschweißung dient zur Wiederherstellung

Tabelle 7.1. Gewährleistete Eigenschaften (Mindestwerte) für Stahlguß bei Raumtemperatur

Stahlgußsorte		Zug-festigkeit $N\,mm^{-2}$	Streck-grenze $N\,mm^{-2}$	Bruch-dehnung A_5 %	Bruch-ein-schnürung %	Kerb-schlag-arbeit (DVM-Proben) J	Magnetische Induktion in T^a bei einer Feldstärke von		
Kurzname	Werkstoff-Nr.						25 A/cm	50 A/cm	100 A/cm
		min.	min.	min.	min.				
GS-38.3	1.0420	380	200	25	40	35	1,45	1,60	1,75
GS-45	1.0446	450	230	22	31	27	1,40	1,55	1,70
GS-52	1.0552	520	260	18	25	27[b]	1,35	1,55	1,70
GS-60	1.0558	600	300	15	21	27[b]	1,30	1,50	1,65

[a] $T = 1\,Vs/m^2$ (Tesla), Einheit der magnetischen Induktion.
[b] $s \leqq 30$ mm.

der vollen Gebrauchstüchtigkeit von Gußstücken, die während der Verwendung defekt geworden sind. Unter einer Konstruktionsschweißung versteht man schließlich das bereits in der Zeichnung festgelegte Fügen von Einzelteilen – auch nach verschiedenen Verfahren gefertigten (gegossen, gewalzt, geschmiedet) – durch Schweißen.

Festgestellte Fehler sind bis auf den gesunden Grundwerkstoff sorgfältig auszuarbeiten. Vielfach empfiehlt sich eine Kontrolle durch zerstörungsfreie Prüfung. Der Abschrägungswinkel der Nahtflanken muß mindestens 15° betragen. Die Ausarbeitung soll in der Tiefe mit einem Radius vom mindestens 6 mm enden. Üblicherweise wird das Lichtbogenhandschweißen angewendet. Das Schweißgut muß in den mechanischen Eigenschaften den zu schweißenden Stahlgußsorten gleichwertig sein. In den Übergangszonen dürfen keine unzulässigen Aufhärtungen auftreten.

Vor jeder Reparatur ist die Stahlgüte festzustellen. Liegt der Kohlenstoffgehalt unter 0,15%, so kann bei geringerer Wanddicke mit basisch umhüllten Elektroden meist ohne Nachbehandlung geschweißt werden. Bei größeren Wanddicken empfiehlt sich eine Vorwärmung. Bei Kohlenstoffgehalten oberhalb 0,15% muß, falls der Stahlguß nicht im normalgeglühten Zustand vorliegt, diese Wärmebehandlung nachgeholt werden. Anschließend an das Schweißen ist spannungsarm zu glühen. Die Vorwärmtemperaturen sind außer vom Kohlenstoffgehalt von der Dicke des Werkstückes, der Wärmezufuhr und der konstruktiven Ausbildung des Gußstückes abhängig.

Liegt der Kohlenstoffgehalt oberhalb 0,25%, muß zur Vermeidung von Aufhärtungen in der WEZ auf Temperaturen > 200°C vorgewärmt werden. Unmittelbar nach Beendigung der Schweißung ist ohne Zwischenabkühlung spannungsarmzuglühen. Bei GS-C25 kann unter bestimmten Voraussetzungen auf eine Wärmenachbehandlung verzichtet werden (DIN 17 245).

Es ist vorgeschlagen worden, alternativ zum Vorwärmen während der Abkühlung des geschweißten Bauteils ein Kurzzeiterwärmen mit dem Mehrflammenbrenner vorzusehen, um dadurch die Bildung von Martensit in der WEZ zu vermeiden [S 30]. Bei der Reparatur von Großbauteilen empfiehlt sich die Ausarbeitung eines Instandsetzungsplans [M 22]. Für dynamisch beanspruchte Teile konnte durch Kugelstrahlen der Oberfläche des Schweißguts die Schwingfestigkeit um etwa 35% erhöht werden.

7.1.1.2 Konstruktionsschweißungen zwischen Stahlgußteilen

Zuweilen ist es zweckmäßig, größere Stahlgußteile aus mehreren Einzelteilen zusammenzusetzen. Die Vorteile sind:
a) große Gußstücke lassen sich in Verbundguß fertigungstechnisch leichter produzieren,
b) die Herstellung läßt sich häufig beschleunigen,
c) die Preise können niedriger gehalten werden,
d) bessere Prüfbarkeit,
e) geringerer Ausschuß.

Im Gegensatz zu Reparaturschweißungen kann hier von vornherein auf die Schweißbarkeit des Werkstoffes geachtet werden. Man sollte also Kohlenstoffgehalt und unerwünschte Legierungsbestandteile begrenzen. Typische Arten der Nahtvorbereitung sind im Bild 7.1 wiedergegeben [H 19]. Die Nahtvorbereitung von K- oder Stumpfnähten kann meistens bereits angegossen werden. Ist das Gußstück nur von einer Seite zugänglich, kann bei statischer Beanspruchung eine Zunge vorgesehen werden, die als Badsicherung dient.

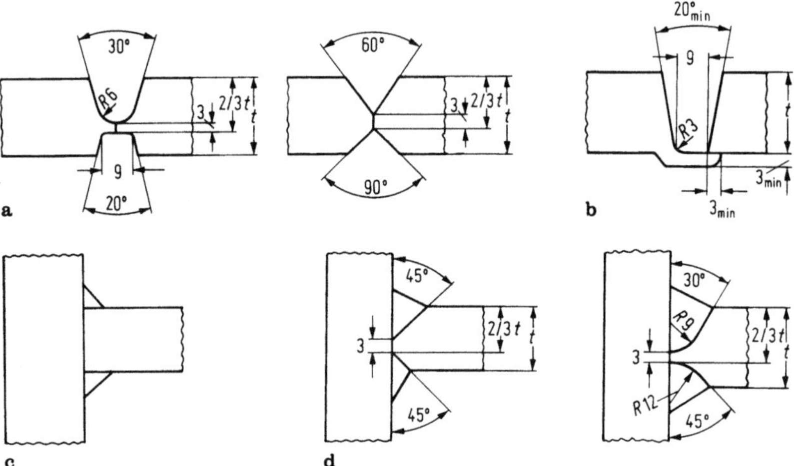

Bild 7.1a–d. Nahtvorbereitung beim Schweißen von Stahlguß

Es lassen sich die gleichen Verfahren anwenden wie beim Reparaturschweißen. Hinzu kommt gegebenenfalls bei großen Wanddicken von 50 mm und darüber das Elektroschlackeschweißen und das Thermitschweißen (aluminothermisches Gießschweißen) [D 32]. Infolge der verhältnismäßig geringen Schweißgeschwindigkeit von etwa 1 m/h beim Elektroschlackeschweißen ist eine Vorwärmung nicht erforderlich, es sei denn, man hat es mit Werkstoffen hoher Härtbarkeit zu tun. Die langsame Erstarrung erlaubt den Austritt von Gasen und Schlacke, so daß weder Poren noch Schlackeneinschlüsse zu befürchten sind.

7.1.1.3 Verbindungen zwischen Gußteilen und Walzstahl

Das Verfahren ist außerordentlich wirtschaftlich und wird vielfach angewendet. Typische Beispiele hierfür sind etwa Verbundkonstruktionen bei der Herstellung von Pressen oder die Stahlgußvorschweißflansche im Rohrleitungsbau. Besondere Schwierigkeiten von der Werkstoffseite her bestehen nicht.

7.1.1.4 Brennschneiden von unlegiertem Stahlguß

Unlegierter Stahlguß ist bis GS-45 ohne bzw. mit reduzierter Vorwärmung brennschneidbar, ähnlich wie die entsprechenden gewalzten Stähle [H 20].

7.1.2 Niedriglegierter Stahlguß

Die warmfesten ferritischen Stahlgußsorten, die zur Verwendung vorwiegend bei Temperaturen über etwa 300 °C bis etwa 610 °C vorgesehen sind, wurden in DIN 17245 genormt (Tab. 7.2).

Als Stahlgußsorten mit verbesserter Schweißeignung und Zähigkeit für allgemeine Verwendungszwecke wurden die Stähle GS-16 Mn 5 N (W.-Nr. 1.1131) sowie GS-20 Mn 5 (W.-Nr. 1.1120), letzterer normalgeglüht oder vergütet, in DIN 17 182 zusammengefaßt. Sie haben etwa die gleiche Festigkeit wie die Stahlgußsorten nach DIN 1 681, weisen aber deutlich höhere Werte für die Kerbschlagzähigkeit auf.

Höhere Kohlenstoffgehalte begünstigen wasserstoffinduzierte Risse in der WEZ. Mit Wiedererwärmungsrissen (Reheat Cracking) muß bei NiCrMo-Stählen gerechnet werden, wenn

$$P = Cr + 3,3\,Mo + 8,1\,V - 2 > 0 \quad [E\ 9,\ G\ 16]\,.$$

Fertigungsschweißungen an warmfestem ferritischen Stahlguß sollen gemäß DIN 17245 nach der Wärmebehandlung vorgenommen werden. Alle Schweißnähte sind glatt zu schleifen, und zwar je nach Art des Schweißguts vor oder nach der Wärmebehandlung.

7.1.2.1 Instandsetzungs- und Fertigungsschweißungen

Schweißungen sind unter Berücksichtigung des Werkstoffes und der Form des Gußstückes mit Zusatzwerkstoffen durchzuführen, die eine genügende Warmfestigkeit der Schweiße gewährleisten. Über die Auswahl der Zusatzwerkstoffe sind Anhaltsangaben in Tabelle 7.2 zu finden. Nach Reparaturschweißungen ist das Gußstück einer Wärmebehandlung zu unterziehen, die in der Regel aus einem erneuten Anlassen besteht, wenn im vergüteten Zustand geschweißt wurde und wenn keine andere Vereinbarung, z. B. für dickwandigere Teile, getroffen wurde.

Bei Schweißungen, die nicht geglüht werden können, sind zwei Lagen überhöht zu schweißen und wieder flach zu schleifen, um die Anlaßwirkung der letzten Lagen ausnutzen zu können. An das Schweißgut werden die gleichen Anforderungen wie an den Grundwerkstoff gestellt.

7.1.2.2 Konstruktionsschweißungen

Derartige Schweißungen kommen vorwiegend im Kessel- und Rohrleitungsbau vor. Bezüglich des Schweißens gelten die im Abschnitt 7.1.2.1 genannten Maßnahmen sinngemäß.

7.1.2.3 Brennschneiden von niedriglegiertem Stahlguß

Die niedriglegierten Stahlgußsorten GS-17 Mo 5, GS-15 Cr 3 und GS-15 Mn 4 sind ohne oder mit reduzierter Vorwärmung brennschneidbar [H 20]. Bei höheren

Tabelle 7.2. Angaben für das Fertigungsschweißen von niedriglegiertem, warmfestem Stahlguß nach DIN 17245

| Stahlgußsorte | | In Betracht kommende Schweiß- | Massenanteil in % | | | | | | | Schweiß- vorwärm-und Zwischenlagen- | Glüh- temperatur nach dem- |
Kurzname	Werk- stoff- nummer	zusätze[1]	C	Si	Mn[2]	Cr	Mo	Ni	V	temperatur[3] °C	Schweißen[4,5] °C mindestens
GS-C 25	1.0619	1[6]	0.05 bis 0.10	≤ 0.50	≤ 1.50	–	–	–	–	$\leq 350^7$	580
		2	0.05 bis 0.10	≤ 0.50	≤ 1.50	–	0.40 bis 0.70	–	–	$\leq 350^7$	580
GS-22 Mo 4	1.5419	2[6]	0.05 bis 0.10	≤ 0.50	≤ 1.50	–	0.40 bis 0.70	–	–	$\leq 350^7$	660
		3	0.08 bis 0.15	≤ 0.50	≤ 1.20	1.00 bis 1.50	0.45 bis 0.70	–	–	100 bis 350	660
GS-17 CrMo 5 5	1.7357	3[6]	0.08 bis 0.15	≤ 0.50	≤ 1.20	1.00 bis 1.50	0.45 bis 0.70	–	–	150 bis 400	660
		4	0.10 bis 0.15	≤ 0.50	≤ 1.20	2.00 bis 2.50	0.90 bis 1.30	–	–	150 bis 400	680
GS-18 CrMo 9 10	1.7379	4	0.10 bis 0.15	≤ 0.50	≤ 1.20	2.00 bis 2.50	0.90 bis 1.30	–	–	150 bis 400	680
GS-17 CrMoV 5 11	1.7706	6	0.10 bis 0.15	≤ 0.50	≤ 1.00	1.00 bis 1.50	0.90 bis 1.30	≤ 0.40	0.20 bis 0.30	200 bis 450	680
		4	0.10 bis 0.15	≤ 0.50	≤ 1.20	2.00 bis 2.50	0.90 bis 1.30	–	–	200 bis 450	680
G-X 8 CrNi 12	1.4107	7[8]	≤ 0.07	≤ 0.50	≤ 1.00	12.0 bis 13.0	≤ 0.20	1.00 bis 1.50	–	100 bis 350	670^9
G-X 22 CrMoV 12 1	1.4931	8[8]	0.15 bis 0.22	≤ 0.50	0.40 bis 1.30	10.0 bis 12.0	0.80 bis 1.20	≤ 1.0	0.20 bis 0.40	200 bis 450	680^9

[1] Die Schweißzusatze müssen zwischen Besteller und Lieferer besonders vereinbart werden. Alle Angaben gelten für abgeschmolzenes Schweißgut. Für das Vorgehen beim Nachweis der chemischen Zusammensetzung des Schweißgutes gelten die Angaben in DIN 8575 Teil 1.

[2] Das Verhältnis Mn/Si darf den Wert 2 nicht unterschreiten.

[3] Temperatur auf der Schweißraupe gemessen.

[4] Die Glühdauer nach dem Schweißen richtet sich nach der größten Dicke der Schweißungen.

[5] Die Temperaturen gelten auch für Konstruktionsschweißungen aus gleichartigen Werkstoffen. Die Anlaßtemperaturen dürfen nicht überschritten werden.

[6] Nicht zur Vergütung nach dem Schweißen geeignet.

[7] Mindeststücktemperatur etwa 20°C; Vorwärmung abhängig von Wanddicke und Bauteilform.

[8] Es ist auch eine Vergütung mit Teilaustenitisierung 790°C Luft + 680°C/Ofen möglich.

[9] Nach dem Schweißen muß auf eine Temperatur unter 130°C, bei G-X 22 CrMoV 12 1 jedoch nicht unter 80°C abgekühlt werden.

Gehalten an Kohlenstoff bzw. an Chrom und Nickel muß vorgewärmt werden, wenn eine unter Umständen unerwünschte Aufhärtung der Schneidkante vermieden werden soll.

7.1.3 Hochlegierter Stahlguß

Für das Schweißen der hitzebeständigen ferritischen bzw. korrosionsbeständigen austenitischen Stahlgußsorten gelten ähnliche Gesichtspunkte wie bei gewalzten Werkstoffen der gleichen Zusammensetzung. Gewisse zusätzliche Schwierigkeiten können sich aus der Form der Gußstücke und aus dem vorhandenen Eigenspannungszustand ergeben.

Das Schaeffler-Schaubild (Bild 7.2) kann mit gutem Erfolg wegen der nahen Verwandtschaft zwischen Guß- und Schweißgut auch auf Gußlegierungen angewendet werden. Im Bild sind die Ferrit-, Martensit- und Austenitbezirke durch Bereichsgrenzen ergänzt, in denen nach längeren Glühzeiten Sigmaphase auftreten kann [T 8]. So ist z. B. die bekannte hitzebeständige Legierung mit 25 % Cr und 20 % Ni zwar stabil austenitisch, aber trotzdem versprödungsempfindlich. Die Sigmaphase bildet sich in diesem Fall nicht wie meist üblich aus dem Ferrit, sondern aus dem Austenit. Dagegen tritt im Schweißgut und in den wärmebeeinflußten Zonen des Grundwerkstoffes versprödungsempfindlicher Legierungen wegen der kurzen Einwirkungszeit der Schweißwärme praktisch keine Sigmaphase auf.

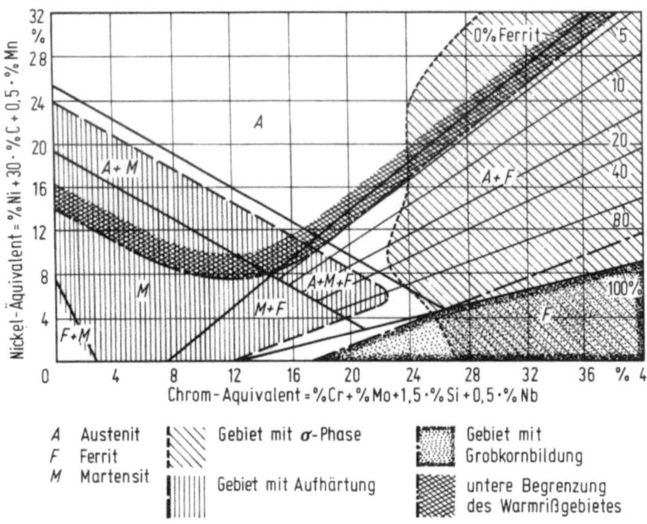

Bild 7.2. Schaeffler-Schaubild mit kritischen Bereichen

7.1.3.1 Nichtrostender Stahlguß

Es gibt ferritischen, ferritisch-austenitischen, austenitischen und martensitischen nichtrostenden Stahlguß. Empfohlene Schweißzusatzwerkstoffe und Angaben über

Tabelle 7.3. Nichtrostender Stahlguß (DIN 17445)

Stahlgußsorte		Umhüllte	Geeigneter Schweißzusatz Drähte und Stäbe		Vorwärm-temperatur °C	Wärmebehandlung nach dem Schweißen[5]
Kurzname	Werkstoff-nummer	Stabelektrode Kurzzeichen	Kurzname	Werkstoff-nummer		
Ferritische (martensitische) Stahlgußsorten						
G-X 8 CrNi 13	1.4008	13[1]	X 8 Cr 14[2]	1.4009	150 bis 250	
G-X 20 Cr 14	1.4027	13[1]	X 8 Cr 14[2]	1.4009	200 bis 400	1. Entweder abkühlen aus der Schweißhitze bis unter 100°C mit nachfolgendem Anlassen
G-X 22 CrNi 17	1.4059	18[3]	X 8 Cr 18	1.4015	300 bis 400	
		171[3]	X 20 CrMo 171	1.4115		oder
						2. erneut vergüten.
G-X 5 CrNi 13 4	1.4313	13 4[1,4]	X 3 CrNi 13 4[2,4]	1.4351	100 bis 200[6]	
Austenitische Stahlgußsorten						
		19 9[1]	X 5 CrNi 19 9[2]	1.4302		
G-X 6 CrNi 18 9	1.4308	19 9 nC[1]	X 2 CrNi 19 9[2]	1.4316	7	8
		19 9 Nb[1]	X 5 CrNiNb 19 9[2]	1.4551		
G-X 5 CrNiNb 18 9	1.4552	19 9 Nb[1]	X 5 CrNiNb 19 9[2]	1.4551	7	Abschrecken nicht erforderlich
		19 12 3[1]	X 5 CrNiMo 19 11[2]	1.4403		
G-X 6 CrNiMo 18 10	1.4408	19 12 3 nC[1]	X 2 CrNiMo 19 12[2]	1.4430	7	8
		19 12 3 Nb[1]	X 5 CrNiMoNb 19 12[2]	1.4576		
G-X 5 CrNiMoNb 18 10	1.4581	19 12 3 Nb[1]	X 5 CrNiMoNb 19 12[2]	1.4576	7	Abschrecken nicht erforderlich
G-X 3 CrNiMoN 17 13 5	1.4439	18 17 5 nC[3]	X 2 CrNiMo 18 16 5	1.4440	7	8

[1] DIN 8556 Teil 1, Ausgabe März 1976, Tabelle 1.
[2] DIN 8556 Teil 1, Ausgabe März 1976, Tabelle 2.
[3] Kurzzeichen in Anlehnung an DIN 8556 Teil 1, Ausgabe März 1976, Abschnitt 3.3.
[4] Chemische Zusammensetzung und Ferritgehalt müssen an 1.4313 angeglichen sein.
[5] Konstruktions- und Fertigungsschweißen.
[6] Bei kleinen Fertigungsschweißungen an dünnwandigen Teilen kann sowohl auf ein Vorwärmen als auch auf ein Anlassen oder Spannungsarmglühen verzichtet werden.
[7] Niedriges Wärmeeinbringen empfehlenswert.
[8] Nach Schweißen mit größerem Wärmeeinbringen ist bei Gefahr interkristalliner Korrosion ein erneutes Abschrecken erforderlich.

eine Wärmebehandlung vor und nach dem Schweißen enthält Tabelle 7.3. Die austenitischen Sorten werden zur Gewährleistung ausreichender Korrosionsbeständigkeit im abgeschreckten Zustand geliefert [R 21]. Nach dem Schweißen ist eine Abschreckbehandlung gemäß der letzten Spalte von Tabelle 7.3 nur dann erforderlich, wenn mit interkristalliner Korrosion zu rechnen ist. Bei Konstruktionsschweißungen ist bei 700 bis 950 °C spannungsarm zu glühen. Nach dieser Wärmebehandlung sind nur die stabilisierten Stähle IK-beständig [R 21]. Hinsichtlich der Schweißeignung gelten die gleichen Gesichtspunkte, wie sie für das Schweißen der hochlegierten gewalzten Stähle erörtert wurden. Auch martensitische Stähle mit herabgesetztem Kohlenstoffgehalt wie der G-X 5 CrNiMo 15 5 [L 8] und der G-X 5 CrNi 13 4 [G 18] werden als nichtrostende Stahlgußsorten z. B. für Wasserturbinen, Pumpen und Verdichter eingesetzt und auch geschweißt.

7.1.3.2 Warmfester Stahlguß

Die meistverwendeten hochlegierten warmfesten Stähle sind

GX-8 CrNi 12	W.Nr. 1.4107,
GX-22 CrMoV 12 1	W.Nr. 1.4931.

Sie finden sich in DIN 17 245, wo auch Angaben zu Schweißung und Wärmebehandlung gemacht werden. Wie bei dem entsprechend zusammengesetzten gewalzten Stahl ist auch hier darauf zu achten, daß der zweitgenannte Stahl nach dem Schweißen auf eine Temperatur < 130 °C, aber nicht unter 80 °C abzukühlen ist.

7.1.3.3 Hitzebeständiger Stahlguß

Hitzebeständiger Stahlguß ist austenitisch, vgl. Tabelle 7.4. Ähnliche Zusammensetzungen weisen auch Stähle für Erdöl- und Erdgasanlagen auf. DIN 17465 enthält Hinweise auf Schweißbedingungen (Vorwärmung, Nachbehandlung) und auf Zusatzwerkstoffe (Tab. 7.5).

Tabelle 7.4. Hitzebeständiger Stahlguß

Bezeichnung	Werkstoff-Nr.	Höchste Anwendungstemperatur °C
G-X 30 CrSi 6	1.4710	750
G-X 40 CrSi 13	1.4729	850
G-X 40 CrSi 17	1.4740	900
G-X 40 CrSi 23	1.4745	1050
G-X 40 CrSi 29	1.4776	1150
G-X 40 CrSiNi 27 4	1.4823	1100
G-X 25 CrNiSi 18 9	1.4825	900
G-X 40 CrNiSi 22 9	1.4826	950
G-X 25 CrNiSi 20 14	1.4832	950
G-X 40 CrNiSi 25 12	1.4837	1050
G-X 40 CrNiSi 25 20	1.4848	1100
G-X 40 NiCrSi 35 25	1.4857	1150

Tabelle 7.5. Hinweise für das Schweißen von hitzebeständigem Stahlguß

Werkstoff-Nr.	Umhüllte Stab-elektrode Kurzeichen (vgl. DIN 8556 T1)	Wärmebehandlung	
		Vorwärmen	Nachbehandlung
1.4710	9 19 9 18 8 Mn 6 22 12	300 bis 350 °C je nach Querschnitt	Entspannen bei 760 bis 800 °C
1.4729	14 22 12		
1.4740	18 17 22 12		
1.4745	30 25 4 25 20	700 bis 800 °C	Ofenabkühlung
1.4776	30 25 4 25 20		
1.4823	25 4 25 20 30 9	bei größeren Querschnitten vorwärmen	keine Nachbehandlung
1.4825	19 9 18 8 Mn 6 22 12		
1.4826	22 12 25 20		
1.4832	22 12 18 36 25 20	kein Vorwärmen	keine Nachbehandlung
1.4837	25 20		
1.4848	25 20 hC[a]		
1.4857	23 35 Nb		

[a] Hoher C-Gehalt.

7.1.3.4 Kaltzäher Stahlguß

Die kaltzähen Stahlgußsorten

   G-X 6 CrNi 18 10,
   G-X 7 CrNiNb 18 10

sind gut schweißbar, am besten mit dem Zusatzwerkstoff X 2 CrNi 19 9 (W.-Nr. 1.4316). Ist neben Kaltzähigkeit auch Korrosionsbeständigkeit gefordert, ist der Nb-stabilisierte Stahl vorzuziehen; vgl. auch [G 17].

7.1.3.5 Sonstige hochlegierte Stahlgußsorten

Für den Bau von Pumpen und Armaturen für den Chemie-, petrochemischen und Rauchgas-Entschwefelungs-Apparatebau wurden ferritisch-austenitische Stahlgußsorten entwickelt, die einen niedrigen Kohlenstoffgehalt aufweisen und mit Stickstoff legiert sind. Sie werden vorzugsweise nach dem AOD-Verfahren (Argon Oxygen Decarburization) hergestellt. Es handelt sich um Duplex-Stähle, deren Gefüge im Verhältnis 1:1 aus Ferrit und Austenit besteht. Sie sind unempfindlich gegenüber Chlorid-Spannungsrißkorrosion, Heißrissigkeit und interkristalliner Korrosion und verbinden diese Eigenschaft mit hoher Festigkeit und Zähigkeit. Die Stähle

G-X 3 CrNiMoCuN 26 6 3	W.-Nr. 1.4515,
G-X 3 CrNiMoCuN 26 6 3 3	W.-Nr. 1.4517,
G-X 2 CrNiMoN 25 7 4	W.-Nr. 1.4469

sind von [S 31] hinsichtlich ihrer Schweißeignung untersucht worden. Abschließende Ergebnisse stehen noch aus. Es gibt weitere, ähnlich zusammengesetzte Stähle. Für Duplex-Stahlguß besteht die Hauptschwierigkeit darin, geeignete artgleiche Schweißzusatzwerkstoffe zu finden. Sie haben höhere Gehalte an austenitstabilisierenden Elementen, damit im Schweißzustand ein ausreichender Austenitgehalt gewährleistet ist. Bei Wanddicken über 50 mm hat sich eine Zwischenlagentemperatur von 100 bis 250 °C als vorteilhaft erwiesen [G 18].

Für das gleiche Anwendungsgebiet werden auch vollaustenitische Stahlgußsorten wie

G-X 3 NiCrMo 25 20 5,	
G-X 3 NiCrMoN 25 20 5	

eingesetzt. Hier besteht wie beim Schweißen der entsprechenden gewalzten Stähle in Abhängigkeit vom Reinheitsgrad die Gefahr von Heißrissen.

7.2 Temperguß

Temperguß ist ein Eisen-Kohlenstoff-Gußwerkstoff, dessen Zusammensetzung besonders hinsichtlich des Kohlenstoff- und Siliziumgehaltes so eingestellt ist, daß das Gußstück bei werkstoffgerechter Konstruktion graphitfrei erstarren muß, d. h., daß der gesamte Kohlenstoff im Temperrohguß in gebundener Form als Eisenkarbid (Zementit) vorliegt.

Der Temperrohguß wird einer Glühbehandlung unterworfen, die bei verfahrensgerechter Gestaltung der Gußstücke zum Zerfall dieses Eisenkarbids führt. Die chemische Zusammensetzung des Temperrohgusses und die Art des angewendeten temperatur- und zeitabhängigen Glühverfahrens bestimmen den Gefügeaufbau des Werkstoffes und damit dessen Eigenschaften, Anwendungsmöglichkeiten und Schweißbarkeit [D 61].

Hinsichtlich der werkstoffkundlichen Aspekte des Schweißens von graphithaltigen Gußeisenwerkstoffen sei im übrigen auf [M 23] verwiesen.

7.2.1 Entkohlend geglühter (weißer) Temperguß (GTW)

Bei Gußstücken aus entkohlend geglühtem Temperguß ist die Gefügeausbildung von der Wanddicke abhängig (Bild 7.3). Die Ausbildungsform der ferritischen Randzone wird durch die Glühdauer und die Zusammensetzung der Glühatmosphäre beeinflußt. In Tabelle 7.6 sind die aus der Wärmebehandlung resultierenden Werkstoffarten und deren Gefüge angegeben.

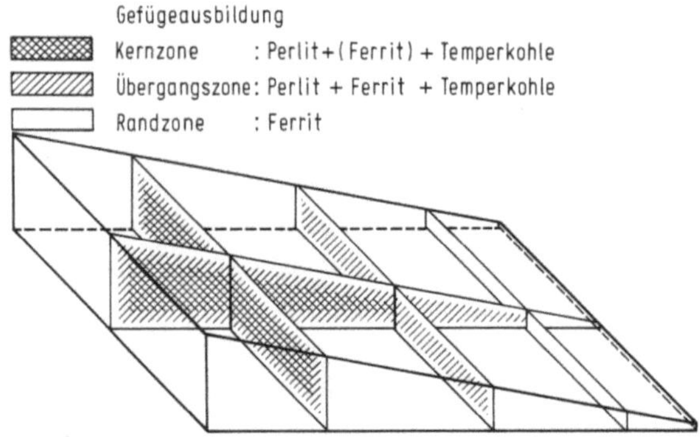

Bild 7.3. Gefügeausbildung bei weißem Temperguß in Abhängigkeit von der Wanddicke

Die an die Sortenbezeichnung angehängten Ziffern geben einen Hinweis auf die Bruchdehnung A_3 ($L_0 = 3d$) bei einem Probestabdurchmesser von 12 mm.

Reparaturschweißungen werden an Tempergußteilen im allgemeinen nicht ausgeführt. Es handelt sich in der Regel um relativ kleine Teile, bei denen sich der Aufwand für eine Reparaturschweißung nicht lohnt. Für Konstruktionsschweißungen ist die Werkstoffsorte GTW-S 38 entwickelt worden, deren Zusammensetzung so eingestellt ist, daß ein einwandfreies Schweißen bis zu Wanddicken von 8 mm möglich ist. Eine nachträgliche Wärmebehandlung ist nicht erforderlich. Die Bearbeitbarkeit wird durch das Schweißen nicht beeinträchtigt. Durch die Glühbehandlung wird die für das Schweißen in Betracht kommende Randzone bis zu der angegebenen Tiefe ferritisch, so daß das Gefüge demjenigen eines weichen Stahles entspricht.

Auch Verbindungen zwischen GTW-S 38 und Stahl sind problemlos möglich. Übliche Schweißverfahren sind das Metallichtbogenschweißen von Hand und das Metallschutzgasschweißen (MAGC). Ein typisches Beispiel für das Konstruktionsschweißen von GTW-S ist die Fertigung von Radträgern von PKW-Schräglenker-Hinterachsen [E 11, E 12]. Es hat sich gezeigt, daß die Verbindungen für dynamische Belastung uneingeschränkt eingesetzt werden können. Beim

Tabelle 7.6. Sorten und Eigenschaften von Temperguß

Sorte		Durchmesser des Probestabes	Zugfestigkeit $N\,mm^{-2}$	$R_{p0,2}$-Grenze $N\,mm^{-2}$	Bruchdehnung $(L_0 = 3d)$ %	Brinellhärte	Kennzeichnende Gefügebestandteile
Kurzzeichen DIN 17 006	Werkstoff-Nr. DIN 17 007	mm	mind.	mind.	mind.	höchst.	
Weißer Temperguß							
GTW-35	0.8035-04	9	340	–	6		siehe Bild 7.3,
		12	350	–	4	230	gegenüber GTW-40
		15	360	–	3		größere Schwankungen zulässig
GTW-40-05	0.8040	9	360	200	8		siehe Bild 7.3,
		12	400	220	5	220	Kern: lamellarer bis körniger
		15	420	230	4		Perlit + Temperkohle
GTW-45-07	0.8045	9	400	230	10		siehe Bild 7.3,
		12	450	260	7	220	Kern: körniger Perlit
		15	480	280	4		+ Temperkohle
GTW-S 38-12	0.8038	9	320	170	15		siehe Bild 7.3,
		12	380	200	12	200	Entkohlung auf
		15	400	210	8		$C_R \leqslant 0,3$ % in Wanddicken < 8 mm
Schwarzer Temperguß							
GTS-35-10	0.8135	12 oder 15	350	200	10	< 150	Ferrit + Temperkohle
GTS-45-06	0.8145	”	450	270	6	150–200	Perlit + Ferrit + Temperkohle
GTS-55-04	0.8155	”	550	340	4	180–230	Perlit + Temperkohle + Ferritanteil
GTS-65-02	0.8165	”	650	430	2	210–260	Perlit und Temperkohle
GTS-70-02	0.8170	”	700	530	2	240–290	Vergütungsgefüge + Temperkohle

Schweißen ist weder ein Vorwärmen noch eine Wärmenachbehandlung erforderlich. Nach [V 3] werden Temperguß-Schweißverbindungen in zwei Güteklassen eingeteilt: Güteklasse A: Die Schweißverbindung ist in ihren Eigenschaften denen des ungeschweißten Werkstoffs gleichwertig. Güteklasse B: Die Schweißverbindung ist in ihren Eigenschaften von denen des ungeschweißten Werkstoffs verschieden, sie genügt aber den Anforderungen für einen bestimmten Verwendungszweck– „zweckbedingte Güte". Der entkohlend geglühte schweißbare Temperguß GTW-S erfüllt in den maximal 0,3 % C enthaltenden Gußstückbereichen bis 8 mm Dicke die Anforderungen an Güteklasse A.

7.2.2 Nicht entkohlend geglühter (schwarzer) Temperguß (GTS)

Das Gefüge des nicht entkohlend geglühten Tempergusses ist, unabhängig von der Wanddicke, über den ganzen Querschnitt einschließlich der Randzone gleich, enthält also den Kohlenstoff in Form von Temperkohle (Bild 7.4). Bei Erwärmung auf Schweißtemperatur geht der Kohlenstoff im Austenit bzw. in der Schmelze in Lösung, so daß man bei der Abkühlung mit einem harten, teils ledeburitischen, teils martensitisch-bainitischen Gefüge zu rechnen hat. Trotzdem werden derartige Teile miteinander oder mit Stahl durch Schweißen verbunden, wobei man hinsichtlich der Konstruktionsschweißbarkeit beachten muß, daß die Schweißeignung von Kohlenstoffgehalt und -verteilung abhängig ist. Reparaturschweißungen kommen wie bei GTW aus Gründen der Wirtschaftlichkeit nicht in Frage. Es wird mit artfremdem Schweißzusatzwerkstoff (NiFe-1, NiFe-2 DIN 8573) geschweißt [K 24, T 9]. Auch Verbindungen mit Stahl lassen sich auf diese Weise herstellen. Als Schweißverfahren werden das Metallichtbogenschweißen mit Stabelektrode oder das Metallschutzgasschweißen (MAGC) mit Massiv- oder Fülldrahtelektrode eingesetzt. Die Verbindungen erfüllen die Anforderungen an Güteklasse B. Eine nachträgliche mechanische Bearbeitung ist nur möglich, wenn nach dem Schweißen wärmebehandelt wird (Anlassen auf 600 bis 700 °C, bei Vorhandensein von Ledeburit auf 950 °C [E 12]).

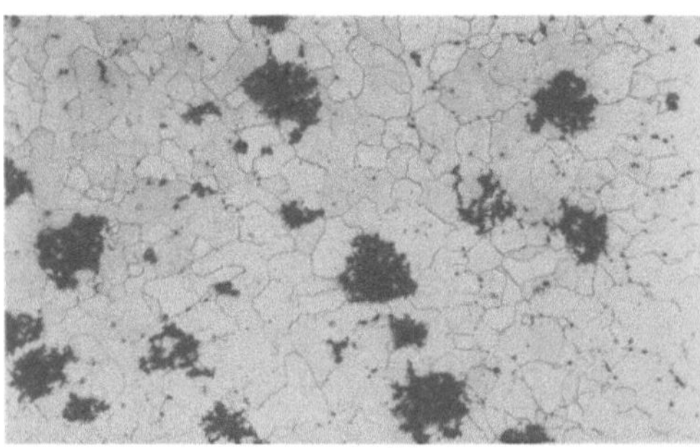

Bild 7.4. Endgefüge von schwarzem Temperguß, geätzt mit alk. HNO_3

7.3 Gußeisen mit Lamellengraphit

Gußeisen mit Lamellengraphit (GG) ist ein Eisen-Kohlenstoff-Gußwerkstoff, dessen als Graphit vorliegender Kohlenstoffanteil weitgehend lamellar ausgebildet ist. Die verschiedenen üblichen Gußeisensorten sind gemäß DIN 1 691 in Tabelle 7.7 zusammengefaßt.

Übliche Zusammensetzung von Grauguß:

2,8 . . . 4,5 % C,
1,0 . . . 2,8 % Si,
0,5 . . . 1,0 % Mn,
0,3 . . . 1,5 % P,
0,06 . . 0,1 % S.

Normaler Grauguß weist erhöhte Anteile an Schwefel und zur besseren Vergießbarkeit an Phosphor auf. Der Kohlenstoffgehalt liegt zwischen 2,8 und 4,5 %, die Bruchdehnung bei etwa 1 %. Diese Angaben lassen es verständlich erscheinen, daß das Schweißen von Grauguß mit einfachen Mitteln nicht möglich ist. Daher scheiden Konstruktionsschweißungen, wie sie bei Stahlguß üblich und bei Temperguß ebenso wie bei Gußeisen mit Kugelgraphit möglich sind, aus. Dagegen werden Reparaturschweißungen verhältnismäßig häufig vorgenommen, weil gebrochene Gußteile vielfach schwer ersetzt werden können, z. B. weil das Modell nicht mehr vorhanden ist [D 61, P 12]. Die verhältnismäßig hohen Kosten einer Gußeisenschweißung werden dann durch den Vorteil ausgeglichen, daß ein längerer Ausfall des beschädigten Maschinenteiles vermieden wird.

Tabelle 7.7. Graugußsorten nach DIN 1 691 (Auszug)

Kurzzeichen	Wanddicke mm	Erwartungswerte für R_m im Gußstück N/mm²
GG-15	5–10	155
	10–20	130
	20–40	110
	40–80	95
	80–150	80
GG-20	5–10	205
	10–20	180
	20–40	155
	40–80	130
	80–150	115
GG-25	80–150	155
GG-30	80–150	195
GG-35	80–150	225

7.3.1 Artgleiches Gußeisenschweißen mit Vorwärmen (Gußeisenwarmschweißen)

Dieses Verfahren ist dadurch gekennzeichnet, daß das Gußstück ganz oder teilweise auf Temperaturen von etwa 600 bis 650 °C erwärmt und mit artgleichem Zusatzwerkstoff geschweißt wird. Sowohl das Anwärmen als auch das Abkühlen nach dem Schweißen muß sehr langsam, d. h. unter Umständen innerhalb vieler Stunden erfolgen. Beim Aufheizen sollen 200 K/h nicht überschritten werden, beim Abkühlen sind bei empfindlichen Teilen 40 K/h, bei sonstigen Teilen 100 K/h einzuhalten [P 12]. Da das Schweißgut wegen seiner naheeutektischen Zusammensetzung sehr dünnflüssig ist, muß die eigentliche Schweißstelle eingeformt werden, beispielsweise mit Hilfe von Formkohleplatten (Bild 7.5). Die hautartige Schicht von Eisenoxidul, die sich auf der Oberfläche der Schmelzbäder und der Schmelztropfen bildet, wird durch ein geeignetes Flußmittel beseitigt. Als Verfahren kommen das Gas- oder Lichtbogenschweißen von Hand in Betracht. Das Flußmittel befindet sich beim Lichtbogenschweißen in der Elektrodenumhüllung, beim Gasschweißen muß es getrennt aufgebracht werden. Einwandfreie Ausführung vorausgesetzt, entsteht eine Schweißverbindung, deren Eigenschaften denjenigen des ungeschweißten Werkstoffs entsprechen.

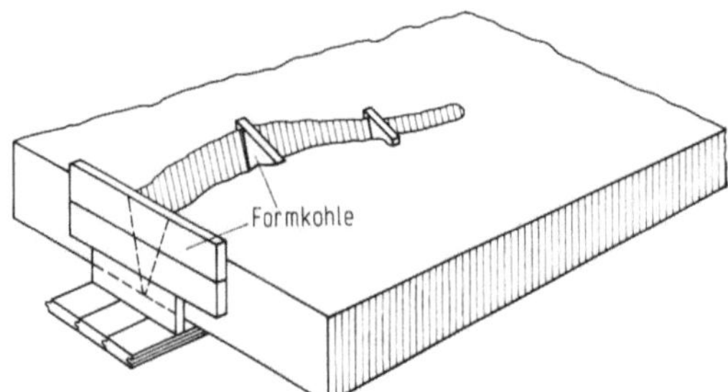

Bild 7.5. Einformen großer Schweißquerschnitte und Unterteilen des Querschnittes in Kammern

7.3.2 Artfremdes Gußeisenschweißen ohne Vorwärmen (Gußeisenkaltschweißen)

Beim Schweißen ohne Vorwärmung ist eine homogene Schmelzverbindung gleichartigen Grund- und Zusatzwerkstoffes nicht möglich. Das Gußstück kann daher nicht in allen seinen ursprünglichen Güteeigenschaften vollwertig wiederhergestellt werden. Der Zusatzwerkstoff ist immer artfremd und weist daher andere Güteeigenschaften auf als der Grundwerkstoff. Gefügeveränderungen in den Randzonen und hohe Eigenspannungen sind unvermeidlich. In Fällen jedoch, in denen ein Gußstück nicht als Folge normaler Betriebsbeanspruchungen, sondern durch einmalige außergewöhnliche Beanspruchung (Unfall, Überlastung usw.) beschädigt worden ist, kann auch eine Gußeisenkaltschweißung erfolgversprechend sein. Infolge der unvermeidbaren hohen Aufhärtungen in der WEZ muß allerdings mit dem Vorhandensein von Mikrorissen gerechnet werden.

Um die nachteiligen Wirkungen des Schweißprozesses möglichst gering zu halten, wird bei dem im allgemeinen angewendeten Verfahren des Lichtbogenhandschweißens oder des Metallschutzgasschweißens (MAGC) ein verformungsfähiger Zusatzwerkstoff (Nickel, Nickel-Eisen-Legierungen, Monel) gewählt, der möglichst „kalt" zugeführt wird. Man verwendet also kleine Elektrodendurchmesser und die Strichraupentechnik. Um örtliche Wärmekonzentrationen zu vermeiden, werden die einzelnen Raupen gegeneinander versetzt geschweißt. Um die durch das Schrumpfen des Schweißgutes verursachten Eigenspannungen klein zu halten, werden die einzelnen Raupen vor dem Erkalten durch Hämmern leicht gestreckt. Die Temperatur im Werkstück soll neben der Schweißzone nicht über 70 °C ansteigen. Gelegentlich verwendet man zusätzliche mechanische Hilfsmittel, um die Festigkeit der Verbindung zu erhöhen [E 10]. Hinweise auf Zusatzwerkstoffe finden sich in DIN 8 573, vgl. Tabelle 7.8.

Tabelle 7.8. Zusatzwerkstoffe zum Schweißen von Gußeisen (in Anlehnung an DIN 8 573)

Kurzzeichen	Art	Schweißguttyp	Anwendung
Artgleiche Zusätze für das Warmschweißen			
FeC-1	nicht oder sehr dünn umhüllt	GG	GG
FeC-2	Stahlstab oder Stahlmantel Umhüllung oder Füllung mit C, Si	GG	GG
FeC-G	Stab, Elektrode, Fülldraht	GGG	GGG, GTS
Artfremde Zusätze für das Kaltschweißen			
Fe-1	Basisch umhüllte Stabelektrode	Stahl	GTW
Fe-2	Stab- und Fülldrahtelektrode	Stahl (Deltaferrit)	Auftragsschweissung an GG, GGG
Ni	Stab- und Fülldrahtelektrode	Nickel (graphithaltig)	GG (Schweißgut kann gehämmert werden)
NiFe-1	Stab-, Massiv-, Fülldrahtelektrode	60/40 Ni/Fe	GGG, GTS, auch mit Stahl
NiFe-2	Massivdraht	60/40 Ni/Fe	GGG, GTS
NiCu	Stab- und Fülldrahtelektrode	70/30 Ni/Cu Monel	Füll- und Mehrlagenschw. GG, GGG, GTS
CuAl-1	Stab-, Massiv-Fülldrahtelektrode	Cu 10% Al	Untergeordnete Teile GG, GT
CuAl-2	Stab-, Massiv-Fülldrahtelektrode	Cu 7% Al	Untergeordnete Teile GG, GT
CuSn	Stab-, Massiv-Fülldrahtelektrode	Cu 7% Sn	Auftragsschweißen an Lagern (GG)

Hinweise zur praktischen Ausführung siehe [B 20].

7.3.3 Legiertes Gußeisen mit Lamellengraphit

Hochlegiertes austenitisches Gußeisen gemäß Tabelle 7.9 (DIN 1 694) verbindet gute Korrosionsbeständigkeit mit erhöhter Warmfestigkeit und Kaltzähigkeit. Beim Schweißen ergibt sich die Gefahr von Heißrissen in der WEZ. Fertigungsschweißungen sind möglich, Konstruktionsschweißungen werden vermieden. Durch geeignete Zusammensetzung läßt sich die Schweißeignung verbessern [N 10, S 32].

Tabelle 7.9. Austenitisches Gußeisen

Bezeichnung	Werkstoff-Nr.	Handelsname
GGL-NiMn 13 7	0.6652	NOMAG
GGL-NiCuCr 15 6 2	0.6655	Ni-Resist 1
GGL-NiCuCr 15 6 3	0.6656	Ni-Resist 1 b
GGL-NiCr 20 2	0.6660	Ni-Resist 2
GGL-NiCr 20 3	0.6661	Ni-Resist 2 b
GGL-NiSiCr 20 5 3	0.6667	Nicrosilal
GGL-NiCr 30 3	0.6676	Ni-Resist 3
GGL-NiSiCr 30 5 5	0.6680	Ni-Resist 4

7.4 Gußeisen mit Kugelgraphit

Gußeisen mit Kugelgraphit (GGG) ist ein Eisen-Kohlenstoff-Gußwerkstoff, dessen als Graphit vorliegender Kohlenstoffanteil nahezu vollständig eine weitgehend kugelige Form liet.

Tabelle 7.10. Sorten und Eigenschaften[a] von Gußeisen mit Kugelgraphit

Sorte		Zug-[b] festigkeit R_m $N\,mm^{-2}$ mind.	$R_{p0,2}$- Grenze $N\,mm^{-2}$ mind.	Bruch- dehnung A_5 % mind.	Gefüge
Kurzzeichen	Werkstoff-Nr.				
GGG-40	0.7040	390	250	15	vorwiegend ferritisch
GGG-50	0.7050	450	300	7	ferritisch-perlitisch
GGG-60	0.7060	600	360	2	perlitisch-ferritisch
GGG-70	0.7070	700	400	2	vorwiegend perlitisch

[a] Eine ausführliche Darstellung der Werkstoffeigenschaften findet sich in den Mitteilungen, Blatt Nr. 1 403, der Zentrale für Gußverwendung, Düsseldorf, Grunerstr. 31.
[b] Dicke des angegossenen Probestückes 40 mm.

7.4.1 Unlegiertes Gußeisen mit Kugelgraphit

Die üblichen Sorten des unlegierten Gußeisens mit Kugelgraphit sind in DIN 1 693 genormt und in Tabelle 7.10 wiedergegeben.

Die sphärolitische Graphitausbildung, begünstigt durch Zugaben vor allem von Magnesium und Cer, führt zu einer gegenüber Grauguß zwei- bis dreifach höheren Festigkeit und zu wesentlich größerer Dehnung, wobei neben der Graphitausbildung auch das von der Zusammensetzung, den Abkühlbedingungen und der Nachbehandlung abhängige Grundgefüge zu berücksichtigen ist. Ein einfacher Versuch zeigt deutlich das gegenüber Grauguß unterschiedliche Verformungsvermögen [R 22]. Je eine 2 mm dicke Kleinfaltprobe aus Gußeisen mit lamellarem und mit Kugelgraphit wurde unter Beobachtung des Gefüges bis zum Bruchbeginn unter dem Mikroskop gebogen (Bild 7.6). Bei Grauguß wirken die Graphitlamellen als Kerben. Der Bruch erfolgte infolgedessen schlagartig nach einem Biegen um nur 4°. Bei Gußeisen mit Kugelgraphit dagegen beteiligte sich die in diesem Falle ferritische Grundmasse gut erkennbar an der Aufnahme der Belastung (Fließlinien, plastische Verformung). Der Bruch trat nach einem Biegewinkel von 37° auf.

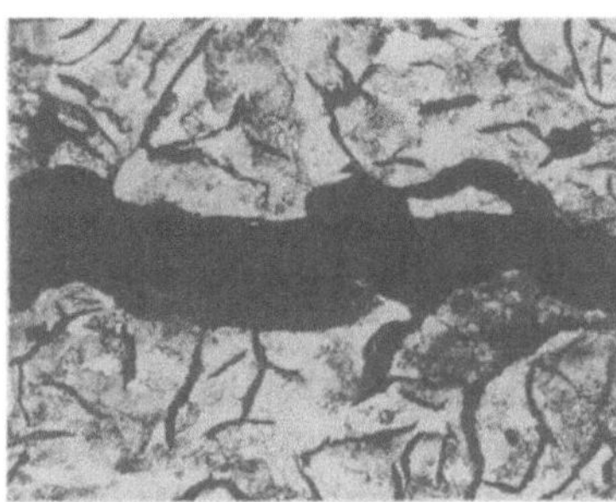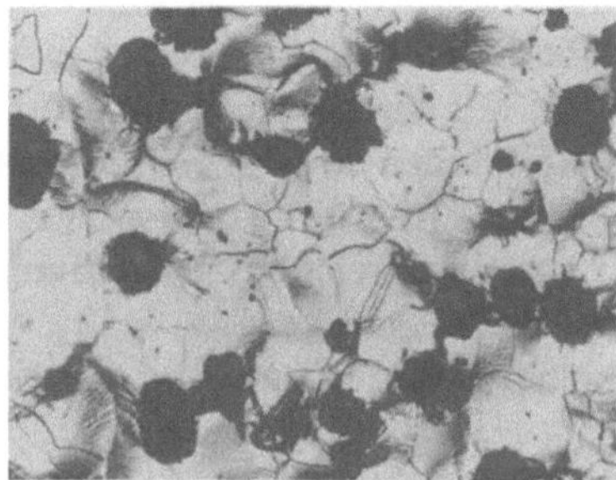

Bild 7.6a u. b. Faltversuch an dünnen Plättchen aus Gußeisen unter dem Mikroskop. Geätzt mit 1 %iger alkoholischer HNO_3. **a** Grauguß, Biegewinkel 4°; **b** Gußeisen mit Kugelgraphit, Biegewinkel 37°

Beim Schweißen von Gußeisen mit Lamellengraphit besteht wegen seiner sehr geringen Verformbarkeit die Gefahr plötzlicher Brüche in Bereichen, die unter Umständen weit von der eigentlichen Schweißstelle entfernt liegen. Solche Brüche werden ohne äußere Beanspruchung bereits durch hohe Schweißeigenspannungen als Folge örtlicher Erwärmung oder ungleichmäßiger Abkühlung verursacht. Diese Gefahr besteht beim Schweißen von Gußeisen mit Kugelgraphit nicht. Das ist auch der Grund, weshalb man sich bei diesem Werkstoff im Gegensatz zu Grauguß Gedanken über die Möglichkeit konstruktiver und nicht nur instandsetzungsbedingter Schweißungen gemacht hat. Grundsätzlich ist anzustreben, Schweißverbindungen ähnlich dem Grundwerkstoff beanspruchen zu können. Hat Gußeisen mit Lamellengraphit eine Bruchdehnung von etwa 1 %, so ist auch von der Schweißverbindung keine höhere Verformbarkeit zu verlangen. Liegt dagegen bei Kugelgraphitgußeisen die Bruchdehnung hoch, so sollte auch von der Schweißverbindung ein gutes Verformungsvermögen verlangt werden. Hier liegt das eigentliche Problem beim Schweißen von Gußeisen mit Kugelgraphit.

7.4.1.1 Schweißen mit artfremdem Zusatzwerkstoff

Für das artfremde Schweißen von Gußeisen mit Kugelgraphit werden Zusatzwerkstoffe des Typs Ni bzw. NiFe DIN 8573 verwendet, Tabelle 7.8. Es wird ohne oder mit geringer Vorwärmung geschweißt. Für ferritischen Guß liegt sie je nach Kompliziertheit der Form bei 100 bis 200 °C, für perlitischen bei 200 bis 300 °C. Dabei treten in der Übergangszone Gefüge hoher Härte bis zu 650 HV auf. Diese martensitisch-ledeburitischen Bereiche sollten keine zusammenhängenden Zonen bilden, was man dadurch sicherstellen kann, daß man eine geeignete Schweißtechnik wählt: Kleiner Elektrodendurchmesser, kurzer Lichtbogen, niedriger Schweißstrom, kurze Strichraupen von 20 bis 30 mm Länge, Abkühlung zwischen den einzelnen Raupenabschnitten, Wechsel der Schweißrichtung zwischen den Lagen bei Mehrlagenschweißung, steiles Ansetzen der Elektrode. Als Verfahren kommen neben dem Lichtbogenhandschweißen auch das MIG- und das WIG-Schweißen in Frage. Dagegen wird das Schweißen unter CO_2 oder Mischgas nicht empfohlen, weil dann eine Oxidation des den Kugelgraphit stabilisierenden Magnesiums erfolgt [H 21]. Kurzlichtbogen- und Engspalttechnik spielen eine Rolle. Mit dieser Methode können sowohl Kugelgraphitgußeisenteile untereinander als auch mit Stahl gefügt werden. Zur praktischen Ausführung siehe auch [K 26].

Es wird auch von erfolgreichen Schweißungen mit Stahlelektroden berichtet, jedoch steigt dabei die Rißgefahr [L 9, S 32].

Die hochnickelhaltigen Zusatzwerkstoffe sind gegenüber GGG hochschmelzend, so daß im an das Schweißgut angrenzenden Grundwerkstoff eine nichtvermischte Aufschmelzzone entsteht, wie sie u. a. von [S 33] beschrieben worden ist. Derartige Zonen, in denen beim Abkühlen hohe Schrumpfspannungen wirksam werden, lassen sich durch NiFeMn-Zusätze z. B. mit der Zusammensetzung 0,25% C, 40% Ni, 11% Mn, 0,15% Si vermeiden, da ihre Liquidustemperatur etwa 100 K niedriger liegt. Außerdem entspricht ihre Wärmeausdehnung ungefähr derjenigen des GGG. Allerdings werden zur Zähigkeit der Verbindungen keine Angaben gemacht [K 21].

Die mit dem artfremden Schweißen erzielbaren Güten entsprechen der Güteklasse B (VDG-Merkbl. N 70).

7.4.1.2 Schweißen mit artgleichem Zusatzwerkstoff

Wird Gußeisen mit Kugelgraphit ohne Vorwärmen örtlich aufgeschmolzen und kühlt die Schmelze unter den beim Schweißen üblichen Bedingungen ab, so erstarrt sie nach dem metastabilen System, d. h. es bildet sich Ledeburit in der Übergangszone. Durch kurzzeitiges Erhitzen der unteren Lagen beim Gas- oder Schutzgasmehrlagenschweißen kann der Zementit des Ledeburits zum Zerfall gebracht und erneut Kugelgraphit in ferritisch-perlitischer Grundmasse gebildet werden [R 23]. Vollständig läßt sich auf diese Weise jedoch der Ledeburit nicht beseitigen, insbesondere bleibt die Decklage hart, und eine meßbare Verformungsfähigkeit der Verbindung ist nicht festzustellen. Erst eine nachträgliche zweistufige Wärmebehandlung, und zwar bei 900 °C zur Beseitigung des Ledeburits und bei 700 °C zur vollständigen Ferritisierung des Grundgefüges, führt zu einer befriedigenden Verformungsfähigkeit.

Artgleich wird daher wie bei Gußeisen mit Lamellengraphit mit Vorwärmung auf 400 bis 700 °C geschweißt. Allerdings muß hier nicht das ganze Gußstück vorgewärmt werden, weil die gute Verformbarkeit des GGG Risse außerhalb der Schweißung unter der Wirkung von Wärmespannungen ausschließt. Als Zusatzwerkstoff verwendet man FeC-G nach DIN 8573 unter Anwendung aller üblichen Schweißverfahren. Nach dem Schweißen sollte die Abkühlung vor allem im Bereich von 750 bis 680 °C verzögert erfolgen. Eine nachträgliche Wärmebehandlung bei 900 °C/3 h + 700 °C/16 h wird empfohlen [H 21]. Das Verfahren ist also energie- und zeitinensiv und wird aus diesem Grunde nur selten angewendet.

7.4.1.3 Schweißen mit Nahtformung

Wählt man als Lichtbogenträger eine Stahlelektrode, die, um den Lichtbogen zu stabilisieren, umhüllt und außerdem von einem Mantel aus Kugelgraphitgußeisen umgeben ist, so schmilzt dieser Mantel während des Schweißens infolge der Lichtbogenwärme ab, ohne in die eigentliche Lichtbogenzone zu gelangen [R 22]. Dadurch können die Magnesiumverluste klein gehalten werden, und es gelangen mehr als 50% des Ausgangsgehaltes in das Schmelzbad. Schweißt man mit einer derartigen Elektrode unter Verwendung einer Nahteinformung, um die maximal zulässigen Abkühlgeschwindigkeiten nicht zu überschreiten, so erhält man bereits im Gußzustand Gußeisen mit Kugelgraphit in perlitisch-ferritischer Grundmasse. Das Verfahren dürfte nur in Sonderfällen anwendbar sein. Unter Nahteinformung versteht man dabei das Abstützen des flüssigen Schweißgutes durch eine Form, die z. B. aus Quarzsand mit Betonit als Bindemittel bestehen kann. Bei einfachen Bauteilen wie etwa Rundstäben ist dies leicht durchführbar.

7.4.2 Legiertes Gußeisen mit Kugelgraphit

Es gibt vergütbare, austenitische und martensitische Gußeisensorten, die ebenfalls den Kohlenstoff in Form von Kugelgraphit enthalten.

Ein niedriger Si-Gehalt und ein Zusatz von 0,05 bis 0,3 % Nb verbessert die Schweißeignung. Wie bei allen Ni enthaltenden Werkstoffen sind die Gehalte an P und S so niedrig wie möglich zu halten. Für das Fertigungsschweißen (Schweißen im Verlauf der Gußherstellung) wird vorwiegend das Lichtbogen-Handschweißen eingesetzt unter Verwendung von 60/40 Ni/Fe-Elektroden. Auch MIG- und WIG-Schweißen kommen in Betracht. Konstruktionsschweißungen werden selten ausgeführt. Eine sich an das Schweißen anschließende Wärmenachbehandlung bei 620 bis 680 °C oder eine Graphitisierungsglühung bei 950 bis 1 050 °C wird empfohlen [N 10]. Die in DIN 1 694 genormten Gußeisensorten sind in Tabelle 7.11 zusammengefaßt.

Je nach Zusammensetzung und Graphitausbildung haben die Legierungen unterschiedliche Eigenschaften, wie Korrosions-, Erosions-, Hitzebeständigkeit, Thermoschockbeständigkeit und kaltzähes Verhalten bis −196 °C.

Als Schweißverfahren werden für Konstruktionsschweißungen das Metallichtbogenschweißen mit Stabelektrode und das MIG-Schweißen herangezogen. Beim Erwärmen des Grundwerkstoffs diffundiert Kohlenstoff aus den Graphitkugeln in den Austenit. Während der Abkühlung bildet sich um die Kugeln Schmelze, die metastabil, also ledeburitisch, erstarrt und Rißbildung in der WEZ zur Folge hat. Infolge Karbidbildung durch Aufmischung mit dem Grundwerkstoff versprödet außerdem auch das Schweißgut [D 33].

Tabelle 7.11. Austenitisches Gußeisen mit Kugelgraphit

Bezeichnung	Werkstoff-Nr.
GGG-NiMn 13 7	0.7652
GGG-NiCr 20 2	0.7660
GGG-NiCrNb 20 2	0.7659
GGG-NiCr 20 3	0.7661
GGG-NiSiCr 20 5 2	0.7665
GGG-Ni 22	0.7670
GGG-NiMn 23 4	0.7673
GGG-NiCr 30 3	0.7676
GGG-NiCr 30 1	0.7677
GGG-NiSiCr 30 5 2	0.7679
GGG-NiSiCr 30 5 5	0.7680
GGG-Ni 35	0.7683
GGG-NiCr 35 3	0.7685
GGG-NiSiCr 35 5 2	0.7688

7.5 Gußeisen mit Vermiculargraphit

Der Vermiculargraphit liegt hinsichtlich Form und Entstehung zwischen Kugel-
und Lamellengraphit („wurmförmiger" Graphit. vermiculus = Würmchen) [R 24].
Der Werkstoff verbindet höhere Festigkeit einschließlich Schwingfestigkeit und
Zähigkeit gegenüber Grauguß mit Lamellengraphit mit höherer Temperaturleit-
fähigkeit und besserer Dämpfung gegenüber Gußeisen mit Kugelgraphit. Er ist
nicht genormt. Es gibt ferritischen (GGV-30) und perlitischen (GGV-40) Vermicu-
largraphitguß. Bisher gibt es nur einige sehr spezielle Anwendungsgebiete (Abgas-
krümmer, Zylinderköpfe für Großdieselmotoren). Über das Schweißen von
Gußeisen mit Vermiculargraphit ist bisher nichts bekannt geworden. Die
Schweißeignung dürfte etwa derjenigen von nicht entkohlend geglühtem (schwarzem) Temperguß entsprechen.

8 Nichteisenmetalle

8.1 NE-Schwermetalle

8.1.1 Blei

Wegen des Auftretens toxischer Bleidämpfe ist die Anwendung hoher Temperaturen, d. h. des Lichtbogenschweißens, nicht zu empfehlen. Wird es dennoch eingesetzt, ist die Verwendung eines Atmungsfilters erforderlich.

Man schweißt überwiegend mit der Wasserstoff-Sauerstoff-Flamme, die mit leichtem Brenngasüberschuß eingestellt wird, so daß die Bildung von Oxidhäuten möglichst vermieden wird. Die hohe Wärmedehnung kann Anlaß zu Lunkern und Mikrorissen geben. Sulfatschichten auf der Oberfläche, wie sie bei Akkumulatorenplatten aus Blei-Antimon-Legierungen vorliegen können, sind durch Beizen zu entfernen. Bleilegierungen sind in DIN 16 640 genormt, wobei die Akkumulatorlegierungen am ehesten für Fügeaufgaben in Betracht kommen:

Akkumulatorlegierung	Werkstoff-Nr.
PbSb 3 CuS	2.3213
PbSb 3 Se	2.3215
PbSb 5 CuS	2.3216
PbSb 5 Se	2.3218
PbSb 9 Cu	2.3217

Physikalische Eigenschaften siehe Tabelle 8.1.

Tabelle 8.1. Die physikalischen Eigenschaften von Blei [S 35]

Schmelzpunkt	°C	327
Dichte bei 20 °C	$g\,cm^{-3}$	11,7
Wärmeausdehnungsbeiwert bei 0/100 °C	$10^{-6}\,K^{-1}$	29,0
Spezifischer elektrischer Widerstand bei 20 °C	$\Omega\,mm^2\,m^{-1}$	0,21
Elastizitätsmodul bei 20 °C	$N\,mm^{-2}$	16 400
Spezifische Wärmekapazität bei 0/100 °C	$kJ\,kg^{-1}\,K^{-1}$	0,13
Wärmeleitfähigkeit bei 0/100 °C	$W\,m^{-1}\,K^{-1}$	34,75

8.1.2 Gold

WIG-Schweißen mit Gleichstrom, Elektrode am Minuspol oder mit hochfrequenz-überlagertem Wechselstrom.

Punktschweißen mit Wolframelektroden nach einer Oberflächenbehandlung durch Polieren und Entfetten mittels Alkohol. Preßstumpfschweißen von Drähten [G 20]. Besonders gut eignet sich das Kaltpreßschweißen als Schweißverfahren, wenn die geometrischen Bedingungen dafür gegeben sind. Physikalische Eigenschaften s. Tabelle 8.2.

Tabelle 8.2. Die physikalischen Eigenschaften von Gold [S 35]

Schmelzpunkt	°C	1 063
Dichte bei 20 °C	$g\,cm^{-3}$	19,3
Wärmeausdehnungsbeiwert bei 0/100 °C	$10^{-6}\,K^{-1}$	14,1
Spezifischer elektrischer Widerstand bei 20 °C	$\Omega\,mm^2\,m^{-1}$	0,02
Elastizitätsmodul bei 20 °C	$N\,mm^{-2}$	81 000
Spezifische Wärmekapazität bei 0/100 °C	$kJ\,kg^{-1}\,K^{-1}$	0,13
Wärmeleitfähigkeit bei 0/100 °C	$W\,m^{-1}\,K^{-1}$	310

8.1.3 Hafnium

Hafnium wird hauptsächlich im Elektronenstrahlofen zu Blöcken erschmolzen. Die so erhaltenen Blöcke werden dann mit hohem Umformgrad verschmiedet, um ein feinkörniges Gefüge für die Weiterverarbeitung zu Halbzeug wie Blechen, Bändern, Stangen, Rohren und Formteilen zu erhalten. Es handelt sich um einen Sonderwerkstoff, der fast ausschließlich wegen seines hohen Einfangquerschnitts für thermische Neutronen als Absorbermaterial in Kernreaktoren und für Sonderzwecke verwendet wird.

Hafnium gilt als gut schweißbar. Niedrige Wärmedehnung und niedriger E-Modul führen zu geringem Verzug und niedrigen Schweißeigenspannungen. Der Werkstoff ist reaktionsfreudig und deshalb vor Gaszutritt zu schützen. WIG-Schweißen mit Wechselstrom oder Gleichstrom bei negativ gepolter Elektrode und MIG-Schweißen unter Argon oder Helium sind üblich. Auch das Elektronenstrahlschweißen wird eingesetzt [L 10].

Tabelle 8.3. Die physikalischen Eigenschaften von Hafnium

Schmelzpunkt	°C	2 220
Dichte bei 20 °C	$g\,cm^{-3}$	13,1
Wärmeausdehnungsbeiwert bei 0/100 °C	$10^{-6}\,K^{-1}$	6,0
Wärmeleitfähigkeit bei 0/100 °C	$W\,m^{-1}\,K^{-1}$	21
Spezifische Wärmekapazität bei 20 °C	$kJ\,kg^{-1}\,K^{-1}$	0,146
Spezifischer elektrischer Widerstand bei 20 °C	$\Omega\,mm^2\,m^{-1}$	0,306
Elastizitätsmodul	$N\,mm^{-2}$	140 000

8.1.4 Iridium

Iridium gehört zu den ausgesprochenen Sonderwerkstoffen. Es zeichnet sich aus durch einen hohen Schmelzpunkt, gute Hochtemperaturfestigkeit und Oxidationsbeständigkeit. Bekannt sind Legierungen mit 10 bis 20% Platin, deren gute Korrosionsbeständigkeit gegenüber chemischem Angriff, insbesondere auch gegen Chlor, genutzt wird. Eine weitere Legierung mit 0,3% Wolfram und einer Dotierung mit 60 bis 200 Masse-ppm Thorium wird für thermoelektrische Generatoren in Raumfahrzeugen eingesetzt [D 37]. Das Thorium festigt die Korngrenzen und soll interkristalline Risse verhindern. WIG-Schweißungen zeigten Heißrisse in der WEZ. Queroszillation des Lichtbogens verbesserte die Situation. Dagegen hat sich das Laserschweißen mit cw-CO_2-Laser bewährt. Das Gefüge ist dabei stark von der gewählten Schweißgeschwindigkeit abhängig.

Tabelle 8.4. Die physikalischen Eigenschaften von Iridium [S 35]

Schmelzpunkt	°C	2 443
Dichte bei 20 °C	$g\,cm^{-3}$	22,5
Wärmeausdehnungsbeiwert bei 0/100 °C	$10^{-6}\,K^{-1}$	6,8
Wärmeleitfähigkeit bei 0/100 °C	$W\,m^{-1}\,K^{-1}$	59
Spezifische Wärmekapazität bei 0/100 °C	$kJ\,kg^{-1}\,K^{-1}$	0,133
Spezifischer elektrischer Widerstand bei 20 °C	$\Omega\,mm^2\,m^{-1}$	0,053
Elastizitätsmodul	$N\,mm^{-1}$	548 000

8.1.5 Kobaltlegierungen

Kobalt weist zwei allotrope Modifikationen auf. Unterhalb 417 °C ist es hexagonal aufgebaut (ε), darüber bis zum Schmelzpunkt kubischflächenzentriert (α).

In Form des reinen Metalls besitzt Kobalt keine Bedeutung als technischer Konstruktionswerkstoff. Neben seiner wichtigen Rolle als Legierungselement in Warmarbeits- und Hochleistungs-Schnellstählen und in *Stelliten* (mit W, Mo und Cr) sowie als Bindemittel in Sinterhartmetallen hat Co jedoch in jüngerer Zeit als Basismetall für hochwarmfeste Legierungen (400 bis 1 100 °C) stark an Bedeutung gewonnen. Diese für Hochtemperaturzwecke (Gasturbinen, Triebwerksteile) geeigneten *Superlegierungen* sind auf Eisen-, Nickel-oder Kobaltbasis aufgebaut. Die gute Zunder- und Oxidationsbeständigkeit bei hohen Temperaturen wird durch Cr (etwa 20 bis 25%) bewirkt. Physikalische Eigenschaften s. Tabelle 8.5.

Tabelle 8.5. Die physikalischen Eigenschaften von Kobalt [S 35]

Schmelzpunkt	°C	1 495
Dichte bei 20 °C	$g\,cm^{-3}$	8,85
Wärmeausdehnungsbeiwert bei 20/100 °C	$10^{-6}\,K^{-1}$	12,5
Wärmeleitfähigkeit bei 20 °C	$W\,m^{-1}\,K^{-1}$	69
Spezifische Wärmekapazität bei 20 °C	$kJ\,kg^{-1}\,K^{-1}$	0,4018
Spezifischer elektrischer Widerstand bei 20 °C	$\Omega\,mm^2\,m^{-1}$	0,062
Elastizitätsmodul	$N\,mm^{-2}$	215 000

Bekannt geworden sind insbesondere die in Tabelle 8.6 zusammengestellten Legierungen auf Kobaltbasis.

Tabelle 8.6. Legierungen auf Kobaltbasis

Bezeichnung	Zusammensetzung in Masse-%										
	C	Mn	Si	Cr	Ni	Co	Mo	W	Nb	Fe	Sonstige
S 816	0,38	1,2	0,4	20	20	Rest	4	4	4	4	
HS 21	0,25	0,6	0,6	27	3	62	5	–	–	1	
HS 30	0,40	0,6	0,6	24	16	51	6	–	–	1	
HS 31	0,5	0,5	0,5	25	10	Rest	–	8	–	1,5	
HA 25 (L 605)	< 0,15	1,5	0,5	20	10	Rest	–	15	–	–	
HA 36 (L 251)	0,4	1,2	0,5	19	10	54	–	14,5	–	1	0,03 B
V 36	0,27	1	0,4	25	20	Rest	4	2	2	3	

Die Superlegierungen sind vielfach aushärtbar. Nach [L 11] läßt sich die Schweißbarkeit der Kobaltbasislegierungen mit derjenigen austenitischer Stähle vergleichen. Meist wird mit gleichartigem Zusatzwerkstoff geschweißt [C 6], zum Verbinden ungleichartiger Werkstoffe können austenitische Schweißzusatzwerkstoffe eingesetzt werden. Die Legierung HA 25, die vor allem für Dünnblechkonstruktionen im Flugzeugbau verwendet wird, kann auch widerstandspunkt- und -nahtgeschweißt und hartgelötet werden (entspricht LW 2.4964).

Als Aufschweißhartlegierungen auf der Basis Co–Cr–W mit geringen Zusätzen an Mo, V, Nb, Ta, Ni und B, deren Härte vom C-Gehalt abhängt (Co erhöht vor allem die Zähigkeit), sind in den USA folgende Legierungen genormt (Tab. 8.7):

Tabelle 8.7. Aufschweißhartlegierungen

Bezeichnung AWS–ASTM	Zusammensetzung in Masse-%								
	Co	Mn	C	W	Ni	Cr	Mo	Fe	Si
R Co Cr A	etwa 58	1	0,9 bis 1,4	3 bis 6	3	26 bis 32	1	3	0,4 bis 2
R Co Cr B	etwa 52	1	1,2 bis 1,7	7 bis 9,5	3	26 bis 32	1	3	0,4 bis 2
R Co Cr C	etwa 48	1	2 bis 3	11 bis 14	3	26 bis 32	1	3	0,4 bis 2

Die Legierung HS 21 (Stellit 21) wird für das Panzern von Schmiedegesenken verwendet, um die Standmenge zu erhöhen [R 19].

8.1.6 Kupfer und Kupferlegierungen

8.1.6.1 Kupfer

Der Sauerstoffgehalt

Kupfer, das durch Schweißen weiterverarbeitet werden soll, muß sauerstofffrei sein. Bei Anwesenheit von Sauerstoff (in sauerstoffhaltigem E-Cu vorzugsweise zwischen 0,015 und 0,04 %) wird Kupfer(I)-Oxid gebildet (Cu_2O), das mit Kupfer bei

1065 °C ein Eutektikum bildet (Bild 8.1). Da Kupfer(I)-Oxid sehr spröde ist, weisen Schweißverbindungen an sauerstoffhaltigem Kupfer nur eine geringe Zähigkeit auf.

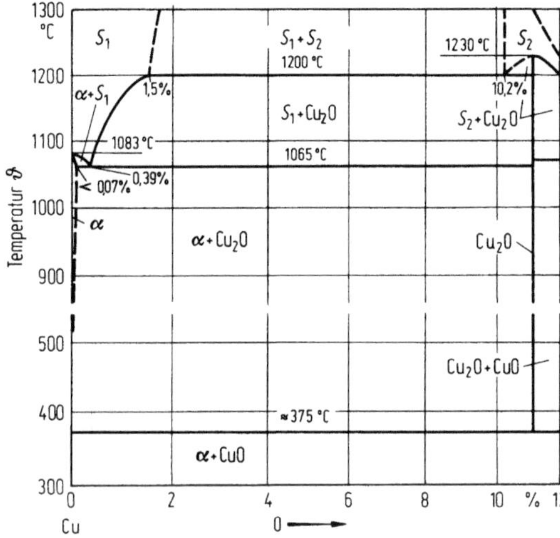

Bild 8.1. Zustandsschaubild Kupfer-Sauerstoff [H 22]

Beim Gasschweißen kommt als weitere Versprödungserscheinung in sauerstoffhaltigem Kupfer die sogenannte Wasserstoffkrankheit hinzu. In der ersten Verbrennungsstufe gemäß

$$C_2H_2 + O_2 = 2\,CO + H_2$$

noch vorhandener Wasserstoff vermag in festes, hocherwärmtes Kupfer einzudringen und das dort befindliche Cu_2O zu reduzieren:

$$Cu_2O + H_2 = 2\,Cu + H_2O.$$

Dabei bilden sich metallisches Kupfer und Wasserdampf, der im Kupfer unlöslich ist, nicht entweichen kann und daher unter hohem Druck an den Entstehungsstellen eingeschlossen bleibt. Das Gefüge wird in diesen Bereichen gelockert, und das Kupfer wird brüchig.

Die sauerstofffreien Kupfersorten (Tab. 8.8) werden mit Phosphor desoxidiert, wobei nach DIN 1 787 der Phosphorrestgehalt 0,015 bis 0,05 % betragen soll. Da dieser Restgehalt die elektrische Leitfähigkeit auf 35 bis 50 $\Omega^{-1}\,mm^{-2}\,m$ herabsetzt, sind die P-desoxidierten Kupfersorten für die Verwendung in der Elektrotechnik nicht geeignet. Ein auch für diese Zwecke geeignetes und gut schweißbares Kupfer (SE-Cu) wird in sauerstofffreier Atmosphäre erschmolzen oder statt mit Phosphor durch Beigabe von Lithium oder Bor desoxidiert.

Tabelle 8.8. Kupfersorten nach DIN 1 787

Kurzzeichen	Werkstoff-Nr.	Zusammensetzung in Masse-%	Dichte kg/dm^3 $\approx$
Sauerstoffhaltiges Kupfer			
E-Cu 58	2.0065	Cu $\geq$ 99,90[a] Sauerstoff 0,005 bis 0,040[b]	8,9
E-Cu 57[e]	2.0060	Cu $\geq$ 99,90[a] Sauerstoff 0,005 bis 0,040[b]	8,9
Sauerstofffreies Kupfer, nicht desoxidiert			
OF-Cu	2.0040	Cu $\geq$ 99,95	8,9
Sauerstofffreies Kupfer, mit Phosphor desoxidiert			
SE-Cu[c]	2.0070[c]	Cu $\geq$ 99,90[a] P $\approx$ 0,003[d]	8,9
SW-Cu	2.0076	Cu $\geq$ 99,90 P 0,005 bis 0,014	8,9
SF-Cu	2.0090	Cu $\geq$ 99,90 P 0,015 bis 0,040	8,9

[a] Der Reinheitsgrad gilt als eingehalten, wenn die elektrische Leitfähigkeit im weichen Zustand bei E-Cu 58 $\geq$ 58,0 m/$\Omega\cdot$mm^2, bei E-Cu 57 und SE-Cu $\geq$ 57,0 m/$\Omega\cdot$mm^2 beträgt. Probenahme und Prüfverfahren sind zu vereinbaren.

[b] Örtliche Überschreitungen des oberen Grenzwertes sind zulässig. Einengungen innerhalb der angegebenen Grenzen sind bei Bestellung zu vereinbaren.

[c] SE-Cu wird im allgemeinen mit einer elektrischen Leitfähigkeit im weichen Zustand von $\geq$ 57,0 m/$\Omega\cdot$mm^2 geliefert. Auf Vereinbarung kann es auch mit einer elektrischen Leitfähigkeit von $\geq$ 58,0 m/$\Omega\cdot$mm^2 und niedrigerem Phosphorgehalt geliefert werden.

[d] Phosphor kann ganz oder teilweise durch andere Desoxidationsmittel ersetzt werden.

[e] Früheres Kurzzeichen E-Cu (siehe DIN 40 500 Blatt 1 bis Blatt 3, Ausgabe September 1970).

Die Entfestigung von Kupfer

Das Gefüge der Schweißnaht entspricht demjenigen von gegossenem Kupfer. Es ist grobkristallin und hat ungünstige Festigkeitswerte. Durch Warmverformung kann das Gußgefüge in ein feinkörniges Gefüge umgewandelt werden. Deshalb werden beispielsweise gasgeschweißte Nähte warmgehämmert. Auf diese Weise kann die Festigkeit der Schweißverbindungen auf 200 N mm^{-2} und darüber gesteigert werden (von z. B. 160 bis 190 N mm^{-2} nach dem Gasschweißen). Infolge des grobkörnigen Gefüges in der Übergangszone liegt jedoch die $R_{p0,2}$-Grenze niedrig. Hierauf muß geachtet werden, wenn nur eine begrenzte Verformung zulässig ist. In solchen Fällen ist die zulässige Beanspruchung auf etwa 60 N mm^{-2} zu begrenzen.

Einfluß der physikalischen Eigenschaften

Da Schmelztemperatur, spezifische Wärme und Schmelzwärme des Kupfers unter den entsprechenden Werten für Stahl liegen, ist die zum Erwärmen auf Schmelztemperatur und zum Schmelzen von 1 kg Kupfer erforderliche Wärmemenge kleiner als bei Eisen (Tab. 8.9). Die Wärmeleitfähigkeit ist jedoch bei Kupfer

Tabelle 8.9. Physikalische Eigenschaften von Kupfer im Vergleich mit Eisen [S 35]

Eigenschaft		Kupfer	Eisen
Schmelzpunkt	°C	1 083	1 536
Schmelzwärme	kJ kg^{-1}	220	270
Siedepunkt bei 760 Torr	°C	2 590	3 070
Spezifische Wärmekapazität bei 0/100 °C	kJ kg^{-1} K^{-1}	0,4	0,46
Wärmeleitfähigkeit bei 0/100 °C	W m^{-1} K^{-1}	394	75
Mittlerer linearer Wärmeausdehnungskoeffizient bei 25/300 °C	10^{-6} K^{-1}	17,7	12
Elastizitätsmodul bei 20 °C	N mm^{-2}	132 000	215 000
Schubmodul bei 20 °C	N mm^{-2}	49 000	83 000
Elektrische Leitfähigkeit (Leitkupfer)	Ω^{-1} mm^{-2} m	58	10

(SF-Cu) etwa sechsmal so groß und verursacht beim Schweißen ein rasches Abfließen der zugeführten Wärme in den die Schweißstelle umgebenden Grundwerkstoff. Dickwandige Teile müssen deshalb hoch vorgewärmt werden, und die Wärmezufuhr muß möglichst konzentriert erfolgen.

Die hohe elektrische Leitfähigkeit erschwert die Anwendung der Widerstandsschweißverfahren. Punktschweißen ist unter geeigneten Arbeitsbedingungen (hoher Strom, kurze Schweißzeit) bis zu 2 mm Wanddicke möglich, desgleichen Nahtschweißen. Das Abbrennschweißen ist möglich [M 24], wird für die Herstellung von Schweißverbindungen an Kupfer jedoch selten angewendet, während das Preßstumpfschweißen für verhältnismäßig kleine Querschnitte einsetzbar ist.

Für die niedriglegierten Kupfersorten nach DIN 17 666 wie z. B. CuAg 0,1, CuMg 0,4 und CuZn 0,5 gelten die gleichen Gesichtspunkte wie für reines Kupfer.

Die *Kupfergußwerkstoffe* G-Cu, G-CuL 45 und G-SCuL 50 nach DIN 17 655 können hartgelötet und geschweißt werden, G-CuCr ist im Zustand lösungsgeglüht und abgeschreckt gut schweiß- und lötbar.

8.1.6.2 Kupferlegierungen

Die Kupferlegierungen weisen höhere Festigkeit, teilweise auch höhere Verschleißfestigkeit und Korrosionsbeständigkeit als reines Kupfer auf. Elektrische und Wärmeleitfähigkeit liegen niedriger (Tab. 8.10). Deshalb brauchen Werkstücke aus Kupferlegierungen im Gegensatz zu solchen aus Kupfer zum Schweißen nicht oder nur wenig vorgewärmt zu werden.

Kupfer-Zink-Legierungen (Messing)

Sie enthalten nach DIN 17 660 mindestens 50 % Cu und als Hauptlegierungszusatz Zn.

Bestimmte Sorten enthalten Zusätze an Ni, Mn, Fe, Sn, Al und Si. (Bei hohen Anforderungen an die Korrosionsbeständigkeit kann das Schweißen Al-haltiger Legierungen nicht empfohlen werden.)

Tabelle 8.10. Physikalische und Festigkeitseigenschaften von Kupfer, Kupferlegierungen und Stahl

Werkstoff (Kurzzeichen)	Schmelzpunkt bzw.-bereich °C	Ausdehnungs- beiwert (25 bis 300 °C) $10^{-6}/K$	Wärme- leitfähigkeit bei 20 °C $W/m \cdot K$	Elektrische Leitfähigkeit bei 20 °C $m/\Omega \cdot mm^2$	Zugfestigkeit R_m N/mm^2	0,2-Dehngrenze $R_{p0,2}$ N/mm^2	Bruchdehnung A_5 %	A_{10} %
OF-Cu	1083	17	≥ 390	≥ 58	200 bis $\geq$ 360	100 bis $\geq$ 320	42 bis 3	36 bis $\geq$ 2
SF-Cu	1083	17	314 bis 356	35 bis 50	≥ 290	≥ 120	≥ 50	≥ 45
CuAsP	1080 bis 1083	17	100 bis 205	15 bis 30	≥ 350	≥ 160	≥ 40	≥ 35
CuMn 2	1045 bis 1060	17,5	126	20	290 bis $\geq$ 440	80 bis $\geq$ 390	50 bis $\geq$ 10	45 bis $\geq$ 8
CuMn 5	1015 bis 1035	21	42	7	350 bis $\geq$ 590	100 bis $\geq$ 390	45 bis $\geq$ 6	40 bis $\geq$ 5
CuSi 2 Mn	1030 bis 1060	17,9	59	5,4 bis 5,8	270 bis $\geq$ 520	$\leq$ 155 bis $\geq$ 470	50 bis 0	45 bis 5
CuSi 3 Mn	970 bis 1025	18	38	3,8 bis 4	290 bis $\geq$ 610	200 bis $\geq$ 580	50 bis 0	44 bis 0
CuZn 28	920 bis 950	19,8	117	16	≥ 340	≥ 140	≥ 30	—
CuZn 37	900 bis 910	20,5	113	15	340 bis $\geq$ 610	290 bis $\geq$ 540	45 bis 0	40 bis 0
CuZn 30 Al	960 bis 1010	19,8	100	12,5	390 bis $\geq$ 540	$\leq$ 290 bis $\geq$ 450	40 bis $\geq$ 10	35 bis $\geq$ 7
CuSn 6	910 bis 1040	18,5	75	9,0	340 bis $\geq$ 740	250 bis $\geq$ 690	55 bis $\geq$ 5	50 bis $\geq$ 3
CuSn 8	875 bis 1025	18,5	59	7,5	370 bis $\geq$ 690	290 bis $\geq$ 640	60 bis $\geq$ 5	55 bis $\geq$ 3
CuNi 12 Zn 24	1020 bis 1060	16,4	33	4	≥ 270	≥ 100	≥ 35	≥ 30
CuNi 25 Zn 15	1105 bis 1120	16,6	23	2,8	≥ 290	~ 100	≥ 40	≥ 35
CuNi 10 Fe	1100 bis 1145	16	59	5,6	≥ 310	≥ 120	≥ 35	≥ 30
CuNi 25	1150 bis 1210	15,5	29	3,1	340 bis $\geq$ 440	100 bis $\geq$ 240	50 bis $\geq$ 20	—
CuNi 30 Fe	1180 bis 1240	15,3	29	2,6	≥ 370	≥ 125	≥ 30	—
CuAl 5	1050 bis 1060	17	84	10	≥ 550	≥ 240	≥ 8	—
CuAl 8	1030 bis 1035	17	67	8				
CuAl 10 Ni	1030 bis 1040	16	33	4				
Stahl ($\approx$ 0,1 % C)	$\sim$ 1520	12	54	8				

Die Automatenlegierung enthält bis zu 3 % Pb. Sie sollte möglichst nicht geschweißt, sondern mit niedrigschmelzenden Silberloten hartgelötet werden.

Bild 8.2 gibt das Zustandsschaubild Cu–Zn in seinem hier interessierenden Bereich wieder.

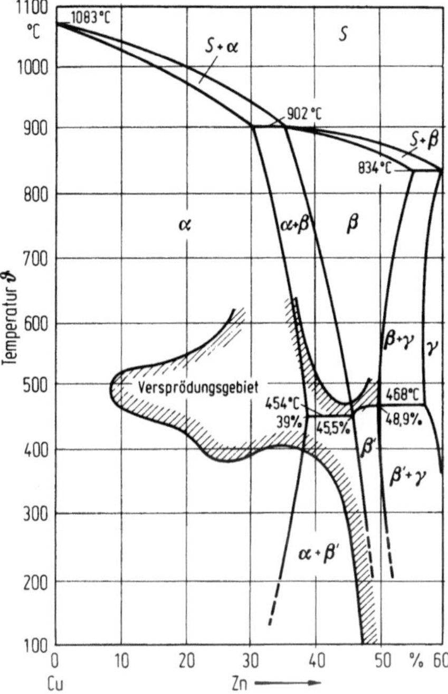

Bild 8.2. Zustandsschaubild Cu–Zn

Homogene Legierungen im Bereich von 0 bis 7,5 % Zn (die hochkupferhaltigen Legierungen wurden früher „Tombak" genannt). α-Messing liegt meist im kaltverfestigten Zustand vor, da besonders geeignet zum Tiefziehen, Drücken, Bördeln, Ziehen. Um in der Verbindung die gleiche Festigkeit zu erhalten, kann die Naht unterhalb 600 °C gehämmert werden. Ist jedoch mit Spannungsrißkorrosion zu rechnen, muß rekristallisierend geglüht werden.

Heterogene Legierungen mit (α + β)-Gefüge reichen bis herab zu 56 Masse-% Cu. Sie liegen im allgemeinen warmgewalzt oder als Gußteile vor. Die Naht enthält Widmannstättengefüge und mehr β, als dem Gleichgewicht entspricht.

Bei ausscheidungshärtenden Kupfer-Zink-Legierungen sinkt die Festigkeit im Nahtbereich ab.

Zink hat einen Siedepunkt von 907 °C und dampft daher beim Schweißen aus. Der Zinkverlust stabilisiert den α-Mischkristall. Es können Poren auftreten, die mit Zinkoxid gefüllt sind. Eine gewisse Abhilfe bietet ein Zusatzwerkstoff mit Zusätzen von Al bzw. Si. Die von diesen Elementen gebildete Oxidschicht schützt das flüssige Schmelzbad. Beim Gasschweißen wird das Ausdampfen von Zn durch stark oxidierende Flammen (30 bis 50 % Sauerstoffüberschuß) vermindert, und

zwar durch einen das Schmelzbad abdeckenden Oxidfilm. Bleche aus CuZn 37 mit
0,5 mm Wanddicke ließen sich ohne nennenswerte Zinkverdampfung WIG-
Impulsschweißen. Die thorierte Wolframelektrode erhielt einen Durchmesser von
1 mm, die Düse wurde so geformt, daß sich der Strahl stark einschnürte und der
Lichtbogen wurde mit 1,5 mm Länge kurz gehalten [J 5].

Kupfer-Nickel-Zink-Legierungen (Neusilber)

Diese Legierungen (DIN 17 663) können ähnlich wie Kupfer-Zink-Legierungen
mit den gleichen Flußmitteln geschweißt werden. Wegen Überhitzungsempfind-
lichkeit sollte beim Gasschweißen auch für geringe Wanddicken das Nach-rechts-
Schweißen angewendet werden. Mit Zinkverdampfung ist auch hier zu rechnen.
Die Kupfer-Nickel-Zink-Legierungen werden vor allem für dekorative Zwecke,
wegen ihrer vielseitigen Eigenschaften aber auch in der Elektrotechnik und Elek-
tronik eingesetzt, wobei auch das Widerstandsbuckelschweißen in Betracht kommt
[D 35].

Kupfer-Zinn-Legierungen (Zinnbronze)

Bei großem Erstarrungsbereich (Bild 8.3) Neigung zu Kristallseigerungen und
damit zu Heißrissen. Die zuerst erstarrenden α-Mischkristalle sind kupferreich,
und die Schmelze reichert sich an Sn an. Bei fehlendem Konzentrationsausgleich
kann die zuletzt erstarrende Schmelze einer 5%igen Cu–Sn-Legierung 15% und
mehr Zinn enthalten. Dadurch entsteht die nach dem Gleichgewichtsdiagramm
nicht zu erwartende β-Phase, die sich später in δ umwandelt. α ist verformungs-

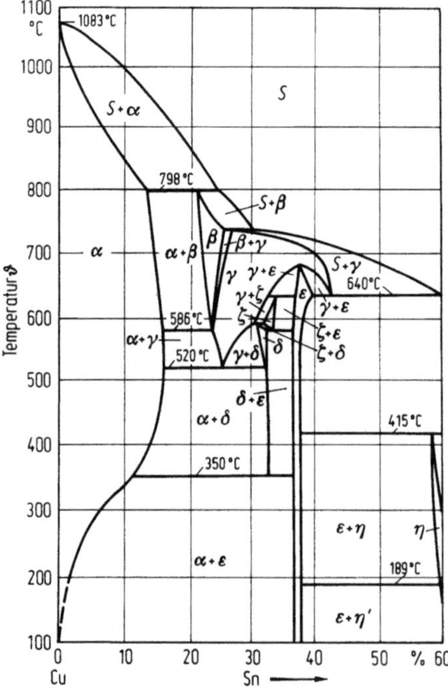

Bild 8.3. Zustandsschaubild Cu–Sn

fähig, $\delta = Cu_{31}Sn_8$ dagegen hart und spröde und kaum bearbeitbar. Evtl. Konzentrationsausgleich durch Diffusionsglühen. Al, Mg und Si wirken sich bei Konzentrationen über 0,01 % sehr nachteilig aus. Schwefel soll auf 0,05 % begrenzt bleiben. Eine Zinnverdampfung ist wegen des hohen Siedepunktes von 2450 °C in der Regel nicht zu erwarten. Die Cu–Sn-Legierungen sind in DIN 17662 genormt.

In den zweiphasigen warmgewalzten oder im Gußzustand vorliegenden Legierungen mit mehr als 8 % Sn finden sich ebenfalls Kristallseigerungen. Die Eigenschaften der Schweißnaht entsprechen etwa denjenigen im Gußzustand. Bei Sn-Gehalten über 12 % und größeren Wanddicken werden die Schweißnähte gehämmert, um zu starken Schrumpfspannungen zu begegnen. Der Zusatzwerkstoff enthält vielfach bis zu 0,5 % P, um Zinnoxide zu vermeiden. Mehrstofflegierungen enthalten zusätzlich Zink.

Allgemein gilt: Möglichst kleines Schmelzbad, um wenig Ausscheidungen zu erhalten. Aus diesem Grunde wird das Lichtbogenschweißen dem Gasschweißen vielfach vorgezogen.

Kupfer-Aluminium-Legierungen (Aluminiumbronze)

Kennzeichnend ist der sehr schmale Erstarrungsbereich (Bild 8.4). Mit Kristallseigerungen ist daher nicht zu rechnen. Wie bei Messing lassen sich zwei Legierungsgruppen unterscheiden:

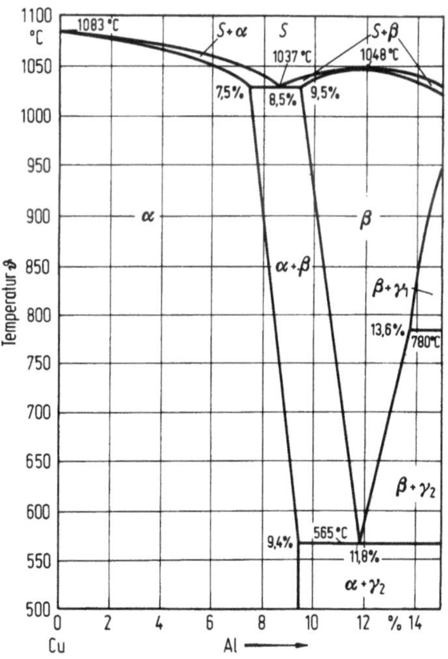

Bild 8.4. Zustandsschaubild Cu–Al

Homogene Legierungen bis 9,4 % Al sind gut kaltverformbar, unterliegen keinen Gefügeumwandlungen und sind nicht vergütbar. Sie sind einphasig und ähnlich wie Kupfer zu behandeln. Bei rascher Abkühlung wird die eutektoide Reaktion unterdrückt, und das Endgefüge besteht aus $\alpha + \beta$, wobei $\beta = Cu_3Al$ ziemlich hart ist.

Heterogene Legierungen sind gut warmformbar. Bei Erwärmung laufen Umwandlungsvorgänge ähnlich denen im Fe–C-System ab. Sie sind daher vergütbar und erreichen Festigkeiten bis zu $850\,N\,mm^{-2}$. Ein dünner Al_2O_3-Film sorgt bei diesen Legierungen für erhöhte Korrosionsbeständigkeit. Er stört beim Schweißen, so daß vielfach ein Flußmittel (Kryolith = Na_3AlF_6) nötig ist. Bei hohen Temperaturen und Feuchtigkeit besteht wegen der Reaktion $2Al + 3H_2O = Al_2O_3 + 3H_2$ Porengefahr. Zusätze von Fe und Mn wirken dem entgegen. Spuren von Bi und Pb führen wie bei Kupfer zu interkristalliner Versprödung.

Mehrstofflegierungen enthalten zusätzlich Fe, Ni und Mn. Eisen wirkt kornverfeinernd, Nickel erhöht Zugfestigkeit und Härte, Mangan verbessert die Warmfestigkeit und sorgt für gute Desoxidation. Hauptproblem beim Schweißen: Beseitigung des Aluminiumoxidfilmes und Verhinderung seiner Neubildung beim Schweißen. Außerdem Rißneigung bei heterogenen Legierungen mit höherem Al-Gehalt: Mikrorisse als Folge niedrigschmelzender Korngrenzenfilme, vor allem bei kritischen Aluminiumgehalten von 6 bis 7,5% [L 12].
Die Cu–Al-Legierungen sind in DIN 17 665 genormt.

Kupfer-Nickel-Legierungen

Kupfer und Nickel sind im festen Zustand vollständig ineinander löslich. Im mittleren Konzentrationsbereich ist mit Kristallseigerungen zu rechnen.
Mangan erhöht die Warmfestigkeit, Eisen die Seewasserbeständigkeit. Schwefel wirkt warmversprödend durch Bildung des niedrigschmelzenden Nickel-Nickelsulfid-Eutektikums auf den Korngrenzen. Mg und Mn wirken dem entgegen. Bei höheren Temperaturen tritt bei Anwesenheit von Sauerstoff Korngrenzenoxidation auf, die bei Warmverformung mit Korngrenzenrissen verbunden ist. Beim Schweißen ist wegen geringer Wärmeleitfähigkeit keine Vorwärmung erforderlich. Schwierigkeit: Zähflüssige Schlacken aus Oxidgemischen, daher Flußmittel zweckmäßig. Die Schmelze nimmt wegen der Erhöhung der Wasserstofflöslichkeit durch Nickel Wasserstoff auf → Poren. Die Cu–Ni-Legierungen sind in DIN 17 664 genormt.

Kupfer-Nickel-Gußlegierungen nach DIN 17 658

  G-CuNi 10   Werkstoff-Nr. 2.0815,

  G-CuNi 30   Werkstoff-Nr. 2.0835

sind gut schweißbar. Die erstgenannte Legierung kann mit dem Zusatz S-CuNi 30 Fe geschweißt werden, wobei darauf zu achten ist, daß im Gußstück das Nb/Si-Verhältnis der Beziehung

$$\% Nb \gg 1,55\,\% \; Si - 0,1$$

genügt.
90/10 CuNi-Plattierungen auf Stahl dürfen bis zu 10% Eisen aufnehmen, wenn sie mit 70/30 CuNi- oder 70/30 NiCu-Elektroden geschweißt werden. Sie sind dann

seewassertauglich. 90/10 CuNi eignet sich dagegen nicht als Schweißzusatzwerkstoff [W 17].

Kupfer-Silizium und Kupfer-Silizium-Mangan

Silizium erhöht die Festigkeit, ohne Zähigkeit und Kaltverformbarkeit zu beeinträchtigen. Meist Manganzusätze.

Für Warmverformungen ist eine Temperatur von 650 bis 780 °C einzuhalten. Oberhalb 800 °C besteht Heißrißgefahr. Sehr geringe Wärmeleitfähigkeit (ähnlich derjenigen von Stahl), gute Korrosionsbeständigkeit. Gut schweißbar (fast ausschließlich durch Schutzgasverfahren). CuSi 2 Mn und CuSi 3 Mn werden im Apparate- und Druckbehälterbau eingesetzt.

Kupfer-Mangan

Mangan verbessert die Warm- und Korrosionsbeständigkeit von Kupfer. Auch die statische und dynamische Festigkeit bei Raumtemperatur wird erhöht.

Die Löslichkeit von Mangan in Kupfer geht aus Bild 8.5 hervor. Die Schweißbarkeit ist gut.

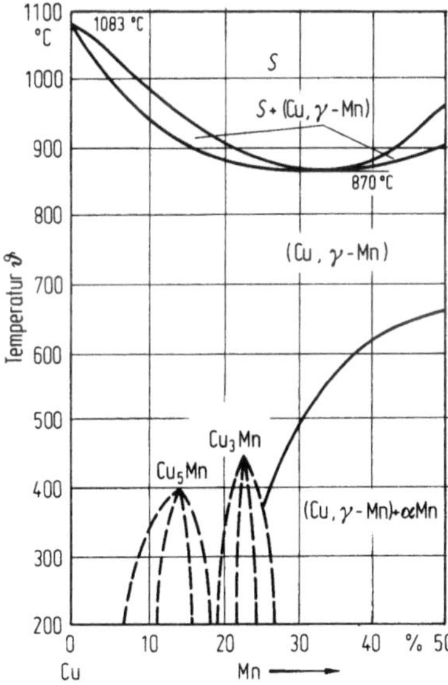

Bild 8.5. Zustandsschaubild Cu–Mn

Kupfer-Silber, Kupfer-Arsen, Kupfer-Cadmium und Kupfer-Cadmium-Zinn, Kupfer-Magnesium, Kupfer-Schwefel

Kupfer-Silber. Es verhält sich beim Schweißen etwa wie Reinkupfer. Das sauerstofffreie CuAg 0,1·P ist mit allen Verfahren gut schmelzschweißbar.

Kupfer-Arsen. CuAsP besitzt eine erhöhte Warmfestigkeit und Meerwasserbeständigkeit. Sauerstofffrei ist es gut schmelz- und brauchbar widerstandsschweißbar.

Kupfer-Cadmium und Kupfer-Cadmium-Zinn. Die Legierung wird u.a. für Elektroden zum Widerstandsschweißen verwendet. Sie ist sauerstofffrei. Es sind Flußmittel (Gemisch aus Borax und Natriumfluorid) erforderlich, gegen Einatmen von Cadmiumoxid ist eine Atemmaske zu tragen. Stumpfschweißen (Widerstandsschweißen) ist möglich, wegen der Gefahr des Auftretens spröder Zonen wird jedoch das Hartlöten mit Silberloten vorgezogen.

Kupfer-Magnesium. Die Legierung wird kaum geschweißt.

Kupfer-Schwefel. CuSP ist eine Automatenlegierung, die nicht geschweißt wird. Verbindungsarbeiten erfolgen zweckmäßigerweise durch Hart- und Weichlöten.

Bleibronzen (Kupfer-Blei-Zinn-Gußlegierungen nach DIN 1716)

Blei ist in Kupfer praktisch unlöslich. Optimale Zinngehalte liegen bei etwa 10%, Phosphor ist auf 0,1% zu begrenzen, Al, Mg und Si wirken sich wie bei Zinnbronzen nachteilig aus. Bleibronzen werden *nicht* geschweißt.

Aushärtbare Kupferlegierungen

Da beim Schweißen die durch Aushärtung erzielte Festigkeit örtlich verlorengeht, ist möglichst im lösungsgeglühten Zustand zu schweißen und anschließend erneut auszuhärten.

Kupfer-Beryllium (1,7 bis 2,3% Be). Hohe Festigkeit durch Aushärtung erzielbar. Auch für nicht funkenreißende Werkzeuge (z. B. zum Öffnen von Karbidtrommeln) verwendbar. Mit Kobaltzusatz als Elektrodenwerkstoff für das Widerstandsschweißen geeignet.

Schweißung der Berylliumbronzen meist mittels WIG-Verfahren und Widerstandsschweißung. Für gute Entlüftung ist wegen der Bildung giftiger Dämpfe zu sorgen. Gegebenenfalls nach dem Schweißen erneut aushärten.

Kupfer-Chrom und Kupfer-Chrom-Zirkon wird u. a. als Elektrodenwerkstoff für das Widerstandsschweißen verwendet. Niedrige Streckgrenze (50 N mm^{-2}) im weichen Zustand. Schweißbar mittels Wolfram-Inertgas-Schweißverfahren. Nachträgliche Wärmebehandlung erforderlich.

Kupfer-Nickel-Silizium-Legierungen. Übliche Gehalte: 0,5 bis 4,0% Ni, 0,15 bis 1,0% Si. Sehr gut kaltverformbar, Festigkeiten bis 1000 N mm^{-2}, aber im weichen Zustand niedrige Streckgrenze von 80 bis 90 N mm^{-2}. Günstige Eigenschaften bei tiefen Temperaturen.

Gut schweißbar. Bis zu 1% Legierungszusatz ist das Gasschweißen, darüber das Schutzgasschweißen üblich.

Kupfer-Nickel-Eisen-Legierungen nach DIN 17664. Eisen als Legierungselement fördert die Bildung einer festhaftenden, gleichmäßigen Schutzschicht und verbessert damit die Korrosionsbeständigkeit vor allem in schnellströmendem Meerwasser. Da die Löslichkeit von Eisen im Kupfer-Nickel-Mischkristall mit sinkender Temperatur abnimmt, sind Nickel-Kupfer-Eisen-Legierungen mit höheren Eisengehalten aushärtbar. Legierungen des Typs CuNi 10 Fe und CuNi 30 Fe werden daher z. B. für Meerwasserentsalzungsanlagen eingesetzt und in diesem Zusammenhang geschweißt. Bei Verbindungen zwischen diesen beiden Werkstoffen treten Thermoströme auf, die in der Nähe der Oberfläche zu starken Magnetfeldern führen, die beim Lichtbogenschweißen den Lichtbogen so stark ablenken können, daß Bindefehler entstehen [R 25]. Ein Thermostrom von $I_{th} = 50$ A erzeigt im Abstand $r = 5 \cdot 10^{-4}$ m von der Oberfläche gemäß der Beziehung

$$H = I_{th}/(2\pi r)$$

eine magnetische Feldstärke von $H = 16\,000$ A/m (200 Oe). Beim Schweißen von „Schwarz-Weiß-Verbindungen" zwischen ferritischen und austenitischen Stählen, wo z. B. beim Elektronenstrahlschweißen der gleiche Effekt zu Schwierigkeiten führt, liegt die Thermospannung um eine bis zwei Größenordnungen niedriger. Beim Fügen von artgleichen Werkstoffen dieses Legierungstyps treten im Bereich kleiner Blechdicken keine Schwierigkeiten auf. Dagegen wurden bei Blechen mit größeren Wanddicken Risse im schmelzgrenzennahen Bereich dann beobachtet [R 26], wenn man mit gegenüber dem Grundwerkstoff höherschmelzenden Schweißzusatzwerkstoffen arbeitete. Dies gilt zum Beispiel für das Fügen von CuNi 10 Fe mit Zusätzen S-NiCu 30 Mn oder S-NiCu 30 Fe. In diesen Fällen bildete sich eine unvermischte Aufschmelzzone aus, in der die beim Abkühlen entstehenden Schrumpfspannungen zu Rissen führten, Bild 8.6. Wird dagegen mit artgleichem Zusatz geschweißt, treten keine Risse auf. Der Effekt ist für andere Werkstoffe bereits von [S 33] beschrieben worden.

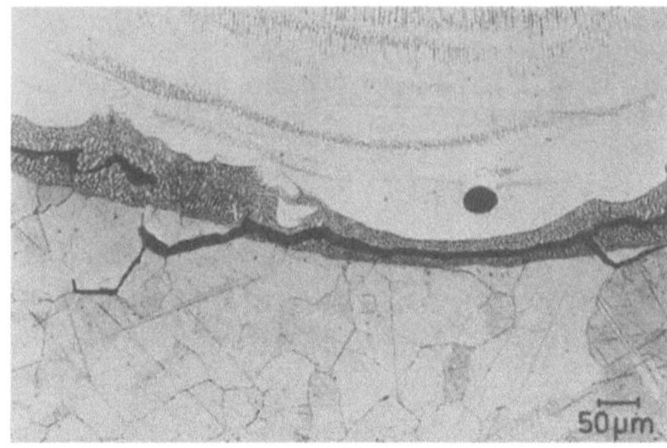

Bild 8.6. Übergangsbereich Grundwerkstoff CuNi 10 Fe/Schweißgut S-NiCu 30 Mn und Riß nahe der Schmelzlinie [R 26]

In CuNi 30 Fe 2 Mn 2 sind der Schwefel- und Phosphorgehalt jeweils auf maximal 0,02% zu begrenzen.

8.1.6.3 Hinweise für das Schweißen von Kupfer und seinen Legierungen [K 27]

Als Schweißverfahren werden selten das Gasschmelzschweißen, vorzugsweise die Schutzgasverfahren und für Kupferlegierungen das Metall-Lichtbogenschweißen mit umhüllten Elektroden herangezogen (vgl. Tab. 8.11).

Tabelle 8.11. Verfahren zum Schweißen von Kupfer und Kupferlegierungen

Werkstoff	Gasschweißen	Lichtbogenschweißen	WIG
Kupfer	Mit Vorwärmung und Warmhämmern. Vorzugsweise bei dickeren Blechen senkrecht von zwei Seiten	Mit Vorwärmung auf 400 bis 500 °C oberhalb $s = 5$ mm. Bronzeelektroden mit 7% Sn. Stromart: $= (+)$	Mit Vorwärmung und Flußmitteln bis zu $s = 4$ mm, darüber senkrecht von beiden Seiten oder Mehrlagenschweißung. Stromart: $= (-)$
Kupfer-Zink-Legierung (Messing)	Mit Sauerstoffüberschuß. ohne Vorwärmen	Selten angewendet	Für Dünnblechschweißungen mit Flußmittel Stromart: $= (-)$, $\sim$
Kupfer-Nickel-Zink-Legierung (Neusilber)	Mit Sauerstoffüberschuß. Auch kleine Wanddicken. Nach-rechts-Schweißen	–	Für Dünnblechschweißungen mit Flußmittel
Kupfer-Zinn-Legierung (Zinnbronze)	Selten angewendet: Leicht oxidierende Flamme. Mit artgleichem Zusatzwerkstoff. Rasch schweißen. Heißrißneigung bei höheren Sn-Gehalten. Abhämmern bei Raumtemperatur	Blanke, teilweise auch umhüllte Elektroden mit 6 bis 20% Sn und etwa 0,4% P. Stromart: $= (+)$. Vorwärmen auf 450 bis 500 °C. Rotguß: Umhüllte Elektroden aus Si-Mn-Bronze	Gut geeignet bis zu 10 mm Wanddicke, ohne Vorwärmung und Flußmittel. Stromart: $= (-)$. Auch für Rotguß geeignetes Verfahren. Neigung zu Porenbildung
Kupfer-Aluminium-Legierung (Aluminiumbronze)	Selten angewendet. Sonderflußmittel erforderlich (Fluoride). Neutrale Flamme. Keine Nachbehandlung	Umhüllte Elektroden. Stromart: $= (+)$. Vorwärmung auf 200 bis 300 °C zweckmäßig. Öffnungswinkel 90°, dünne breite Lagen. Poren bei zu hohem Strom	Gut geeignet. Stromart: $= (-)$ mit Flußmittel oder $\sim$ ohne Flußmittel. HF-Überlagerung. Keine Vorwärmung. Bis zu $s = 6$ mm
Kupfer-Nickel-Legierungen	Neutrale Flamme oder geringer Azetylenüberschuß. Flußmittel. Nach-links-Schweißung. Keine Vorwärmung. Vorzugsweise bis 10% Ni	Umhüllte Elektrode. Stromart: $= (+)$. Elektrode: CuNi 30 Fe	Stromart: $= (-)$, $\sim$ keine Flußmittel
Kupfer-Silizium Kupfer-Silizium-Mangan	Selten angewendet. Brennereinsatz wie bei Stahl. Nach-links-Schweißung bevorzugt. Flußmittel erforderlich. Rißgefahr	Selten angewendet. Umhüllte Elektroden. Stromart: $= (-)$	Sehr gut geeignet. Stromart: $= (-)$. Kein Vorwärmen. Keine Flußmittel. Kurzer Lichtbogen. Für $s = 1$ bis 15 mm. Auch Senkrechtschweißen von 2 Seiten üblich
Kupfer-Mangan	–	–	Gut geeignet
Kupfer-Beryllium Kupfer-Kobalt-Beryllium	–	–	Meist angewendetes Verfahren. Gute Durchlüftung der Arbeitsräume (Absaugung). Stromart: $\sim$, $= (-)$.

MIG	Gaspreß-schweißen	Punkt-schweißen	Naht-schweißen	Abbrenn-schweißen	Preßstumpf-schweißen
Für Kehl- und Ecknähte. Stromart: $= (+)$	Anwend-bar	Bis $s = 2$ mm	Bis $s = 2$ mm		Für kleine Quer-schnitte
Nicht geeignet wegen zu intensiver Zinkverdampfung	–	Bis $s = 2$ mm	–	–	–
	–	Bis $s = 2$ mm möglichst bleifrei		–	–
Für größere Wand-dicken. Starke Neigung zur Porenbildung. Stromart: $= (-)$	–	Bedingt, für geringe Wanddicke	Bedingt, für geringe Wanddicke	–	–
Geeignet. Stromart: $=$ $(+)$, ohne Flußmittel. Ab $s = 7$ mm, keine Vorwärmung	–	Geeignet	–	–	–
Keine Flußmittel. Drahtdurchmesser $\leqq 1,6$ mm. Stromart: $=(+)$	–	Geeignet	Möglich	–	Geeignet für kleine Quer-schnitte
Gut geeignet für Dick-blechschweißungen und Kehlnähte. Kein Vorwärmen. Stromart: $=(-)$	–	Nach Oberflä-chenreinigung wie Stahl schweißbar	Nach Oberflä-chenreinigung wie Stahl schweißbar	–	–
Weniger geeignet	–	Geeignet	–	–	–
Mögliche Stromart: $=(+)$	–	Geeignet	Geeignet	Geeignet	–

Tabelle 8.11. (Fortsetzung)

Werkstoff	Gasschweißen	Lichtbogenschweißen	WIG
Kupfer-Chrom Kupfer-Chrom- Zirkon	–	–	Geeignet. Zusatz: S-CuSn. Stromart: =(+)
Kupfer-Cadmium Kupfer-Cadmium- Zinn	Möglich mit Flußmittel. Atemmaske	Möglich	–
Kupfer-Nickel- Silizium- Legierungen	Geeignet für Legie- rungen bis zu 1% Legierungsbestandteile		Geeignet
Silberkupfer Kadmiumkupfer Tellurkupfer	Mit Flußmittel Mit Flußmittel Mit Sonderdrähten, schweißbar. Leicht oxi- dierende Atmosphäre		
Zirkonkupfer	Wird nicht geschweißt (hohe Oxidationsnei- gung)		

Gasschweißen

Flußmittel erforderlich, um die schwer schmelzbaren Metalloxide in eine leicht-
flüssige, auf der Schmelzbadoberfläche schwimmende Schlacke zu überführen. Für
Kupfer und die meisten Kupferlegierungen eignen sich Flußmittel auf der Grund-
lage von Borverbindungen mit Zusätzen von gut oxidlösenden Metallsalzen, für
Kupfer-Aluminium-Legierungen Sonderflußmittel aus Fluoridgemischen.

Die Flußmittel können in Pulver- oder Pastenform vorliegen oder auch gasförmig dem Brenngasstrom beigemischt werden (Zeitersparnis).

Zusatzwerkstoff. Für Kupfer meist S-CuAg, vgl. DIN 1 733 und Tabelle 8.12. Das
Schweißgut ist zähflüssig und kann gut warm gehämmert werden: Die für das
Schweißen der Kupferlegierungen geeigneten Zusatzwerkstoffe sind ebenfalls
Tabelle 8.12 zu entnehmen.

Durchführung. Kupfer gut vorwärmen. Keilspalt, um trotz Wärmedehnung ausreichende Spaltbreite bei Stumpfstößen sicherzustellen. Um Spannungsrisse zu vermeiden, nicht unmittelbar am Rand, sondern etwa 100 bis 200 mm von ihm
entfernt beginnen. Im allgemeinen nur Einlagenschweißung, da sonst mit Rißbildung zu rechnen ist. Bei beiderseits zugänglichen Nähten ist es zweckmäßig,
doppelseitig gleichzeitig in senkrechter Position zu schweißen ($s > 6$ mm). Kupferlegierungen werden nicht vorgewärmt, da die Wärmeleitfähigkeit erheblich unter
derjenigen von Kupfer liegt (Tab. 8.10).

MIG	Gaspreß-schweißen	Punkt-schweißen	Naht-schweißen	Abbrenn-schweißen	Preßstumpf-schweißen
Mögliche Stromart: =(+)	–	–	–	–	–
–	–	–	–	–	Möglich
	–	–	–	–	–
	–	–	–	–	–

Nachbehandlung. Bei Kupfer wird die Naht nach dem Schweißen auf einer Länge von jeweils etwa 100 mm rotwarm abgehämmert, um die Zugfestigkeit und Verformungsfähigkeit des Schweißgutes zu erhöhen (mit Hand- oder Preßlufthämmern). Man bewirkt dadurch eine Verfestigung und teilweise Rekristallisation des zunächst grobkörnigen Gefüges im Nahtbereich.

Kupferlegierungen werden nicht gehämmert (Ausnahme siehe Zinnbronze). Elektroden für das Lichtbogenhandschweißen erhalten das Kurzzeichen EL, also beispielsweise EL-CuAl 9 Ni 2 Fe für das Schweißen von Kupfer-Aluminium-Legierungen.

Wolfram-Inertgas-Schweißen (WIG)

Flußmittel bei Kupfer, Kupfer-Zink- und Kupfer-Nickel-Zink-Legierungen zweckmäßig, wenn mit Gleichstrom geschweißt wird.

Zusatzwerkstoff. Für Kupfer meist S-CuSn, vgl. DIN 1733. Man erreicht ungehämmert eine Zugfestigkeit von 210 bis 220 N mm^{-2} bei Kupfer, entsprechend den Gütewerten des weichen, also nicht kaltverfestigten Grundwerkstoffes.

Durchführung. Einseitig bis 3,5 mm Wanddicke. Bei dickeren Blechen wird mit dem Gasbrenner vorgewärmt. Kehlnähte sind möglichst zu vermeiden (Verzug, Gefahr von Wurzelfehlern). Maximale Wanddicke hierfür: 5 mm (darüber MIG).

Tabelle 8.12. Schweißzusatzwerkstoffe nach DIN 1733 T. 1 für Kupfer und Kupferlegierungen

Kurzzeichen für Zusatzwerkstoff	Werkstoff-Nr.	Grundwerkstoff	Anwendung		
			Gasschweißen	WIG	MIG
SG-CuAg	2.1211	sauerstofffreies Cu	empfohlen	empfohlen	geeignet
Sg-CuSn	2.1006	sauerstofffreies Cu	geeignet	empfohlen	empfohlen
SG-CuSi 3	2.1461	Kupfer-Silizium-Legierungen Kupfer-Zink-Leg. Auftragschweißungen auf ferritisch-perlitische Stähle	nicht geeignet	empfohlen	empfohlen
SG-CuSn 6	2.1022	Kupfer-Zinn-legierungen	geeignet	empfohlen	empfohlen
SG-CuSn 12	2.1056		geeignet	empfohlen	empfohlen
SG-CuZn 40 Si	2.0366	Kupfer-Zink-legierungen	empfohlen	geeignet	nicht geeignet
SG-CuAl 8	2.0921	korrosionsfeste Auftragschweißung auf ferritisch-perlitische Stähle Kupfer-Aluminium-Legierungen	nicht geeignet	empfohlen	empfohlen
SG-CuNi 30 Fe	2.0837	Kupfer-Nickel-Legierungen CuNi 30 Mn 1 Fe CuNi 10 Fe 1 Mn	nicht geeignet	empfohlen	empfohlen

Metall-Inertgas-Schweißen (MIG)

Ab 6 mm Wanddicke geht man auf das MIG-Schweißen über, zweckmäßigerweise in Form des Impulsschweißens.

Flußmittel sind nicht erforderlich, weil die Drahtelektrode am Pluspol liegt.

Zusatzwerkstoff. DIN 1733 (vgl. Tab. 8.12). Keine Nachbehandlung durch Hämmern.

Durchführung. Meist für Kehl- und Ecknähte, wo sich diese nicht vermeiden lassen. Stromquelle mit Konstantspannungscharakteristik. Eine sehr genaue Wärmeführung und oberhalb Blechdicken von 4 mm Vorwärmen sind erforderlich. Bei großen Wanddicken oberhalb 20 mm kann die Wurzel beiderseits senkrecht WIG-, die Decklage mit Vorwärmung MIG-geschweißt werden.

„Metallfieber". Infolge der sehr hohen Temperatur im MIG-Lichtbogen enthalten die aufsteigenden Dämpfe feinen Kupferstaub. Wird er längere Zeit eingeatmet, kommt es zu einer fieberhaften Erkrankung des Schweißers, die in Extremfällen mit Schüttelfrost, Ausschlag und Appetitlosigkeit gekoppelt sein kann. Ernsthafte

Vergiftungen wurden jedoch nicht beobachtet. Beim Schweißen an schweren Stücken oder bei anderen nicht nur kurzfristigen Arbeiten, die mit diesem Verfahren ausgeführt werden, empfiehlt sich das Tragen von Atemschutzmasken.

Offenes Lichtbogenschweißen

Für Kupfer in geringerem Umfang angewendet. Früher Lesselsche Schlauchelektrode. Inzwischen wurden blanke und umhüllte Cu–Sn-Elektroden entwickelt (etwa 7% Sn) und erfolgreich eingesetzt, auch zum Verbindungsschweißen von Kupfer mit nicht artgleichen Werkstoffen. Vorwärmung auf 400 bis 500 °C.

Wegen der unterschiedlichen Zusammensetzung von Grundwerkstoff und Schweißgut ist die Korrosionsbeständigkeit verringert. Außerdem besteht eine gewisse Neigung zur Porenbildung. Aus diesen Gründen wird das offene Lichtbogenschweißen für Kupfer nur in geringem Umfang angewendet. Für Legierungen wird es jedoch vielfach eingesetzt.

Gaspreßschweißen

Nur für Kupfer, nicht für dessen Legierungen geeignet. Bis zu 30 mm $\varnothing$ Kupfer-Vollquerschnitte. Hohe Festigkeit der Verbindungen durch anschließendes Kaltstauchen.

Punktschweißen

Wegen hoher elektrischer Leitfähigkeit schwierig. Für Kupfer: Wolframelektroden (Wärmeerzeugung nicht im Blech, sondern in den Elektroden!). Maximal verschweißbare Blechdicke etwa 1,5 mm. Nach 50 bis 100 Schweißungen sind die Elektrodenoberflächen nachzuarbeiten (polieren) [S 36].

Für Kupferlegierungen werden wolfram- oder molybdänplattierte Elektroden verwendet. Auch sie sind nur für geringe Wanddicken geeignet.

Nahtschweißen

Es gelten die gleichen Gesichtspunkte wie für das Punktschweißen.

Abbrennschweißen

Selten angewendet [M 24].

Preßstumpfschweißen

Nur in Sonderfällen bei geringen Querschnitten.

Kaltpreßschweißen

Geeignet für Verbindungen an gut verformbarem (nicht kaltverfestigtem) Kupfer und für Verbindungen zwischen Kupfer und anderen verformbaren Metallen (z. B. Al, Ni, Stahl).

Ultraschallschweißen

Für dünne Teile im Zehntelmillimeter-Bereich, z. B. Uhren- und Elektroindustrie.

Reibschweißen

Da die Wärmeeinflußzone schmal ist, können Kupfer und seine Legierungen mit anderen Metallen wie Aluminium, Titan und Stahl verbunden werden.

Diffusionsschweißen

Auch dieses Verfahren ist wegen des Fehlens eines schmelzflüssigen Grenzbereiches für das Verbinden der Kupfer-Werkstoffe mit anderen Metallen geeignet.

Mikroplasmaschweißen

Das Verfahren ist ähnlich wie das Ultraschallschweißen zum Verbinden dünnwandiger Teile, vowiegend im Bereich der Elektrotechnik, geeignet.

Elektronenstrahlschweißen

Geeignet z. B. für das Einschweißen von Folien aus Kupfer-Beryllium in massive Bauteile, also bei großen Wanddickenunterschieden. Bei größeren Wanddicken ist der Fokus an die Werkstückunterkante zu legen. Es sollte nur sauerstofffreies Kupfer geschweißt werden, die Stoßflächen sind gut zu säubern. Die Nahtoberseite ist bei senkrechtem Strahleinfall eingefallen und zerklüftet, so daß eine Glättungsnaht zu legen ist. Auch Tiefschweißungen an 100 mm dickem Kupfer (Anwendung in der Kerntechnik) wurden im Versuch erfolgreich mit einer 80 kW-Anlage ausgeführt [E 13, S 37]. Sehr gute Ergebnisse wurden mit dem Elektronenstrahlschweißen nicht zu dicker Teile aus Aluminiumbronze mit 3–5% Ni bei horizontaler Strahlposition gemacht [M 29].

Laserschweißen

Das Verfahren dürfte in Zukunft zunehmende Bedeutung im Bereich der Fertigung elektronischer Bauteile finden [S 38].

Schock-(Explosions-) Schweißen

Das Verfahren ist geeignet zum Plattieren von Kupfer-Werkstoffen auf Stahl oder Nickel.

Unterpulverschweißen

Auf Kryolith-Basis wurden Pulver für das Unterpulverschweißen von Aluminiumbronze entwickelt. Das Massenwirkungsgesetz kann dafür herangezogen werden, aus der Schlackenanalyse auf die Schweißgutzusammensetzung zu schließen [T 10].

8.1.6.4 Hinweise für das Löten von Kupfer und Kupferlegierungen

Kupfer und seine Legierungen können sowohl weich- als auch hartgelötet werden. Die Weichlötbarkeit ist praktisch für alle Kupfersorten etwa gleich gut. Vor allem Rohrleitungen aus Kupfer und seinen Legierungen werden in großem Umfang gelötet. Besonders geeignet ist hierfür das *Weichlöten*, solange die Verbindungen keinen zu hohen Temperaturen ausgesetzt werden. Die wichtigsten Weichlote für

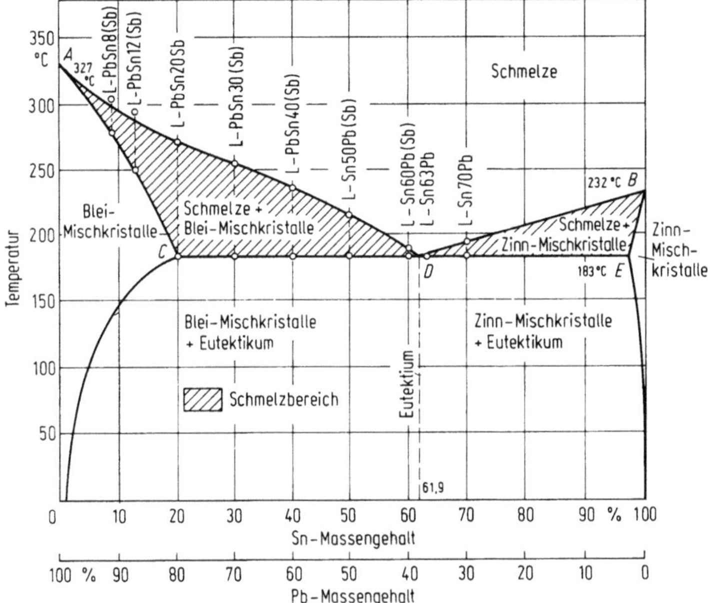

Bild 8.7. Zustandsschaubild Blei-Zinn mit Lage einiger Weichlote (nach D 36)

Kupferwerkstoffe sind die Blei-Zinn- und Zinn-Blei-Lote nach DIN 1 707. Bild 8.7 zeigt das Zustandsschaubild Blei-Zinn, in das die Lage einiger Weichlote eingezeichnet ist (die mit eingezeichneten antimonhaltigen Lote gehören streng genommen nicht in das Schaubild). In [D 36] finden sich außerdem eingehende Angaben zur Anwendung der verschiedenen Lote. Das gleiche gilt für die Flußmittel gemäß DIN 8 511.

Die niedrige Temperaturbeständigkeit begrenzt den Einsatz der Weichlote auf Betriebstemperaturen unter 110 °C. Nach [S 39] gelten etwa die folgenden Grenzen für die Sanitär- und Heizungsinstallation:

    < 110 °C: L-SnAg 5, L-SnCu 3

    < 60 °C: L-Sn 49 PbAg 1, 2

    < 40 °C: L-Sn 50 Pb.

Für höhere mechanische und thermische Beanspruchungen wird hartgelötet. Kaltgeformte Teile aus Kupfer erweichen im Hartlötbereich. Zum *Hartlöten* verwendet man Lote mit oder ohne Silber. Kupferhaltige Hartlote ohne Ag enthält DIN 8 513. Kupfer-Zink-Lote eignen sich für Reinkupfer und hochschmelzende Kupferlegierungen – auch für dickwandige Teile –, Kupfer-Phosphor-Lote für Kupfer, Rotguß, Kupfer-Zink- und Kupfer-Zinn-Legierungen. Den Silberhartloten, die ebenfalls in DIN 8 513 genormt sind, wird Cadmium zugegeben, um die Schmelztemperatur zu senken. Sie sind für Trinkwasserleitungen nicht zugelassen. Hierfür stehen cadmiumfreie Silberlote zur Verfügung, näheres siehe unter [D 36]. Die Flußmittel für das Hartlöten finden sich ebenfalls in DIN 8 511.

8.1.6.5 Die Festigkeitseigenschaften geschweißter Verbindungen an Kupfer und Kupferlegierungen

Die mit den verschiedenen Schweißverfahren erzielbaren Festigkeitswerte an Kupfer sind Bild 8.8 zu entnehmen [W 18]. Weitere Literatur zum Abschnitt 8.1.6: [D 38, H 23, S 40, S 41, T 11, Z 6].

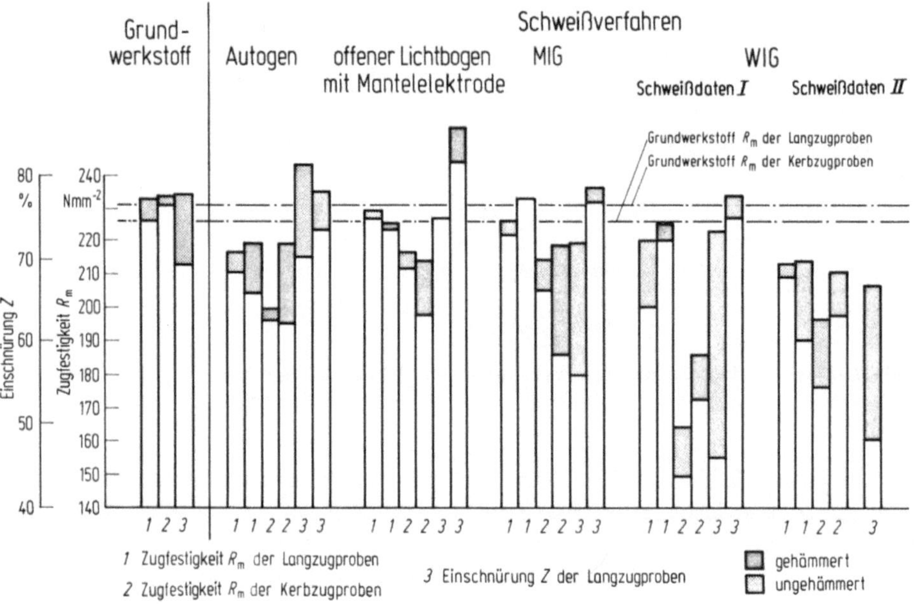

Bild 8.8. Erreichbare Gütewerte von Kupferschweißverbindungen [W 18]

8.1.7 Molybdän

Molybdän gehört mit seinen Legierungen zur Gruppe der Hochtemperaturwerkstoffe. Dabei sind folgende Eigenschaften von Bedeutung:
a) ausgezeichnete Festigkeit gegenüber Wärmeschock,
b) hoher Elastizitätsmodul,
c) relativ kleiner Einfangquerschnitt für thermische Neutronen,
d) niedrige elektrische Leitfähigkeit,
e) strukturell stabil, d. h. zwischen Raumtemperatur und Schmelzpunkt findet keine Phasenveränderung statt,
f) Korrosions- und chemische Beständigkeit sind gut,
g) Molybdän läßt sich mit gewöhnlichen Werkzeugen gut bearbeiten [B 22].

Die physikalischen Eigenschaften von Molybdän sind Tabelle 8.13 zu entnehmen. Molybdänlegierungen enthalten Titan, Zirkon oder Wolfram, gelegentlich auch

Rhenium. Folgende Legierungen sind bekannt:
Mo 0,5 Ti   Mo 0,5 Zr   Mo 30 W   Mo 47 Re
TZC mit 0,5% Ti, (0,06 – 0,2)% Zr, (0,01 – 0,04%C)
TZM mit 1,25% Ti, (0,15 – 0,5)% Zr, (0,15 – 0,3)% C.

Schmelzschweißverbindungen an reinem Molybdän sind grobkörnig, so daß die Verbindungen spröde sind [L 10, L 13]. Trotzdem können z. B. mit hoher Schweißgeschwindigkeit elektronenstrahlgeschweißte Verbindungen bei entsprechenden Anwendungen erfolgreich eingesetzt werden, wenn von gegossenem und nicht von gesintertem Molybdän ausgegangen wird, das wegen der höheren Gasgehalte zur Porenbildung neigt [E 14]. Dagegen ist das Gefüge von geschweißten Molybdänlegierungen feinkörniger, und zwar am feinsten nach dem Elektronenstrahlschweißen, gefolgt vom Laserstrahlschweißen und schließlich dem WIG-Schweißen. Es ist also zweckmäßig, mit hoher Energieflußdichte und hoher Schweißgeschwindigkeit zu arbeiten [L 13]. Der Sauerstoffgehalt sollte auf 0,001% Massengehalt begrenzt werden. Legierungselemente sind C, Zr, V, Nb u. a. Durch eine nachträgliche Wärmebehandlung bei 1 700 °C/17 h ließ sich die Verformungsfähigkeit verbessern. Auch eine Zugabe von 360 ppm Bor oder mehr als 1% Rhenium führt zu einem feineren Korn und damit zu größerer Duktilität [E 15]. Gute Erfahrungen wurden mit Mo 41 Re und einem Zusatzwerkstoff aus Mo 50 Re gemacht [L 13].

Da meist Dünnbleche verarbeitet werden, kommt beim Schmelzschweißen nur der I-Stoß ohne Luftspalt oder die Bördelnaht in Betracht. Als Verfahren wird das *WIG-Schweißen* mit Gleichstrom bei minusgepolter Elektrode verwendet. Als Schutzgase eignen sich Argon, Helium, Argon + Wasserstoff oder Helium + Wasserstoff.

Tabelle 8.13. Die physikalischen Eigenschaften von Molybdän [S 35]

Schmelzpunkt	°C	2 620
Dichte bei 20 °C	g cm^{-3}	10,2
Wärmeausdehnungsbeiwert bei 0/100 °C	10^{-6} K^{-1}	5,1
Spezifische Wärmekapazität 100 °C	kJ kg^{-1} K^{-1}	0,26
Wärmeleitfähigkeit bei 0/100 °C	W m^{-1} K^{-1}	142
Spezifischer elektrischer Widerstand bei 20 °C	Ω mm^2 m^{-1}	0,057
Elastizitätsmodul	N mm^{-2}	340 000

Für das *Punktschweißen* von Molybdän eignen sich vor allem die Kondensator-Impulsschweißmaschinen und elektronisch gesteuerte Punktschweißmaschinen, die eine hohe Schweißleistung bei kurzen Schweißzeiten gewährleisten [G 20]. Infolge der großen Härte des Molybdäns verformen sich die Elektrodenarbeitsflächen. Sie müssen nach 2 bis 3 Schweißpunkten nachgearbeitet werden. Um eine Verunreinigung der Naht durch anhaftende Kupferteilchen zu vermeiden, wird empfohlen, zwischen Blech und Elektroden Folien aus Molybdän oder Tantal zu legen. Zuweilen werden auch Tantal-, Nickel- oder Platinfolien zwischen die Molybdänbleche gelegt. Das Ergebnis ist eine Art „Widerstandslöten", wodurch die Elektrodendeformation herabgesetzt und das Kleben der Elektroden vermindert werden kann. Riß- und porenfreie Punkte lassen sich nicht mit Sicherheit erreichen.

Rollennahtschweißen

Für das Rollennahtschweißen von elektrolytisch verzinnten Feinstblechen aus Molybdänlegierungen eignet sich als Elektrodenwerkstoff eine Ti–Zr–Mo-Legierung [S 42].

Stumpfschweißen

Preßstumpfschweißen: Nur im Vakuum möglich, sonst Versprödung. Eventuell unter Schutzgasatmosphäre.

Abbrennschweißen

An Luft möglich, die Stauchung muß sorgfältig kontrolliert werden.

Ultraschallschweißen

Bisher wenig Erfahrungen. Die beim Schweißen auftretenden Temperaturen liegen unter 1 000 °C, und es kommt nicht zu Gefügeänderungen. Mit Rißbildung muß gerechnet werden. Schweißbar sind Wanddicken bis etwa 0,6 mm.

Diffusionsschweißen

Bei 1 300 bis 1 450 °C, Anpreßdruck 70 N mm^{-2} und 3 h Diffusionszeit. Empfohlene Oberflächenvorbereitung: Beizen in konzentrierter Salpetersäure, Überzug von Kerosin, um Oxidation zu verhindern. Eine Art „Diffusionslöten" ist durch Zwischenlagen von Zirkon oder Titan bei etwas höheren Temperaturen von 1 550 bis 1 650 °C (Druck und Zeit gleichbleibend) möglich. Dabei geht die Zwischenschicht vollständig in Lösung, und es kommt zu einer Verbindung zwischen den beiden Molybdänteilen.

Elektronenstrahlschweißen

Angewendet zum Verbinden von Mo mit anderen Metallen, z. B. mit Stahl oder Tantal. Das Verfahren ist für das Fügen von Molybdänlegierungen besonders gut geeignet, weil es infolge seiner hohen Energieflußdichte zu einer schmalen Schmelz- und Wärmeeinflußzone führt. Bei zu hoher Schweißgeschwindigkeit können Poren auftreten, die sich allerdings durch Vorwärmen auf 900 bis 1 000 °C mit dem defokussierten Elektronenstrahl vermeiden lassen [L 13]. Verbindungen zwischen Molybdän und Stahl sind sehr rißemfindlich. Es wird empfohlen, auf hochlegierten austenitischen Stahl überzugehen, obgleich auch hier nicht mit völliger Rißfreiheit gerechnet werden kann [E 14].

Laserstrahlschweißen

Das Laserstrahlschweißen arbeitet wie das Elektronenstrahlschweißen mit hoher Energieflußdichte und ist deshalb ebenfalls für das Schweißen von Molybdänlegiergungen geeignet.

Löten

Löten von Mo und von Mo mit anderen Metallen siehe [C 8]. Die Legierung TZM ist schlechter benetzbar als das reine Molybdän, zurückzuführen auf Titan im Oberflächenoxid. Bei nickelhaltigen Loten kann Lötbruch auftreten [M 25].

8.1.8 Nickel und Nickellegierungen

Nickel und seine Legierungen werden vorzugsweise im chemischen Apparatebau verwendet, wenn hohe Anforderungen an Korrosions- und Warmfestigkeit bzw. Zeitstandfestigkeit gestellt werden. Physikalische Eigenschaften von Nickel s. Tabelle 8.14.

Tabelle 8.14. Die physikalischen Eigenschaften von Nickel [S 35]

Schmelzpunkt	°C	1453
Dichte bei 20 °C	$g\,cm^{-3}$	8,9
Wärmeausdehnungsbeiwert bei 0/100 °C	$10^{-6}\,K^{-1}$	13,3
Spezifischer elektrischer Widerstand bei 20 °C	$\Omega\,mm^2\,m^{-1}$	0,068
Elastizitätsmodul bei 20 °C (unmagnetisiert, weich)	$N\,mm^{-2}$	224 000
Spezifische Wärmekapazität bei 0/100 °C	$kJ\,kg^{-1}\,K^{-1}$	0,46
Wärmeleitfähigkeit bei 0/100 °C	$W\,m^{-1}\,K^{-1}$	88

Alle Legierungen mit der Ausnahme von Nickel–Zirkon werden geschweißt. Dabei auftretende Schwierigkeiten sind

a) Heißrißneigung, verursacht vor allem durch geringste Anteile an Schwefel,

b) Porenbildung, verursacht durch die Anwesenheit von Gasen wie Sauerstoff, Stickstoff und vor allem Wasserstoff,

c) Ausscheidungen, welche die Korrosionsbeständigkeit herabsetzen (Nickel-Molybdän-Legierungen).

Übliche Legierungsgruppen (es gibt jeweils zahlreiche Varianten) sind in Tab. 8.15 zusammengestellt.

Auch Nickelbasis-Gußlegierungen werden geschweißt [K 29]. Zum Verbinden von Nickel und Nickellegierungen mit artverschiedenen Werkstoffen durch Schweißen siehe [A 5].

8.1.8.1 Einfluß der Legierungselemente auf die Schweißbarkeit

Reinstes Nickel sollte, da es bei der Erwärmung oder Abkühlung keinen allotropen Umwandlungen unterliegt, beim Schweißen keine Schwierigkeiten bereiten. Bei Elektrolytnickel können jedoch bereits Spuren von Verunreinigungen, die mit Nickel niedrigschmelzende Eutektika bilden (Schwefel, möglicherweise auch Sauerstoff), zu feinsten Längsrissen in der Wärmeeinflußzone führen.

Die Elemente Kupfer, Chrom, Eisen und Kobalt bilden mit Nickel in weiten Bereichen Mischkristalle und beeinflussen die Schweißeignung nur wenig. Dagegen

Tabelle 8.15. Nickel und Nickellegierungen

Legierung	DIN	Werkstoff-Nr.	Typ	Zusammensetzung in Masse-%		
				Ni	Cu	Fe
Nickel	17 740	2.4050, 2.4060, 2.4068	–	99,0 bis 99,8		
Nickel-Kupfer-Legierungen	17 743	2.4360	Monel	> 63	28 bis 34	1,0 bis 2,5
		2.4366	K-Monel	> 63	28 bis 34	1,0 bis 2,0
Nickel-Chrom-Eisen-Legierungen	17 742	2.4816	Inconel	> 72		6 bis 10
Nickel-Chromlegierungen	–	–	Nimonic	Rest		1 bis 5
Nickel-Molybdän- und Nickel-Chrom-Molybdän-Legierungen	17 744	2.4810	Hastelloy B	> 62		4 bis 7
			Hastelloy C	> 52		4 bis 7

sind die Elemente Schwefel, Phosphor, Zirkon, Bor und Blei im festen Zustand nahezu unlöslich und wirken sich in Richtung auf zunehmende Heißrißempfindlichkeit aus, wobei Schwefel den stärksten Einfluß ausübt.

Auch die niedriglegierten Nickel-Knetlegierungen gemäß DIN 17 741 sind als gut schweißgeeignet anzusehen. Dabei handelt es sich um

Legierung	Werkstoff-Nr.
Ni 99,4 Fe	2.4062
NiMn 1	2.4106
NiMn 2	2.4110
NiMn 3 Al	2.4122
NiMn 5	2.4116.

8.1.8.1.1 Hauptlegierungselemente

Kupfer

Kupfer bildet mit Nickel eine lückenlose Mischkristallreihe. Beide Metalle sind kubisch flächenzentriert aufgebaut, haben ähnliche Atomradien und Gitterkonstante und liegen im Periodischen System der Elemente mit den Ordnungszahlen 28 bzw. 29 nebeneinander. Vom Kupfer her, das in Mengen von 15 bis 40% zulegiert wird (Monel), ergeben sich daher beim Schweißen keine Schwierigkeiten. Es gibt auch Legierungen, in denen Kupfer das Hauptelement darstellt (70/30- und 90/10-CuNi-Legierungen), die ein ähnliches Schweißverhalten zeigen. Bei Monel muß lediglich mit Kristallseigerungen gerechnet werden, wodurch die Korrosionsbeständigkeit etwas beeinträchtigt werden kann. In diesem Falle empfiehlt sich eine

| | | | | | | | Anwendung |
Al	Ti	Cr	Mo	Mn	Si	Sonstige	
							chemische Apparate, Einbauteile für Glühlampen und Elektronenröhren
2 bis 4	0,3 bis 1,0						chemische Apparate, korrosionsgefährdete Konstruktionsteile (K-Monel ist aushärtbar)
		14 bis 17					hitze- und zunderbeständige Bauteile, chemische Apparate
		18 bis 21		1	1	0 bis 23 Co	chemische Apparate
		14 bis 18	26 bis 30 15 bis 18			3 bis 5 W	chemische Apparate, vorzugsweise bei Korrosionsbeanspruchung

Wärmenachbehandlung. Wenn Aluminium zur Ausscheidungshärtung zugegeben wird (K-Monel), ergibt sich wie bei den meisten aushärtbaren Legierungen das Problem der Festigkeitsminderung.

Chrom

Chrom bildet mit Nickel einphasige Mischkristallegierungen mit sehr schmalem Erstarrungsintervall (Bild 8.9). Chrom als solches wirkt sich daher anscheinend beim Schweißen nicht ungünstig aus. Im Zusammenwirken mit anderen Elementen aber, vor allem mit Silizium, scheint es Heißrißneigung zu begünstigen. Seine hohe

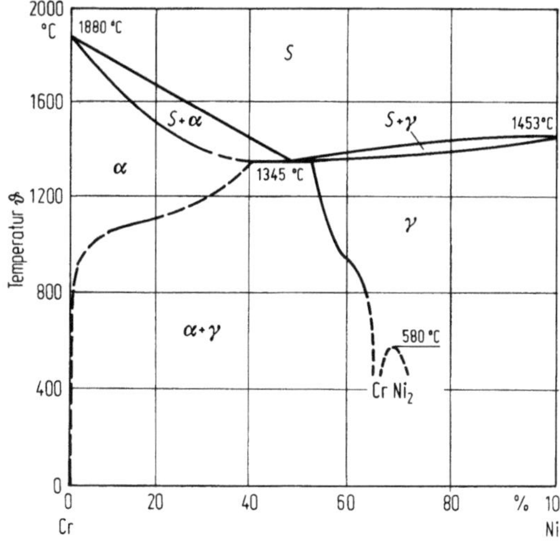

Bild 8.9. Zustandsschaubild Cr–Ni [H 22]

Affinität zu Sauerstoff und Stickstoff, mit denen es stabile Verbindungen eingeht, verringert die Porenanfälligkeit. In Schweißzusatzwerkstoffen kann daher bei Anwesenheit von Chrom im allgemeinen auf weitere gasabbindende Elemente verzichtet werden. Zum Schweißen von Inconel 625 und 718 siehe [H 16]. Es handelt sich um hochwarmfeste Superlegierungen [H 24].

Eisen

Eisen wird meist nicht zur Verbesserung der Eigenschaften von Nickellegierungen zulegiert, sondern z. B. in Form von Ferrolegierungen mit anderen Elementen eingebracht. Schwierigkeiten bereitet nicht das Eisen selbst, sondern dessen miteingeschleppte Verunreinigungen wie Schwefel, Phosphor und möglicherweise Sauerstoff. Bei Anwesenheit von Eisen sollte der Kohlenstoffgehalt 0,1% nicht übersteigen. Die bekannte 36 NiFe-Legierung „Invar" läßt sich mittels WIG- oder Plasmaschweißen rißfrei fügen, wenn der Schwefelgehalt unter 0,002% gehalten wird.

Kobalt

Geringe Gehalte von einigen Zehntelprozent haben keinen Einfluß auf das Schweißverhalten. Über die Wirkung höherer Gehalte, wie sie zur Verbesserung der Warmfestigkeit hinzugegeben werden, liegen noch wenig Erfahrungen vor. Wahrscheinlich ist sie gering, wenn nicht wie bei Chrom und Eisen sekundäre Erscheinungen durch die Anwesenheit anderer Elemente ausgelöst werden.

Molybdän

Die Molybdängehalte liegen im allgemeinen so hoch (Hastelloy), daß man im heterogenen Bereich, also im Zweiphasengebiet liegt.

Binäre Nickel-Molybdän-Legierungen sind etwas heißrißempfindlich. Beim Glühen von NiCrMo-Legierungen zwischen 600 und 950 °C kommt es zu Ausscheidungen auf den Korngrenzen, welche die Korrosionsbeständigkeit herabsetzen. Tritt diese Erscheinung beim Schweißen in der WEZ auf, muß eine Wärmenachbehandlung erfolgen (Lösungsglühen oberhalb 1150 °C mit nachfolgendem Abschrecken). Zum Schweißen von NiMo 28 und NiMo 16 Cr 16 Ti siehe [G 22].

8.1.8.1.2 Untergeordnete Legierungszusätze

Kohlenstoff

Übliche Gehalte: 0,01 bis 0,15%. Schwierigkeiten bestehen nur bei höheren Betriebstemperaturen. Freier Kohlenstoff geht – falls vorhanden – in der WEZ in Lösung und führt bei rascher Abkühlung zu einem an Kohlenstoff übersättigten Mischkristall. Bei Betriebstemperaturen zwischen 315 und 760 °C scheidet sich dann Korngrenzengraphit aus, der das Feingefüge schwächt, wodurch es zu örtlichen Rissen oder sogar zum Bruch des Bauteils kommen kann. Abhilfe: C < 0,02% oder Stabilisieren mit Titan.

Bei Anwesenheit von Kupfer wird die Löslichkeit von Kohlenstoff bei höheren Temperaturen so weit erhöht, daß es bis zu 0,2% C nicht zur Versprödung kommt.

Nur wenn beim Schweißen Eisen aus dem Grundwerkstoff aufgenommen wird, kann es zu Heißrissigkeit kommen. Abhilfe: C < 0.1%.

Bei Anwesenheit von Chrom können sich, wenn nur wenig Stabilisatoren wie Ti oder Nb vorhanden sind, Chromkarbide ausscheiden, was zu örtlicher Chromverarmung führt. Die Korrosionsbeständigkeit wird aber – im Gegensatz zu den analogen Erscheinungen bei austenitischen Stählen – nur bei besonders aggressiven Medien beeinträchtigt. Die Verbindung Ni_3C existiert nur oberhalb 1 500 °C und ist sehr unbeständig.

Mangan

Übliche Gehalte: bis zu 1%.

Mangan übt praktisch keinen Einfluß auf das Schweißverhalten aus. Durch Bildung von hochschmelzendem Mangansulfid kann es den u. U. verheerenden Einfluß von Schwefel beseitigen.

Magnesium

Magnesium bildet wie Mangan ein hochschmelzendes Sulfid. Infolge des niedrigen Siedepunktes (1 120 °C) verdampft im Zusatzwerkstoff enthaltenes Mg jedoch beim Lichtbogenschweißen fast vollständig, so daß dieser Effekt im Schweißgut nicht ausgenutzt werden kann. In der WEZ jedoch verhindert Mg die durch geringe Schwefelgehalte hervorgerufene Heißrissigkeit.

Im Schweißgut kann Schwefel nur durch Elemente wie Mn, Nb, Ti und Al unschädlich gemacht werden, die im Lichtbogen weniger flüchtig sind und deshalb weit besser in das Schweißgut übergehen. Beim Gasschmelz- und WIG-Schweißen kann dagegen das Magnesium seine Aufgabe weitgehend erfüllen, weil dort der vom Zusatzwerkstoff abschmelzende Tropfen nicht durch den Ansatzpunkt eines Lichtbogens wandern muß.

Silizium

Übliche Gehalte: 0,1 bis 4%.

In den meisten Legierungen wird durch Silizium > 0,7% die Heißrißneigung gefördert, vor allem bei gleichzeitiger Anwesenheit von Kupfer oder Chrom. Auch das angewendete Schweißverfahren spielt eine Rolle. Die Heißrißneigung ist besonders groß im Schweißgut, weniger in der WEZ. Beim Auftragschweißen besteht Heißrißgefahr, wenn Silizium aus dem Grundwerkstoff aufgenommen wird, vgl. Tabelle 8.16.

Tabelle 8.16. Heißrißgefahr beim Schweißen von Nickellegierungen

Legierung	Heißrißgefahr beim	
	Lichtbogenschweißen	Gasschweißen
Nickel-Kupfer-Legierung (30% Cu)	wenn Si > 1%	wenn Si > 2%
Nickel-Chrom-Legierung	wenn Si einige Zehntelprozent übersteigt	etwas höhere Gehalte als beim Lichtbogenschweißen zulässig

Vorteilhaft ist demgegenüber die Desoxidationswirkung, die von Silizium ausgeübt wird.

Niob

Niob wird nickelreichen Werkstoffen zugesetzt, um der schädlichen Wirkung von Silizium zu begegnen. Die erforderliche Menge ist abhängig vom Nickel-Eisen-Verhältnis.

Zirkon

Zusätze von nur wenigen Zehntelprozent führen zu einer heterogenen Phase, welche die Heißrißneigung der Legierung stark erhöht. Anscheinend kommt es zu einer eutektischen Reaktion bei 1 090 bis 1 150 °C. Die Rißbildung tritt sowohl im Schweißgut als auch in der WEZ auf. Nickel-Zirkon-Legierungen gelten daher als *nicht schweißbar*. Über Verbindungen durch Kaltpreß- und Diffusionsschweißen ist bisher nichts bekannt.

Aluminium

Aluminium ist als nützliches Begleitelement anzusehen, und zwar in seiner Eigenschaft als Desoxidationsmittel und als aushärtendes Element. Bei höheren Gehalten nimmt allerdings die Rißempfindlichkeit zu, wobei der Schwellenwert der Empfindlichkeit wie bei Si von der Anwesenheit weiterer Legierungselemente abhängt. Rißgefahr besteht im Schweißgut, weniger in der WEZ. Die zulässigen Al-Gehalte liegen meist höher als in den entsprechenden Fällen für Si.

Aluminium ist in Schweißzusatzwerkstoffen enthalten, die für das Schweißen aushärtbarer Nickellegierungen entwickelt wurden.

Der aus der intermetallischen Verbindung Ni_3Al bestehende polykristalline Werkstoff mit 77% Ni, 22% Al, 0,5% Hf und 0,1% B kann mit artgleichem Zusatz WIG- und elektronenstrahlgeschweißt werden. Die Zugabe von Hafnium verbessert die Rißsicherheit in der WEZ.

Titan

Titan wird Schweißzusatzwerkstoffen zugesetzt, um porenfreie Nähte zu erhalten (Desoxidation). Bei Cr-haltigen Legierungen ist dies meist nicht erforderlich, weil Chrom selbst Gase abzubinden vermag.

Bezüglich des Aushärtungsverhaltens wirkt Titan ähnlich wie Aluminium. Bei bestimmten kritischen Konzentrationen besteht jedoch auch hier Rißgefahr beim Schweißen. Die zulässigen Gehalte an Al und Ti liegen anscheinend beim WIG-Schweißen höher als beim Lichtbogenschweißen. Aus diesem Grunde ist das erstgenannte Verfahren für das Schweißen von aushärtbaren Legierungen vorzuziehen.

Rißneigung besteht vorzugsweise im Schweißgut, nicht in der WEZ.

Bor

Übliche Gehalte: 0,03 bis 0,10%.

Die mechanischen Eigenschaften bei hohen Temperaturen werden durch Zusatz von Bor verbessert. Jedoch führen selbst geringste Gehalte von weniger als

0,03% Bor beim Schweißen zu *hoher Heißrißanfälligkeit*. Ursache: Anscheinend Korngrenzenaufschmelzungen ähnlich wie bei S, P und Zr, die niedrigschmelzende Eutektika mit Nickel bilden.

8.1.8.1.3 Nicht bewußt zugesetzte Legierungselemente

Schwefel

Schwefel ist das *schädlichste Element* in Nickellegierungen. Die Löslichkeit in festem Nickel ist kleiner als 0,005%. Über diesen Betrag hinausgehender Schwefel wird als Nickelsulfid entlang den Korngrenzen ausgeschieden. Das $Ni-Ni_3S_2$-Eutektikum schmilzt bei 645 °C, also außerordentlich niedrig (Bild 8.10). Nickel nimmt Schwefel im kritischen Temperaturbereich von 300 bis 900 °C aus festen, flüssigen, gasförmigen oder dampfförmigen Stoffen auf, z. B. aus Fetten, Ölen, Ofenheizgasen und auch aus der Flamme beim Gasschweißen. Deshalb ist äußerste Sauberkeit der Metalloberflächen vor dem Schweißen unumgänglich.

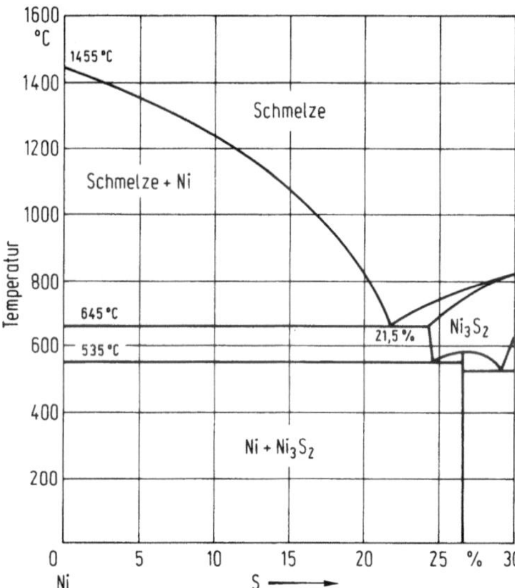

Bild 8.10. Zustandsschaubild Ni–S

Abhilfe: Zugabe von Mn, Mg (im Lichtbogen flüchtig!), Nb, Ti und Al.

Bei unsauberen Blechen reicht jedoch die Wirkung dieser Elemente nicht aus, um Heißrissigkeit zu verhindern. Infolge der niedrigen Schmelztemperatur des Eutektikums ist durch Schwefel die WEZ ebenso stark gefährdet wie das Schweißgut.

Blei

Blei wirkt in gleichen Konzentrationsbereichen ähnlich wie Schwefel. Es kommt aber seltener als Verunreinigung in Frage. Es ist in Ni unlöslich, d. h. flüssig bis zum Schmelzpunkt des Bleis (Bild 8.11). Es bildet Korngrenzenfilme und führt zu Heißrissigkeit.

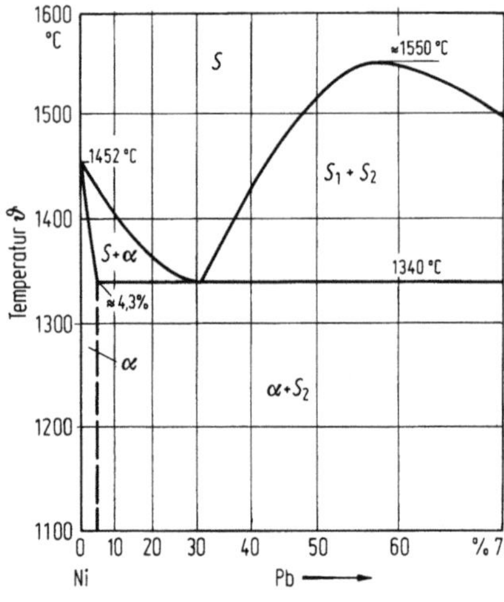

Bild 8.11. Zustandsschaubild Ni–Pb [H 22]

Phosphor

Phosphor wirkt ähnlich wie S und Pb. Die entsprechende eutektische Reaktion verläuft bei 870 °C. Bereits wenige Hundertstelprozent führen zu Heißrissigkeit im Schweißgut, nicht jedoch in der WEZ.

Elementare Gase

Sauerstoff, Stickstoff und Wasserstoff sind nur in bezug auf Porenbildung ein Problem. Risse dagegen stehen kaum im Zusammenhang mit dem Vorhandensein von gelösten Gasen. Der den Schweißzusatzwerkstoffen zulegierte Gehalt an Ti und Al reicht aus, um ihren Einfluß auf die Bildung von Poren auszuschalten.

8.1.8.2 Vorbehandlung zum Schweißen

Wärmebehandlungszustand

Geschweißt wird meist im weichgeglühten Zustand. Nach starken Kaltverformungen ist, wenn in diesen Bereichen geschweißt werden soll, vor dem Schweißen nochmals zu glühen.

Auch aushärtbare Legierungen sollen nur weichgeglüht geschweißt werden, da andernfalls wegen zu geringer Verformungsfähigkeit mit dem Auftreten von Spannungsrissen zu rechnen ist. Ein gewisser Festigkeitsabfall muß in Kauf genommen werden.

Reinigung

Vor dem Schweißen ist die Oberfläche auf beiden Seiten des Bleches, mindestens 25 mm beiderseits der Schweißnaht, zu entfetten (Azeton, Spiritus, Tetrachlorkohlenstoff, Trichloräthylen) und kurz vor dem Schweißen zu schleifen.

8.1.8.3 Das Schweißen der Nickellegierungen [S 43]

Schweißzusätze für das Schweißen von Nickel und Nickellegierungen finden sich in
DIN 1736. Nachfolgend einige Beispiele:

Tabelle 8.17. Schweißzusatzwerkstoffe nach DIN 1736 T1 für Nickel und Nickellegierungen

Schweißzusatz	Werkstoff-Nr.	Anwendung
SG-NiCr 20 Nb	2.4806	NiCr 15 Fe, LC-NiCr 15 Fe, NiCr 20 Ti
UP-NiCr 20 Nb		NiCr 20 TiAl
SG-NiCr 20	2.4639	
SG-NiCr 21 Mo 9 Nb	2.4831	NiCr 22 Mo 9 Nb, NiCr 21 Mo
UP-NiCr 21 Mo 9 Nb		NiCr 22 Mo 6 Cu, NiCr 22 Mo 7 Cu
		NiCr 21 Mo 6 Cu
SG-NiCr 22 Co 12 Mo	2.4627	Schweißgeeignete hochwarmfeste
UP-NiCr 22 Co 12 Mo		Ni-Cr-Co-Mo-Legierungen

Gasschmelzschweißen

Anwendbar für alle Nickellegierungen mit Ausnahme des Typs Ni–Cr–Fe (Nimonic 80, 80 A und 90), aber nur noch selten angewendet.

Gase: Flaschenazetylen ist Entwicklergas vorzuziehen (leichtere Flammenregulie-
rung und bessere Reinigung bei Flaschenazetylen). Mitgeführtes Azeton kann
Rißbildung verursachen. Flammeneinstellung reduzierend (leichter Azetylenüberschuß).

Brenner: Gleiche Düse wie bei Stahl, nur für Reinnickel nächstgrößere Düse
wählen.

Flußmittel: Nicht erforderlich für Nickel und Ni-Mo-Legierungen. Für die übrigen
Nickellegierungen sind *borfreie* Flußmittel zu verwenden (sonst Heißrisse im
Schweißgut). Anschließend Flußmittelreste beseitigen

a) mittels Stahlbürste,
b) mittels Salpetersäurelösung (50 Teile HNO_3, 50 Teile Wasser).

Elektrisches Lichtbogenschweißen

Meist angewendetes Verfahren.

Stromart: = (+).

Zusatzwerkstoff: Artgleich mit Zusätzen gegen Porenbildung (vgl. DIN 1736).
Ummantelung hygroskopisch, daher nach Herstellerangabe vor dem
Schweißen trocknen.

Nahtvorbereitung: Öffnungswinkel größer als bei Stahl üblich, da zäheres
Schmelzbad.

Position: Möglichst waagerecht.

Technik: Nicht zu stark pendeln, da sonst Desoxidationszusätze ausbrennen.
Lichtbogen kurz halten, Elektrode steil führen (20 bis 30° gegen Vertikale
geneigt). Zündung des Lichtbogens auf gesondertem Blech (sonst Porenbildung). Dünne Elektroden, niedrige Stromstärke.

Wolfram-Inertgas-Schweißen (WIG)

Stromart: $= (-)$, Wechselstrom möglich.
Zündung: Neben dem Werkstück auf gesondertem Blech. HF-Überlagerung (wird teilweise auch während des Schweißens beibehalten).
Schweißgeschwindigkeit: So hoch wie möglich.
Schutzgas: Trockenes Schweißargon ohne nennenswerte Verunreinigungen. Zugluft vermeiden. Verbrauch: 1,0 bis 2,8 $m^3 h^{-1}$.
Wanddicke: Bis 6 mm in einer Lage.
Gegenschutz: Argon oder Kupferunterlagen.
Zusatzwerkstoff: DIN 1 736.

Metall-Inertgas-Schweißen (MIG)

Stromart: $= (+)$.
Schutzgas: 99,8% iges Schweißargon. Verbrauch: Mindestens 1,2 $m^3 h^{-1}$.
Zusatzwerkstoff: DIN 1 736.
Bevorzugt wird das MIG-Impulsschweißen eingesetzt.

Atomares Lichtbogenschweißen

Einsatz möglich, wird aber kaum noch angewendet.

Unterpulverschweißen

Halogenpulver, die sich aus Fluor- and Chlorsalzen der Erdalkalimetalle zusammensetzen, lassen Legierungsbestandteile mit hoher Affinität zu Sauerstoff (Ti, Al) aus dem Elektrodendraht und dem Grundwerkstoff zu einem hohen Prozentsatz in das Schweißgut übergehen (80 bis 90%).

Hinsichtlich Festigkeit und Korrosionsbeständigkeit sind Lichtbogenhandschweißen und Unterpulverschweißen gleichwertig, wie aus Untersuchungen an X 1 NiCrMoCu 31 27 und X 1 NiCr 22 Mo 9 Nb hervorgeht [H 27].

Elektronenstrahlschweißen

Aushärtbare, hochwarmfeste Superlegierungen (Nickel-Chrom-Legierungen mit wahlweise Co, Mo, V oder W als weiteren Legierungselementen werden vor allem in der Luftfahrt mit und ohne Schweißzusatz elektronenstrahlgeschweißt. Das Verfahren eignet sich auch für sonst schwer schmelzschweißbare Legierungen [J 6].

Widerstandsschweißen

Punktschweißen
Gleiche Stromstärken wie bei Stahl, aber höherer Elektrodendruck.
Elektrode: Hochfeste Kupferlegierungen mit flacher oder schwach balliger Spitze.
„Klebneigung" der Elektrode beim Schweißen von Nickel kann durch kurze Schweißzeit und etwas höheren Strom vermindert werden. Evtl. Elektrodenspitze versilbern.
Kein „Kleben" beim Schweißen von Monel (höherer elektrischer Widerstand von Monel gegenüber Nickel).
Druck: Vor allem bei hochwarmfesten Legierungen ist ein höherer Elektrodendruck (verglichen mit Stahl) zu wählen.

Nahtschweißen

Rollenschrittschweißen ist für alle Nickellegierungen geeignet. Schweißgeschwindigkeit 80 bis 130 Punkte/min.

Rollennahtschweißen: Mit Ausnahme von Reinnickel ist der Schweißdruck höher als bei Stahl zu halten.

Abbrennschweißen

Höhere Energie als bei Stahl erforderlich (da geringerer elektrischer Widerstand). Um Überhitzung zu vermeiden, sollte daher die Schweißstelle möglichst nahe an den Klemmbacken liegen. Hoher Stauchdruck erforderlich. Stauchen unmittelbar vor Beendigung des Stromflusses vornehmen. Bei verspätetem Stauchen: Schlacken- und Oxideinschlüsse. Wird umgekehrt der Strom länger als etwa 2 Perioden nach Stauchbeginn aufrechterhalten, können feine Poren und interkristalline Anschmelzungen auftreten. Genaueste Einstellung der Parameter erforderlich, Vorwärmung zweckmäßig.

Reibschweißen

Nickelbasislegierungen können reibgeschweißt werden. Das gilt auch für die aushärtbaren Superlegierungen, die beim Schmelzschweißen bei höherem γ'-Anteil zu Rißbildung neigen, wenn ungeeignete Schweißparameter gewählt werden [A 4].

Diffusionsschweißen

Bei einer Temperatur von 1000 °C können Legierungen des Typs 15,5% Cr, 2% Mo, 4,6% Al, 2,5% Ti und etwas Bor, Rest Ni, im nichtrekristallisierten Zustand diffusionsgeschweißt werden [M 26].

Schweißplattierungen und Hartauftragungen mit Nickelbasislegierungen

Die verschiedenen Nickellegierungen lassen sich auch als Plattierungswerkstoffe verwenden. Als geeignete Schweißzusatzwerkstoffe werden beispielsweise S-NiTi 4 oder S-NiCu 32 Ti empfohlen [A 5], für Hartauftragungen optimierte Fülldrahtelektroden aus Nickel-Chrom-Bor-Legierungen (< 0,03% C, 3% Si, 1% Mn, 34–36% Cr, 1,5–1,8% B, < 2% Fe, Rest Ni) [T 12].

8.1.8.4 Das Löten der Nickellegierungen

Nickel und seine Legierungen werden im Vakuum gelötet. Verwendet man borhaltige Lote, diffundiert das Lot bei der hohen Löttemperatur von 1100 °C auf die Korngrenzen, wodurch die Korrosionsbeständigkeit verschlechtert wird. Außerdem tritt Kornwachstum auf [S 47].

8.1.8.5 Wärmebehandlung

Reinigung vor der Wärmebehandlung

Gründliche Oberflächenreinigung erforderlich, um Schwefelaufnahme aus Fetten, Ölen usw. zu verhindern.

Die Reinigung besteht aus Entfetten mit üblichen Mitteln und anschließendem
Spülen in 10%iger Schwefel- oder Salzsäure, gefolgt von mehrmaligem Spülen in
Wasser. Mechanisches Reinigen kann durch Metall-, Sandstrahlen oder Schleifen
erfolgen.

Ofenatmosphäre

Es ist dafür zu sorgen, daß Schwefel nicht über die Ofenatmosphäre aufgenommen
werden kann. Wird Nickel längere Zeit bei Temperaturen oberhalb 900 °C geglüht,
tritt Versprödung durch Korngrenzenoxidation auf. Das Vordringen längs der
Korngrenzen erfolgt jedoch im Gegensatz zum Schwefelangriff langsam. Bei nicht
zu langer Glühdauer ist daher mit Schäden nicht zu rechnen.

Wenn Nickel bei Temperaturen unterhalb 900 °C in oxidierender, schwefel-
haltiger Atmosphäre geglüht wird, findet ein besonders starker Schwefelangriff
statt. Brenngase sollten weniger als $0{,}2\ \mathrm{g\,m^{-3}}$ und Öl weniger als 0,2 % S enthalten.

Weichglühen

Anlieferung meist im weichgeglühten Zustand. Nach starker Kaltverformung im
Bereich von Verbindungsstellen ist vor dem Schweißen weichzuglühen. Temperaturen siehe Tabelle 8.18.

Spannungsarmglühen

Spannungsarmglühen kann bei Gefahr der Spannungsrißkorrosion nötig sein.
Nickellegierungen sind in wäßrigen Lösungen kaum empfindlich, jedoch gegenüber Quecksilber und seinen Salzen sowie gegen Siliziumfluorwasserstoff.
Glühtemperaturen siehe Tabelle 8.18. Es empfiehlt sich, ebenso wie beim Weichglühen, rasch auf Glühtemperatur zu erwärmen, etwa 1 bis 3 Stunden zu halten und
rasch abzukühlen.

Bei Ni-Cr-Fe-, Ni-Mo-Fe- und Ni-Mo-Cr-W-Legierungen (Inconel, Hastelloy B) erfolgt ein Spannungsabbau nur bei Weichglühtemperatur.

Aushärten

Aushärtbare hochwarmfeste Nickellegierungen (Superlegierungen) werden im allgemeinen in einer mehrstufigen Warmauslagerung ausgehärtet, wobei sich die
kohärente τ'-Phase vom Typ Ni_3Al, Ni_3Ti oder Ni_3Nb in feinstverteilter Form in
der Matrix ausscheidet. Gleichzeitig verbessern Karbide auf den Korngrenzen die
Zeitstandfestigkeit [S 45]. Legierungen mit hohem τ'-Anteil neigen beim
Schmelzschweißen zu Mikro- und Makrorissen. Aushärtbare Nickellegierungen
werden im weichgeglühten Zustand geschweißt, dann rasch auf Spannungsarm-
glühtemperatur gebracht (rasch, um Ausscheidungsvorgänge zu vermeiden) und
anschließend warm ausgehärtet.

Tabelle 8.18. Anlaßbehandlungen von Nickel und Nickellegierungen [V 4]

Werkstoff bezeichnung	Weichglühen				Spannungsarmglühen		Spannungsausgleichglühen[a]	
	offenes Glühen		Kastenglühen					
	°C	min	°C	h	°C	h	°C	h
Ni 99,2; Ni 99,6; LC-Ni 99	800 bis 929	1 bis 6 O, L, A	700 bis 760	1 bis 3 O, L, A	540 bis 600	1 bis 3 O, L, A	275 bis 315	1 bis 3 O, L, A
NiMn 5	875 bis 1000	1 bis 10 O, L, A	760 bis 800	1 bis 3 O, L, A	540 bis 600	1 bis 3 O, L, A	275 bis 315	1 bis 3 O, L, A
NiCu 30 Fe	875 bis 1000	1 bis 10 O, L, A	760 bis 800	1 bis 3 O, L, A	540 bis 600	1 bis 3 O, L, A	275 bis 315	1 bis 3 O, L, A
NiCu 30 Al	875 bis 1000	1 bis 10 A	760 bis 875	1 bis 3 A	620 bis 650	1,5 A	275 bis 315	1 bis 3 O, L, A
NiCr 80 20 und NiCr 15 Fe	1000 bis 1100	2 bis 15 O, L, A	875 bis 1000	1 bis 3 O, L, A	600 bis 700	1 bis 3 O, L, A	375 bis 475	1 bis 3 O, L, A
NiCr 60 15	875 bis 1100	2 bis 15 O, L, A	875 bis 1000	1 bis 3 O, L, A	600 bis 700	1 bis 3 O, L, A	375 bis 475	1 bis 3 O, L, A
NiMo 30	1150 bis 1175	20 bis 90 O, A	975 bis 1040	1 bis 3 A				
NiMo 16 Cr	1200 bis 1230	40 bis 180 O	925 bis 1040	1 bis 3 A				

[a] Teilweiser Spannungsabbau. O = Ofenkühlung; L = Luftkühlung; A = Abschreckung.

8.1.9 Niob

Niob und das mit ihm verwandte Tantal sind gekennzeichnet durch hohe Festigkeit, insbesondere Warmfestigkeit, und durch außergewöhnliche chemische Widerstandsfähigkeit. Die wichtigsten physikalischen Eigenschaften sind Tabelle 8.19 zu entnehmen.

Tabelle 8.19. Physikalische Eigenschaften von Niob [S 35]

Schmelzpunkt	°C	2 468
Dichte bei 20 °C	$g\,cm^{-3}$	8,6
Wärmeausdehnungsbeiwert bei 0/100 °C	$10^{-6}\,K^{-1}$	7,2
Spezifische Wärmekapazität bei 0/100 °C	$kJ\,kg^{-1}\,K^{-1}$	0,27
Wärmeleitfähigkeit bei 0/100 °C	$W\,m^{-1}\,K^{-1}$	54
Spezifischer elektrischer Widerstand bei 20 °C	$\Omega\,mm^2\,m^{-1}$	0,145
E-Modul bei 20 °C	$N\,mm^{-2}$	113 000

Das Schweißen wird durch folgende Eigenschaften erschwert:
1. Hoher Schmelzpunkt,
2. Versprödungsgefahr durch Gasaufnahme aus der Atmosphäre,
3. Grobkristallines Gefüge bei der Erstarrung.

Trotzdem kann bei reinem Niob von guter Schweißbarkeit gesprochen werden. Zur Verbesserung von Warmfestigkeit und Zunderbeständigkeit wurden eine ganze Reihe von teilweise dispersionshärtenden Legierungen entwickelt, wobei als Legierungselemente Zr, Ta, Ti, Mo, W, Hf, V in Betracht kommen [F 10, G 23, P 15].

Verunreinigungen an Sauerstoff, Stickstoff und Wasserstoff sind niedrig zu halten.

Ein bei geeigneten geometrischen Verhältnissen gut geeignetes Fügeverfahren ist das Kaltpreßschweißen [R 27]. Damit lassen sich sowohl artgleiche als auch artverschiedene Bauteile zum Beispiel Niob/Tantal oder Niob/austenitischer Chromnickelstahl mit guten statischen und dynamischen Festigkeitseigenschaften herstellen. Für das Stumpfschweißen arbeitet man in diesen Fällen zweckmäßigerweise mit dem Mehrfachstauchprozeß oder der Koextrusion (Fließpressen).

WIG-Schweißen

Gleichstrom, Elektrode am Minuspol (wie bei W, Mo, Ta). Um Versprödungen zu verhindern, ist ein möglichst reines Schutzgas, das vor allem frei von Stickstoff und Sauerstoff ist, zu verwenden. Vielfach wird mechanisiert in Schutzgaskammern geschweißt. Zur Erhöhung der Verformungsfähigkeit der Schweißverbindung ist eine Wärmebehandlung im Vakuum bei 1150 °C mit einer Glühdauer von einer Stunde zu empfehlen. Wahrscheinlich wird dabei eine auf Ausscheidungen beruhende Versprödung rückgängig gemacht.

Widerstandsschweißen

Nur über das Punktschweißen ist einiges bekannt. Das Anlegieren der Elektrode stellt ein Problem dar, es ist jedoch nicht so kritisch wie bei Molybdän. Eine „Rekristallisationsschweißung", d. h. Schweißen ohne das Auftreten einer flüssigen Phase, scheint die Gefahr der Ausbildung von Poren oder Rissen herabzusetzen. Durch Einlegen von Titanfolien mit 0,025 mm Dicke läßt sich die Punktfestigkeit erhöhen [N 12].

Ultraschallschweißen

Das Verfahren wird nicht empfohlen, da mit Rissen zu rechnen ist.

Elektronenstrahlschweißen

Für hochbeanspruchte Verbindungen wird das Elektronenstrahlschweißen eingesetzt [L 10]. Anschließend ist im Vakuum bis 200 °C abzukühlen, um eine Gasaufnahme im warmen Zustand zu verhindern. Die Festigkeit der Verbindung entspricht dann derjenigen des weichgeglühten Grundwerkstoffs. Anwendung z. B. zur Herstellung von Hochfrequenzdeflektoren [S 48].

Diffusionsschweißen

Diffusionsschweißen ist möglich, wobei wiederum bei der Abkühlung bis 200 °C auf Schutz der Teile vor Luftzutritt zu achten ist.

Löten

Niob kann mit Keramik im Vakuum durch Löten verbunden werden. Als Lot wird eine Ti-Cu-Ag-Legierung („Ticusil") empfohlen [P 16].

8.1.10 Platin

Platin und Platinlegierungen können durch WIG-Schweißen (Gleichstrom, Elektrode am Minuspol oder hochfrequenzüberlagerter Wechselstrom) oder durch Punktschweißen unter Verwendung von Elektroden aus Wolfram geschweißt werden. Auch das Preßstumpfschweißen von dünnen Drähten ist möglich [G 20]. Für die Herstellung von Thermoelementen kann auch der zwischen Kohleelektroden brennende Lichtbogen als Wärmequelle ausgenutzt werden. Physikalische Eigenschaften von Platin s. Tabelle 8.20.

Tabelle 8.20. Die physikalischen Eigenschaften von Platin [S 35]

Schmelzpunkt	°C	1 769
Dichte bei 20 °C	$g\,cm^{-3}$	21,45
Wärmeausdehnungsbeiwert bei 0/100 °C	$10^{-6}\,K^{-1}$	9,0
Spezifischer elektrischer Widerstand bei 20 °C	$\Omega\,mm^2\,m^{-1}$	0,106
Elastizitätsmodul bei 20 °C	$N\,mm^{-2}$	173 000
Spezifische Wärmekapazität bei 0/100 °C	$kJ\,kg^{-1}\,K^{-1}$	0,135
Wärmeleitfähigkeit bei 0/100 °C	$W\,m^{-1}\,K^{-1}$	71

8.1.11 Plutonium

Plutonium ist das erste synthetische Element, das praktische Anwendung gefunden hat. Es entsteht aus dem Uranisotop ^{238}U durch Einfang eines Neutrons. Hergestellt wird es aus abgebrannten Uranbrennelementen. Die als Zwischenprodukte entstehenden Isotope ^{239}V und ^{239}Np zerfallen unter Elektronenemission (β-Strahler) innerhalb kurzer Zeit, während ^{239}Pu als langlebiger α-Strahler eine Halbwertszeit von 24 300 Jahren aufweist. Seine besondere Bedeutung für Kernreaktoren ergibt sich daraus, daß es praktisch vollständig spaltbar ist. Plutonium läßt sich nicht kaltverformen und wird meist im gegossenen Zustand spanabhebend bearbeitet. (Brandgefahr der Späne, Pyrophorieverhalten). Die α-Strahlung mit einer Reichweite von 3,7 cm in Luft ist dann gefährlich, wenn Plutoniumstaub durch Schnittoder Schürfwunden bzw. durch Einatmen von Staub in den Körper gelangt. Plutonium wird dann in den blutbildenden Teilen der Knochen abgelagert und kann zu Leukämie oder Anämie führen. Die letale Dosis liegt bei etwa 20 mg. Es sind daher beim Umgang mit Plutonium Vorsichtsmaßnahmen ähnlich wie in bakteriologischen Instituten am Platze [G 24]. Eine weitere Gefahr besteht in der starken Toxizität von Pu. Physikalische Eigenschaften von Plutonium s. Tabelle 8.21.

Tabelle 8.21. Physikalische Eigenschaften von Plutonium [S 35]

Schmelzpunkt	°C	640
Röntgendichte bei 21 °C	g cm^{-3}	19,8 (α)
Wärmeausdehnungsbeiwert bei 40/75 °C	10^{-6} K^{-1}	48,4 (α)
Spezifische Wärmekapazität bei 22,8 °C	kJ kg^{-1} K^{-1}	0,134
Wärmeleitfähigkeit von α-Plutonium	W m^{-1} K^{-1}	44
Spezifischer elektrischer Widerstand bei 25 °C	Ω mm^2 m^{-1}	1,45 (α)
Elastizitätsmodul bei 31 bis 34 °C	N mm^{-2}	90 000 bis 99 100 (α) je nach Wärmebehandlung

Die meisten Arbeiten über Plutonium unterliegen Geheimhaltungsvorschriften. Aus diesem Grund finden sich in der Literatur nur wenige Angaben über die Eigenschaften dieses Metalls.

Schutzgasschweißen von Plutonium soll möglich sein [A 6].

8.1.12 Silber und Silberlegierungen

Als Schweißverfahren dient das WIG-Schweißen mit Gleichstrom, Elektrode am Minuspol. Silber und seine Legierungen können punktgeschweißt werden, wobei als Elektrodenwerkstoff Wolfram verwendet wird. Auch das Preßstumpfschweißen von Drähten ist möglich [G 20]. Physikalische Eigenschaften von Silber s. Tabelle 8.22.

Tabelle 8.22. Die physikalischen Eigenschaften von Silber [S 35]

Schmelzpunkt	°C	960
Dichte bei 20 °C	$g\,cm^{-3}$	10,5
Wärmeausdehnungsbeiwert bei 0/100 °C	$10^{-6}\,K^{-1}$	19,1
Spezifischer elektrischer Widerstand bei 20 °C	$\Omega\,mm^2\,m^{-1}$	0,016
Elastizitätsmodul bei 20 °C	$N\,mm^{-2}$	84 000
Spezifische Wärmekapazität bei 0/100 °C	$kJ\,kg^{-1}\,K^{-1}$	0,25
Wärmeleitfähigkeit bei 0/100 °C	$W\,m^{-1}\,K^{-1}$	420

AgCdO mit 6 bis 15% Cadmium wird als Kontaktwerkstoff für Niederspannungsschaltgeräte verwendet. Der Werkstoff soll eine möglichst schlechte Schweißneigung besitzen, um den Verschleiß der Kontakte klein zu halten. Daher ist AgCdO mit üblichen Verfahren nicht zum Schweißen geeignet. Es läßt sich schmelzmetallurgisch oder pulvermetallurgisch herstellen. Im ersten Fall wird eine AgCd-Legierung erzeugt und diese einseitig oder beidseitig oxidierend geglüht (innere Oxidation). Bei einseitiger (Teil-) Oxidation kann die nichtoxidierte Seite unmittelbar oder nach dem Aufbringen einer Silberschicht mit einem Sonderlot auf der Basis Ag-Cu-Zn-P bei Temperaturen um 700 °C hartgelötet werden. Auch Diffusionslöten oder Kondensatorimpulsschweißen sind möglich [M 28].

8.1.13 Tantal und Tantallegierungen

Tantal gehört wie Wolfram, Molybdän und Niob zu den hoch hitzebeständigen Metallen, hat jedoch bisher eine verhältnismäßig geringe Verbreitung gefunden. Einige der neuentwickelten Legierungen werden bei Temperaturen bis 1900 °C eingesetzt, sie eignen sich vor allem für geschweißte Bauteile. Die physikalischen Eigenschaften von Tantal sind Tabelle 8.23 zu entnehmen.

Tabelle 8.23. Physikalische Eigenschaften von Tantal [S 35]

Schmelzpunkt	°C	2 980
Dichte bei 20 °C	$g\,cm^{-3}$	16,6
Wärmeausdehnungsbeiwert bei 0/20 °C	$10^{-6}\,K^{-1}$	6,5
Spezifische Wärmekapazität bei 0/100 °C	$kJ\,kg^{-1}\,K^{-1}$	0,142
Wärmeleitfähigkeit bei 20 °C	$W\,m^{-1}\,K^{-1}$	54
Spezifischer elektrischer Widerstand bei 20 °C	$\Omega\,mm^2\,m^{-1}$	0,135
Elastizitätsmodul bei 20 °C	$N\,mm^{-2}$	189 500

Als Schweißverfahren dient vorzugsweise das WIG-Schweißen mit Gleichstrom, Elektrode am Minuspol. Nur vollständiger Argonschutz in einer Kammer führt zu Nähten, die dem Grundwerkstoff äquivalente Eigenschaften aufweisen. Im Vakuum erschmolzenes Tantal läßt sich porenfrei schweißen, während bei gesintertem Tantal mit Poren in der Naht zu rechnen ist.

Zum Punktschweißen werden Kondensatorimpulsschweißmaschinen herangezogen. Kurze Schweißzeiten sollen der starken Gasabsorption entgegenwirken.Als

Elektrodenwerkstoffe werden Kupfer-Chrom- oder Kupfer-Wolfram-Tränklegierungen empfohlen. Das Nahtschweißen wird bei starker Kühlung häufig unter Wasser durchgeführt. Zweckmäßigerweise wird beim Widerstandsschweißen das Entstehen einer aufgeschmolzenen Schweißlinse verhindert (niedriger Strom, hoher Druck). Es kommt dann zu einer Diffusionsschweißung, und die Elektrode neigt weniger zum Anlegieren. Durch Sprengplattieren (Explosivschweißen) kann Tantal mit Kupfer, Stahl und anderen Metallen verbunden werden [J 7].

Wie Niob eignet sich auch Tantal gut für das Kaltpreßschweißen [R 27]. Sowohl artgleiche als auch artverschiedene Verbindungen wie Tantal/Niob oder Tantal/austenitischer Chromnickelstahl lassen sich bei geeigneten geometrischen Bedingungen mit guten Festigkeitseigenschaften herstellen. Hierfür wird am besten das Mehrfachstauchen oder die Koextrusion (Fließpressen) herangezogen.

8.1.14 Thorium

Thorium und Thoriumlegierungen werden in der Elektro- und Röntgentechnik zur Herstellung von Elektroden, photoelektrischen Kathoden und Antikathoden benutzt. In der Vakuumtechnik dient Thorium vielfach als Getter. Außerdem zählt Thorium zu den Reaktorwerkstoffen. Es ist kalt- und warmverformbar, schmiedbar bei 750 bis 950 °C.

Verbindungsarbeiten kommen selten vor. Über die Festigkeit von Widerstandsschweißungen gibt es keine Angabe. Berichtet wird über Rißneigung beim WIG-Schweißen in Helium-Argon-Atmosphäre, insbesondere bei Mehrlagenschweißungen. Günstiger verhalten sich Legierungen mit beispielsweise 2,5 Masse-% Mo, W oder Nb. Physikalische Eigenschaften von Thorium s. Tabelle 8.24.

Tabelle 8.24. Die physikalischen Eigenschaften von Thorium [S 35]

Schmelzpunkt	°C	1850
Dichte bei 20 °C	$g\,cm^{-3}$	11,5
Wärmeausdehnungsbeiwert bei 0/100 °C	$10^{-6}\,K^{-1}$	11,2
Spezifischer elektrischer Widerstand bei 20 °C	$\Omega\,mm^2\,m^{-1}$	0,186
Elastizitätsmodul bei 20 °C	$N\,mm^{-2}$	80 000
Spezifische Wärmekapazität bei 0/100 °C	$kJ\,kg^{-1}\,K^{-1}$	0,138
Wärmeleitfähigkeit bei 0/100 °C	$W\,m^{-1}\,K^{-1}$	38

8.1.15 Uran

Wichtigster Brennstoff der Kerntechnik und das einzige in der Natur vorkommende Element mit einem spaltbaren Isotop. Uran ist kalt- und warmverformbar sowie spanabhebend bearbeitbar. Physikalische Eigenschaften s. Tabelle 8.25.

Die orthorhombische Kristallstruktur des α-Urans ruft eine starke Anisotropie aller richtungsabhängigen Eigenschaften hervor, wie z. B. elektrische Leitfähigkeit, thermischer Ausdehnungskoeffizient, Selbstdiffusionskoeffizient, Elastizitätsmo-

Tabelle 8.25. Die physikalischen Eigenschaften von Uran [S 35]

Schmelzpunkt	°C	1 129 bis 1133
Dichte bei 20° C	$g\,cm^{-3}$	19,05 (α)-Uran
		18,89 (β)-Uran
Wärmeausdehnungsbeiwert von 25 bis 300 °C	$10^{-6}\,K^{-1}$	23 a-Achse
		− 3,5 b-Achse
		17 c-Achse
Spezifische Wärmekapazität bei 0/100 °C	$kJ\,kg^{-1}\,K^{-1}$	0,117
Wärmeleitfähigkeit bei 0/100 °C	$W\,m^{-1}\,K^{-1}$	28
Spezifischer elektrischer Widerstand bei 20 °C	$\Omega\,mm^2\,m^{-1}$	0,29 (α)
Elastizitätsmodul bei 20° C	$N\,mm^{-2}$	148 000 bis 201 000

dul. Allgemeine Angaben dieser Eigenschaften dürfen daher nur als Richtwerte angesehen werden.

Die geringe Wärmeleitfähigkeit und Volumenänderung bei der Erstarrung sowie der hohe elektrische Widerstand erleichtern die Herstellung guter Schweißverbindungen bei Uran und Uranlegierungen, jedoch bereiten die große Oxidationsneigung und die Entfernung der Oxidschicht häufig Schwierigkeiten.

Zur Entfernung des Oxids wird die Oberfläche zunächst elektropoliert und anschließend geätzt, bei blauem und schwarzem Oxid wird die umgekehrte Reihenfolge empfohlen [G 24]. Nach jedem Arbeitsgang (Entfetten, Ätzen, Elektropolieren) ist sorgfältig mit Wasser zu spülen. Abschließend wird in Aceton gespült und an Luft getrocknet.

Uran kann mit guten Ergebnissen WIG-geschweißt werden. Das Schweißgut weist eine etwas höhere Härte auf und ist etwas weniger dehnungsfähig als der Grundwerkstoff. Als Schutzgas eignet sich Helium mit 10% Argon. Das Schweißen in Schutzgaskammern wird bevorzugt. Als Vorbereitung zum Punktschweißen genügt das Entfetten. Bis zu einer Wanddicke von 2,5 mm bestehen keine grundsätzlichen Schwierigkeiten [G 25].

8.1.16 Vanadin

Vanadin läßt sich ähnlich wie die austenitischen Chromnickelstähle mit dem WIG- und dem Elektronenstrahlschweißverfahren riß- und porenfrei fügen. Beim WIG-Schweißen ist auf besonders guten Schutz vor den aus der Atmosphäre stammenden Gase zu achten. Die Festigkeit der Verbindung entspricht der des Grundwerkstoffs im geglühten Zustand, obgleich das Gefüge im Bereich der Naht grobkörnig

Tabelle 8.26. Die physikalischen Eigenschaften von Vanadin [S 35]

Schmelzpunkt	°C	1 860
Dichte bei 20 °C	$g\,cm^{-3}$	6,1
Wärmeausdehnungsbeiwert bei 0/100 °C	$10^{-6}\,K^{-1}$	8,3
Wärmeleitfähigkeit bei 0/100 °C	$W\,m^{-1}\,K^{-1}$	29
Spezifische Wärmekapazität bei 0/100 °C	$kJ\,kg^{-1}\,K^{-1}$	0,498
Spezifischer elektrischer Widerstand bei 20 °C	$\Omega\,mm^2\,m^{-1}$	0,26
Elastizitätsmodul	$N\,mm^{-2}$	136 000

ausgebildet ist. Da Vanadin mit vielen anderen Metallen begrenzt oder vollständig mischbar ist, kann es als Übergangsmetall für viele schmelzgeschweißte Werkstoffkombinationen verwendet werden, deren Partner miteinander metallurgisch unverträglich sind [L 10, P 17]. Physikalische Eigenschaften des Vanadins siehe Tabelle 8.26.

8.1.17 Wolfram

Wolfram findet in Form von Drähten, Stäben oder Bändern Verwendung für Vakuumröhren, geheizte Glühkathoden und andere Spezialzwecke. Die physikalischen Eigenschaften von Wolfram sind Tabelle 8.27 zu entnehmen.

Tabelle 8.27. Die physikalischen Eigenschaften von Wolfram [S 35]

Schmelzpunkt	°C	3 382
Dichte bei 20 °C	$g\,cm^{-3}$	19,3
Wärmeausdehnungsbeiwert bei 0/100 °C	$10^{-6}\,K^{-1}$	4,5
Spezifische Wärmekapazität bei 0/100 °C	$kJ\,kg^{-1}\,K^{-1}$	0,138
Wärmeleitfähigkeit bei 0/100 °C	$W\,m^{-1}\,K^{-1}$	165
Spezifischer elektrischer Widerstand bei 20 °C	$\Omega\,mm^2\,m^{-1}$	0,059
Elastizitätsmodul bei 20 °C	$N\,mm^{-2}$	418 000

Schwierigkeiten beim Schweißen werden verursacht durch den hohen Schmelzpunkt, die Neigung zur Oxidbildung sowie zur Versprödung neben der eigentlichen Schweißzone. Wenn Schmelzschweißprozesse verwendet werden, muß mit einem Absinken der Festigkeit durch Rekristallisation (Grobkornbildung) gerechnet werden. Lediglich beim Elektronenstrahlschweißen ist dieser Effekt weitgehend auszuscheiden.

Vorbereitung

Entfetten und chemisches Reinigen durch (wahlweise)
1. Eintauchen in NaOH-Bad, evtl. bei erhöhter Temperatur von 600 °C,
2. Elektrolytische Behandlung von 30 s Dauer in 20%iger Kalilauge,
3. 5 min kochen in 20%iger Kalilauge,
4. Beseitigen der Oxidreste durch Erwärmen auf 1 000 °C (15 bis 30 min) in Wasserstoffatmosphäre.

WIG-Schweißen ist mit negativ gepolter Elektrode, meist als Kammerschweißung möglich. Gegen Rißbildung kann auf 425 bis 540 °C vorgewärmt werden. Die Porenanfälligkeit des pulvermetallurgisch hergestellten Wolframs wächst mit der Schweißgeschwindigkeit.

Beim *Elektronenstrahlschweißen* [M 27] sollte die Abkühlung nicht zu schroff erfolgen und eine feste Einspannung vermieden werden.

Als interessante Verbindungsmöglichkeit wird eine Kombination von Löten und *Diffusionsschweißen* vorgeschlagen [A 7]. Die Lote sollten dabei Arbeitstemperaturen aufweisen, die unterhalb der Rekristallisationstemperatur von Wolfram liegen. Außerdem sollte die Löslichkeit von einem oder mehreren Bestandteilen der Lote in Wolfram wenigstens teilweise vorhanden sein. In diesem Falle wird bereits beim Löten mit einem gegenseitigen Inlösunggehen zu rechnen sein. Bei weiterer Diffusionsbehandlung kann das Lot vollständig in Wolfram gelöst werden, so daß eine unmittelbare Bindung der beiden Wolframteile erfolgt. Solche Verbindungen sind dann hochtemperaturbeständig.

Das *Widerstandsschweißen* von Wolfram ist zwar möglich, wegen der hohen Schmelztemperatur und der starken Oxidationsneigung jedoch für die Praxis wenig geeignet.

Für das Rollennahtschweißen von elektrolytisch verzinntem Feinstblech aus Wolframlegierungen werden Elektroden aus einer Ti-Zr-Mo-Legierung vorgeschlagen [S 42].

8.1.18 Zink

Zink und seine Legierungen werden in Form von Blechen im Bau-, Metallwaren-, graphischen Gewerbe u. a. für Regenfallrohre, Dachdeckungen, Flachdruckplatten, Münzen, Uhrengehäuse usw. verwendet, Bänder aus Sondergüten auch für Zieh- und Drückteile etwas höherer Festigkeit. Für Massenteile wird Zinkdruckguß eingesetzt. Die physikalischen Eigenschaften von Zink sind Tabelle 8.28 zu entnehmen.

Tabelle 8.28. Die physikalischen Eigenschaften von Zink [S 35]

Schmelzpunkt	°C	419,4
Dichte bei 20 °C	$g\,cm^{-3}$	7,14
Wärmeausdehnungsbeiwert bei 100 °C	$10^{-6}\,K^{-1}$	31
Spezifische Wärmekapazität bei 100 °C	$kJ\,kg^{-1}\,K^{-1}$	0,39
Wärmeleitfähigkeit bei 0/100 °C	$W\,m^{-1}\,K^{-1}$	113
Spezifischer elektrischer Widerstand bei 20 °C	$\Omega\,mm^2\,m^{-1}$	0,0592
Elastizitätsmodul bei 20° C	$N\,mm^{-2}$	100 000

Für das WIG-Schweißen wird hochfrequenzüberlagerter Wechselstrom als Schweißstrom empfohlen, da bei zu dicker Oxidhaut die Naht beim Schweißen mit Gleichstrom unsauber ausfällt. Der auftretenden Zinkverdampfung muß mit einer geeigneten Absaugvorrichtung begegnet werden. Betrachtet man die Festigkeit von Reinzink gemäß nachfolgender Tabelle 8.29, so wird klar, daß höhere Anforderungen an die Festigkeit der Verbindungen nur gestellt werden können, wenn kein grobes Gußgefüge auftritt. Auch eine grobkörnig rekristallisierte Übergangszone setzt die Festigkeit der Verbindungen erheblich herab. Aus diesem Grunde ist ein Schweißen in Vorrichtungen mit erhöhter Schweißgeschwindigkeit, gegebenenfalls ein Nachwalzen der Naht, zweckmäßig. Auch bei geringen Wanddicken von einigen Zehntelmillimetern ist beidseitiges Schweißen bei Stumpfnähten angebracht.

Tabelle 8.29. Festigkeit von Reinzink in Abhängigkeit von der Korngröße bzw. dem Gußgefüge [G 26]

	Korngröße mm	Zugfestigkeit N mm^{-2}	Bemerkung
Gewalztes Material	0,52	107	–
	3,2	35	–
Gußproben	feinkörnig	74	–
	nadeliges	27	–
	Gefüge	0	Zugrichtung senkrecht zur Nadelrichtung

Das *Mikroplasmaschweißen* kann in geeigneten Vorrichtungen ebenfalls eingesetzt werden, liefert jedoch keine besseren Ergebnisse als das Wolfram-Inertgas-Schweißen.

Bei Wanddicken oberhalb 1 mm findet das *Gasschmelzschweißen* mit der Azetylensauerstoffflamme weitgehende Anwendung. Dabei muß das Zinkoxid mit einem Schmelzpunkt von 2000 °C durch Flußmittel beseitigt werden, die im wesentlichen auf der Basis Ammoniaksalz–Zinkchlorid aufgebaut sind. Die Flamme ist streng neutral, eventuell mit leichtem Azetylenüberschuß einzustellen. Kleinschweißbrenner haben sich – insbesondere bei dünnen Blechen – bewährt.

Zinkbleche können auf normalen *Punktschweißmaschinen* geschweißt werden, wenn alle Verunreinigungen wie Oxide, Öle, Fette und Farben sorgfältig entfernt worden sind. Dies erfolgt meist mechanisch mit Schaber oder Drahtbürste unmittelbar vor dem Schweißen. Als Elektrodenwerkstoffe werden Molybdän- und Kupfer-Wolfram-Legierungen (z. B. 20% W) verwendet. Auch Buckel-, Naht- und *Abbrennstumpfschweißen* von Zink sind möglich. Zinkdruckgußlegierungen sollten nach Möglichkeit nicht geschweißt werden, weil vom Herstellungsprozeß herrührende, im Werkstück eingeschlossene Gase beim Aufschmelzen frei werden und zu einem sehr unruhigen Schmelzbad führen. Mit modernen Druckgußmaschinen, die über eine ausreichende Formentlüftung verfügen, müßten sich die Ergebnisse verbessern lassen.

8.1.19 Zinn

Zinn spielt infolge seiner geringen Festigkeit als Konstruktionswerkstoff praktisch keine Rolle. Seine gute Verformbarkeit läßt vor allem das Kaltpreßschweißen

Tabelle 8.30. Die physikalischen Eigenschaften von Zinn [S 35]

Schmelzpunkt	°C	232
Dichte bei 20 °C	g cm^{-3}	19,3
Wärmeausdehnungsbeiwert bei 0/100 °C	10^{-6} K^{-1}	23,5
Spezifischer elektrischer Widerstand bei 20 °C	Ω mm^2 m^{-1}	0,042
Elastizitätsmodul bei 20 °C	N mm^{-2}	51 000
Spezifische Wärmekapazität bei 0/100 °C	kJ kg^{-1} K^{-1}	0,25
Wärmeleitfähigkeit bei 0/100 °C	W m^{-1} K^{-1}	65

interessant erscheinen. Auch Widerstandsschweißen ist möglich, wird jedoch bisher nur in Versuchslaboratorien durchgeführt. Physikalische Eigenschaften s. Tabelle 8.30.

8.1.20 Zirkonium und Zirkoniumlegierungen

Zirkonium und seine Legierungen werden wegen ihres niedrigen Einfangquerschnittes für thermische Neutronen vor allem als Konstruktionswerkstoffe in thermischen Reaktoren verwendet. Weitere Anwendungsgebiete können sich in Zukunft in der chemischen Industrie wegen seiner hohen Säurebeständigkeit anstelle von Tantal oder Titan, in der Chirurgie wegen seiner Beständigkeit gegenüber Körperflüssigkeiten anstelle von rostfreiem Stahl ergeben [M 30].

Die physikalischen Eigenschaften von Reinzirkonium sind nur sehr unvollständig bekannt. Durch geringe Beimengungen können sie zum Teil wesentlich verändert werden. Unter Berücksichtigung dieses Vorbehaltes sind die in Tabelle 8.31 wiedergegebenen Eigenschaften zu sehen.

Tabelle 8.31. Die physikalischen Eigenschaften von Zirkonium [S 35]

Schmelzpunkt	$°C$	1 860
Dichte bei 20 °C	$g\,cm^{-3}$	6,5
Wärmeausdehnungsbeiwert bei 0/100 °C	$10^{-6}\,K^{-1}$	5,9
Spezifische Wärmekapazität bei 0/100 °C	$kJ\,kg^{-1}\,K^{-1}$	0,49
Wärmeleitfähigkeit bei 0/100 °C	$W\,m^{-1}\,K^{-1}$	19
Spezifischer elektrischer Widerstand bei 20 °C	$\Omega\,mm^2\,m^{-1}$	0,0446
Elastizitätsmodul	$N\,mm^{-2}$	79 000 bis 95 000 (Jodidzirkon)
		95 000 bis 130 000 (Schwammzirkon)
		97 000 bis 120 000 (Zircaloy-2)

Legierungen des Zirkoniums enthalten geringe Anteile an Sn, Se und Cr zur Erhöhung der Korrosionsbeständigkeit, wie die nachstehende Tabelle 8.32 einer Sollanalyse für Zircaloy-2 zeigt:

Tabelle 8.32. Sollanalyse von Zircaloy-2

Massenanteile in %

Sn	Fe	Ni	Cr
1,2 bis 1,7	0,07 bis 0,2	0,03 bis 0,08	0,05 bis 0,15

Eine bessere Korrosionsbeständigkeit als Zircaloy im Bereich von 250 bis 450 °C bei höherer Zeitstandfestigkeit weist die Legierung Z-3 Nb-1 Sn auf, deren Schweißbarkeit derjenigen von Zr-2,5 Nb entspricht, einer Legierung, die zwischen 250 und 350 °C ebenfalls dem Zircaloy überlegen ist, sich bei 450 °C aber ungünstiger verhält. Durch eine Wärmenachbehandlung bei 566 °C läßt sich die Zähigkeit der Schweißverbindung beider Legierungen verbessern [C 10].

Am Schaubild Zirkonium–Zinn (Bild 8.12) ist ersichtlich, daß das hexagonale α-Zirkon bis 862 °C beständig ist. Oberhalb dieser Temperatur wandelt es sich in kubisch-raumzentriertes β-Zirkonium um. Zinn erhöht die Umwandlungstemperatur, während Eisen, Nickel und Chrom sie erniedrigt. Da die Korrosionsbeständigkeit von Zirkonium und seinen Legierungen sehr wesentlich vom Gasgehalt abhängt, andererseits aber Sauerstoff, Stickstoff und Wasserstoff bei erhöhter Temperatur sehr bereitwillig aufgenommen werden, kommt es beim Schweißen von Zirkonium darauf an, die Aufnahme dieser Gase zu verhindern. Insbesondere durch Sauerstoffaufnahme entsteht in Schweißgut und WEZ ein Abschreckgefüge hoher Härte und Sprödigkeit [S 49]. Abhilfe ist z. B. möglich durch *WIG-Schweißen* in Schutzgaskammern. Da es sich meist um Dünnbleche handelt, werden bei Stumpfstößen nur I-Naht und Bördelnaht verwendet. Geschweißt wird mit Gleichstrom bei negativ gepolter Elektrode.

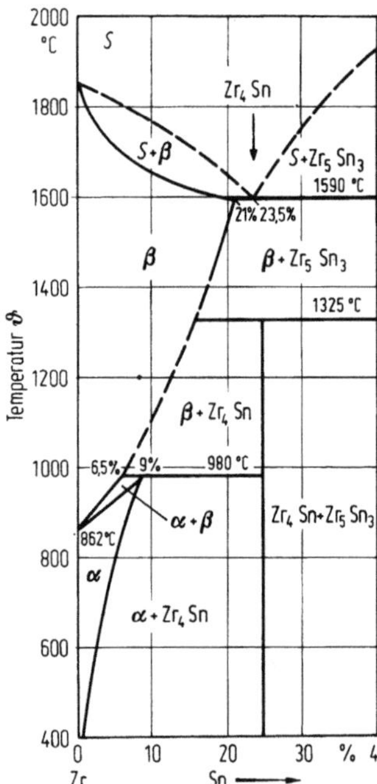

Bild 8.12. Zustandsschaubild Zr–Sn [H 22]

Nach dem WIG-Schweißen der Legierungen Zr-3 Nb-1 Sn und Zr-2,5 Nb empfiehlt sich eine zweistufige Wärmebehandlung durch Glühen bei 732 °C und nachfolgendes Anlassen bei 566 °C, um Korrosionsbeständigkeit und Zähigkeit der Verbindung zu verbessern. Die Festigkeit entspricht der des ungeschweißten Grundwerkstoffes [C 10]. *Elektronenstrahlgeschweißtes* Zirkonium wurde im Niedrigschwingspielzahlbereich geprüft [R 28].

Beim *Laserstrahlschweißen* von Zircaloy 2-Blechen mit 1,2 mm Dicke wird als Vorteil hervorgehoben, daß keine Schutzgaskammer benötigt wird (örtlicher Gasschutz genügt), eine hohe Schweißgeschwindigkeit erzielt wird und die Nähte duktil und korrosionsbeständig sind [R 34]. Das *Kaltpreßschweißen* in der Form des gemeinsamen Kaltfließpressens (Koextrusion) eignet sich zum Verbinden von Zirkon und Zircalloy mit austenitischem Stahl [T 13]. Das begrenzte Umformvermögen der Zirkonwerkstoffe kann während des Umformens Risse begünstigen, was man durch leichtes Vorwärmen der Umformwerkzeuge vermeiden kann. Aus dem gleichen Grund führten Versuche zum artgleichen Kaltpreßschweißen von Zirkonium nicht zum Erfolg.

8.2 NE-Leichtmetalle

8.2.1 Aluminium und Aluminiumlegierungen

Gute Verarbeitbarkeit und die besonderen physikalischen Eigenschaften des Aluminiums haben diesen Werkstoff in allen Zweigen der Technik eingeführt, so daß eine Aufzählung der Anwendungsgebiete im einzelnen kaum möglich ist. Die Aluminiumknet- und -gußlegierungen wurden in DIN 1 725 genormt. Einige dieser Legierungen sind in der nachfolgenden Tabelle 8.33 zusammengestellt.

Die physikalischen Eigenschaften von Aluminium sind Tabelle 8.34 zu entnehmen.

Die Schweißeignung wird vorwiegend durch folgende Faktoren bedingt:
a) Eine hochschmelzende Oxidschicht Al_2O_3. Die natürliche Oxidhaut, der das Aluminium seine chemische Beständigkeit verdankt, hat etwa eine Dicke von 0,01 μm. Ihr Schmelzpunkt liegt bei 2050 °C. Sie ist vor Beginn des Schweißprozesses zu entfernen und ihre Neubildung zu verhindern. Geschieht dies nicht, überziehen sich beim Schmelzschweißen die einzelnen Tropfen mit einem Oxidfilm, und es entsteht keine Bindung zwischen Tropfen und Schmelzbad.
b) Hohe Wärmeleitfähigkeit. Sie erreicht bei Reinstaluminium 240, bei den Aluminiumlegierungen zwischen 117 und 115 $Wm^{-1}K^{-1}$. Aus diesem Grunde ist trotz tiefem Schmelzpunkt eine hohe und möglichst konzentrierte Wärmezufuhr erforderlich. Andernfalls entsteht eine breite entfestigte Wärmeeinflußzone. Die besonders gute Wärmeleitfähigkeit von Reinstaluminium führt als Folge hoher Abkühlgeschwindigkeit leicht zur Ausbildung von Poren.
c) Hohe elektrische Leitfähigkeit. Sie ist vor allem beim Widerstandsschweißen zu beachten.
d) Eine große Wärmeausdehnung führt zu einer entsprechenden Schrumpfung beim Abkühlen, so daß geeignete Maßnahmen gegen Verzug bzw. Spannungsrisse nötig sind.
e) Der Anlieferungszustand. Aluminium wird im naturharten, kaltverfestigten oder bei entsprechender Zusammensetzung im lösungsgeglühten oder ausgehärteten Zustand geliefert.

Tabelle 8.33. Aluminiumknet- und Gußlegierungen in Anlehnung an DIN 1 725

Kurzzeichen	Werkstoff-Nr.	Zusammensetzung Masse-% Legierungsbestandteile	Bemerkungen
Aluminium-Knetlegierungen			
AlRMg 0,5	3.3309	Mg 0,35 bis 0,60	
AlRMg 1	3.3319	Mg 0,8 bis 1,10	gut schweißbar
Al 99,9 Mg 0,5	3.3308	Mg 0,35 bis 0,60	
Al 99,99 Mg 1	3.3318	Mg 0,80 bis 1,10	gut schweißbar
Al 99,85 Mg 0,5	3.3307	Mg 0,30 bis 0,60	
Al 99,85 Mg 1	3.3317	Mg 0,70 bis 1,10	gut schweißbar
Al 99,9 MgSi	3.3208	Mg 0,35 bis 0,70	aushärtbar
Al 99,85 MgSi	3.2307	Mg 0,35 bis 0,70	aushärtbar
Al 99,8 ZnMg	3.4337	Mg 0,70 bis 1,20 Zn 3,8 bis 4,6	aushärtbar
AlFeSi	3.0915	Fe 0,50 bis 1,0 Si 0,40 bis 0,80	
AlMn	3.0515	Mg 0,30 Mn 0,90 bis 1,50	gut schweißbar
AlMnCu	3.0517	Mn 1,0 bis 1,50 Cu 0,05 bis 0,20	gut schweißbar
AlMn 0,5 Mg 0,5	3.0505	Mg 0,20 bis 0,80 Mn 0,30 bis 0,80	
AlMn 1 Mg 0,5	3.0525	Mg 0,20 bis 0,60 Mn 1,0 bis 1,5	
AlMn 1 Mg 1	3.0526	Mg 0,80 bis 1,30 Mn 1,0 bis 1,5	
AlMg 1	3.3315	Mg 0,70 bis 1,10	gut schweißbar
AlMg 1,5	3.3316	Mg 1,10 bis 1,70	gut schweißbar
AlMg 1,8	3.3326	Mg 1,40 bis 2,10	gut schweißbar
AlMg 2,5	3.3523	Mg 2,20 bis 2,80	gut schweißbar
AlMg 3	3.3535	Mg 2,60 bis 3,60	gut schweißbar
AlMg 4,5	3.3345	Mg 4,0 bis 5,0	
AlMg 5	3.3555	Mg 4,50 bis 5,60	gut schweißbar
AlMg 2 Mn 0,3	3.3525	Mg 1,70 bis 2,40 Mn 0,10 bis 0,50	gut schweißbar
AlMg 2 Mn 0,8	3.3527	Mg 1,60 bis 2,50 Mn 0,50 bis 1,10	gut schweißbar
AlMg 2,7 Mn	3.3537	Mg 2,40 bis 3,0 Mn 0,50 bis 1,0	gut schweißbar
AlMg 4 Mn	3.3545	Mg 3,50 bis 4,50 Mn 0,20 bis 0,70	gut schweißbar
AlMg 4,5 Mn	3.3547	Mg 4,0 bis 4,9 Mn 0,40 bis 1,0	gut schweißbar
E-AlMgSi	3.2305	Mg 0,35 bis 0,60 Si 0,50 bis 0,60	aushärtbar
E-AlMgSi 0,5	3.3207	Mg 0,35 bis 0,60 Si 0,30 bis 0,60	aushärtbar und gut schweißbar
AlMgSi 0,5	3.3206	Mg 0,35 bis 0,60 Si 0,30 bis 0,60	aushärtbar und gut schweißbar
AlMgSi 0,7	3.3210	Mg 0,40 bis 0,70 Si 0,50 bis 0,90	aushärtbar und gut schweißbar
AlMgSi 1	3.2315	Mg 0,60 bis 1,20 Si 0,70 bis 1,30	aushärtbar und gut schweißbar
AlMgSiPb	3.0615	Mg 0,60 bis 1,20 Si 0,60 bis 1,40	Automatenlegierung aushärtbar

Tabelle 8.33. (Fortsetzung)

Kurzzeichen	Werkstoff-Nr.	Zusammensetzung Masse-% Legierungs-bestandteile	Bemerkungen
AlCuBiPb	3.1655	Cu 5,0 bis 6,0 Bi 0,20 bis 0,60 Pb 0,20 bis 0,60	Automatenlegierung aushärtbar
AlCuMgPb	3.1645	Cu 3,30 bis 4,60 Mg 0,40 bis 1,80	Automatenlegierung aushärtbar
AlCu 2,5 Mg 0,5	3.1305	Cu 2,20 bis 3,0 Mg 0,20 bis 0,50	aushärtbar
AlCuMg 1	3.1325	Cu 3,50 bis 4,50 Mg 0,40 bis 1,0	aushärtbar
AlCuMg 2	3.1355	Cu 3,80 bis 4,90 Mg 1,20 bis 1,80	aushärtbar
AlCuSiMn	3.1255	Cu 3,90 bis 5,0 Si 0,50 bis 1,20 Mn 0,40 bis 1,20 Mg 0,20 bis 0,80	aushärtbar
AlZn 1	3.4415	Zn 0,80 bis 1,30	aushärtbar, nur Plattierwerkstoff
AlZn 4,5 Mg 1	3.4335	Zn 4,0 bis 5,0 Mg 1,0 bis 1,40 Mn 0,05 bis 0,50	aushärtbar und gut schweißbar
AlZnMgCu 0,5	3.4345	Zn 4,30 bis 5,20 Mg 2,60 bis 3,70 Cu 0,50 bis 1,0 Mn 0,10 bis 0,40	aushärtbar
AlZnMgCu 1,5	3.4365	Zn 5,10 bis 6,10 Mg 2,10 bis 2,90 Cu 1,20 bis 2,0 Mn 0,30	aushärtbar

Aluminium-Gußlegierungen

Kurzzeichen	Werkstoff-Nr.	Zusammensetzung Masse-%	Bemerkungen
G-AlSi 12	3.2581.01	Si 10,5 bis 13,5	ausgezeichnet schweißbar
G-AlSi 10 Mg	3.2381.01	Si 9,0 bis 11,0 Mg 0,2 bis 0,5	ausgezeichnet schweißbar
G-AlSi 8 Cu 3	3.2163.01	Si 8 bis 11 Cu 2,0 bis 3,5	sehr gut schweißbar
G-AlSi 6 Cu 4	3.2151.01	Si 5,0 bis 7,5 Cu 3,0 bis 5,0	gut schweißbar
G-AlSi 5 Mg	3.2341.01	Si 5,0 bis 6,0 Mg 0,4 bis 0,8	gut schweißbar
G-AlMg 3	3.3541.01	Mg 2,5 bis 3,5	ausreichend schweißbar
G-AlMg 3 Si	3.3241.01	Mg 2,5 bis 3,5 Si 0,9 bis 1,3	ausreichend schweißbar
G-AlMg 5	3.3561.01	Mg 4,5 bis 5,5	gut schweißbar
G-AlMg 5 Si	3.3261.01	Mg 4,5 bis 5,5 Si 0,9 bis 1,5	gut schweißbar
G-AlSi 10 Mg	3.2381.01	Si 9,0 bis 11,0 Mg 0,2 bis 0,5	ausgezeichnet schweißbar
G-AlCu 4 Ti	3.1841.63	Cu 4,5 bis 5,2 Ti 0,15 bis 0,30	bedingt schweißbar, warm aushärtbar
G-AlCu 4 TiMg	3.1371	Cu 4,2 bis 4,9 Ti 0,15 bis 0,30	bedingt schweißbar, kalt aushärtbar

Tabelle 8.34. Die physikalischen Eigenschaften von Aluminium [S 35]

Schmelzpunkt	°C	660
Dichte bei 20 °C	$g\,cm^{-3}$	2,70
Wärmeausdehnungsbeiwert bei 0/100 °C	$10^{-6}\,K^{-1}$	23,5
Spezifische Wärmekapazität bei 0/100 °C	$kJ\,kg^{-1}\,K^{-1}$	0,92
Wärmeleitfähigkeit bei 0/100 °C	$W\,m^{-1}\,K^{-1}$	240
Spezifischer elektrischer Widerstand bei 20 °C	$\Omega\,mm^2\,m^{-1}$	0,0269
Elastizitätsmodul bei 20 °C	$N\,mm^{-2}$	71 900

Eine Übersicht über die Schweißbarkeit der verschiedenen Aluminiumlegierungen vermittelt Tabelle 8.35.

Tabelle 8.35. Schweißbarkeit von Aluminiumlegierungen

Beurteilung der Schweißneigung	Legierung	Bemerkung
Rißfrei	Reinstaluminium	Neigung zur Porenbildung wegen hoher Wärmeleitfähigkeit
	Reinaluminium, AlMn, G-AlSi 12	
Sehr gut schweißbar	AlMgMn	keine sehr hohe Festigkeit
Gut schweißbar	AlMg 3, AlMg 5, AlMg 4,5 Mn AlMgSi (weich)	für Schweißkonstruktionen vielfach verwendet
	AlZn 4,5 Mg 1	wird im ausgehärteten Zustand geschweißt, härtet nach dem Schweißen kalt aus. Zusatzwerkstoff: AlSi 5, bei größeren Wanddicken AlMg 5, AlMg 4,5 Mn, AlZn 3 Mg 4 (aushärtend), AlMg 4,5 MnZr
	AlMgSi (ausgehärtet)	meist im kaltausgehärteten Zustand geschweißt, anschließend warm auslagern. Zusatzwerkstoff: AlSi 5, AlMg 4,5 Mn
Rißempfindlich	AlCuMg, AlZnMgCu	
Nicht Schweißbar	Legierungem mit Zusätzen von Pb zur verbesserten Zerspanbarkeit	

8.2.1.1 Einfluß des Anlieferungszustandes

Die Festigkeit von Aluminium läßt sich auf dreifache Weise steigern:
a) durch Kaltverfestigen,
b) durch Legieren und eventuell zusätzliches Kaltverfestigen,
c) durch Wärmebehandeln.

Kaltverfestigung

Am Beispiel der Legierung AlMg 3 ist in der nachfolgenden Tabelle 8.36 der Einfluß der Kaltverfestigung auf die Festigkeitseigenschaften wiedergegeben.

Tabelle 8.36. Festigkeitseigenschaften von AlMg 3 bei unterschiedlichem Anlieferungszustand in Anlehnung an DIN 1 745

Bezeichnung	Werkstoff-Nr.	Zustand	Blech-dicke mm	R_m N/mm²	$R_{p0,2}$ N/mm²	A_5 %
				Mindestwerte		
AlMg 3 W 19	3.3535.10	weich	bis 6	190 bis 230	80	20
F 19	3.3535.07	warmgewalzt	bis 50	190 bis 230	80	12
F 22	3.3535.24	kaltgewalzt	bis 6	220 bis 260	165	9
G 24	3.3535.27	rückgeglüht	bis 5	240 bis 280	160	10

Beim Schweißen kaltverfestigten Aluminiums geht in der Wärmeeinflußzone die durch Kaltverfestigen erzielte Festigkeitserhöhung verloren. Die Verbindung weist demnach eine Festigkeit auf, die derjenigen des geglühten Werkstoffes entspricht. Die Verbindungsstellen sind daher in Zonen geringer Beanspruchung zu legen.

Festigkeitserhöhung durch Legieren

Durch Zugabe von Legierungselementen wie Mn, Mg, Si, Cu usw. kann die Festigkeit von Aluminium erhöht werden. Beim Schweißen geht diese Festigkeitserhöhung, wenn es sich um weiche Aluminiumlegierungen handelt, nicht nennenswert zurück. Wenn, insbesondere beim Lichtbogenschweißen, mit einem gewissen Verlust an Legierungselementen in der Schweißnaht gerechnet werden muß, werden Zusatzwerkstoffe mit etwas erhöhtem Legierungsgehalt gewählt.

Festigkeitserhöhung durch Wärmebehandlung

Die Legierungen des Typs AlCuMg, AlMgSi und AlZnMg sind aushärtbar.

AlCuMg: Der Werkstoff ist rißempfindlich und wird daher selten schmelzgeschweißt. Dagegen ist das Widerstandspunktschweißen insbesondere von mit Reinaluminium plattierten Blechen AlCuMg 2 pl, üblich [K 30].

AlMgSi: Anlieferung üblicherweise im kaltausgehärteten Zustand (mittlere Festigkeit, gute Dehnung, Verformungsarbeiten gut durchführbar). In diesem Zustand wird geschweißt und, falls möglich, anschließend warm ausgelagert. Dabei erreicht der Grundwerkstoff seine volle Festigkeit von 320 bis 360 N mm⁻²,

Tabelle 8.37. Festigkeit geschweißter Verbindugen aus AlMgSi

Verfahren	Festigkeit der Schweißverbindung N mm⁻²
Schweißen im kaltausgehärteten Zustand und anschließend warm auslagern	190 bis 240
Schweißen im warmausgehärteten Zustand, ohne Nachbehandlung	160 bis 190
Schweißen in beliebigem Zustand und vollständiges Warmaushärten	320 bis 360

während die Festigkeit der Schweißnahtzone bei 190 bis 240 N mm^{-2} liegt. Ist dieses Verfahren wegen fehlender Einrichtungen oder zu großem Verzug nicht durchführbar, wird im warmausgehärteten Zustand geschweißt. Die erreichbaren Festigkeiten sind der Tabelle 8.37 zu entnehmen.

Die Aluminiumlegierung AlMgSi kann nicht mit artgleichem Zusatzwerkstoff geschweißt werden (Bild 8.13). Man verwendet hierfür den artfremden Zusatzwerkstoff SG-AlSi 5 nach DIN 1732, Tabelle 8.39. Für nachträgliches Anodisieren empfiehlt sich SG-AlMg 3, der sich schweißtechnisch ungünstiger verhält, bei höheren Festigkeitsanforderungen – mit der gleichen Einschränkung, auch SG-AlMg 4,5 Mn.

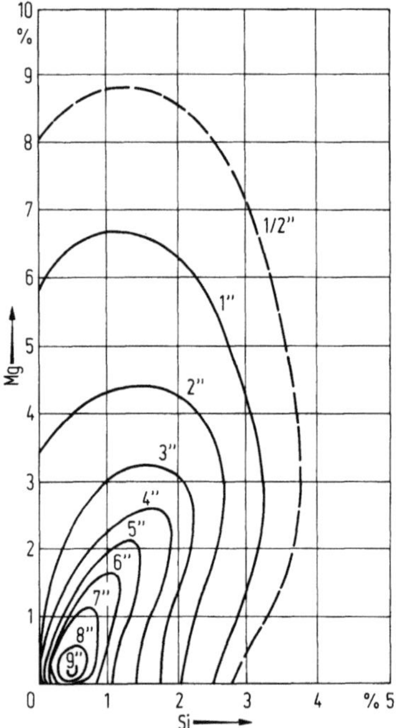

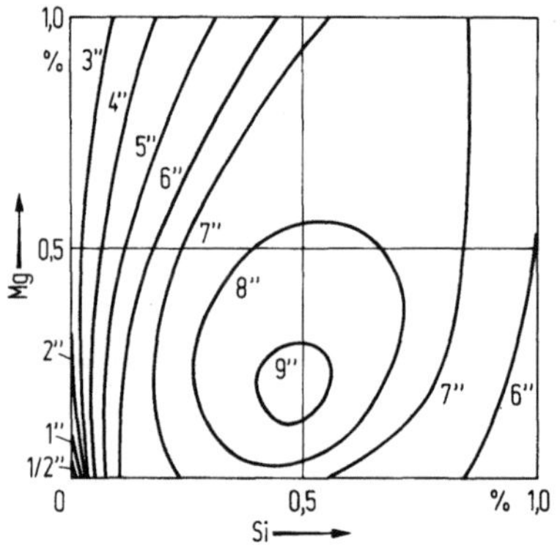

Bild 8.13. Rißneigung von AlMgSi-Legierungen, bestimmt im Ringgußversuch. Parameter: Rißlänge [P 18]

AlZnMg: Anlieferung im allgemeinen im warmausgehärteten Zustand. Kennzeichnend für diese Legierung und ihre Schweißbarkeit sind vor allem zwei Faktoren:

a) die niedrige Lösungsglühtemperatur (350 bis 480 °C),

b) die nur geringe Abschreckgeschwindigkeit, durch welche bereits der vollständige Aushärtungseffekt erzielt werden kann.

Dadurch gelangt beim Schweißen ein größerer Bereich in den lösungsgeglühten Zustand, und die Abkühlgeschwindigkeit nach dem Schweißen reicht zur Bildung des übersättigten Mischkristalls aus, so daß eine nachträgliche Kaltaushärtung möglich ist. Da der Werkstoff verhältnismäßig umwandlungsträge ist, tritt kaum ein Erweichen der Wärmeeinflußzone ein. Der beim Schweißen zunächst eintretende Festigkeitsverlust geht innerhalb von 3 Monaten fast vollständig zurück (Bild 8.14). Neben der früher fast ausschließlich verwendeten AlZn 4,5 Mg 1-Legierung sind weitere Legierungen mit ähnlichem Verhalten entwickelt worden:

AlZn 4 Mg 0,8,
AlZn 6 Mg 0,8,
AlZn 5,5 Mg 1.

Zusatzwerkstoffe sind S-AlMg 4,5 Mn, S-AlMg 5 und gelegentlich auch der aushärtbare Typ S-AlZn 3 Mg 4 [B 25, M 31, M 32, M 34, O 7, S 54].

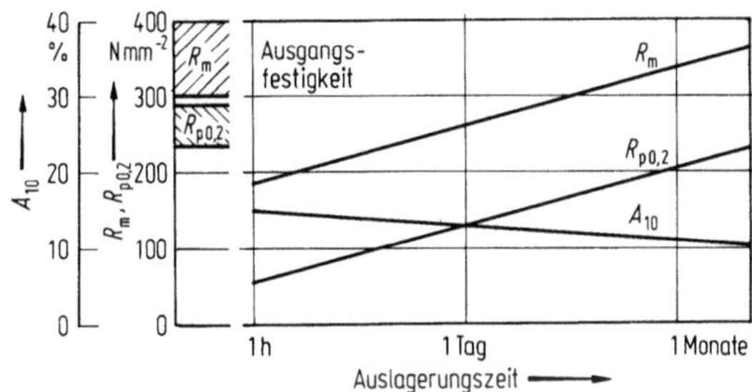

Bild 8.14. Festigkeitssteigerung durch Aushärtung bei AlZnMg, geschweißt mit S-AlSi 5

Bei chemischem Angriff kann es bei diesen Werkstoffen zu Spannungsrißkorrosion am Übergang vom Schweißgut zur WEZ kommen, zurückzuführen auf Zinkanreicherungen auf den Korngrenzen [G 27]. Abhilfe durch eine vollständige Wärmebehandlung oder nur eine Warmauslagerung. Eine andere Möglichkeit ist das Abdecken der Naht, z. B. durch eine Spritzverzinkung. Eine Verbesserung ergibt sich auch bereits durch Zugabe von Silber als Legierungselement im Zusatz, weil Ag die Ausscheidung von $MgZn_2$ fördert. Dadurch kommt es auf den Korngrenzen zu einer Zinkentmischung.

8.2.1.2 Rißneigung beim Schweißen von Aluminiumlegierungen

Heißrisse

Sie entstehen oberhalb der Soliduslinie, d. h. innerhalb des Erstarrungsbereiches, und zwar bevorzugt bei großem Erstarrungsintervall (Bilder 8.15 bis 8.18). Die Bilder geben die Aluminiumecken der Zustandsdiagramme Al–Mn, Al–Si, Al–Cu und Al–Mg wieder. Legierungsgehalte in der Nähe des Maximums des Erstarrungsintervalls sollten vermieden werden. Es handelt sich also um ein metallurgisches Problem, so daß eine Abhilfemöglichkeit in der Wahl rißsicherer Ausgangswerkstoffe und rißsicherer Zusatzwerkstoffe liegt [S 50].

Spannungsrisse

Sie treten unterhalb der Solidustemperatur auf, und zwar als Folge starker Schrumpfung. Abhilfe: zweckmäßige Abstimmung von konstruktiver Gestaltung, Schweißfolge, Technik des Schweißens und Wahl des Schweißverfahrens.

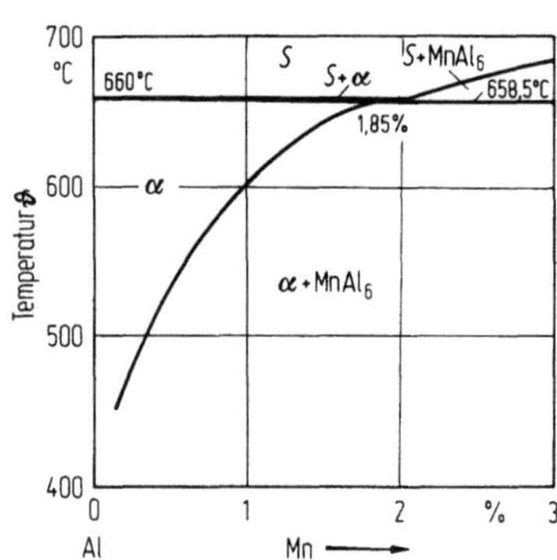

Bild 8.15. Zustandsschaubild Al–Mn
(Ausschnitt) [H 22]

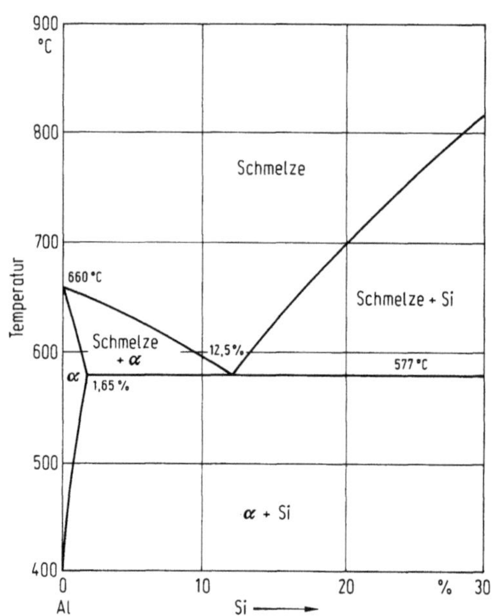

Bild 8.16. Zustandsschaubild Al–Si (Ausschnitt)
[H 22]

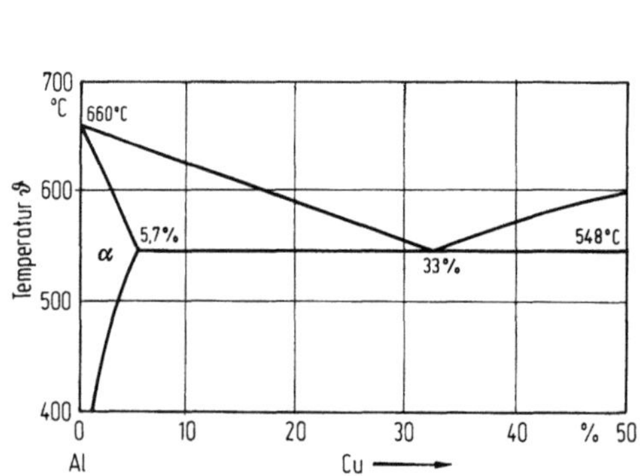

Bild 8.17. Zustandsschaubild Al–Cu (Ausschnitt)
[H 22]

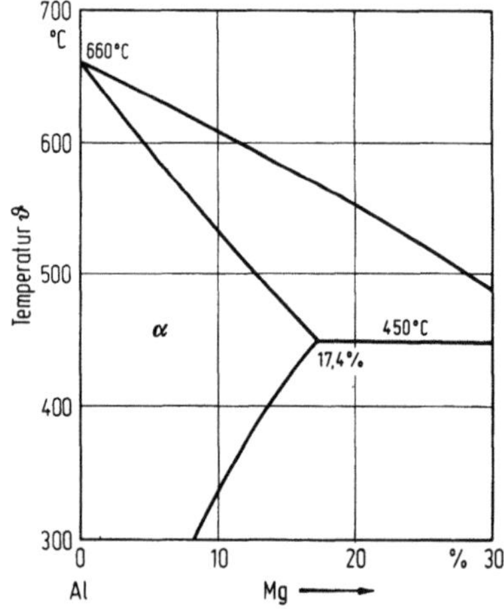

Bild 8.18. Zustandsschaubild Al–Mg
(Ausschnitt) [H 22]

8.2.1.3 Poren

Poren können verursacht werden durch
a) Wasserstoff (unsauberes Blech, unsauberer Zusatzwerkstoff, feuchtes Argon,
   feuchte Umgebungsatmosphäre) [M 35];

b) eingeschlossene Luft, insbesondere bei Druckgußteilen. Ihre Entstehung wird
   begünstigt durch ungenügenden Einbrand (Poren in der Schmelzgrenzebene);
c) hohe Abkühlgeschwindigkeit beim MIG-Schweißen;
d) falsche Brennerhaltung (Turbulenz des Schutzgasstromes, unruhiger Lichtbogen);
e) nicht einwandfrei arbeitende Geräte (Drahtführung bei MIG).

Sauerstoff und Stickstoff bilden mit Aluminium stabile Oxide bzw. Nitride und
scheiden als Porenursache aus.

Werden bei der zerstörungsfreien Werkstoffprüfung Poren festgestellt, muß
über die Notwendigkeit einer Ausbesserung entschieden werden. Hierfür liefert die
nachfolgende Tabelle 8.38 einen Anhalt.

Bei schwingender Beanspruchung wird die Dauerfestigkeit vor allem durch
außenliegende Poren herabgesetzt.

Tabelle 8.38. Einfluß von Poren auf das Festigkeitsverhalten von
Aluminium bei statischer Beanspruchung

Porengröße	Abfall von	
	R_m	A_s
< 0,4 mm	kein Abfall	5%
> 1,6 mm	bis 10%	bis 45%

8.2.1.4 Zusatzwerkstoffe zum Schmelzschweißen von Aluminium

Zusatzwerkstoffe sind in DIN 1 732 genormt, Tabelle 8.39 und Bild 8.19 [D 39,
H 29]. An dieser Stelle werden auch Angaben über die Verwendung der
Schweißzusatzwerkstoffe in Abhängigkeit vom Verfahren gemacht. Im allgemeinen
gilt die Regel, daß Gleiches mit Gleichem zu verbinden ist. Dies gilt nur begrenzt

Tabelle 8.39. Schweißzusatzwerkstoffe nach DIN 1 732 (1988) für Aluminium und Aluminiumlegierungen (Auszug)

Kurzzeichen	W.-Nr	Anwendung
SG-AlMg 3	3.3536	AlMg 1, AlMg 2, AlMg 3 und, falls korrosionschemisch keine Bedenken bestehen: AlMg 2 Mn 0,8, AlMg 2,7 Mn, AlMgSi 0,5, AlMgSi 0,7
SG-AlMg 5	3.3556	AlMg 3, AlMg 5, AlMgSi 0,5, AlMgSi 1 AlMgSiCu, AlZn 4,5 Mg 1 und, falls keine korrosionschemischen Bedenken bestehen: AlMg 2,7 Mn, AlMg 4,5 Mn
EL-AlSi 5	3.2245	AlMgSi 0,5, AlMgSi 0,7, AlMgSi 1, AlMg 1 SiCu

Bemerkung: SG: Schutzgasschweißen
              EL: Lichtbogenhandschweißen.

	Al99,9 Al99,8 Al99,7	Al99,5 Al99	AlMn AlMnCu	AlMg1 AlMg1,5 AlMg1,8 AlMg2,5	AlMg3 AlMg5	AlMg2,7Mn AlMg2Mn0,3 AlMg2Mn0,8	AlMg4Mn AlMg4,5Mn	AlMgSi0,5 AlMgSi1,0	AlZn4,5Mg
Al99,9 Al99,8 Al99,7	S-Al99,8								
Al99,5 Al99	S-Al99,5 S-Al99,5Ti	S-Al99,5 S-Al99,5Ti							
AlMnCu	S-Al99,5Ti S-AlMn	S-Al99,5Ti S-AlMn	S-AlSi5						
AlMg1 AlMg1,5 AlMg1,8 AlMg2,5	S-Al99,5Ti S-AlMg3	S-Al99,5Ti S-AlMg3	S-AlMg3	S-AlMg3					
AlMg3 AlMg5	S-Al99,5Ti S-AlMg3	S-Al99,5Ti S-AlMg3	S-AlMg3	S-AlMg3	S-AlMg3				
AlMg2,7Mn AlMg2Mn0,3 AlMg2Mn0,8	S-AlMg3	S-AlMg3	S-AlMg3	S-AlMg3	S-AlMg3	S-AlMg3			
AlMg4Mn AlMg4,5Mn	S-AlMg3	S-AlMg3	S-AlMg5	S-AlMg5 S-AlMg4,5Mn	S-AlMg5 S-AlMg4,5Mn	S-AlMg5 S-AlMg4,5Mn	S-AlMg4,5Mn		
AlMgSi0,5 AlMgSi1	S-AlMg3 S-AlSi5	S-AiMg3 S-AlSi5	S-AlMg3 S-AlSi5	S-AlMg3 S-AlMg5	S-AlMg3	S-AlMg3	S-AlMg5 S-AlMg4,5Mn	S-AlSi5 S-AlMg3*	
AlZn4,5Mn1	S-AlMg5	S-AlMg5	S-AlMg5	S-AlMg5 S-AlMg4,5Mn	S-AlMg5 S-AlMg4,5Mn	S-AlMg5 S-AlMg4,5Mn	S-AlMg4,5Mn	S-AlMg4,5Mn S-AlMg5	S-AlMg4,5Mn
Grund- werkstoff** →**									

Bild 8.19. Empfohlene Schweißzusätze für das Metall-Schutzgasschweißen von Aluminium-Knetlegierungen gleicher oder unterschiedlicher Zusammensetzung [H 29]. S-AlMg 5 kann durch S-AlMg 4,5 Mn ersetzt werden.

für die Al-Mg-Legierungen. Dort wird der Magnesiumabbrand beim Lichtbogenschweißen durch einen etwas erhöhten Mg-Gehalt im Zusatzwerkstoff ersetzt [P 19]. Auch die aushärtbaren Legierungen werden nicht mit artgleichem Zusatzwerkstoff geschweißt. Bei der Verbindung ungleichartiger Aluminiumlegierungen entspricht der Zusatz der Legierung mit dem niedrigeren Schmelzpunkt.

Weitere Hinweise zu Zusatzwerktstoffen finden sich in [D 39, H 29].

8.2.1.5 Anodische Oxidation (Eloxieren) von geschweißtem Aluminium

Durch technische bzw. dekorative Eloxierung lassen sich erhöhte Korrosionsbeständigkeit bzw. ein strukturfreies Aussehen bei geeigneten Aluminiumlegierungen erzielen. Bei homogenen Legierungen ändert sich das Reflexionsvermögen im Nahtbereich bei einer nach der Schweißung erfolgten Eloxierung nur unwesentlich. Schwache Verfärbungen treten in der Nahtzone auf und sind unabhängig vom verwendeten Schweißverfahren. Bei heterogenen Legierungen muß mit stärkerer Verfärbung gerechnet werden, insbesondere dann, wenn Gefügebestandteile bei der Eloxierung stark angeätzt bzw. im Elektrolyten gelöst werden. Höhere Gehalte an Mg und vor allem an Si führen zu einer erheblichen Verfärbung der Naht [R 29].

8.2.1.6 Tüpfelprobe zur orientierenden Bestimmung der Zusammensetzung von Aluminiumlegierungen

Für eine orientierende Bestimmung der Zusammensetzung von Aluminiumlegierungen, die bei unbekanntem Werkstoff z. B. für das Reparaturschweißen erforderlich ist, kann die Tüpfelprobe gemäß Tabelle 8.40 herangezogen werden.

8.2.1.7 Schweißverfahren für Aluminium und Aluminiumlegierungen

Für das Schweißen von Aluminium und seinen Legierungen eignen sich vor allem die Schutzgasschweißverfahren. Aber auch fast alle anderen Verfahren kommen in Betracht. Nur das Lichtbogenhandschweißen mit Stabelektroden wird kaum angewendet.

Gasschweißen

Ältestes Verfahren. Flußmittel erforderlich, um Oxide zu beseitigen. Spätere Korrosion durch Flußmittelreste ist durch deren vollständige Entfernung zu verhindern. Bei größeren Wanddicken wirkt sich die flächenhafte Wärmezufuhr ungünstig aus (breite, entfestigte WEZ). Dagegen wird das Schweißen geringer Wanddicken durch die leichte Veränderbarkeit der Wärmezufuhr begünstigt.

Lichtbogenschweißen mit umhüllten Elektroden

Wird in der Bundesrepublik Deutschland verhältnismäßig selten angewendet. Umhüllungen enthalten das Flußmittel. Da dieses hygroskopisch ist, sind die Elektroden nur begrenzt lagerfähig.

Tabelle 8.40. Tüpfelprobe [A 11]

Probe 1 NaOH	Auf die gereinigte, sorgfältig von Fett befreite Oberfläche der Probe werden 1 bis 2 Tropfen 20%ige NaOH-Lösung geträufelt. Nach 5 min wird das Reaktionsmittel abgespült. Zeigt der entstandene Fleck folgende Färbung:		

schwarz oder graubraun enthält die Legierung Cu, Ni, Zn allein oder nebeneinander oder > 2% Si	weiß Reinaluminium ohne Schwermetallzusätze	kein Fleck Mg oder Mg-Legierung

Probe 2 HNO_3	Wenn der Fleck schwarz oder braun ist, wird er mit Filtrierpapier getrocknet und mit konzentrierter HNO_3 beträufelt.

Wenn die Schwärzung sofort verschwindet,	bleibt,	Wenn eine starke Reaktion zu beobachten ist,
enthält die Probe Cu, Ni oder Zn jeweils allein oder nebeneinander	ist es eine Si-haltige Legierung	liegt Rein-Mg oder eine Mg-Legierung vor

Probe 3   Wenn der Fleck bei Hinzugabe von HNO_3 verschwindet, dann

beträufelt man mit einem Teil des Tropfens ein mit einer 1%igen alkoholischen Dimethylglioxym-Lösung getränktes und getrocknetes Filtrierpapier.	Den anderen Teil des Tropfens versetzt man stark mit NH_4OH. Wenn die an der Spitze eines Glasstabes gesammelte Lösung	
Wenn das Filterpapier sich rot färbt	blau ist	farblos ist
enthält die Probe Ni	enthält die Probe viel Cu	Die Lösung auf ein mit K_4Fe/CN_6-Lösung getränktes und getrocknetes Filtrierpapier tropfen. Wenn die Stelle des Tropfens

		rot ist	farblos ist
		ist wenig Cu in der Probe	ist kein Cu in der Probe

Probe 4 $CdSO_4$	Eine Stelle der Probe wird mit 1 bis 2 Tropfen einer 20%igen NaOH-Lösung beträufelt. Die Lösung wird mit konzentrierter HNO_3 angesäuert, bis sich ein großer Teil des Niederschlags auflöst.

Wenn sich die Lösung nach ein paar Minuten rot färbt, enthält die Probe Mangan. Eine weitere Stelle der Probe beträufelt man mit einer 5% $CdSO_4$, 5% HCl und 3% NaCl enthaltenden Lösung.

Wenn ein grauschwarzer Fleck erscheint, so sind es Legierungen der Gattungen	Wenn nur eine schwache Reaktion eintritt, sind es Legierungen der Gattungen	Wenn keine Reaktion eintritt, so sind es Legierungen der Gattungen
AlZn	AlMgMn	AlCu
AlZnMg	AlMgSi	AlCuMg
AlZnCu	AlMn	AlCuNi
AlMg, Mg	AlSi	
	Al	

WIG-Schweißen

Meist angewendetes Verfahren, mechanisiert ab 0,8 mm Wanddicke bis etwa 4 mm und darüber. Stromart: Fast ausschließlich Wechselstrom mit Reinigungswirkung durch Ionenbeschuß bei negativer Polung des Werkstückes. Bei Gleichstrom würde bei dieser Polung die Wolframelektrode überlastet (Schmelzen der Elektrodenspitze). Tabelle 8.41 gibt die Belastbarkeit von Wolframelektroden wieder.

Tabelle 8.41. Belastbarkeit von Wolframelektroden

Elektroden-durchmesser mm	Stromart		
	Wechselstrom A	Gleichstrom, Elektrode am Minuspol A	Gleichstrom, Elektrode am Pluspol A
1,0	60	80	–
2,5	160	300	30
4,0	275	500	55

Der beim WIG-Schweißen von Aluminium mit Wechselstrom auftretenden Gleichrichterwirkung ab Blechdicken von 6 mm begegnet man durch einen Siebkondensator im Schweißstromkreis.

Für Dünnbleche kann auch das Gleichstromschweißen mit negativer Polung der Elektrode unter Helium angewendet werden. Die Technik des Schweißens ist den veränderten Verhältnissen (andere physikalische Eigenschaften des Schutzgases) anzupassen. Gegenüber dem WIG-Wechselstromschweißen läßt sich die Schweißgeschwindigkeit etwa verdoppeln. Der Wärmeeintrag ist geringer (kleinerer Verzug) und der Lichtbogen brennt stabiler.

Das WIG-Schweißen mit pulsierendem Gleichstrom mit bis zu 10 Pulsen pro Sekunde wird vor allem für eine sichere Wurzelschweißung eingesetzt. Für Aluminium eignen sich hohe Pulsfrequenzen. Die Vorteile liegen in geringer Wärmeeinbringung bei einem um etwa 20 % tieferen Einbrand [D 40, M 33, S 51].

Eine interessante Variante ist das laserunterstützte WIG-Schweißen. Der Laser hat hier vor allem die Aufgabe, den Lichtbogen zu stabilisieren, wodurch sich eine erhebliche Steigerung der Schweißgeschwindigkeit ergibt [D 41].

MIG-Schweißen

Anwendung für größere Wanddicken. Es wird grundsätzlich mit Gleichstrom bei positiv gepolter Elektrode geschweißt. Infolge der hohen Wärmekonzentration und der damit verbundenen raschen Wärmeabfuhr ist die Gefahr der Porenbildung hier besonders groß. Um die Bildung von Gasen im Schmelzbad möglichst zu verhindern, ist für äußerste Sauberkeit von Blechen und Zusatzwerkstoffen zu sorgen. Insbesondere für das Schweißen in Zwangslage kann das MIG-Impulsschweißen vorteilhaft sein. Es erlaubt, spritzerfrei zu schweißen, den Verzug gering zu halten und die Porigkeit zu reduzieren. Für das Schweißen dicker Bleche zieht man das Hochstromschweißen, gegebenenfalls unter Helium, heran. Das Einseitenschweißen erfordert dann Badsicherungen, wofür sich Glasfasergewebe und Aluminiumband bewährt haben [A 8].

Plasmaschweißen

Während das Wolframinertgasschweißen von Aluminium, von Ausnahmefällen abgesehen, Wechselstrom erfordert, kann für das Plasmaschweißen Gleichstrom mit positiv gepolter Elektrode gewählt werden. Das Problem der hohen Wärmebelastung der Elektrode wird dadurch gelöst, daß diese einen verhältnismäßig großen Durchmesser von z. B. 8 mm aufweist und daß sie intensiv gekühlt wird. Das eingeschnürte Plasma sorgt trotzdem für eine hohe Wärmekonzentration. Der Lichtbogen brennt ruhig, die Stromstärke kann 120 bis 150 A betragen, die Reinigungswirkung ist gut. Besondere Vorteile sind die gegenüber WIG erheblich erhöhte Schweißgeschwindigkeit und der geringere Verzug [K 32]. Auch für Aluminium-Gußlegierungen und für Druckguß wird das Verfahren eingesetzt [L 15, R 33].

Eine Abart des Verfahrens besteht darin, einen Wechselstrom mit unsymmetrischer Rechteckwellenform zu wählen, bei der die negative Polung gegenüber der positiven um das etwa sechsfache ausgedehnt ist (19 ms negativ, 3–4 ms positiv) [T 14].

Elektronenstrahlschweißen

Das Elektronenstrahlschweißen eignet sich für das Fügen zahlreicher Aluminiumlegierungen, darunter auch solcher, die mit anderen Verfahren nur schwer schweißbar sind. Auch aushärtbare Legierungen und Druckgußteile lassen sich auf diese Weise fügen [A 9, R 33]. Es sind Maßnahmen gegen durch Metalldampf verursachte Hochspannungsdurchschläge zu treffen.

Laserstrahlschweißen

Aluminium ist ein guter Reflektor. Aus diesem Grund ist es schwierig, den Laserstrahl einzukoppeln. Oberflächenzustand und Nahtvorbereitung spielen dabei eine Rolle. Die im Vergleich zu Stahl geringe Ionisationsenergie führt bei der erforderlichen Laserintensität zu verstärkter Bildung von Plasma, das eine abschirmende Wirkung ausübt. Dadurch gibt es nur einen sehr engen Parameterbereich, in dem gearbeitet werden kann. Das Verfahren hat bisher für das Schweißen von Aluminium keine Bedeutung erlangt [H 30]. Die Entwicklung geht jedoch weiter [B 29], und es ist anzunehmen, daß mit der Entwicklung leistungsstarker Laser mit guter Fokussierbarkeit und günstiger Charakteristik sein Einsatz auch für das Schweißen von Aluminium zuverlässig möglich wird.

Unterpulverschweißen

Durch die Entwicklung eines natriumfreien Pulvers – Natrium versprödet magnesiumhaltiges Aluminium – ist es gelungen, das von der Stahlschweißung schon lange bekannte Verfahren auch auf Aluminiumlegierungen anzuwenden. Als Badsicherung dient ein Pulverkissen. Stumpfnähte zeigen eine regelmäßige Oberfläche und sind riß- und einbrandkerbenfrei, während Kehlnähte zu unregelmäßiger, konvex überwölbter Nahtüberhöhung neigen. Die geforderten Gütewerte werden von Al 99,5, AlMg 4,5 Mn und AlZn 4,5 Mn erreicht [E 19, H 32].

Elektroschlackeschweißen

Dicke Aluminiumbleche aus AlMg 4,5 Mn ($s = 45$ bis 75 mm) lassen sich elektroschlackeschweißen, wenn Ti-B-mikrolegierte Drahtelektroden mit reduzierten Fe- und Si-Gehalten sowie ein Na-freies, ein feines Korn begünstigendes Schweißpulver verwendet werden [E 17]. Festigkeit und Zähigkeit der Verbindungen entsprechen etwa denen des ungeschweißten Grundwerkstoffes.

Widerstandsschweißen

Punktschweißen

Oberflächenbehandlung: Beseitigung von Oberflächenschichten durch Entfetten und Beizen, um den Kontaktwiderstand zwischen Elektrode und Blechoberfläche zu reduzieren und konstante Verhältnisse für den Stromübergang zu schaffen. Der zunächst etwa $1\,000\,\mu\Omega$ betragende Kontaktwiderstand sollte vor dem Schweißen auf $80\,\mu\Omega$ herabgesetzt werden.

Elektroden: Die elektrische Leitfähigkeit der Elektroden soll derjenigen von Elektrolytkupfer möglichst nahekommen. Die Neigung zum Anlegieren hängt von der Temperaturverteilung und den Werkstoffeigenschaften ab [R 30, R 31]. Die größte Anlegierungsneigung ergibt sich bei dünnen Blechen, bei kleinen Werten $\varrho/c\lambda$ im Blech, also bei reinen Aluminiumsorten und für große Werte $\varrho/c\lambda$ der Elektrode. Eine erhöhte Anlegierungsneigung ist gleichbedeutend mit verringerter Elektrodenstandzeit (-standmenge) und verschlechterter Punktqualität.

Maschineneinstellung, Programmsteuerung

Die Wärmeerzeugung beim Stromdurchgang ist durch die Beziehung

$$Q = \int i^2 r \, dt$$

bestimmt. Um im Bereich der späteren Schweißlinse genügend hohe Temperaturen zu erhalten, ist infolge des niedrigen spezifischen Widerstandes von Aluminium und der hohen Wärmeleitfähigkeit (kurze Schweißzeiten) die Wahl einer verhältnismäßig hohen Stromstärke erforderlich. Die je nach zu verschweißender Blechdicke benötigten kurzen Schweißzeiten zwischen etwa 3 und 15 Perioden bedingen eine elektronische Steuerung der Schweißmaschinen. Bei hochbeanspruchten Verbindungen sorgt eine Programmsteuerung dafür, daß nicht Teile des Schmelzbades herausgeschleudert werden und daß man Verbindungen hoher Festigkeit erhält. Durch ein Nachpressen des Schweißpunktes (Bild 8.20) nach Abschalten des Stromes läßt sich die Festigkeit erhöhen. Zum Punktschweißen von Aluminium-Karosserieblechlegierungen siehe [H 28].

Richtwerte zum Widerstandspunktschweißen von Aluminiumwerkstoffen finden sich in [H 31].

Hochfeste Verbindungen lassen sich durch eine Kombination von Punktschweißen und Kleben erzielen [M 36, S 55].

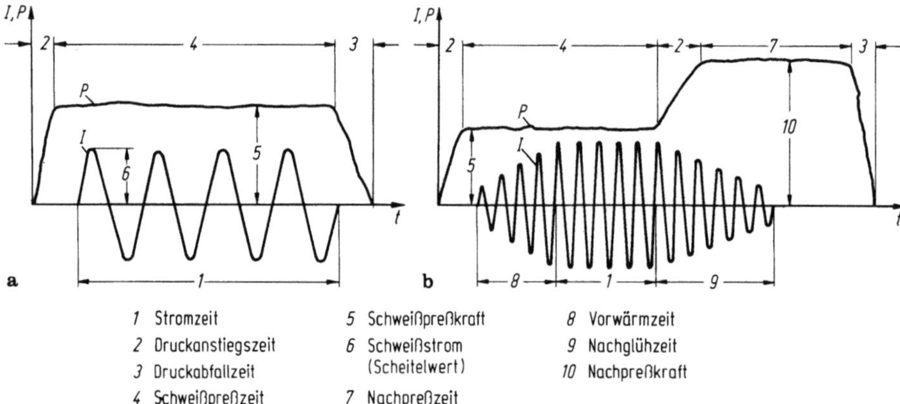

1	Stromzeit	5	Schweißpreßkraft	8	Vorwärmzeit
2	Druckanstiegszeit	6	Schweißstrom	9	Nachglühzeit
3	Druckabfallzeit		(Scheitelwert)	10	Nachpreßkraft
4	Schweißpreßzeit	7	Nachpreßzeit		

Bild 8.20a u. b. Strom- und Druckverlauf beim Punktschweißen. **a** Normalsteuerung; **b** Programm-steuerung bei einphasigem Wechselstrom [G 20]

Nahtschweißen

Für das Nahtschweißen von Aluminium und seinen Legierungen gelten die gleichen Gesichtspunkte bezüglich Oberflächenbehandlung, Elektrodenwerkstoff und Maschineneinstellung wie beim Punktschweißen.

Buckelschweißen

Beim Buckelschweißen von Aluminium und seinen Legierungen werden wegen des vergleichsweise schnellen Zusammenbrechens der Buckel sehr hohe Anforderungen an das Folgevermögen der beweglichen Elektrode gestellt. Grundsätzlich sind wie bei Stahl Schweißungen mit geprägten, massiven, und natürlichen Buckeln möglich. Massivbuckel sind vorzuziehen. Auch Buckelschweißmuttern wurden entwickelt. In allen Fällen sind die Schweißparameter nur innerhalb sehr enger Grenzen wählbar [E 18].

Abbrennstumpfschweißen

Während das Preßstumpfschweißen nur in Ausnahmefällen bei kleinen Querschnitten verwendet wird, läßt sich das Abbrennschweißen auch für größere Wanddicken einsetzen. Eine besondere Oberflächenbehandlung ist nicht erforderlich, normaler Scheren- bzw. Sägeschnitt ist ausreichend. Werden Legierungen mit unterschiedlicher Wärmeleitfähigkeit geschweißt, so ist durch unterschiedliche Einspannlänge ein Ausgleich zu schaffen. Dabei wird der Werkstoff mit der geringeren Wärmeleitfähigkeit kürzer eingespannt. Die Form der Einspannbacken ist der Schweißteilform anzupassen.

Ultraschallschweißen

Für geringe Wanddicken von Aluminium, das heißt für Folien und dünne Bleche bis 2 mm, ist das Ultraschallschweißen gut geeignet.

Kaltpreßschweißen

Kaltpreßschweißen setzt eine plastische Verformung des zu verschweißenden Werkstoffes voraus. Aluminium und die nichtaushärtbaren Aluminiumlegierungen können daher besonders gut durch Kaltpreßschweißen verbunden werden. Der verschweißbare Querschnittsbereich reicht von dünnen Drähten mit 0,25 mm $\varnothing$ bis zu verhältnismäßig großen Dimensionen, die dann nur noch durch die zur Verfügung stehenden Preßkräfte begrenzt werden. Auch Verbindungen mit anderen Werkstoffen sind auf diese Weise möglich [R 32].

Schock-(Explosions-) schweißen

Das Verfahren eignet sich ähnlich wie das Kaltwalzplattieren für das Plattieren von Stahl mit Aluminium. Es lassen sich Übergangsstücke fertigen, mit denen Stahl-Aluminium-Verbundkonstruktionen hergestellt werden können, indem man mit konventionellen Schmelzschweißverfahren auf der Stahlseite Stahl und auf der Aluminiumseite Aluminium anschließt.

Induktives Hochfrequenzschweißen

Für das Herstellen mit Hochfrequenz induktiv längsnahtgeschweißter Rohre und Profile aus Aluminium sind eine genau arbeitende Profiliereinrichtung und ein auf die jeweilige Aufgabe ausgelegter Hochfrequenzgenerator erforderlich. Die Generatorleistung läßt sich den jeweiligen Erfordernissen anpassen [F 9].

Reibschweißen

Das Reibschweißen ist für das Verbinden gleichartiger und artverschiedener Verbindungen sehr gut geeignet. Das gilt auch für aushärtbare Legierungen und für die Verbindung von Guß- und Knetlegierungen [K 33, M 37, T 15, T 17].

Diffusionsschweißen

Das unmittelbare Diffusionsschweißen von Aluminium wird durch die unvermeidlichen Oxidschichten stark erschwert [E 20]. Eine Möglichkeit, dieses Problem zu überwinden, besteht in der Verwendung von Silberzwischenschichten [G 29]. Das Verfahren wird nur in Ausnahmefällen in Betracht kommen.

8.2.1.8 Schweißen von Aluminium-Sonderwerkstoffen

Superplastische, mit Zirkonium legierte Aluminiumlegierungen (6 % Cu, 0,5 % Zr) [S 52] können widerstands- und schutzgasgeschweißt sowie gelötet werden.

AlZnMg-Legierungen mit hoher Festigkeit (z. B. AlZn 5,5 Mg 3,5 Mn 1,2 Zr 0,2 mit $R_m = 570$ N/mm^2 und $R_{p0,2} = 510$ Nmm^2) sind gut schweißbar [A 6]. Die Festigkeit des kaltausgehärteten Werkstoffes wird allerdings von der Verbindung nicht erreicht.

Für den Flugzeugbau sind eine Reihe von *Aluminium-Lithium-Legierungen* entwickelt worden. Sie weisen eine niedrige Dichte von etwa 2,5 gcm^{-3} und einen erhöhten E-Modul von etwa 79,5 GPa auf. Es handelt sich um dispersionshärtende Legierungen durch Al$_3$Li-Teilchen, die kohärent ausgeschieden werden. Um die

Zähigkeit zu verbessern – es liegt zunächst ein grob dendritisches Gefüge vor – enthalten sie als Legierungselemente Cu und Mg, ein feineres Korn erhält man durch die Zugabe von Zr. Die gebildeten Al_3Zr- Teilchen verzögern die Rekristallisation. Es geht also um Al 2, 5-Li-Cu-Mg-Zr-Legierungen. Es gibt Untersuchungen zum Widerstandspunktschweißen mit guten Ergebnissen und zum WIG-Schweißen, wobei mit Poren, auch Porenketten zu rechnen ist. Die Sauberkeit der Oberfläche von Fügeteil und Zusatzwerkstoff spielt hier eine große Rolle [B 26, K 34, K 35].

Mit Whiskern aus Beta-Siliziumkarbid verstärktes Aluminium, hergestellt auf pulvermetallurgischem Weg, wurde WIG- und MIG-geschweißt unter Verwendung von Zusätzen aus AlSi 5 und AlMg 5 Mn. Porenbildung ließ sich durch Vakuumentgasen (500 °C/48 h) beheben [A 10]. Pulvermetallurgisch erzeugte Al 9-Fe-Ce-Legierungen, die sich als nicht schmelzschweißbar erwiesen, können mit erhöhter Stauchkraft reibgeschweißt werden [B 27].

Aluminium-Druckgußteile lassen sich nur dann schweißen, wenn weder Luft noch Gase (von der Kolbenschmierung oder den auf die Form aufgebrachten Trennmitteln herrührend) im Gußstück eingeschlossen sind. Sind derartige Gaseinschlüsse vorhanden, ist ein Schweißen kaum möglich, da sich exzessiv Poren bilden. Eine intensive Entgasung, die zweckmäßigerweise bereits im Schmelzofen beginnt, ist erforderlich. Wird sorgfältig auf diesen Punkt geachtet, kann Aluminium-Druckguß mit sehr gutem Ergebnis geschweißt werden. Als Verfahren eignen sich vorzugsweise das WIG-, Plasma- (Elektrode am Pluspol) und das Widerstandspunkt- und Buckelschweißen [R 33].

8.2.1.9 Thermisches Trennen von Aluminiumwerkstoffen

Aluminium kann nicht autogen brenngeschnitten werden, weil hierfür verschiedene Voraussetzungen fehlen. Dagegen ist das Plasmaschneiden hierfür geeignet. Durch kleinere Änderungen am üblichen Plasmabrenner kann dieser auch zum wirtschaftlichen „Brennfugen" von Aluminium eingesetzt werden [H 33].

Auch der Laser läßt sich zum thermischen Trennen von Aluminiumwerkstoffen einsetzen, obgleich das hohe Reflexionsvermögen und die gute Wärmeleitfähigkeit die Energieeinkopplung erschweren. Störend ist zunächst der an der Blechunterkante entstehende Bart oder Grat. Brennschneiden mit Sauerstoff ist möglich, wobei nur wenig Oxid gebildet wird. Der Grat kann weitgehend vermieden werden, wenn mit erhöhtem Schneidgasdruck gearbeitet, der Brennfleck an der Blechunterseite justiert und eine geeignete Düsenform gewählt wird. Wichtig ist eine stabile Leistungsabgabe durch den Laser [G 28].

8.2.1.10 Löten von Aluminium

Aluminium wird nur selten *weichgelötet*. Da als Lote niedrigschmelzende Schwermetalle dienen, entsteht an der Berührungsstelle zwischen Leicht- und Schwermetall ein galvanisches Element, das in feuchter Umgebung zu Kontaktkorrosion führt. Einige Weichlote sind in DIN 1707 genormt (L-SnZn-10, L-SnZn 40, L-CdZn 20, L- ZnAlAl 5). Flußmittel der Typen F-LW1, F-LW2 und F-LW3 nach DIN 8511 T3 sind unterschiedlich zusammengesetzt.

Hartlöten ist dagegen ein übliches Fügeverfahren. Da die Grenze gegenüber dem Weichlöten mit 450 °C festgelegt wurde, liegt der Schmelzpunkt der Hartlote nicht weit von der Liquidustemperatur der zu lötenden Grundwerkstoffe entfernt. Die Hartlote sind in DIN 8513 genormt (L-AlSi 7,5, L-AlSi 10, L-AlSi 12). Die Festigkeit entspricht fast derjenigen von Schweißverbindungen. Wie beim Schweißen geht sie in der WEZ ausgehärteter und kaltverfestigter Werkstoffe auf den weichen Zustand zurück. Flußmittel des Typs F-LH 1 nach DIN 8511 T3 sind auf der Basis hygroskopischer Chloride und Fluoride aufgebaut, Flußmittelreste sind zu entfernen. Die Rückstände der auf der Basis nichthygroskopischer Fluoride aufgebauten Flußmittel des Typs F-LH2 können im allgemeinen auf dem Werkstück verbleiben; die Lötstellen sind vor Nässe zu schützen [A 11]. Durch Chromatieren läßt sich eine gute Korrosionsbeständigkeit erreichen [M 38]. Hinsichtlich verschiedener Methoden zur Beurteilung der Lötbarkeit siehe [K 36]. Das flußmittelfreie Löten im Hochvakuum mit Mg-Zusatz zum Lot hat in die Fertigung weitgehend Eingang gefunden [S 56]. Für die Herstellung von Wärmetauschern wird das Lot ein- oder beidseitig auf das Aluminium aufgewalzt und die Lötung ebenfalls im Vakuum vorgenommen (Lot z. B. L-Al 9,6 Si 1,5 Mg 0,1Bi) [S 57]. Das Verfahren ist seit den vierziger Jahren bekannt.

8.2.2 Beryllium

Günstige kernphysikalische Eigenschaften führten zur Anwendung von Be als Moderatorsubstanz und Reflektor in Kernreaktoren. Neuerdings setzt man Be auch als Konstruktionswerkstoff für Bauteile ein, die sehr großen Beschleunigungen oder Fliehkräften ausgesetzt sind. Wird es mit γ-Strahlen beschossen, gibt es verhältnismäßig leicht Neutronen ab und wird daher häufig als Neutronenquelle verwendet. Kennzeichnend sind niedrige Dichte, hoher Elastizitätsmodul und gute Warmfestigkeitseigenschaften. Dagegen ist die Verformbarkeit gering. Hemmend für den Einsatz des Metalls Beryllium wirkt sich seine Toxizität aus. Die zulässige Konzentration in der Luft liegt bei achtstündiger Inhalationsdauer bei $2 \mu g/m^3$. Die wichtigsten physikalischen Eigenschaften sind Tabelle 8.42 zu entnehmen.

Tabelle 8.42. Physikalische Eigenschaften von Beryllium [S 35]

Schmelzpunkt	°C	1280 ± 10
Dichte bei 20 °C	$g\,cm^{-3}$	1,85
Wärmeausdehnungsbeiwert bei 0/100 °C	$10^{-6}\,K^{-1}$	12
Spezifische Wärmekapazität bei 0/100 °C	$kJ\,kg^{-1}\,K^{-1}$	1,91
Wärmeleitfähigkeit bei 0/100 °C	$W\,m^{-1}\,K^{-1}$	159
Spezifischer elektrischer Widerstand bei 20 °C	$\Omega\,mm^2\,m^{-1}$	0,04 bis 0,06
Elastizitätsmodul bei 20 °C	$N\,mm^{-2}$	290 000

Beryllium kristallisiert in hexagonal dichtester Kugelpackung und ist sehr hart. Entsprechend seiner Stellung im Periodischen System nahe dem Magnesium und Aluminium hat es viele Eigenschaften mit diesen gemeinsam, vor allem große Affinität zu Sauerstoff.

Das Schweißen von Beryllium wird demnach erschwert durch die geringe Verformungsfähigkeit und die Toxizität dieses Werkstoffes [L 14]. Hinzu kommt seine Neigung zu Heißrissen und die hohe Oxidationsfreudigkeit. Außerdem bildet Beryllium mit allen Elementen außer Al, Si und Ge intermetallische, in der Regel spröde Verbindungen. Vielfach wird daher das Löten dem Schweißen vorgezogen. Beim Löten sehr dünner Folien ist jedoch mit Schwierigkeiten zu rechnen.

8.2.2.1 Verfahren zum Schweißen von Beryllium

Vorbereitung: Am besten elektrolytisch polierte Oberfläche, z. B. bei 1 A/cm^2 in kalter Lösung aus

15 Vol.-% H$_2$SO$_4$,
15 Vol.-% Glyzerin,
15 Vol.-% Alkohol,
55 Vol.-% Orthophosphorsäure [W 22].

Schutzgasschweißen

Schmelzschweißungen sind rißanfällig. Günstigste Ergebnisse erhielt man beim WIG-Schweißen mit Wechselstrom oder Gleichstrom mit positiv gepolter Elektrode. Es liegen also ähnliche Verhältnisse vor wie beim Schweißen von Aluminium oder Magnesium. Längsrisse nehmen bei steigender Schweißgeschwindigkeit ab, Querrisse können durch langsames Abkühlen im Temperaturgebiet von 400 bis 300 °C verhindert werden, weil Be dort am verformungsfähigsten ist (Bild 8.21) und die Spannungen durch Verformung abgebaut werden können. Deutlich erkennt man die Bedeutung eines feinen Korns [D 42]. Gegebenenfalls kann eine Oxidation während des Schweißprozesses durch eine Argonatmosphäre in vakuumdichter Kammer verhindert werden [P 20], was auch wegen der gesundheitsschädlichen Be-Dämpfe zu empfehlen ist. Poren lassen sich bei geeignetem Ausgangswerkstoff (im Vakuum erschmolzen) vermeiden. Nicht zu verhindern sind jedoch Grobkornbildung und geringe Verformbarkeit.

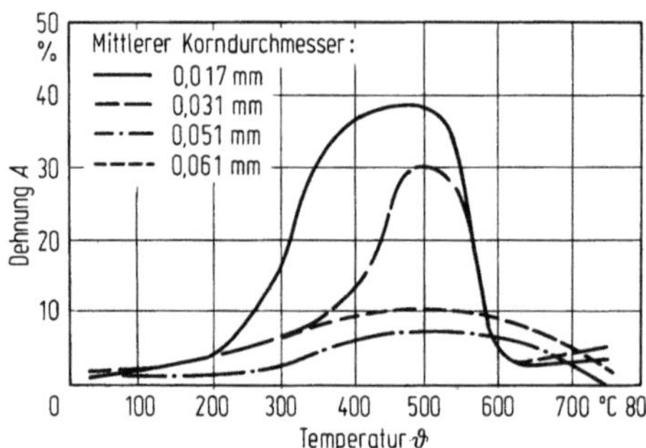

Bild 8.21. Einfluß der Korngröße auf die Abhängigkeit der Bruchdehnung von der Prüftemperatur bei Beryllium [L 16]

Elektronenstrahlschweißen

Beim Elektronenstrahlschweißen läßt sich die Grobkornbildung verringern, weil mit erhöhter Schweißgeschwindigkeit gearbeitet werden kann. Gleichzeitig nimmt aber die Porenhäufigkeit zu, und es bilden sich Einbrandkerben, die sich jedoch durch Strahlpendelung vermeiden lassen. Bei Dicken über 1 mm wird der Elektronenstrahl zweckmäßigerweise defokussiert und man wärmt auf 400 °C vor, um Risse zu vermeiden [L 10].

Widerstandspunktschweißen

Rißbildung als Folge von Eigenspannungen bei rascher, örtlich begrenzter Erwärmung. Daher ist es zweckmäßig, in der Maschine vor- und nachzuwärmen sowie nachzupressen [N 13 bzw. W 23]. Der Einfluß der Ätztechnik auf den Kontaktwiderstand geht aus Bild 8.22 hervor. Durch eine Plexiglasbox kann man Beryllium-Dämpfe bzw. -Staub abhalten.

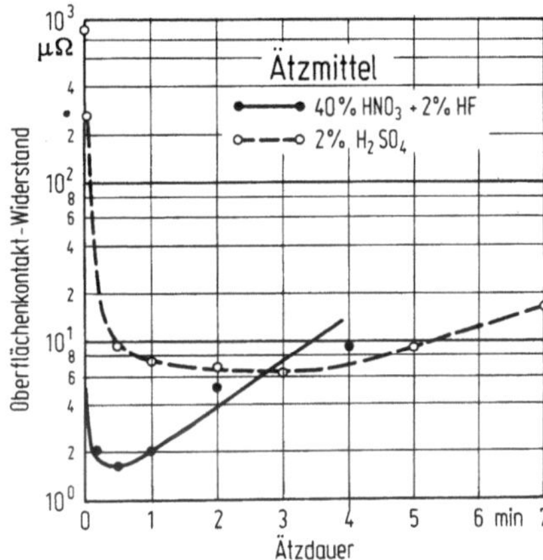

Bild 8.22. Einfluß der Ätztechnik auf den Konaktwiderstand von gewalztem Beryllium [W 23]

Widerstandsstumpfschweißen

Die Verbindungen erreichen die Gütewerte des Ausgangswerkstoffes, da keine Gußstruktur vorliegt, sondern ein feinkörniges Gefüge. Die Zugfestigkeit der Verbindung erreicht 400 N mm^{-2} [W 23].

Diffusionsschweißen

Die Vorbereitung erfolgt durch metallographisches Polieren. Brauchbarer Arbeitsbereich um 900 °C. Da kein Kornwachstum auftritt, wird die Festigkeit des Ausgangswerkstoffes in der Verbindung erreicht [P 21]. Die Schweißung erfolgt im Vakuum oder in einer Argonatmosphäre.

Ultraschallschweißen

Für dünne Bleche anwendbar, auch für Kombinationen mit Mo, W u. a. Auch hier entsteht kein Gußgefüge.

8.2.2.2 Löten von Beryllium

Beryllium wird in sehr reinem Argon oder Helium mit einem Flußmittel aus 40 % LiCl/60 % LiF oder aus SnCl gelötet. Flußmittelfreies Löten unter hohem Vakuum (10^{-5} bis 10^{-6} mbar) ist ebenfalls möglich [L 10]. Als Lote verwendet man eutektische AgCu- oder AlSi-Legierungen. Die Benetzung des Berylliums kann durch Beschichten mit Ag oder Cu und durch Zusätze von 0,2 bis 0,5 % Li zum Lot verbessert werden. Von [W 24] ist die Zugabe von Titanhydrid TiH_2 in Pulverform vorgeschlagen worden, um die stabile Oxidschicht zu lösen. Auch eine PVD-Beschichtung mit Titan hat sich bewährt. Dadurch ist es in Verbindung mit einem Ag 60 Cu 30 Sn 10-Lot auch möglich, Beryllium mit Monel zu verbinden. Es ist durch geeignete Wahl der Löttemperatur und -zeit darauf zu achten, daß sich keine spröden Zwischenschichten aus der CuBe-δ-Phase bilden [G 30].

8.2.3 Magnesium und Magnesiumlegierungen

Der Anwendungsumfang von Reinmagnesium ist gering. Dagegen werden Magnesiumlegierungen zunehmend, insbesondere für den Druckguß verwendet. Neben den früher gebräuchlichen Mg-Mn-, Mg-Al- und Mg-Al-Zn-Legierungen werden heute die besonders warmfesten Legierungen mit Zr, Th und seltenen Erden hergestellt. Wie im Falle des Aluminiums gibt es auch dichtereduzierte Mg-Li-Legierungen [B 28].

Für das Schweißen von Magnesium und seinen Legierungen gelten ähnliche Gesichtspunkte wie für das verwandte Aluminium [L 14]. Die wichtigsten physikalischen Eigenschaften sind Tabelle 8.43 zu entnehmen.

Tabelle 8.43. Physikalische Eigenschaften von Magnesium [S 35]

Schmelzpunkt	°C	650
Siedepunkt	°C	1 103
Dichte bei 20 °C	$g\,cm^{-3}$	1,74
Wärmeausdehnungsbeiwert bei 0/100 °C	$10^{-6}\,K^{-1}$	26,0
Spezifische Wärmekapazität bei 0/100 °C	$kJ\,kg^{-1}\,K^{-1}$	1
Wärmeleitfähigkeit bei 0/100 °C	$W\,m^{-1}\,K^{-1}$	143
Spezifischer elektrischer Widerstand bei 20 °C	$\Omega\,mm^2\,m^{-1}$	0,043
Elastizitätsmodul bei 20 °C	$N\,mm^{-2}$	45 500

Hohe Wärmeleitfähigkeit und große lineare Wärmeausdehnung können zu erheblichem Verzug beim Schweißen führen. Magnesium ist hexagonal aufgebaut und bei Raumtemperatur schlecht, bei etwa 250 °C dagegen gut verformbar.

Mn und Zr bilden mit Magnesium peritektische Systeme, Al, Zn, Th und die seltenen Erden dagegen eutektische mit einer oder mehreren intermetallischen Verbindungen. Zirkonium wirkt kornverfeinernd und hebt die Solidustemperatur der Mg-Zn-Legierungen an. Die Mg-Knetlegierungen sind in DIN 1729, Bl. 1, genormt, Gußlegierungen in Bl. 2 (Tab. 8.44).

Tabelle 8.44. Magnesium-Knetlegierungen und Magnesium-Gußlegierungen nach DIN 1729

Kurzzeichen	Werkstoff-Nr.	Zusammensetzung in Masse- %					
		Mn	Al	Zn	Zr	Mg	Sonstige
Magnesium-Knetlegierungen							
MgMn 2	3.5200	1,2 bis 2,0	–	–	–	Rest	< 0,1
MgAl 3 Zn	3.5312	0,10 bis 0,4	2,5 bis 3,5	0,5 bis 1,5	–	Rest	< 0,1
MgAl 6 Zn	3.5612	0,15 bis 0,4	5,5 bis 7,0	0,5 bis 1,5	–	Rest	< 0,1
MgAl 8 Zn	3.5812	0,12 bis 0,3	7,8 bis 9,2	0,2 bis 0,8	–	Rest	< 0,3
Magnesium-Gußlegierungen							
G-MgAl 8 Zn 1	3.5812	0,1 bis 0,3	7,0 bis 8,5	0,3 bis 1,0	–	Rest	0,15
G-MgAl 9 Zn 1	3.5912	0,1 bis 0,3	8,0 bis 9,5	0,3 bis 1,0	–	Rest	0,15
G-MgAl 6	3.5662	0,1 bis 0,4	5,5 bis 6,5	–	–	Rest	0,15
GD-MgAl 6 Zn 1	3.5612	0,1 bis 0,4	5,5 bis 6,5	0,2 bis 1,0	–	Rest	0,15
GD-MgAl 4 Si 1	3.5470	0,2 bis 0,5	4,0 bis 5,0	–	–	Rest	Si 0,4 bis 1,0
G-MgZn 4 SE 1 Zr 1	3.5101	–	–	3,5 bis 5,0	0,4 bis 1,0	Rest	SE 0,8 bis 1,7
G-MgZn 5 Th 2 Zr 1	3.5102	–	–	4,8 bis 6,2	0,4 bis 1,0	Rest	Th 1,5 bis 2,0
G-MgSE 3 Zn 2 Zr 1	3.5103	–	–	0,8 bis 3,0	0,4 bis 1,0	Rest	SE 2,5 bis 4,0
G-MgTh 3 Zn 2 Zr 1	3.5105	–	–	1,7 bis 2,7	0,4 bis 1,0	Rest	Th 2,7 bis 3,3
G-MgAg 3 SE 2 Zr 1	3.5106	–	–	–	0,4 bis 1,0	Rest	Ag 2,0 bis 3,0 SE 1,8 bis 2,5

8.2.3.1 Schweißbarkeit

MgMn 2. Das sehr kleine Erstarrungsintervall der einphasig erstarrenden Legierung läßt eine gute Schweißbarkeit erwarten. Üblicherweise besteht keine Rißgefahr. Starke Schrumpfung kann jedoch zu Rissen führen, wenn niedrigschmelzende Korngrenzensubstanzen vorhanden sind, z. B. bei Anwesenheit von Ca, Al, Zn.

Mg-Al-Zn-Mn-Legierungen. Diese Legierungen sind durch WIG-Schweißen rißfrei zu verbinden. Beim Gasschweißen besteht teilweise Rißneigung. Der Zn-Gehalt sollte 16% nicht übersteigen (Heißrisse).

MgZn 6 Zr. Kaum schweißbar. Schweißbare Legierungen dieses Typs enthalten höchstens 1,3% Zn. Darüber Rißneigung. Durch Zugabe von 1,25% seltenen Erden oder 1,75% Thorium können sowohl Rißneigung als auch Mikroporosität beseitigt werden.

Magnesium-Gußlegierungen
Die Magnesium-Gußlegierungen können mit artgleichem Zusatz geschweißt werden.

8.2.3.2 Zusatzwerkstoff

Im allgemeinen gleichartig. Für MgAl 3 Zn jedoch wird MnMg 2 als Zusatz bevorzugt.

8.2.3.3 Verfahren zum Schweißen von Magnesium

Gasschweißen erfordert wie bei Aluminium Flußmittel. Anwendung nur noch selten.

Für das WIG-Schweißen wird meist Wechselstrom verwendet. Zündung durch überlagerten hochfrequenten Wechselstrom. MIG-Schweißen ist für größere Dicken üblich, Punktschweißen nur für statische Beanspruchung [E 21, R 35].

8.2.4 Titan und Titanlegierungen

Wegen des günstigen Verhältnisses von Festigkeit zu Dichte werden Titan und seine Legierungen in der Raumfahrttechnik sowie im Flugzeugbau angewendet, während die hohe Korrosionsbeständigkeit gegenüber einer Vielzahl insbesondere oxidierender Medien – beruhend auf der Passivierbarkeit des Titans – den Werkstoff in die Chemie- und Maritimtechnik eingeführt hat [R 36].

Titan ist ein verhältnismäßig hochschmelzendes Metall. Seine physikalischen Eigenschaften gehen aus Tabelle 8.45 hervor.

Tabelle 8.45. Physikalische Eigenschaften von Titan technischer Reinheit [S 35]

Schmelzpunkt	°C	~ 1 700
Dichte bei 20 °C	g cm^{-3}	4,5
Wärmeausdehnungsbeiwert zwischen 20 und 200 °C	10^{-6} K^{-1}	8,5
Spezifische Wärmekapazität bei 15 °C	kJ kg^{-1} K^{-1}	0,616
Wärmeleitfähigkeit	W m^{-1} K^{-1}	16,75
Spezifischer elektrischer Widerstand bei 20 °C	Ω mm^2 m^{-1}	42
Elastizitätsmodul bei 20 °C	N mm^{-2}	108 000

Das Schweißen von Titan [R 37] wird durch seine große Reaktionsfreudigkeit im erwärmten oder schmelzflüssigen Zustand erschwert. Durch die Aufnahme atmosphärischer Gase ab etwa 400 °C nimmt die Festigkeit des Titans zu, während seine Zähigkeit abnimmt. Schon eine verhältnismäßig geringe Gasaufnahme kann zur vollständigen Versprödung des Werkstoffes führen (Bild 8.23).

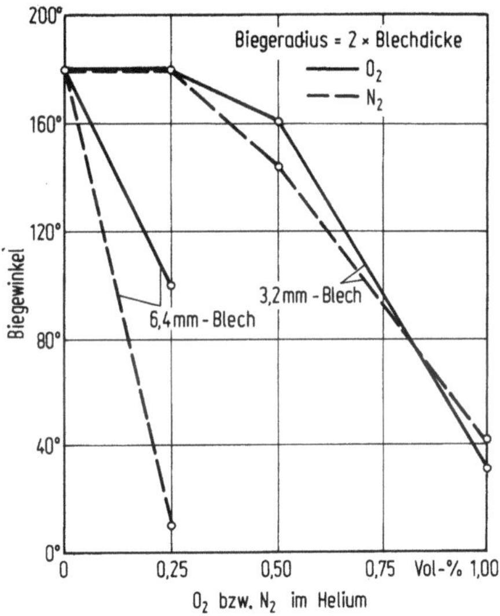

Bild 8.23. Einfluß von Sauerstoff und Stickstoff im Schutzgas auf den Biegewinkel von Titanschweißverbindungen

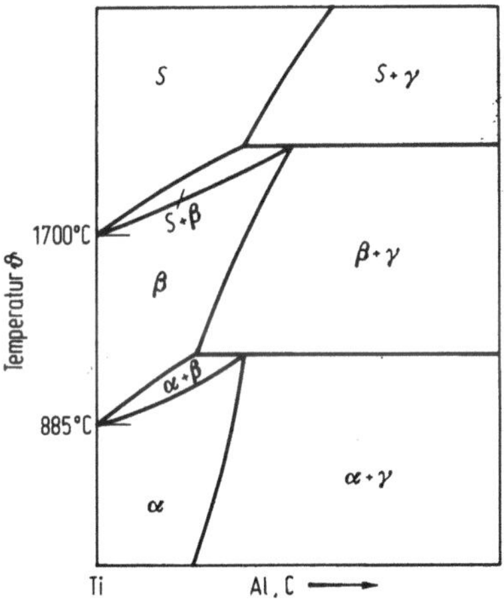

Bild 8.24. Zustandsschaubild von Titanlegierungen mit peritektoider Reaktion

Um Sauerstoff, Stickstoff und Wasserstoff [W 25, W 26] fernzuhalten, wird vorwiegend das Schutzgasschweißen (WIG) mit Inertgasen hohen Reinheitsgrades angewendet.

Reines Titan wandelt sich bei etwa 885 °C von der hexagonalen α- in die kubisch-raumzentrierte β-Struktur um. Legierungselemente beeinflussen die Lage des Umwandlungspunktes. Die Umwandlungstemperatur kann durch α-stabilisierende Elemente erhöht werden, und sie wird entsprechend erniedrigt durch β-stabilisierende Elemente (Tab. 8.46).

Tabelle 8.46. α- und β-stabilisierende Elemente

α-stabilisierend	β-stabilisierend
Al, O, N, C, B	Cr, Fe, Mo, V, H

Die binären Zustandsdiagramme lassen sich in 5 Grundtypen unterteilen:
1. Systeme mit α-stabilisierenden Legierungselementen:
a) Vollständige α-Stabilisierung, d. h., die α-Phase ist bis zum Schmelzpunkt beständig. Beispiel: Ti-O mit etwa 10 Masse-% O.
b) Begrenzte α-Stabilisierung, d. h. bei höheren Legierungsgehalten Zerfall von β über eine peritektoide Reaktion in α + Verbindung γ. Beispiele: Ti-Al, Ti-B, Ti-C (Bild 8.24).
2. Systeme mit β-stabilisierenden Legierungselementen:
a) Vollständige Löslichkeit in α und β. Beispiel: Ti-Zr, Ti-Hf (Bild 8.25).
b) In β löslich, in α begrenzt löslich. Beispiele: Ti-V, Ti-Mo, Ti-Nb, Ti-Ta (Bild 8.26).
c) In β und α begrenzt löslich mit eutektoidischem Zerfall der β-Phase. Beispiele: Ti-Fe, Ti-Cr, Ti-Cu, Ti-Mn.
Dementsprechend lassen sich Titanlegierungen wie folgt einteilen (Tab. 8.47).

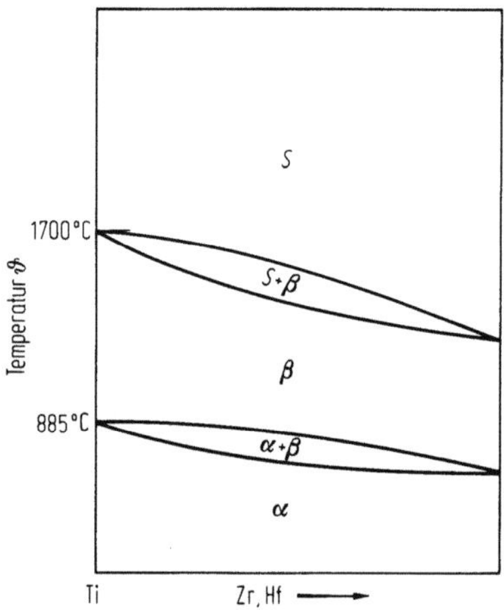

Bild 8.25. Zustandsschaubild von Titanlegierungen mit vollständiger Löslichkeit

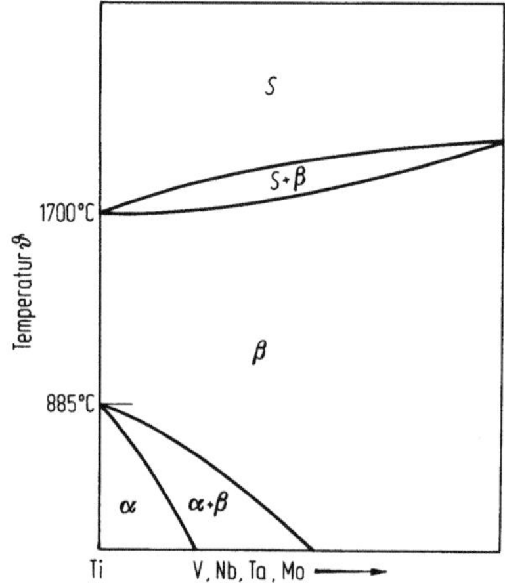

Bild 8.26. Zustandsschaubild von Titanlegierungen mit begrenzter Löslichkeit einer Phase

α-Titanlegierungen

Zur α-Stabilisierung 3 bis 8% Al. Die Legierungen sind gut schweißbar und auch bei längeren Glühzeiten thermisch stabil. Festigkeit: 700 bis 900 N mm^{-2}.

Tabelle 8.47. Titan und Titanlegierungen

Legierungstyp	W.-Nr.	DIN	Gefüge	Bemerkungen
Ti 1	3.7025	17860	α	korrosionsbeständig, für
Ti 2	3.7035			Apparatebau, chemische
Ti 3	3.7055			Industrie, Energie-, Meeres-
Ti 4	3.7065			und Medizintechnik
Ti 1 Pd	3.7225			
Ti 2 Pd	3.7235			
Ti 3 Pd	3.7255			
TiNi 0,8 Mo 0,3	3.7105			
TiAl 6 V 6 Sn 2	3.7175	17860	$\alpha + \beta$	Konstruktionswerkstoffe für
TiAl 6 V 4	3.7165			gewichtssparende Bauteile
TiAl 5 Fe 2,5	3.7110			mit hoher Beanspruchung,
TiAl 5 Sn 2,5	3.7115			unmagnetisch
TiAl 4 Mo 4 Sn 2	3.7185			
TiV 13 Cr 11 Al 3			β	sehr gute Kaltverformbarkeit
TiMo 12 Zr 6 Al 4,5				

$(\alpha + \beta)$-Titanlegierungen

Die Legierungen sind aushärtbar auf Festigkeiten von 900 bis 1200 N mm^{-2} bei Raumtemperatur. Der Legierungstyp TiAl 6 V 4 ist gut schweißbar wegen nur geringer β-Anteile.

Hochtemperaturlegierungen $(\alpha + \beta)$ wie
TiAl 5 Sn 5 Zr 2 Mo 2 0,25 Si,
TiAl 5 Sn 5 Zr 2 Mo 4 0,25 Si

können mit hoher Verbindungsfestigkeit, allerdings sehr geringer Verformbarkeit WIG-geschweißt werden. Auch durch eine Wärmenachbehandlung läßt sich die Duktilität nicht erhöhen [M 40].

β-Titanlegierungen

Da kubisch-raumzentriert und nicht hexagonal aufgebaut, sind diese Legierungen gut kaltverformbar. Abschrecken aus dem $(\alpha + \beta)$-Gebiet führt zu unstabilen β-Mischkristallen, die durch Zerfall bei Auslagerung oberhalb 540 °C erhebliche Festigkeitssteigerung bewirken. Die Langzeiteinsatztemperatur ist jedoch auf etwa 300 °C begrenzt. β-Titanlegierungen sind schweißbar. Die drei ß-Titanlegierungen
TiV 8 Cr 4 Mo 2 Fe 2 Al 3,
TiV 15 Cr 3 Al 3 Sn 3,
TiV 8 Cr 7 Al 3 Sn 4 Zr 1

sind gut WIG-schweißbar, benötigen aber für ihre volle Festigkeit eine Wärmenachbehandlung. Die erstgenannte Legierung erreicht dabei die höchste Festigkeit, die anderen beiden die günstigste Kombination von Festigkeit und Zähigkeit [B 34].

Titanaluminide

Die konventionellen Titanlegierungen können bis etwa 600 °C eingesetzt werden. Für Temperaturen bis 700 °C, wie sie etwa in Triebwerken auftreten, wurden abgeschreckte, dispersionsgehärtete α-Titanlegierungen und für Temperaturen > 800 °C Titanaluminide entwickelt, die möglicherweise an die Stelle von Superlegierungen auf Nickelbasis treten können. Diese Legierungen bestehen aus intermetallischen Verbindungen wie Ti_3Al (α_2), TiAl (τ) oder $TiAl_3$ (δ) [P 22]. Über das Schweißen dieser Werkstoffe ist nichts bekannt. Es ist anzunehmen, daß für das Fügen vorzugsweise Lötverfahren in Betracht zu ziehen sind.

8.2.4.1 Reinigung

Es ist zu berücksichtigen, daß Titan aufgrund seines hohen Lösungsvermögens für Sauerstoff bei genügend hoher Temperatur auch sein eigenes Oxid löst. Deshalb ist zur Verhinderung einer Gasaufnahme zumindest der Bereich der Schweißnaht von Zunder, Anlauffarben, aber auch von Fett und anderen Substanzen zu reinigen. Entsprechendes gilt für den Zusatzwerkstoff, der vom Schweißer mit sauberen Lederhandschuhen zu halten ist, weil schon eine Oberflächenverunreinigung durch Handschweiß zu einer Beeinträchtigung der Schweißverbindung führen kann. Für das Entfernen von Oxidfilmen wird eine wäßrige Beizlösung von 2 Vol.-% HF und 30 Vol.-% HNO_3 empfohlen. Liegt der HNO_3-Anteil zu niedrig, kann Wasserstoff absorbiert werden. Chlorhaltige chemische Reinigungsmittel können u. U. Spannungsrißkorrosion begünstigen – z. B. Trichloräthylen – , weshalb Azeton oder Äthanol vorgezogen werden. Für die mechanische Oberflächenreinigung dürfen nur Chrom-Nickel-Stahl- oder Titandrahtbürsten benutzt werden. Hohe Gehalte an gasförmigen Bestandteilen im Schweißbad führen zu Poren [W 27, W 28].

8.2.4.2 Verfahren zum Schweißen von Titan

Schutzgasschweißen

Sowohl das WIG- als auch das MIG-Verfahren wird je nach Wanddicke angewendet. Das meist verwendete Schutzgas Argon soll eine Reinheit von mindestens 99,95 % besitzen und trocken sein. Zum sicheren Schutz vor der Atmosphäre kann in mit Schutzgas gefüllten Kammern geschweißt werden. Ist dies nicht möglich (Größe, Form der Teile), kann ein wirksamer Schutz auch mit einer Schleppdüse (Bild 8.27) erreicht werden, die fest mit dem Brenner verbunden ist und beim Schweißen mitgeführt wird. Auch die Unterseite der Naht ist zu schützen (Gasschutz der Wurzel, z. B. über Kupferunterlagen, die mit einer von Schutzgas durchströmten Nut versehen sind). Der Schutz muß aufrechterhalten bleiben, bis die Teile beim Abkühlen 400 °C unterschritten haben. Beim Erwärmen über 880 °C bis in die β-phase neigt Titan zu Grobkornbildung. Aus diesem Grunde wird mit möglichst niedriger Streckenenergie gearbeitet [L 10]. Durch Yttrium im Schweißzusatz kann das Korn im Schweißgut verfeinert und die Rißempfindlich-

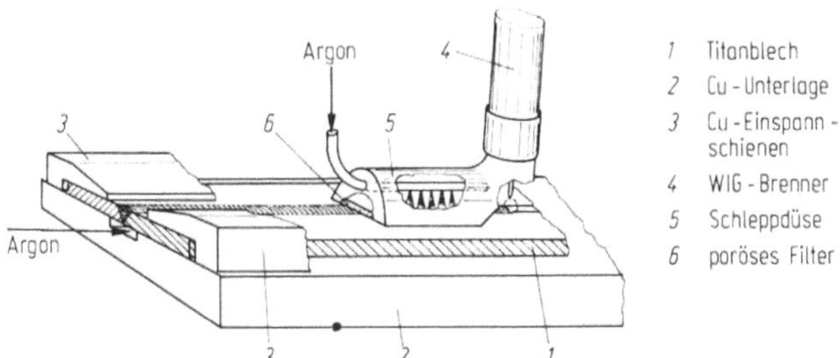

Bild 8.27. Schutzgasschweißen von Titan mit Schleppdüse und zusätzlichem Wurzelnahtschutz [R 33]

keit herabgesetzt werden. Der Verlust an Verformungsfähigkeit macht sich besonders stark bei Mehrlagenschweißungen bemerkbar [N 14]. Für $(\alpha + \beta)$-Legierungen wird eine Wärmenachbehandlung bei 930 °C/3 h mit nachfolgender Abkühlung im Ofen vorgeschlagen, was sich allerdings nicht immer realisieren lassen wird [B 31]. Für die Beseitigung von Eigenspannungen in α-Titan führt man eine Wärmebehandlung bei 600 bis 650 °C, 30–40 min, durch [L 10].

Um Poren zu vermeiden, die als Folge von Wasserstoff auftreten können, der über Hydridbildung auch Risse hervorrufen kann, werden die Schweißzusatzwerkstoffe vor dem Verschweißen im Vakuum wasserstoffarmgeglüht. Das Schutzgas muß trocken sein (Taupunkt < -50 °C). Für das WIG-Schweißen verwendet man Gleichstrom mit negativ gepolter Elektrode, für Dünnblechschweißen das WIG-Impulsschweißverfahren. Um beim MIG-Schweißen die Lebensdauer der Kontaktröhrchen (Werkstoff: Kupfer mit Eisen und Silizium als Spurenelementen) zu erhöhen, ist ein vergrößerter Rohr-Innendurchmesser zweckmäßig [D 43]. Zur Rißempfindlichkeit der $(\alpha + \beta)$-Legierungen vgl. [D 47].

Elektronenstrahlschweißen

Da im Vakuum geschweißt wird, besteht die Gefahr einer Versprödung durch Gasaufnahme nicht, und die Schlagzähigkeit liegt, auch im Vergleich zum Wolfram-Inertgas-Schweißen, besonders hoch [L 11]. Wenn die Schweißung zu einer sehr schmalen Raupe führt, besteht Porengefahr. Der geringe Verzug macht das Verfahren auch für Dickblechschweißungen geeignet [S 58, T 16, Y 1].

Laserstrahlschweißen

Die mit dem Laserstrahlschweißen möglichen hohen Schweißgeschwindigkeiten lassen das Verfahren als geeignet erscheinen, Titanwerkstoffe zu fügen [D 44, M 39]. Eine Helium-Queranströmung zur Verdrängung des entstehenden Plasmas und Helium als Gasschutz wird empfohlen.

Unterpulverschweißen

Titan technischer Reinheit und TiAl 6 V 4 lassen sich mit NaF-haltigen und -freien Pulvern mit ausreichender Schutzwirkung gegenüber der Atmosphäre schweißen [B 30]. Bei NaF-haltigen Pulvern ist eine grobe Körnung von 2 bis 3 mm zweckmäßig.

Elektroschlackeschweißen

Dicke Bleche aus Ti 6 Al 4 V wurden mit reinem CaF_2 als Pulver elektroschlacke-geschweißt. Auch hier sinken Kerbschlagzähigkeit und Dehnung mit der Korn-größe und dem aufgenommenen Sauerstoffgehalt, während Festigkeit und Streck-grenze hierauf weniger empfindlich reagieren [D 45].

Widerstandspunktschweißen

Günstig wirkt sich der hohe elektrische Widerstand aus. Kurze Schweißzeiten vermindern die Gefahr einer Gasaufnahme. An die Reinheit der Blechoberfläche werden aus den bereits erwähnten Gründen hohe Anforderungen gestellt, ins-besondere müssen auch dünne Oxidhäute durch Beizen entfernt werden.

Punkt- und Nahtschweißungen sind ohne wesentliche Schwierigkeiten möglich. Durch Nachwärmen der Schweißung können Schweißeigenspannungen abgebaut und das Biegevermögen der Schweißpunkte oder Nähte erhöht werden. Das Verhältnis von Kopfzug- zu Scherzugfestigkeit sollte $> 0,25$ sein, sonst ist die Verformungsfähigkeit zu gering. Es wird in der Regel auch bei den weniger gut schmelzschweißbaren $(\alpha + \beta)$-Legierungen erreicht (Tab. 8.48). Bei hohen Anforde-rungen an die Güte der Verbindungen kann unter Schutzgas (Argon) geschweißt werden [W 29].

Tabelle 8.48. Arbeits- und Eigenschaftskennwerte zum Punktschweißen von Ti 6 Al 4 V

Blechdicke	mm	0,9	1,6	1,8	2,4
Überlappung	mm	12,7	15,9	15,9	19
Schweißzeit	Perioden bei 60 Hz	7	10	12	16
Schweißstrom	A	5 500	10 600	11 500	12 500
Elektrodenanpreßkraft	N	2 700	6 800	7 700	11 000
Elektrodentyp		$\sim 16\,mm\ \varnothing$, 76 mm Kugelradius			
Schweißpunkt- $\varnothing$	mm	6,5	9,1	10	11
Kopfzugkraft	N	2 720	4 530	8 400	9 500
Scherzugkraft	N	7 800	22 600	28 800	38 000
$\dfrac{\text{Kopfzugkraft}}{\text{Scherzugkraft}}$		0,35	0,20	0,29	0,25
Blechspalt nach dem Schweißen	mm	0,12	0,22	0,2	0,23

Abbrennstumpfschweißen

Angewendet für die Herstellung von Ringen für Strahltriebwerke. Verhalten ähnlich wie bei hochlegierten Stählen. Kurze Erwärmungszeiten und hohe Stauch-geschwindigkeiten führen zu Verbindungen mit Schweißfaktor 0,9 bis 1,0. Da keine Gußstruktur auftritt, können auch die $(\alpha + \beta)$-Legierungen geschweißt werden.

Diffusionsschweißen

Über eine Kombination von superplastischem Umformen und Diffusions-schweißen von TiAl 6 V 4 wird von [B 32] berichtet.

8.2.4.3 Thermisches Trennen von Titanwerkstoffen

Ein mechanisches Trennen von Titan ist wegen der niedrigen Wärmeleitfähigkeit des Werkstoffs nur mit geringer Bearbeitungsgeschwindigkeit möglich und mit erheblichem Werkzeugverschleiß verbunden. Daher kann es wirtschaftlich sein, thermisch zu trennen und anschließend nachzubearbeiten. Hierfür läßt sich das Laserstrahlschneiden heranziehen [D 46]. Bei Verwendung von Sauerstoff als Schneidgas lassen sich Titanbleche bis 10 mm Dicke bei einer Laser-Ausgangsleistung von 500 W schneiden. Mit höherer Laserleistung und damit erhöhter Schneidgeschwindigkeit vermindert sich die Sauerstoffaufnahme in der Randschicht. Für das Laserschmelzschneiden unter Argon sind höhere Ausgangsleistungen > 1 kW erforderlich. Zwar wird in diesem Fall kein Sauerstoff aufgenommen, ein nicht zu vermeidender Grat macht jedoch auch ein Nacharbeiten erforderlich.

8.2.4.4 Zusatzwerkstoffe zum Schutzgasschweißen von Titan

In der Regel wird mit artgleichem Schweißzusatz geschweißt. Für Titan und Titan-Palladium-Legierungen sind die Zusatzwerkstoffe in DIN 1 737 T1 genormt, Tabelle 8.49.

Tabelle 8.49. Schweißzusatzwerkstoffe für Titan und Titan-Palladium-Legierungen nach DIN 1 737 T 1

Kurzzeichen	Werkstoff-Nr.	geeignet für (vgl. Tabelle 8.47)
SG-Ti 1	3.7026	3.7025
SG-Ti 1 Pd	3.7226	3.7225
SG-Ti 2	3.7036	3.7035
SG-Ti 2 Pd	3.7236	3.7235
SG-Ti 3	3.7056	3.7055
SG-Ti 3 Pd	3.7256	3.7255
SG-Ti 4	3.7066	3.7065

8.2.4.5 Löten von Titan

Titan wird vorwiegend im Temperaturbereich von 800 bis 900 °C gelötet. Höhere Temperaturen begünstigen Grobkorn. Silberlote werden bevorzugt, daneben auch Lote auf Aluminiumbasis. Nickel, Eisen und Kobalt werden für eutektische Lötungen eingesetzt. Die Festigkeit der Verbindungen läßt sich dann durch ein nachgeschaltetes Diffusionsglühen in die Nähe der Grundwerkstoffestigkeit bringen. Nach Beschichtung des Titans mit Ag, Sn oder Cu kann es auch mit den hierfür üblichen Loten weichgelötet werden [L 10, S 59].

8.2.4.6 Verbindungen mit ungleichartigen Metallen

Bei Anwendung höherer Temperaturen bilden sich intermetallische, spröde Verbindungen, z. B. mit Fe, Ni, Cu. Auch bei vollständiger gegenseitiger Löslichkeit tritt Versprödung durch Mischkristallhärtung auf (Mo). Daher sind Kaltpreß- und Diffusionsschweißen erwägenswert. Bisher liegen hierzu wenig Erfahrungen vor. Beim Ultraschallschweißen kann es schon zu Umwandlungen und Aushärtungserscheinungen kommen. Als Plattierungswerkstoff wird Titan durch Explosivschweißen aufgebracht. Zum thermischen Spritzen [K 37]. Weitere Literatur: [S 60, W 30, Z 7].

8.3 Legierungen aus intermetallischen Verbindungen

Legierungen auf der Basis intermetallischer Verbindungen beginnen als technische Werkstoffe für den Einsatz bei erhöhter Temperatur eine Rolle zu spielen. Hierzu gehören Eisen- und Nickel-Aluminide Fe_3Al, Ni_3Al, aber auch Verbindungen des Typs $(Fe, Ni)_3(V, Ti)$, oder $(Fe, Co)_3(V, Ti)$. Diese Legierungen zeichnen sich durch hohe Festigkeit, Oxidations- und Korrosionsbeständigkeit bei erhöhten Temperaturen aus, sind aber in der Regel bei Raumtemperatur spröde.

Bei den Nickel-Eisen-Aluminiden läßt sich die Zähigkeit durch Zugabe von 0,05 bis 1 % Bor wesentlich erhöhen. Sie sind in einem engen Parameterbereich elektronenstrahlschweißbar, wobei der Gehalt an Bor und die Schweißgeschwindigkeit die Heißrißneigung in der WEZ bestimmen. Das Schweißgut hat Duplexcharakter mit 5 bis 7 % (vol) β'-Phase des Typs NiAl. Sie kann durch eine Wärmenachbehandlung beseitigt werden [D 63]. Eisenhaltige Nickel-Aluminide sollten nicht mehr als 200 ppm Bor enthalten und beim Elektronenstrahlschweißen ist die Schweißgeschwindigkeit auf 13 mm s^{-1} zu begrenzen [S 70].

Die Zugabe von TiB_2 zur Erhöhung der Raumtemperaturzähigkeit von Eisen-Aluminiden wirkt sich auf die Schweißeignung negativ aus [D 65].

Legierungen des Typs $(Fe, Ni)_3(V, Ti)$ und $(Fe, Co)_3(V, Ti)$ verhalten sich unterschiedlich [D 64]. Im ersten Fall geht im Schweißgut die Ordnung verloren, d. h. die verschiedenen Atomarten nehmen nicht mehr spezifische Plätze in Subkörnern unter Bildung von Überstrukturen ein. Durch eine Wärmebehandlung läßt sich der ursprüngliche Ordnungszustand jedoch wiederherstellen. Im zweiten Fall bleibt die geordnete Kristallstruktur zwar im Schweißgut erhalten, eine Wärmebehandlung empfiehlt sich jedoch auch hier, wenn man die Eigenschaften optimieren will. Geschweißt wurde in einer Kammer mit 75% He und 25% Ar mittels WIG.

9 Nichtmetallische Werkstoffe

9.1 Kunststoffe

Kunststoffe sind hochmolekulare Verbindungen, die durch Abwandlung von Naturprodukten oder – in der Mehrzahl der Fälle – synthetisch gewonnen werden. Bei organischen Hochpolymeren sind die Molekülketten ausschließlich oder vorwiegend aus Kohlenstoffatomen aufgebaut, bei halborganischen befinden sich in den Hauptketten anorganische Stoffe wie Si, F oder O, während organische Gruppen die Nebenketten bilden. Nach dem Verhalten in der Wärme wird in Thermoplaste und Duroplaste unterschieden. Thermoplaste gehen bei Erwärmung in einen breiigen und z. T. flüssigen Zustand über, ein Vorgang, der unterhalb der

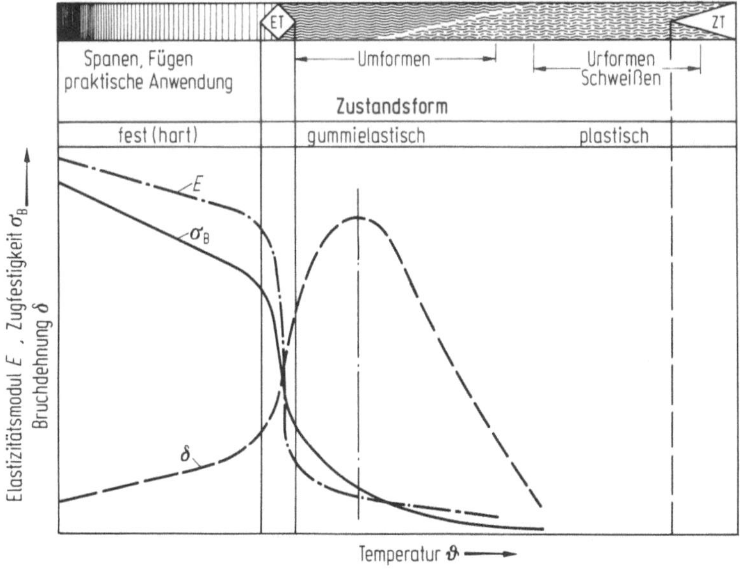

ET Erweichungs- bzw. Einfriertemperaturbereich
ZT Zersetzungstemperaturbereich

Bild 9.1. Verhalten amorpher Thermoplaste bei Erwärmung [H 34]

Zersetzungsgrenze reversibel ist. Es handelt sich um Hochpolymere, die aus bis zu 1 μm langen Makro- oder Kettenmolekülen aufgebaut sind. Die primären Bindungen innerhalb der Moleküle werden als Hauptvalenzen, die sekundären schwächeren Bindungen zwischen den Ketten als Nebenvalenzen bezeichnet. Ihre Größe nimmt bei Temperaturerhöhung ab, so daß es zum Gleiten der linearen Kettenmoleküle aufeinander kommt, der Werkstoff wird zunächst thermoelastisch und schließlich thermoplastisch (Bild 9.1). Im Gebiet der Thermoelastizität wird spanlos umgeformt, im thermoplastischen Bereich gespritzt, kalandriert und geschweißt. Nur Thermoplaste eignen sich zum Schweißen. Durch Weichmacher wird im allgemeinen die Schweißeignung verbessert, gleichzeitig aber werden die mechanischen Gütewerte ungünstiger. Das Schweißen spielt in der Kunststofftechnik keine sehr große Rolle, da heute Kleber zur Verfügung stehen, deren Festigkeit derjenigen der Kunststoffe entspricht.

Duroplaste härten bei Temperaturerhöhung nach Durchlaufen eines plastischen Bereiches aus. Der Vorgang ist also irreversibel, und eine erneute Plastifizierung zum Schweißen ist nicht möglich.

Über die Schweißeignung von Thermoplasten geben im allgemeinen Versuche Aufschluß, wobei es bisher keine hierfür verbindlich festgelegten Verfahren gibt.

Die physikalischen Eigenschaften der Kunststoffe unterscheiden sich wesentlich von denen der Metalle (Tab. 9.1). Sie weisen eine erhöhte spezifische Wärme und kleinere Wärmeleitfähigkeit auf, d. h. Aufheizung und Wärmeableitung erfolgen langsamer. Die gegenüber Metallen größere Wärmeausdehnung macht sich kaum bemerkbar, weil bei relativ niedrigen Temperaturen geschweißt wird. Bei zu hoher Arbeitstemperatur kommt es zu einer Schädigung des Werkstoffes durch Abspaltungsvorgänge (PVC), Abbau von Kettenenden (POM), oxidativen Abbau (PE, PP, PA) und andere Mechanismen. Bei PE, PP und PA sind die bei hohen Temperaturen auftretenden Zersetzungsprodukte flüssig und gasförmig. Daher ist auch nach Überschreiten der Zersetzungstemperatur ein Heizelementschweißen möglich *(Hochtemperaturschweißen)*. Das flüssige Material wird dabei verdrängt [T 19]. Problem: Beschädigung der PTFE-Schicht auf dem Heizelement. Bei PVC entstehen feste Abbauprodukte. Schweißen ist daher nicht möglich. Die Temperaturen liegen bei HDPE bei 550 °C, bei PP 450 bis 500 °C. Bei PP sind profilierte Heizelemente zweckmäßig. Das Verfahren ist möglicherweise auch für PS geeignet. Nach [P 23] verdampft die am Heizelement haftende Polymerschicht (Selbstreinigungseffekt). Eine genaue Einhaltung der Parameter ist erforderlich.

Die zum Schweißen *gereckter Kunststoffolien* erforderliche Wärme beeinträchtigt deren mechanische Eigenschaften. Es kommt daher darauf an, die entwickelte Wärme rasch abzuführen, um die Rückstellung der gerichteten Makromoleküle zu verhindern. Dies kann z. B. so geschehen, daß beim Ultraschallschweißen zwischen Folie und Amboß ein mit flüssiger Kohlensäure gekühlter dünner Kupferstreifen eingelegt wird [R 39].

Infolge ihres unterschiedlichen Aufbaus zeigen die Kunststoffe ein sehr differenziertes *klebtechnisches* Verhalten. Die Klebbarkeit hängt insbesondere von Polarität und Löslichkeit ab, Tabelle 9.2 [K 38, L 17]. Zur Auswahl der Klebstoffe siehe VDI-Richtlinie 3821. Die Eignung der Schweißverfahren zum Verbinden der Kunststoffe ist Tabelle 9.3 zu entnehmen.

Tabelle 9.1. Physikalische Eigenschaften einiger Kunststoffe [D 48]

	DIN	PE	PP	PVC	PS	SAN
Dichte in g/cm^3	–	0,914 bis 0,96	0,90 bis 0,907	1,16 bis 1,55	1,05	1,08
Spez. Durchgangswiderstand in Ω cm	53 482	$> 10^{17}$	$> 10^{17}$	10^{11} bis 10^{15}	$> 10^{16}$	$> 10^{16}$
Oberflächenwiderstand in Ω	53 482	10^{14}	10^{13}	10^{11} bis 10^{13}	$> 10^{13}$	$> 10^{13}$
Dielektrizitätszahl bei 10^6 Hz	53 483	2,28 bis 2,34	2,25	3,0 bis 4,5	2,5	2,6 bis 3,1
Dielektr. Verlustfaktor bei 10^6 Hz	53 483	$(0,8$ bis $2,0)\,10^{-4}$	$< 5 \cdot 10^{-4}$	0,015 bis 0,12	$(0,5$ bis $4)\,10^{-4}$	$(7$ bis $10)\,10^{-3}$
Durchschlagfestigkeit in kV cm^{-1}	53 481	–	500 bis 650	350 bis 500	300 bis 700	400 bis 500
Gebrauchstemperatur in °C						
max. kurzzeitig	–	80 bis 120	140	55 bis 100	60 bis 80	95
max. dauernd	–	60 bis 80	100	55 bis 85	50 bis 70	85
min. dauernd	–	– 50	0 bis – 30	0 bis – 20	– 10	– 20
Lineare Wärmedehnzahl in 10^{-6} K^{-1}	–	200 bis 250	150	70 bis 210	70	80
Wärmeleitfähigkeit in W m^{-1} K^{-1}	–	0,32 bis 0,51	0,17 bis 0,22	0,14 bis 0,17	0,18	0,18
Spezifische Wärme in kJ kg^{-1} K^{-1}	–	2,1 bis 2,7	2,0	0,85 bis 1,8	1,3	1,3

	DIN	ABS	PMMA	POM	PTFE	PA 6	PC
Dichte in g/cm^3	–	1,04 bis 1,06	1,17 bis 1,20	1,41 bis 1,42	2,15 bis 2,20	1,13	1,2
Spez. Durchgangswiderstand in Ω cm	53 482	$> 10^{15}$	$> 10^{15}$	$> 10^{15}$	$> 10^{18}$	10^{12}	$> 10^{17}$
Oberflächenwiderstand in Ω	53 482	$> 10^{13}$	10^{15}	10^{13}	10^{17}	10^{10}	$> 10^{15}$
Dielektrizitätszahl bei 10^6 Hz	53 483	2,4 bis 3,8	2,2 bis 3,2	3,7	$< 2,1$	3,4	2,9
Dielektr. Verlustfaktor bei 10^6 Hz	53 483	$(2$ bis $15)\,10^{-3}$	0,004 bis 0,04	0,005	$< 2 \cdot 10^{-4}$	0,03	10^{-2}
Durchschlagfestigkeit in kV cm^{-1}	53 481	350 bis 500	400 bis 500	380 bis 500	480	400	380
Gebrauchstemperatur in °C							
max. kurzzeitig	–	85 bis 100	85 bis 100	110 bis 140	300	140 bis 180	160
max. dauernd	–	75 bis 85	65 bis 90	90 bis 110	250	80 bis 100	135
min. dauernd	–	– 40	– 40	– 60	– 200	–30	–100
Lineare Wärmedehnzahl in 10^{-6} K^{-1}	–	60 bis 110	70	90 bis 110	100	80	60 bis 70
Wärmeleitfähigkeit in W m^{-1} K^{-1}	–	0,18	0,18	0,25 bis 0,30	0,25	0,29	0,21
Spezifische Wärme in kJ kg^{-1} K^{-1}	–	1,3	1,47	1,46	1,0	1,7	1,17

Tabelle 9.2. Beziehung zwischen Konstitution, Polarität, Löslichkeit und Klebbarkeit einiger Kunststoffe (nach [L 17])

Konstitution	Polarität	Löslichkeit	Klebbarkeit
$[-CH_2-CH_2-]_x$ Polyethylen	unpolar	sehr schwer löslich	schlecht
$\left[-CH_2-\underset{\underset{CH_3}{\mid}}{CH}- \right]_x$ Polypropylen	unpolar	schwer löslich	schwierig
$[-CF_2-CF_2-]_x$ Polytetrafluorethylen	unpolar	unlöslich	sehr schlecht
$\left[-CH_2-\underset{\underset{CH_3}{\mid}}{\overset{\overset{CH_3}{\mid}}{C}}- \right]_x$ Polyisobutylen	unpolar	leicht löslich	gut
$\left[-CH_2-\underset{\underset{C_6H_5}{\mid}}{CH}- \right]_x$ Polystyrol	unpolar	löslich	gut
$\left[-CH_2-\underset{\underset{Cl}{\mid}}{CH}- \right]_x$ Polyvinylchlorid	polar	löslich	gut
$\left[-CH_2-\underset{\underset{COO \cdot CH_3}{\mid}}{\overset{\overset{CH_3}{\mid}}{C}}- \right]_x$ Polymethylmethacrylat	polar	löslich	gut
$[-HN-(CH_2)_n-NH$ $CO-(CH_2)_m-CO-]_x$ Polyamid-6,6, -6,10	polar	schwer löslich	schwierig
$[-HN-(CH_2)_n-CO-]_x$ Polyamid-6, -11	polar	schwer löslich bis unlöslich	schwierig bis sehr schlecht

Tabelle 9.3. Schweißverfahren für Kunststoffe

	PE	PP	PVC	PS	SAN	ABS	PMMA	POM	PA	PC	PTFE	PFEP
Warmgas-schweißen	+	+ +	+ +	+ +	+		+ +	+	(+)	+ +	−	−
Heizelement-schweißen	+ +	+ +	+ +	+	+	+	(+)	+ +	+	+ +	(+)	+
Reibschweißen	+ +	+	+ +	+	+	+	(+)	+	+	+ +	(+)	+
Hochfrequenz-schweißen	−	−	+	−	−	+	(+)	−	+	+ [a]	−	−
Ultraschall-schweißen	−	−		+	(+)	+	(+)	+	+	+	(+)	−

[a] Hohe Frequenzen erforderlich; + + bevorzugt angewendet; + möglich; (+) selten angewendet − nicht angewendet.

9.1.1 Polyvinylchlorid (PVC)

PVC ist neben Polyethylen und Polypropylen einer der wichtigsten Vertreter der Kunststoffe. PVC ist gekennzeichnet durch gute Verarbeitungseigenschaften einschließlich Schweißeignung, gute Beständigkeit gegenüber vielen Säuren, aber nur geringe Wärmebeständigkeit. Aufbau:

$$\left[\begin{array}{c} CH_2\!-\!CH \\ | \\ Cl \end{array} \right]^{-}_{x}$$

PVC kann bei einer Temperatur von 180 bis 210 °C mit allen üblichen Verfahren (Warmgas-, Heizelement-, Wärmeimpuls-, Reibungs- und dielektrisches Hochfrequenzschweißen) geschweißt werden.

PVC-hart: Ohne Weichmacher. Schweißen siehe DIN 16930.
PVC-weich: Mit Weichmachern. Schweißen siehe DIN 16931.

Die für das Warmgasschweißen von Tafeln und Rohren geeigneten Schweißparameter finden sich in [D 49], Hinweise zum Heizelementstumpfschweißen (Fensterprofile) aus PVC-U (PVC hart) in [D 50] und für das Fügen von Dichtungsbahnen aus PVC-P (PVC weich) in [D 51].

Das Kleben von PVC bereitet keine Schwierigkeiten [D 52]. Eine Reihe von unterschiedlich aufgebauten Klebern steht hierfür zur Verfügung: Je nach verwendetem Lösungsmittel schwachlösende (PC-Klebstoffe), starklösende (THF-Klebstoffe), ferner Reaktions- und für Sonderfälle Kontaktklebstoffe.

9.1.2 Polyethylen (PE)

Polyethylen gehört neben PVC, Polystyrol und den Phenoplasten zu den vier stärksten Vertretern der Plaste. Aufbau:

$$-[CH_2]_x-$$

Je nach Herstellungsart wird zwischen Hochdruck- und Niederdruckpolyethylen (Ziegler, 1953) unterschieden, Tabelle 9.4. Dichte und Erweichungstemperatur sind unterschiedlich [O 8].

Tabelle 9.4. Verfahren zur Herstellung von Polyethylen

Verfahren	Dichte $g\,cm^{-3}$	Erweichungstemperatur °C
Hochdruck	0,91 bis 0,925	112
Niederdruck	0,941 bis 0,965	130

Da sich für die verschiedenartigen Werkstofftypen unterschiedliche Schweißbedingungen ergeben, lassen sich im allgemeinen nur Teile aus gleichartigem PE miteinander durch Schweißen verbinden. Auch hier wird im thermoplastischen Zustand, und zwar oberhalb des Kristallitschmelzpunktes (Beginn des Schmelzens der Kristallite bei teilkristallinem Aufbau) und unterhalb der Zersetzungstemperatur geschweißt.

Vorherrschend als Schweißverfahren ist das *Heizelementschweißen,* aber auch die übrigen Kunststoffschweißverfahren sind anwendbar [D 55, D 56]. Für das *Warmgasschweißen* von Tafeln und Rohren finden sich Angaben zu den geeigneten Schweißparametern in [D 49], für das *Heizelementschweißen* in [D 53] und für das Fügen von Dichtungsbahnen in [D 51].

Wegen der besonderen dielektrischen Eigenschaften (niedriger Verlustfaktor) hat das Hochfrequenzschweißen keine nennenswerte Bedeutung.

Bei Sauerstoffzutritt besteht die Gefahr eines oxidativen Abbaus der Ketten. Daher wird Stickstoff statt Luft oder CO_2 beim Warmgasschweißen verwendet.

Die Wärmeeinwirkung muß so auf die thermischen Eigenschaften des Werkstoffes abgestimmt sein, daß ein gleichmäßiges Plastifizieren der Verbindungsflächen ohne thermische Schädigung erfolgt. Schweißtemperatur und Temperatureinwirkzeit sind so zu wählen, daß die Verbindungsflächen in genügender Tiefe bis oberhalb des Kristallitschmelzpunktes gleichmäßig erwärmt werden.

Der Schweißdruck muß der Viskosität des Werkstoffes angepaßt sein. Er sollte so niedrig wie möglich gehalten werden, um eine Verformung im Nahtbereich zu vermeiden. Anzustreben ist ein mit zunehmender Abkühlung der Schweiße ansteigender, auf die Viskosität abgestimmter Druck, um das Schrumpfen und die Eigenspannungen auszugleichen. Er ist so lange aufrechtzuerhalten, bis die gesamte Schweiße genügend abgekühlt ist [Z 8].

Das *Kleben* der Polyolefine (Polyethylen und Polypropylen) wird dadurch erschwert, daß diese Kunststoffe chemisch träge sind und auch von den physikalischen Eigenschaften her (Oberflächenenergie) keine guten Benetzungseigenschaften aufweisen. Unvorbehandelte Polyolefine können daher nur mit gut benetzenden Haftklebstoffen gefügt werden, die in Form von Lösungs-, Dispersions- und Schmelzklebern zur Verfügung stehen. Für konstruktive Klebungen mit höherer Bindungsfestigkeit ist dagegen eine Fügeteilvorbehandlung erforderlich. Hierfür kommen elektrische (Korona-Entladung), chemische (Chromschwefelsäure), thermische (Flämmen) oder andere Verfahren wie z. B. das Beschichten in Betracht. Eine große Zahl unterschiedlich aufgebauter Klebstoffe steht zur Verfügung [D 54].

9.1.3 Polypropylen (PP)

$$\text{Aufbau:} \quad -\left[\begin{matrix} CH_2-CH \\ \quad\quad | \\ \quad\quad CH_3 \end{matrix}\right]_x - \quad \text{(nach Natta).}$$

Polypropylen erlaubt den Übergang zu erhöhten Betriebstemperaturen, da der Erweichungspunkt auf 165 °C angehoben ist. Es besitzt einen teilkristallinen Aufbau. Polypropylen ist oxidationsempfindlich (Zusatzstäbe mit Schaber von Fremdschichten befreien). Die Schweißeignung kann mit Hilfe von Stabilisatoren verbessert werden. Im übrigen verhält sich Polypropylen ähnlich wie Polyethylen. Auch hier ist das vorherrschende Schweißverfahren das *Heizelementschweißen*.

Beim Warmgas- und Heizelementschweißen ist eine genaue Temperatureinstellung auf 235 ± 5 °C erforderlich, weil schon geringe Temperaturunterschiede die Viskosität der Schmelze stark verändern [B 33, D 56, S 61]. Hinsichtlich des Klebens gelten die gleichen Gesichtspunkte, die bereits für Polyethylen aufgeführt worden sind [D 54].

9.1.4 Polystyrol (PS)

$$\text{Aufbau:} \quad -\left[\begin{matrix} \overset{CH-CH_2}{\bigcirc} \end{matrix}\right]_x -$$

Die Eigenschaften des Polystyrols sind vom Polymerisationsgrad abhängig (Molekulargewichte von 180 000 bis 800 000). Die Wärmebeständigkeit ist mit 60 bis 90 °C gering. Polystyrolteile lassen sich mit den gebräuchlichen Schweißverfahren (z. B. Heizelement-, Reib- und Ultraschallschweißen) verbinden.

Da Polystyrol ein weitgehend unpolarer bzw. nur schwach polarer Kunststoff ist, kann er mit nur adhäsiv wirkenden Klebstoffen nur schwer gefügt werden. Die Klebbarkeit läßt sich auch durch eine Oberflächenbehandlung nicht wirksam verbessern [D 57]. Die Polystyrole sind aber leicht anzulösen, so daß man Lösemittelklebstoffe einsetzen kann.

9.1.5 Styrol-Acrylnitril-Copolymere (SAN)

Es handelt sich um Kunststoffe mit hoher Zähigkeit, Steifigkeit und mit guter Chemikalienresistenz. Zum Schweißen können das Heizelement- und Reibschweißen, in gewissen Fällen auch das Hochfrequenz- und Ultraschallschweißen herangezogen werden. Durch Ultraschallschweißen läßt sich SAN auch mit anderen Thermoplasten wie ABS, PVC und PMMA verbinden.

Zum Kleben eignen sich lösungsmittelhaltige Kleber wie Methylethylketon, Dichlorethylen oder Cyclohexanon. ABS enthält gegenüber reinem Polystyrol erhöhte polare Anteile, so daß hier auch rein adhäsiv wirkende Klebstoffe verwendet werden können.

9.1.6 Acrylnitril-Butadien-Styrol-Copolymerisate (ABS)

ABS ist ein Kunststoff mit über einem breiten Temperaturbereich guter Schlagzähigkeit. Geschweißt wird mit dem Heizelement-, Reib- und Ultraschallschweißverfahren.

Zum Kleben werden lösungsmittelhaltige Kleber wie Ethylacetat, Dichlorethylen und Cyclohexanon empfohlen.

9.1.7 Polytetrafluorethylen (PTFE)

Aufbau: $[-CF_2-]_x$

PTFE ist chemikalienbeständig, antiadhäsiv und temperaturstabil. Die erstgenannten Eigenschaften führen dazu, daß der Kunststoff nur schwer klebbar ist.

Angewendet wird das *Heizelementschweißen,* wobei die Elemente mit PTFE überzogen sind, um ein Anhaften der niedrigviskosen PTFE-Schmelze zu verhindern. Die Heizelement-Temperatur ist zwischen 220 und 240 °C zu wählen. Die Anwärmzeit von 5 bis 30 s richtet sich nach der Geometrie des Fügeteils und der Schmelzenviskosität. Die Druckaufgabe ist sehr sorgfältig zu regeln, um eine zu starke Verdrängung der niedrigviskosen Schmelze zu verhindern. Nahtformen siehe Bild 9.2.

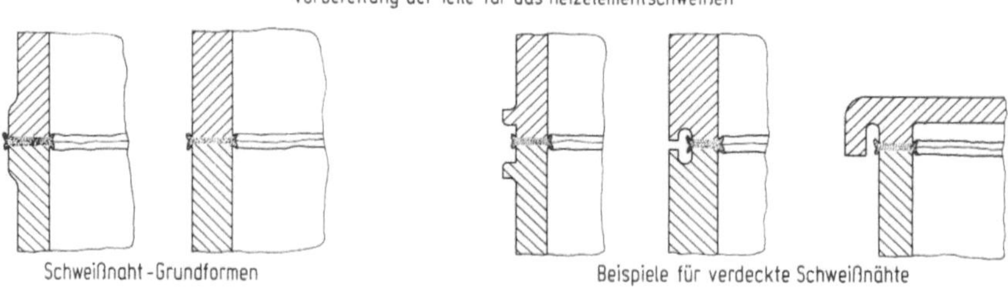

Bild 9.2. Vorbereitung der Teile für das Heizelementschweißen

Das *Ultraschallschweißen* eignet sich besonders für das Verbinden spritzgegossener Serienteile. Mit Anlagen bis 2000 W können Nähte bis etwa 80 mm Länge in einem Arbeitsgang geschweißt werden. Nahtformen siehe Bild 9.3.

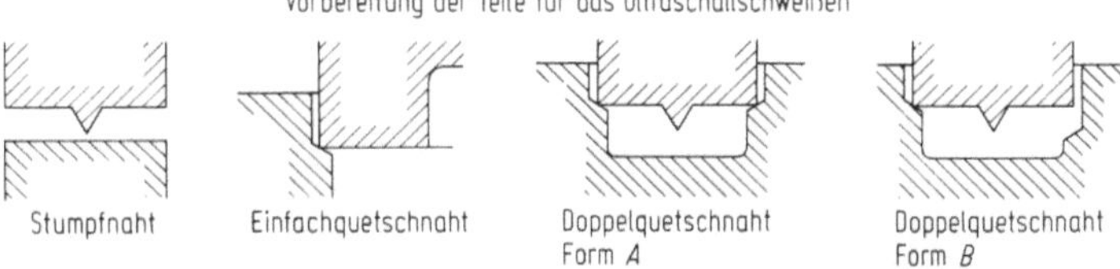

Bild 9.3. Vorbereitung der Teile für das Ultraschallschweißen

Zum Verbinden rotationssymmetrischer Formteile eignet sich das *Reibschweißen* mit Reibgeschwindigkeiten von 150 bis 300 m/min. Der Anpreßdruck liegt je nach Schmelzviskosität zwischen 20 und 50 N/cm². Nahtformen siehe Bild 9.4.

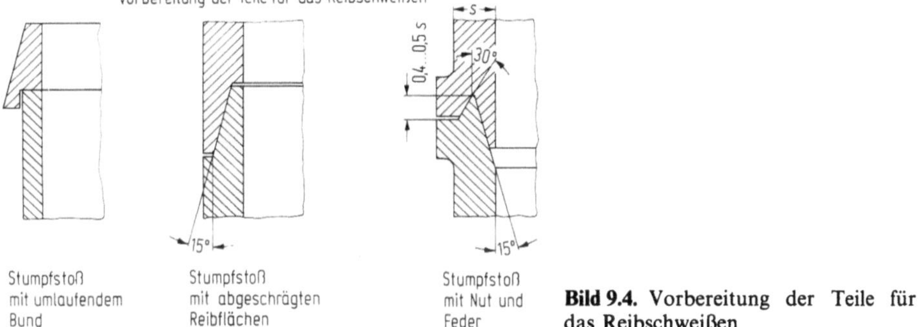

Bild 9.4. Vorbereitung der Teile für das Reibschweißen

9.1.8 Polyamide (PA)

Aufbau: $-[\mathrm{NH}-(\mathrm{CH_2})-\mathrm{CO}]_x-$

Es handelt sich um teilkristalline, thermoplastische Kunststoffe, die durch Polymerisation oder durch Polykondensation gewonnen werden. Zur Kennzeichnung dienen Zahlen, welche sich aus der Anzahl der C-Atome in den Ausgangsstoffen ableiten: PA6, PA66, PA610 usw. Sie werden vorzugsweise durch Spritzgießen zu Teilen z. B. für feinwerktechnische Geräte weiterverarbeitet. Schweißen ist insbesondere dann interessant, wenn Spritzgußteile aus geometrischen Gründen nicht in einem Stück gefertigt werden können.

Heizelementschweißen von glasfaserverstärktem PA ist bei 300 °C Element-Temperatur möglich, auch Kombinationen verstärkt/unverstärkt. Etwas schwieriger gestaltet sich das Verbinden unverstärkter PA-Teile [S 62]. Auch das *Reibschweißen* läßt sich gut anwenden.

Polyamide sind schwer löslich und damit auch schlecht klebbar. Sie können aber mit Diffusionsklebstoffen (anquellend, teilweise lösend) und auch mit adhäsiv wirkenden, nicht lösenden Klebstoffen gefügt werden [D 58]. Hohe Haftfestigkeiten werden aber nur nach thermischer oder chemischer Oberflächenbehandlung erreicht.

9.1.9 Polymethylmethacrylat (PMMA)

$$\text{Aufbau:} \quad -\left[\text{CH}_2-\underset{\underset{\text{COOCH}_3}{|}}{\overset{\overset{\text{CH}_3}{|}}{\text{C}}}- \right]_x-$$

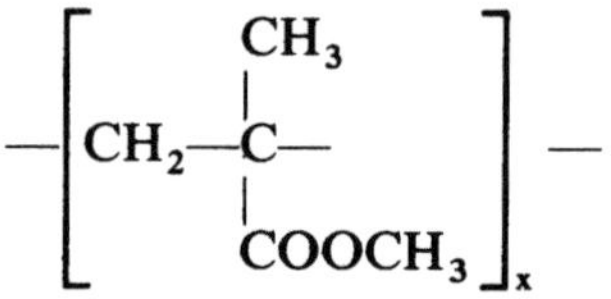

PMMA eignet sich zur Herstellung hochschlagzäher, z. T. glasklarer Formmassen und Tafeln. Verbindungen werden bevorzugt durch *Warmgasschweißen* hergestellt.

Hinweise auf geeignete Schweißparameter für Tafeln und Rohre siehe [D 49]. Auch das *Heizelementschweißen* läßt sich einsetzen, bei der Serienfertigung aus Gründen der Wirtschaftlichkeit auch das Hochtemperatur-Heizelementschweißen [P 24].

Für das Kleben, auch mit anderen Kunststoffen wie PS und PVC, können Lösungsmittel- und Reaktionskleber herangezogen werden.

9.1.10 Polyacetal (POM)

$$\text{Aufbau:} \quad \left[-\underset{\underset{\text{H}}{|}}{\overset{\overset{\text{H}}{|}}{\text{C}}}-\text{O}- \right]_x$$

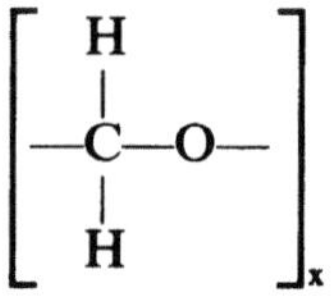

Meist werden Copolymere des Acetals hergestellt, deren Eigenschaften es zu einem bevorzugten Konstruktionswerkstoff in der Feinwerktechnik werden ließen. Verbindungen werden bevorzugt durch Heizelementschweißen hergestellt. Das Hochfrequenzschweißen eignet sich nicht.

POM ist bedingt klebbar, also nur nach geeigneter Vorbehandlung. Als Kontaktkleber eignet sich Polychlorbutadien, aber auch Phenolharz, Polyurethan, Epoxidharz, Methacrylat und als Schmelzkleber Vinylcopolymerisate.

9.1.11 Polycarbonat (PC)

$$\text{Aufbau:} \quad \left[-\text{O}-\bigcirc-\underset{\underset{\text{CH}_3}{|}}{\overset{\overset{\text{CH}_3}{|}}{\text{C}}}-\bigcirc-\text{O}-\underset{\overset{\|}{\text{O}}}{\text{C}}- \right]_x$$

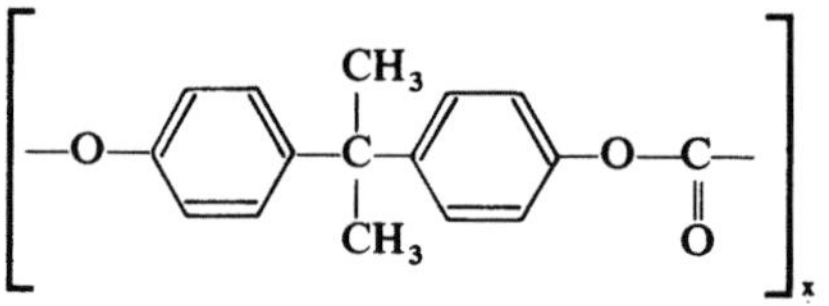

Polycarbonat ist ein bis zu tiefen Temperaturen zäher Werkstoff mit zahlreichen Anwendungsmöglichkeiten in Maschinenbau und Elektrotechnik. Es wird auch mit Glasfasern verstärkt und als kugelsicheres Panzerglas verwendet.

PC kann mit allen Verfahren geschweißt werden. Für das Hochfrequenzschweißen sind gegenüber anderen Kunststoffen erhöhte Frequenzen erforderlich. Für das Kleben eignen sich zahlreiche Lösungsmittel-, Kontakt- und Reaktionskleber.

9.1.12 Polyvinylidenfluorid (PVDF)

$$\text{Aufbau:} \quad -\left[CH_2 - \overset{\displaystyle F}{\underset{\displaystyle F}{C}} \right]_x -$$

Für diese Kunststoffe wird bevorzugt, vor allem im Rohrleitungsbau, das *Heizelementschweißen* angewendet. Dabei ist bei unterschiedlichen PVDF-Typen darauf zu achten, daß nur solche Teile verbunden werden, deren Kristallitschmelzpunkte nicht zu weit voneinander abweichen. Wenn diese Voraussetzung nicht erfüllt ist, muß zunächst an Probekörpern überprüft werden, ob die geforderte Verbindungsfestigkeit erreicht wird [D 59].

9.1.13 Schweißzusätze für thermoplastische Kunststoffe

Zahlreiche für das Verbinden von Kunststoffen eingesetzte Schweißverfahren arbeiten ohne Zusatzwerkstoff, beispielsweise das Heizelement-, Reib-, Ultraschall-, Vibrationsschweißen. Dagegen wird insbesondere für das Warmgas- und Extrusionsschweißen ein Schweißzusatz benötigt. In diesen Fällen sind Grundwerkstoff und Zusatzwerkstoff aufeinander abzustimmen. Hinweise zur Beurteilung der Qualität von derartigen Schweißzusätzen liefert [D 60].

9.1.14 Verbindungen zwischen ungleichartigen Kunststoffen

Beim Schweißen unterschiedlicher Kunststoffe weisen die zu verbindenden Partner in der Regel ein unterschiedliches Erwärmungs- und Fließverhalten auf. Beide müssen jedoch zum gleichen Zeitpunkt eine plastische Fügezone bilden. Von [P 25] sind hierzu unter Anwendung des Heizelementschweißens umfangreiche Versuche durchgeführt worden, und zwar an den Paarungen PMMA/PVC, PMMA/ABS, PVC/ABS, PVC/PP, hart-PE/PP, ABS/PS, ABS/hart-PE, ABS/PP, PS/hart-PE. Um eine optimale Festigkeit der Verbindungen zu erreichen, muß eine Mindestfließgeschwindigkeit überschritten werden und die polaren und dispersen Oberflächenspannungsanteile sollten möglichst ähnlich sein. Die Schweißeignung ist außerdem abhängig von den elastischen und viskosen Stoffwerten und den Diffusionskoeffizienten.

Über das Schweißen artverschiedener Kunststoffe mittels des Vibrationsschweißens liegen ebenfalls umfangreiche Untersuchungen vor [T 18].

9.1.15 Kunststoff-Metall-Verbindungen

Für Kunststoff-Metall-Verbindungen wird die Klebtechnik eingesetzt [L 18].

9.2 Glas

Glas gehört zu den Werkstoffen mit den größten Produktionszuwachsraten. Technische Gläser sind meist Borsilikatgläser mit SiO_2-Gehalten um 80%. Sie verbinden hohe chemische Beständigkeit mit guter Temperaturbelastbarkeit und Temperaturwechselbeständigkeit. Die Festigkeit von Normalglas beträgt 10 bis 40 N/mm^2, Glasfasern, wie sie in verstärkten Kunststoffen verwendet werden, liegen wesentlich darüber:

    E-Glas (Aluminiumborsilikatglas): 1300 bis 1 700 N/mm^2,

    S-Glas (Magnesiumaluminiumsilikatglas): etwa 4 500 N/mm^2.

Gläser sind grundsätzlich schweißgeeignet. Abhängig ist die Schweißeignung von der Zusammensetzung und den damit gegebenen Eigenschaften. Wichtige Faktoren sind:

die Viskosität, die zu höheren Temperaturen allmählich bis auf etwa 10^2 Pa s bei 1250 °C (Schweißtemperatur beim Preßschweißen) absinkt,

die Oberflächenspannung, die bei 900 °C ca. 0,15 bis 0,35 Nm^{-1} beträgt,

die Wärmedehnung, die verhältnismäßig groß ist und bei Borsilikatglas z. B. 3,3 10^{-6} K^{-1} beträgt.

die Verformungsfähigkeit. Glas ist bei Raumtemperatur ein ideal spröder Werkstoff, so daß eine gleichmäßige Erwärmung des Nahtbereichs erforderlich ist, um Spannungsspitzen zu vermeiden,

die Wärmeleitzahl, die ein langsames Aufheizen bis 400–500 °C erfordert, erst dann kann auf höhere Temperaturen, etwa im Lichtbogen, übergegangen werden [D 62].

In Tabelle 9.5 sind die physikalischen Eigenschaften von Glas zusammengestellt.

Glaskeramische Werkstoffe sind den Glaswerkstoffen zuzuordnen, weil sie nicht wie keramische Werkstoffe durch Sintern kristalliner Ausgangswerkstoffe

Tabelle 9.5. Physikalische Eigenschaften von Glas

	Quarzglas	Technische Gläser
Schmelzpunkt °C	1 750[a] Entgasungstemperatur[a] 1 200 °C Erweichungstemperatur[a] 1 400 bis 1 500 °C	es gelten die Werte für Quarzglas
Dichte bei 20 °C g cm^{-3}	2,2[b]	2,2 bis 6,0[c]
Wärmeausdehnungsbeiwert K^{-1}	$4,5 \cdot 10^{-7}$ (20 °C)[b]	(5 bis 120) 10^{-7}[c]
spez. Wärmekapazität kJ kg^{-1} K^{-1}	0,71 (20 °C)[b]	0,8 (20 °C)[c]
Wärmeleitfähigkeit W m^{-1} K^{-1}	1,36 (20 °C)[b]	0,7 bis 1,26[c]
Spez. elektr. Widerstand Ω cm	$5 \cdot 10^{19}$ (20 °C)[b]	10^7 bis 10^{18}[c]
E-Modul N mm^{-2}	70 000 (20 °C)[b]	70 000 (20 °C)[c]

[a] Westdeutsche Quarzschmelze: Geesthacht, Ausg. Nr. 6.
[b] Kohlrausch: Praktische Physik, Band III. Teubner 1968.
[c] Beckert, Hartmann: Nichtmetallische Werkstoffe. Heyne 1977.

hergestellt, sondern wie Glas geschmolzen und geformt werden. An den Formprozeß schließt sich eine Wärmebehandlung an, um die angestrebte Menge an kristalliner Phase zu erzeugen. Sie liegt zwischen 50 und 90%. Als Folge der daneben noch vorhandenen amorphen Phase besitzen Glaskeramik-Werkstoffe gewisse für Gläser typische Eigenschaften, während die kristalline Phase zu gegenüber Glas neuen charakteristischen Eigenschaften führt.

Amorphe Gläser lassen sich durch *Preßschweißen* miteinander verbinden, wenn sie in ein Gebiet niedriger Viskosität erwärmt werden. Die Erwärmung erfolgt in der Regel mit der Gasflamme. Wichtig ist eine gleichmäßige Wärmezufuhr, um Eigenspannungen und damit Risse zu vermeiden. Entsprechendes gilt für die Abkühlung. Nach der Stauchung kann die Naht geglättet werden. Meist ist der Brenner fest, das Bauteil – bei runden Teilen – rotierend angeordnet. Als Brenngas dient meist Propan, aber auch andere Gase wie Azetylen, Methan, Butan und Wasserstoff kommen in Frage.

Diffusionsschweißen

Das *Diffusionsschweißen* läßt sich sowohl für Glas als auch für Glaskeramik anwenden [H 35, K 39, K 40, K 42, M 41]. Dabei entsteht auf der Glasoberfläche eine Gelschicht (Wasserhaut). Die Wasser-Moleküle werden adsorbiert (Chemisorption) und es entsteht eine Kieselgelschicht. Sie kondensiert, wobei zunächst eine Si–O–Si-Bindung (Siloxanbrücke) und über Weiterkondensation unter Abspaltung von Wasser Netzwerke hochmolekularer Kieselsäuren gebildet werden.

Geschweißt wird nach Entfetten und Polieren der Oberfläche an Luft oder im Vakuum. In der ersten Phase des Prozesses erfolgt ein "Ansprengen", d. h. eine erste Bindung über Van der Waals-Kräfte, die zwischen den Gelschichten der beiden zu verbindenden Gläser wirksam sind. Der Anpreßdruck beträgt etwa $1\,\mathrm{Nmm}^{-2}$, die Schweißtemperatur 910 bis 970 K bei einer Schweißzeit von etwa 30 min. Mit der gleichen Methode gelingt auch das Verbinden von Glas mit Metallen. Nach [K 41] kann z. B. Glas mit einer Fe 54 Ni 28 Co 18-Legierung vakuumdicht diffusionsgeschweißt werden, wenn Zwischenschichten aus Aluminium, unter bestimmten Voraussetzungen auch von Titan, verwendet werden.

Widerstandsschweißen in direktem Stromdurchgang ist zwar möglich [M 42, W 31], wegen der starken Temperaturabhängigkeit des spezifischen Widerstandes von Glas ist jedoch ein Vorwärmen, im allgemeinen mit der Flamme, erforderlich. Die Methode eignet sich für das Schweißen von Massenteilen. Auch für das dielektrische Hochfrequenzschweißen bei 10^7 bis 10^9 Hz ist ein Vorwärmen auf etwa 700 °C erforderlich.

Lichtbogenschweißen

Das Lichtbogenschweißen (Spleißen) wird für das Fügen von Lichtleitfasern eingesetzt. Die planen Endflächen werden aufeinander einjustiert, zwischen zwei Wolframelektroden im Lichtbogen auf eine Temperatur von etwa 2000 K erwärmt und mit leichtem Anpreßdruck preßgeschweißt. Der dabei zurückgelegte Weg beträgt etwa 20 μm, die erreichte Festigkeit der Verbindung 400 bis 550 Nmm^{-2}. Die Schweißstelle ist fast unsichtbar [L 19, L 20].

Laserstrahlschweißen

Das Laserstrahlschweißen [S 63] spielt bisher nur eine untergeordnete Rolle.

Glas-Glaskeramik-Verbindungen

Wesentlicher Bestandteil von Glas und Glaskeramik ist Siliziumdioxid. Durch chemische Reaktion mit anorganischen Stoffen läßt sich ein stoffschlüssiges Fügen beider Werkstoffe ermöglichen. Hierfür bringt man geeignete Schwermetallverbindungen zusammen mit Aluminium als Reduktionsmittel in Pulverform zwischen die vorher durch Aufrauhen vorbereiteten Fügeteile. Bi_2O_3 und PbO haben sich für diesen Zweck als besonders gut geeignete Schwermetallverbindungen erwiesen [K 42].

Glas-Metall-Verbindungen

Soll *Glas mit Metall* verbunden werden, so sind für weite Temperaturbereiche Verbindungen mit Cu, Cr, Ni, Pt und Ni-Fe-Legierungen möglich. Diese Metalle sind mit Glas verschmelzbar [L 21]. Auch das *Ultraschallschweißen* läßt sich als Verbindungsverfahren einsetzen [S 64].

9.3 Keramik

Zu den keramischen Werkstoffen gehören neben Ziegeln (aus Lehm, Ton, tonigen Massen) und feuerfesten Steinen (Schamotte, Silika) vor allem die *oxidkeramischen* Stoffe. Dabei handelt es sich um Oxide von Al, Mg, Be, Zr und Th. Sie sind feuerbeständig und widerstandsfähig gegenüber Korrosion und Verschleiß. Für Hochtemperaturbeanspruchung wurden keramische Werkstoffe auf der Basis

Tabelle 9.6. Eigenschaften von Al_2O_3-Keramik

Eigenschaft		97% Al_2O_3	99,7% Al_2O_3
Schmelzpunkt	°C	2 050	
Dichte	$g\,cm^{-3}$	3,7	3,99
Restporengehalt	%	7,2	0,2
Wärmeleitfähigkeit	$W\,m^{-1}K^{-1}$	19,7	37,7
Mittlerer linearer Wärmeausdehnungskoeffizient			
von 0 bis 300 °C	$10^{-6}K^{-1}$		6,7
0 bis 500 °C			7,3
0 bis 1 100 °C			8,5
Spez. elektr. Widerstand			
bei 100 °C	$\Omega\,cm$	10^{13}	10^{14}
bei 500 °C		10^{11}	10^{12}
bei 1 000 °C		10^6	10^7
Druckfestigkeit		3 000	4 500
Biegefestigkeit	$N\,mm^{-2}$	300	520

Si_3N_4 und SiC entwickelt. Zwischen Metallen und Keramilk sind *Cermets* einzuordnen, die durch eine Kombination von metallischen und keramischen Phasen, z. B. auf der Basis $Mo-ZrO_2$, gebildet werden. Die metallische Komponente stellt dabei ausreichende Zähigkeit sicher, die keramische sorgt für hohe Härte und Warmfestigkeit.

Die Notwendigkeit, keramische Werkstoffe untereinander zu fügen, besteht selten. Hierfür sind die gleichen Verfahren geeignet wie für die wichtigeren *Metall-Keramik-Verbindungen*, die bei der Herstellung von Werkzeugen und hochtemperaturbeanspruchten Bauteilen sowie im Bereich der Elektrotechnik benötigt werden [E 22, E 23, G 31, G 32, P 26, R 40].

Die meisten Untersuchungen liegen über Al_2O_3-Keramik vor, deren Eigenschaften in Tabelle 9.6 zusammengefaßt sind.

9.3.1 Löten von Keramik

Metall-Keramik-Verbindungen werden vorwiegend durch Hart- und Weichlöten und durch Diffusionsschweißen hergestellt [G 32]. Keramikauftragungen lassen sich durch thermisches Spritzen erzeugen.

Bei der Wahl der Metallpartner ist auf möglichst gleiche thermische Ausdehnungskoeffizienten der Fügeteile zu achten. Nahe beieinander liegen z. B. die Ausdehnungskoeffizienten von Al_2O_3 und Niob bzw. Nb 1 Zr. Tantal weicht stärker ab. Weniger gut angepaßt, aber gut zu verarbeiten sind Legierungen auf der Basis FeNi oder FeNiCo, die auch als Glaseinschmelzlegierungen geeignet sind. Die Verbindung erfolgt üblicherweise über eine Zwischenschicht, die unterschiedlich aufgebaut sein kann. Es gibt folgende Möglichkeiten [V 5]:

a) Oxide, Metalle oder Mischungen von beiden werden durch Aufdampfen, Aufstreichen, Tauchen, Spritzen oder galvanisch aufgebracht und in geeigneter Umgebungsatmosphäre bei erhöhter Temperatur eingeschmolzen oder eingebrannt.

b) Eine auf die Keramikoberfläche aufgebrachte metallische Schicht wird teilweise oder vollständig oxidiert.

c) Die Keramikoberfläche wird teilweise oder vollständig bis zum metallischen Zustand reduziert.

d) Durch Sintern werden Schichtverbundkörper mit metallischer Oberfläche erzeugt.

Unter den Metallisierungsverfahren ist die *Mn-Mo-Methode* [N 15] besonders bekannt geworden. Dabei wird eine Mischung von Molybdän- und Manganpulver auf die Keramikoberfläche aufgebracht und meist in Wasserstoffatmosphäre auf 1 300 bis 1 330 °C 5 bis 20 min lang erhitzt. Diese Schicht wird dann mit Cu oder Ni oder beiden Metallen so dick plattiert, daß beim nachfolgenden Hartlöten die Zwischenschicht nicht zerstört wird. Als Lot kann für Verbindungen von Al_2O_3 mit einer FeNiCo-Legierung eine eutektische Ag-Cu-Legierung gewählt werden.

Das Verfahren erfordert einen Restgehalt von 1 bis 2% SiO_2 in der Keramik. Bei reiner Al_2O_3-Keramik ohne SiO_2 erfolgt die Metallisierung zweckmäßigerweise mit Wolfram statt Molybdän und einem Zusatz von 2% Y_2O_3. Als Lot kann in diesem Fall bei der Verbindung von Al_2O_3 mit Nb 1 Zr Kupfer mit 2% Ni verwendet werden. Solche Verbindungen lassen sich bis zu Temperaturen von 900 °C einsetzen. Noch höhere Temperaturen bis 1 200 °C wurden mit Pd-Loten erreicht.

Weichen die Wärmeausdehnungskoeffizienten wesentlich voneinander ab, wie etwa bei Verbindungen mit hochlegierten austenitischen oder ferritischen Stählen, müssen duktile Lote angewendet werden, die einen Spannungsabbau durch Verformen zulassen. Das Mn-Mo-Verfahren wurde hierfür abgewandelt, indem man das Mangan durch eine Mischung von Al_2O_3 und CaO ersetzte [K 41]. Als geeignet hinsichtlich ausreichender thermischer und chemischer Stabilität erwies sich ein Edelmetallot des Typs 79 Au 10 Ni 10 Cr 1 Fe mit einem Schmelzpunkt von 1 035 °C.

Ein gegenüber den bisher beschriebenen Methoden einfacheres Verfahren ist das *Aktivlöten*. Unter Aktivloten sind dabei Hartlote zu verstehen, die Legierungsanteile reaktionsfreudiger Metalle wie Ti, Zr, Be, Ta, Cr u. a. enthalten. Beim Löten reagieren diese Zusätze an der Oberfläche der zu lötenden Keramik und bewirken dadurch die Benetzung. Geeignete Lote sind 70 Ag 27 Cu 3 Ti, 49 Cu 49 Ti 2 Be, 72 Ti 28 Ni, 96 Ag 4 CuO. Gelötet wird je nach Lot und Werkstoff unter Vakuum oder Schutzgas [M 43, N 16]. Für Hochtemperaturbeanspruchung wird das auf eutektischer AgCu-Basis aufgebaute Lot 45 Cu 26 Ag 29 Ti und das goldhaltige 62 Cu 20 Au 18 Ti-Lot empfohlen [M 44]. Die Arbeitstemperatur liegt dabei lotabhängig über 1 000 °C. Mit niedrigerer Arbeitstemperatur von 735 °C kann stabilisierte Zirkonoxidkeramik mit L-Ag Cu 30 Sn 10 gelötet werden, wenn die Keramikoberfläche vor dem Löten abgesputtert und mittels PVD mit einer 2 μm dicken Titanschicht versehen wird [H 36]. Si_3N_4 kann mit dem fast eutektischen Lot aus CaO-SiO_2-TiO_2 bei Temperaturen von 1 400 bis 1 600 °C hartgelötet werden. Die Verbindungsfestigkeit ist befriedigend. Sie läßt sich durch eine Zugabe von Siliziumnitrid-Pulver noch verbessern [I 2].

Für Verbindungen zwischen Si_3N_4 und Wolfram, Molybdän, Tantal und Niob können Aktivlote auf Kupferbasis angewendet werden. Für die Verbindung mit Wolfram erreichte das Lot L-Cu 10 Zr die höchste Verbindungsfestigkeit von 180 MPa [N 18]. Für Verbindungen mit Mo, Ta und Nb lagen die jeweiligen Festigkeiten bei 140, 80, und 60 MPa. Die Unterschiede werden auf den durch die Differenzen in den Wärmeausdehnungskoeffizienten bewirkten Spannungszustand zurückgeführt [N 18].

Metallisierte Keramik kann auch *weichgelötet* werden. Über für Temperaturwechselbeanspruchung geeignete Weichlote wird in [S 65] berichtet.

Durch *Sintern* lassen sich einfache, in Schichten aufgebaute Bauteile herstellen, deren Keramikgrundsubstanz nach außen hin zunehmend metallischen Charakter annimmt. Die Außenflächen können dann vom Lot benetzt werden. Als Metallpartner von Al_2O_3 eignet sich Mo bzw. MoO_3. Als Lote kommen CuPd- und Nb-haltige Legierungen in Betracht. Die Löttemperatur kann über 1 500 °C liegen, die zulässige Betriebstemperatur über 1 200 °C.

9.3.2 Diffusionsschweißen von Keramik

Durch Diffusionsschweißen lassen sich Metall-Keramik-Verbindungen oder Keramik-Keramik-Verbindungen herstellen. Durch Zwischenschichten läßt sich das Benetzungsverhalten im festen Zustand und die Verträglichkeit zwischen den Partnern bei der Diffusion verbessern. Für Aluminiumoxidkeramik haben sich beispielsweise Zwischenschichten in Form von Folien aus Aluminium, Silber, Kupfer und Nickel bewährt, man muß jedoch auf Unterschiede in der Wärmedehnung achten, damit keine unzulässigen Spannungen auftreten. Als Schwellentemperatur, von der ab meßbare Bindekräfte bestimmt werden, ergab sich für Aluminium 400 °C, für Silber 600 °C und für Nickel 900 °C [N 17, P 4].

9.3.3 Reibschweißen von Keramik

Aluminiumoxidkeramik wurde mit Aluminium umhüllt und mit Aluminium-Zwischenschicht reibgeschweißt. Dabei sind lange Erwärmungszeit und niedriger Druck erforderlich, um Risse in der WEZ als Folge von Wärmespannungen zu verhindern [K 43].

9.3.4 Kleben von Keramik

Vom Kleben wird bisher selten Gebrauch gemacht. Es ist jedoch möglich. Bis zu Betriebstemperaturen von 150 °C können Thermoplaste, bis 300 °C Duroplaste und bis 1 500 °C Keramik als Kleber eingesetzt werden [L 22].

9.3.5 Thermisches Spritzen von Keramik

Durch Flamm- und Plasmaspritzen können keramische und metallkeramische Überzüge auf Metallen als Grundwerkstoffen erzeugt werden [E 24, S 66].

Das Plasmaspritzen hat den Vorteil der höheren erreichbaren Temperaturen. Die Keramik wird pulverförmig zugeführt. Stabilisierte Spritzwerkstoffe enthalten

Tabelle 9.7. Keramische Spritzwerkstoffe nach DIN 32 592

Bezeichnung	Zusammensetzung
F 1.1	Al_2O_3 (99,5 %)
F 2.3	Al_2O_3-TiO_2 87-13
F 4.1	Al_2O_3-MgO 70-30
F 10.1	ZrO_2-MgO 80-20
F 9.1	ZrO_2-CaO 95-5
F 12.1	ZrO_2-Y_2O_3 93-7
F 5.1	CrO_3 (99,5 %)
---	CrO_3-TiO_2 60-40

Zusätze an Titan-, Magnesium-, Calzium- oder Yttrium-Oxid. Man erreicht dadurch eine Verminderung der Gefügespannungen. Qualitätsanforderungen für Pulver zum thermischen Spritzen sind in DIN 32 529 festgelegt. Eine Auswahl häufig verwendeter Spritzwerkstoffe enthält Tabelle 9.7 [S 68].

9.3.6 Thermisches Schneiden von Keramik

Bei hohen Anforderungen an die Bearbeitungstoleranz beim Bohren und Schneiden von Keramik läßt sich das Laserschneiden einsetzen. Nd:YAG- und CO_2-Laser für das Bohren von Al_2O_3-Leiterplatten und das Herstellen von Formteilen durch gepulstes Laserschneiden sind Stand der Technik. Allerdings gibt es dabei in der WEZ eine Werkstoffbeeinflussung in einer Tiefe von 60–100 μm, die störend sein kann [P 26]. Sie ist abhängig von der Pulsdauer. Kurze Pulsdauern vermeiden tiefreichende Temperaturgradienten und führen zu einer geringeren Werkstoffbeeinflussung. Excimerlaser ermöglichen sehr kurze Pulsdauer (ca. 50 ns) bei hoher Pulsenergie bis 2,5 J [C 11]. Er kann infolgedessen für Strukturdimensionen bis 20 μm bei sehr schmaler WEZ eingesetzt werden [S 69].

9.4 Silizium

Silizium ist hart und spröde, spielt aber in Mikroelektronik und Mikromechanik eine wichtige Rolle. Seine physikalischen Eigenschaften gehen aus Tabelle 9.8 hervor.

Tabelle 9.8. Physikalische Eigenschaften von Silizium

Schmelzpunkt	°C	1 412
Dichte bei 20 °C	gcm^{-3}	2,34
Wärmeausdehnungsbeiwert bei 0/100 °C	$10^{-6} K^{-1}$	7,6
Wärmeleitfähigkeit bei 0/100 °C	$Wm^{-1}K^{-1}$	84
Spezifische Wärmekapazität bei 0/100 °C	$kJkg^{-1}K^{-1}$	0,73
Spezifischer elektrischer Widerstand bei 20 °C	$\Omega mm^2 m^{-1}$	$0,23.10^{10}$
Elastizitätsmodul bei 20 °C	Nmm^{-2}	186.10^3 [111] 130.10^3 [100]

Die Formgebung erfolgt durch chemisches Ätzen. Als Schweißverfahren bietet sich das *Diffusionsschweißen* an. Zweckmäßigerweise wird hierfür die Oberfläche geläppt und poliert, die Oxidschicht mit 8 % Flußsäure entfernt und eine geeignete Zwischenschicht gewählt, beispielsweise Aluminium. Bei übereutektischer Schweißung genügt eine 600 nm dicke aufgedampfte Schicht (Schweißtemperatur >850 K), bei untereutektischer Schweißung (Schweißtemperatur < 850 K) muß eine dickere Folie (10 μm) eingelegt werden. Da sich bei übereutektischer Schweißung das spröde Si-Al-Eutektikum bildet, das nicht sicher aus der Fügezone herausgequetscht wird, bevorzugt man das untereutektische Schweißen [W 32].

9.5 Graphit und Diamant

Graphit läßt sich mit Graphit oder anderen metallischen und nichtmetallischen Werkstoffen durch Hart- und Weichlöten verbinden. Hierfür wird wie bei Keramikverbindungen die Oberfläche üblicherweise metallisiert. Das Verfahren ist verhältnismäßig kompliziert und teuer. Einfacher ist das *Aktivlöten*, wie es im Abschnitt über Keramik beschrieben wurde. Geeignete Lote sind z. T. die gleichen, wie sie für Keramik verwendet werden: 70 Ag 27 Cu 3 Ti, 49 Cu 49 Ti 2 Be, 72 Ti 28 Ni, 70 Au 20 Ni 10 Mo [N 16].

Für Präzisionswerkzeuge benötigt man Verbindungen zwischen Diamant und Metall, meist Stahl. Sie lassen sich durch Löten oder Diffusionsschweißen erzeugen. Für das Diffusionsschweißen ist die Metalloberfläche zu läppen, zu entfetten – etwa mit Trichlorethylen im Ultraschallbad – und mit Naßschleifpapier zu überschleifen. Die Diamantoberfläche wird mit Diamantpaste poliert und im Xylolbad gereinigt. Die Arbeitstemperatur liegt oberhalb 1000 K. Liegt sie zu hoch, kommt es zur Graphitierung des Diamanten. Die Abkühlung soll langsam mit $0{,}1\ \mathrm{Ks}^{-1}$ bis 400 K unter Schutzgas erfolgen. Die Aufheizgeschwindigkeit soll mit 0,2 bis $0{,}3\ \mathrm{Ks}^{-1}$ ebenfalls niedrig sein. Ein Anpreßdruck von $15\ \mathrm{N\,mm}^{-2}$ hat sich als günstig erwiesen bei einer Schweißzeit von 600 bis 2400 s in Abhängigkeit von Kohlenstoffgehalt des Stahls und der gewählten Schweißtemperatur. Erfahrungen liegen vor für das Diffusionsschweißen von Diamant mit St 38, 115 CrV 3 und 210 Cr 46 [M 45].

9.6 Beton

Sowohl unbewehrter als auch bewehrter Beton (Stahlbeton) kann mit Hilfe thermischer Verfahren geschnitten werden. In der Regel geschieht dies durch Pulverbrennschneiden, während sich das Laserbrennschneiden noch in der Entwicklung befindet.

Beim Pulverbrennschneiden wird die durch exotherme Verbrennung des Eisens (aus Pulver und gegebenenfalls auch aus der Bewehrung stammend) und durch die Reaktion von Eisenoxid mit Aluminium (auch aus dem Pulver) erzeugte Wärme zum örtlichen Schmelzen des Betons und zur Ausbildung der Schnittfuge genutzt.

Auch durch Laserbrennschneiden kann sowohl unbewehrter als auch bewehrter Beton getrennt werden [Y 2]. Der Werkstoff wird verdampft, geschmolzen und aus der entstehenden Schnittfuge ausgetrieben. Unter die Linse wird zu deren Schutz Stickstoff mit einem Druck von 0,2 MPa geblasen, Sauerstoff wird mit 0,5 MPa zugegeben. Der Laser kann im Dauerstrich oder gepulst eingesetzt werden. Die Energieflußdichte muß mindestens 10^7 Wcm^{-2} betragen, fokussiert wird auf 0 bis 5 mm unter der Betonoberfläche. Unter diesen Voraussetzungen kann mit einem 1 kW-CO$_2$-Laser mit 2 cm min^{-1} Schnittgeschwindigkeit 43 mm tief, mit einem 10 kW-CO$_2$-Laser bei 2,5 cm min^{-1} 120 mm tief geschnitten werden.

9.7 Biologische Stoffe

9.7.1 Gewebe

Durch Zuführen von Wärme kann der Zustand von zwei Geweben so verändert werden, daß sie eine feste Verbindung eingehen. Früher wurden hierfür heiße Steine, glühende Metallstäbe und Nadeln verwendet, heute benutzt man einen elektrisch erwärmten Draht, Erwärmung durch hochfrequenten Wechselstrom, Ultraschallenergie oder einen Laser. Durch konzentrierte örtliche Erwärmung kommt es zur Gerinnung von Gewebseiweiß und von Blut (Diathermiekoagulation). In der operativen Augenheilkunde wird die Diathermiekoagulation zur Therapie der Netzhautablösung angewendet [M 46], die von Gewebsanrissen ausgeht. Diese Risse lassen sich in Form einer Art Instandsetzungsschweißung dadurch beseitigen, daß man die Netzhaut mit der Aderhaut (Chorioidea) verschweißt. Als Werkzeug benutzt man eine Xenon-Hochdrucklampe oder den Argon-Laser, dessen Wellenlänge im Bereich des Spektrums von sichtbarem Licht liegt. Dies ist erforderlich, weil der Laserstrahl durch die Pupille hindurchgeleitet werden muß und nicht von Hornhaut, Linse und Glaskörper absorbiert werden darf. Es werden Punktschweißungen (Schweißzeit 0,5 s) durchgeführt, wobei sich der vom Laser getroffene Bereich örtlich auf etwa 100 °C erwärmt. Die eigentliche Bindung entsteht innerhalb von 1 bis 2 Wochen durch Narbenbildung. Die Eindringfähigkeit von Laserstrahlung in Gewebe ist im Spektralbereich von 0,6 bis 1,1 μm besonders hoch. In diesem Bereich arbeiten Ar-, He-Ne- und Nd-YAG-Laser. Vor allem der letztere hat sich in der ausgesprochenen Laserchirurgie durchgesetzt, [C 12]. In Verbindung mit dem Endoskop ermöglicht er die Stillung schwerer gastrointestinaler Blutungen, die Behandlung benigner und maligner Blasentumore und die Beseitigung von Strikturen der Urethra. Für die Zukunft zeichnen sich für die operative Endoskopie Anwendungsmöglichkeiten im Bereich der Gynäkologie, Neurochirurgie und im HNO-Bereich ab [L 23, S 71, S 72].

Zum Schneiden von biologischem Gewebe können ultraschallangeregte Instrumente verwendet werden. Die Ultraschallintensität reicht von 10 bis 300 Wcm^{-2} bei Frequenzen von 20 bis 40 kHz [F 11, M 47]. Das Instrument besteht aus bioverträglichem Werkstoff, z. B. aus einer Titanlegierung. In der Gefäßchirurgie, etwa für die Thrombenarteriektomie, werden ebenfalls durch Ultraschall angeregte Instrumente zum Abtrennen des Verschlußzylinders von der Arterieninnenwand eingesetzt [N 19]. Noch nicht klinisch erprobt ist das Fügen von weichem Bindegewebe von Milz und Leber mit Ultraschallunterstützung. Dagegen wird das Ultraschalltrennen von Biogewebe ohne Relativbewegung des Skalpells unter geringer Schnittkraft erfolgreich eingesetzt. Ein besonderer Vorteil ist dabei die mit dieser Methode verbundene blutstillende Wirkung. In der Urologie schließlich verwendet man Ultraschall zur Steinzertrümmerung (Lithotrypsie) [N 19].

Auch das Kleben hat sich auf dem biologischen Sektor eingeführt, insbesondere zum Fügen von Gewebe nach Operationen. Die hierfür verwendeten Kleber müssen bioverträglich sein. Aus menschlichem Plasma gewonnene körpereigene Eiweißpolymere wie Fibrinogenkonzentrate sind dafür geeignet.

9.7.2 Knochen

In Modellversuchen wurden Knochenschweißungen [B 36, L 24] für die Chirurgie unter Verwendung eines Ultraschallgerätes (21,42 kHz) durchgeführt (Ultraschall-Osteosynthese) [N 20]. Aus Knochenmehl und einem kalthärtenden Einkomponenten-Klebstoff konnte hierfür ein resorbierbarer Zusatzwerkstoff gewonnen werden. Der Vorteil gegenüber anderen Methoden wird darin gesehen, daß kein zweiter Eingriff zur Implantat-Entfernung (z. B. bei Nagelung) erforderlich ist und auch kleinste Knochenbruchstücke exakt verbunden werden können. Ferner ergeben sich günstige Durchblutungsverhältnisse und der Knochen wird nicht durch Bohrungen zusätzlich geschwächt. Der Zusatzwerkstoff wird durch biologische Resorption abgebaut. Die erreichte Festigkeit beträgt unmittelbar nach der Operation 140 Nmm^{-2}.

Literatur

A 1   Atlas zur Wärmebehandlung der Stähle, hrsg. vom Max-Planck-Inst. f. Eisenforsch. in Zusammenarbeit mit dem VDEh. Düsseldorf: Stahleisen 1954/1976

A 2   Arata, Y.; Matsuda, F. u. a.: Solidification Crack Susceptibility in Weld Metals of Fully Austenitic Steels. Trans. Jap. Weld. Res. Inst. 7 (1978) 169–172

A 3   Ahlblom, B.: Oxygen and its role in determining weld metal microstructure and toughness – a state-of-the-art review. IIW Doc IXC-1322-84

A 4   Adam, P.; Wilhelm, H.: Schwungradreibschweißen von Superlegierungen – Erfahrungen und Ausblick. DVS-Ber. 98 (1985) 31–35. DVS-Verlag, Düsseldorf

A 5   Anik, S.; Dorn, L.: Metallphysikalische Vorgänge beim Schweißen von Nickelwerkstoffen – Wärmebehandlung und Schweißverfahren. Schw. u. Schn. 35 (1983) 540–544

A 6   Anderson, J. W., u. a.: Report LA-2220 (1959)

A 7   Albom, M. J.: Diffusion Bonding Tungsten. Weld. J. 41 (1962) 491s–502 s

A 8   Ashton, R. F.; Wesley, R. P.: One-Side Welding of Aluminium Plate. Wdg. J. 58 (1979) 4, 20–26

A 9   Anderl, P.; Hiller, W.; Koy, J.: Elektronenstrahlschweißen von Aluminiumwerkstoffen. Aluminium 62 (1986) 596–600

A 10 Ahearn, J. S.; Cooke, C.; Fishman, S. G.: Fusion Welding of SiC-Reinforced Al Composites. Metal Constr. 14 (1982) 192–197

A 11 Aluminium-Taschenbuch, 14. Aufl., Aluminium-Verlag, Düsseldorf, 1988

B 1   Van den Blink, W. P.; Nibbering, J. J. W.: Proposal for the Testing of Weld Metal from the Viewpoint of Brittle Fracture Initiation. Nederlands Scheepsstudiecentrum TNO. Report Nr. 121 S (1968)

B 2   Bollenrath, F.; Cornelius, H.: Zur Frage der Schweißempfindlichkeit von Flugzeugbaustählen. Arch. Eisenhüttenwes. 10 (1937) 563

B 3   Burat, F.: Beitrag zur Schweißbarkeit unlegierter und niedriglegierter Bau- und Vergütungsstähle. Diss., TH Braunschweig 1961

B 4   Burdekin, F. N.: Local Stress Relief of Circumferential Butt Welds in Cylinders. Brit. Weld. J. 10 (1963) 483–490

B 5   van Bemst, A.: Postweld Heat Treatment of Stainless Steels and Nickel Alloys in Thick Sections. Weld. in the World 22 (1984) 88–106

B 6   Beck, R.: Stufenglühen – was ist das? Der Praktiker 38 (1986) 148–153

B 7   Bersch, B. u. a. Einfluß der Seigerungen bei Strangguß auf die Werkstoffeigenschaften. St. u. E. 106 (1986) 323–331

B 8   Barwa, E.; Schwab, R.: Betriebserfahrungen zum Verhalten von Wolframelektroden mit unterschiedlichen Oxidzusätzen beim Wolfram-Inertgasschweißen. Schw. u. Schn. 40 (1988) 24–27

B 9   Beckert, M.; Stein, H.: Experimentelle Untersuchungen zur Anwendbarkeit von ZTU-Schaubildern bei Stahlschweißungen. Industriebl. 62 (1962) 61–69

B 10 Berkhout, Ch. F.; van Lent, P. H.: Anwendung von Spitzentemperatur-Abkühlzeit-(STAZ)-Schaubildern beim Schweißen hochfester Stähle. Schw. u. Schn. 20 (1968) 256–260

B 11 Baumgardt, H.; Straßburger, C.: Verbesserung der Zähigkeitseigenschaften in der Wärmeeinflußzone von Schweißverbindungen aus Feinkornbaustählen. Thyssen Techn. Ber. 17 (1985) 42–49

B 12 Bentz, W.; Kneider, H.; Pircher, H.: Vergütungssonderstähle hoher Festigkeitsstufe. Thyssen Tech. Ber. 19 (1987) 57–66

B 13   Bruscato, R.: Temper Embrittlement and Creep embrittlement of $2\frac{1}{4}$ Cr–1 Mo Shielded Metal Arc Weld Deposits. Weld. J. 49 (1970) 148s–156s

B 14   Budgifars, S.: Duplex Stainless Steels – Material Properties and Recommendation for Welding. Weld. Rev. (1986) 2, 1–6. Auszug in Schw. u. Schn. 40 (1988) 147

B 15   Bäumel, A.; Horn, E.-M.; Siebers, G.: Entwicklung, Verarbeitung und Einsatz des stickstofflegierten, hochmolybdänhaltigen Stahles X 3 CrNiMoN 17 13 5. Werkst. u. Korr. 23 (1972) 973–983

B 16   Brandis, H., u. a.: Martensitaushärtende Nickel- und Nickel-Chrom-Stähle. Härtereitech. Mitt. 31 (1976) 188–194

B 17   Bersch, B.; Kaup, K.: Schweißen des Stahles X 8 Ni 9 in großen Blechdicken. St. u. E.: 104 (1984) 145–150

B 18   Becker, H. J.; u. a.: Warmarbeits- und Kunststofformen – Stähle. HTM 43 (1988) 153–162

B 19   Brezina, P.: Martensitische Chrom-Nickel-Stähle mit tiefem Kohlenstoffgehalt. Escher Wyss Mitt. (1980) 218–236, Zürich

B 20   Bertold, E. A.: Gußeisen kaltgeschweißt-aber richtig! Praktiker 41 (1989) 180–185

B 21   Beckert, M.; Probst, R.; Clobes, H.-J.; Stein, M.: Verbindungsschweißen von Gußeisen mit Kugelgraphit (GGG). Schweißt. Berlin 34 (1984) 246–248

B 22   Beier, E.: Fortschritte auf dem Gebiet der hochhitzebeständigen Metalle und Legierungen mit besonderen Hinweisen auf Blechwerkstoffe. Blech 9 (1964) 461–468

B 23   Ball, F. A.; Thorneycroft, D. R.: The Structure and properties of Flash Butt Welds in Nimonic 75, 80 A and 90. Weld. Metal. Fabr. 28 (1960) 362–367

B 24   Bailey, N.: Welding Procedures for 9 % Nickel Steel. Metal Constr. 2 (1970) 419–421

B 25   Brenner, P.: Aushärtbare Aluminiumlegierungen als Werkstoff für Schweißkonstruktionen. VDI-Z. 103 (1961) 781–789

B 26   Balaguer, J. P.; Walsh, D. W.; Nippes, E. F.: Hot Ductility Response of Al–Mg and Al–Mg–Li Alloys. Wdg. J. 68 (1989) 253s–261s

B 27   Baeslack III, W. A.; Hahey, K. S.: Inertia Friction Welding of Rapidly Solidified Powder Metallurgy Aluminium. Wdg. J. 67 (1988) 139s–149s

B 28   Bühler, K.; Kunze, H.-D.: Plastisches Verhalten und Aushärtefähigkeit dichtereduzierter Werkstoffe auf Magnesium-Lithium-Basis. Metall 39 (1985) 926–930

B 29   Behler, K.; Beyer, E.; Schäfer, R.: Laserstrahlschweißen von Aluminium. Aluminium 65 (1989) 169–174

B 30   Breme, J.; Korn, K.; Petz, H.-J.: Untersuchungen zum Unterpulverschweißen von Titan technischer Reinheit und TiAl 6 V 4 – zur Wahl des Schweißpulvers. Schw. u. Schn. 31 (1979) 275–279

B 31   Baeslack, W. A.: Evaluation of Triplex Postweld Heat Treatments of Alpha-Beta-Titanium Alloys. Wdg. J. 61 (1982) 197s–199s

B 32   Beck, W.; Knepper, P.: Superplastisches Umformen und Diffusionsschweißen einer Zellenkomponente aus TiAl 6 V 4. DVS-Ber. Bd. 98 (1985), 63–66, DVS-Verlag, Düsseldorf

B 33   Baumgartner, J. A.: Das Schweißen von Polypropylen. Schweißtech. (Zürich) 53 (1963) 367–379

B 34   Becker, D. W.; Baeslack, A.: Property-Microstructure Relationships of Metastable-Beta Titanium Alloy Weldments. Wdg. J. 59 (1980) 85s–92s

B 35   Blume, M.; Blume, F.; Kleinert, H.: Klebstoffentwicklung auf biologischer Basis zur Herstellung von Klebverbindungen in der Medizin. Schweißt. Berlin 35 (1985) 457–458

B 36   Beckert, M.; Weickert, H.: Ultraschallschweißen harter biologischer Gewebe. Schweißtech. (Berlin) 25 (1975) 222–224

C 1   Cottrell, C. L. M.: Controlled Thermal Severity Cracking Test Simulates Practial Welded Joints. Weld. J. 32 (1953) 257s–272s

C 2   Campbell, W. P.: Experiences with HAZ Cold Cracking Tests on a C-Mn Structural Steel. Weld. J. (Suppl.) 55 (1976) 135s–143s

C 3   Clyde, M.: Adams, J. R.: Cooling Rates and Peak Temperatures in Fusion Welding. Weld. J. (Suppl.) 37 (1958) 210s–215s

C 4   Cottrell, C. L. M.; Jackson, M. D.; Purchas, J. G.: Trans. Inst. Weld. 15 (1952) 50r

C 5   Cottrell, C. L. M.; Bradstreet, B. M.: A method for Calculating the Effect of Preheat on Weldability. Brit. Weld. J. 2 (1955) 305–309

C 6   Culbertson, R. P.: Weldability of Wrought High-Alloy Materials. Weld. J. 34 (1955) 220–230

C 7   Cottrell, C. L. M.; Bradstreet, B. J.: Calculated Preheat Temperatures to Prevent Hard-Zone Cracking. Brit. Weld. J. 2 (1955) 310–312

C 8   Cole, N. C.; Gunkel, R. W.; Koger, J. W.: Development of Corrosion Resistant Filler Metals for Brazing Molybdenum. Weld. J. (Suppl.) 52 (1973) 466 s–473 s

C 9   Crostack, H.-A.; Hillmann, K.; Wielage, B.: Fehlergrößenbestimmung bei der Ultraschallprüfung von Hart- und Hochtemperaturlötverbindungen. Schw. u. Schn. 40 (1988) 564–569

C 10   Curtis, R. E.; Dressler, G.: Effect of Thermomechanical Processing and Heat Treatment on the Properties of Zr-3Nb-1Sn Strip and Tubing. Spec. Techn. Publ. 551 ASTM, Philadelphia, 1974

C 11   Cirkel, H.-J.; Bette, W.; Friede, D.; Müller, R.: Hochleistungs-Excimerlaser mit Wasserkondensator und Röntgen-Vorionisierung. 8. Intl. Kongreß "Laser 87", Vortrag 27

C 12   Castaneda-Zuniga, W. R.: Laser-Angioplasty: Principles and Development. Proc. Second Annual Intern. Symp. on Peripheral Vascular Intervention, 15.-19.1.1990, Miami, Florida

D 1   DIN 17 100 Allgemeine Baustähle

D 2   DIN-Mitt. 40 (1961) 111

D 3   Dearden, J.; O'Neill, H.: A Guide to the Selection and Welding of Low Alloy Structural Steels. Trans. Inst. Weld. 3 (1940) 203–214

D 4   Degenkolbe, J.; Müsgen, B.: Rißauffangverhalten von Schweißverbindungen. Schw. u. Schn. 24 (1972) 389–390

D 5   DVS-Richtlinie 1001 Prüfung des Kaltrißverhaltens beim Schweißen-Implant-Test. DVS-Verlag, Düsseldorf 1985

D 6   Dawes, M. G.: Elastic Plastic Fracture Toughness Based on the COD and J-Integral Concepts. ASTM Symposium on Elastic Plastic Fracture. Atlanta USA Nov. 1977. Vgl. auch brit. Stand. BS 5762: 1979 Methods for Crack Opening Displacement (COD) Testing

D 7   Dahl, W.; Heuser, A.: Bruchmechanische Analyse von Schweißverbindungen. Schw. u. Schn. 40 (1988) 276–282

D 8   Dahl, W.; Heuser, A.: Bruchmechanische Beurteilung des Versagensverhaltens bauteilähnlicher, geschweißter Großproben. Schw. u. Schn. 40 (1988) 379–383

D 9   Dickehut, G.; Ruge, J.: Wasserstoffverteilung in der Schweißnaht – Theorie zur Berechnung. Schw. u. Schn. 40 (1988) 289–292

D 10   Dubbel-Taschenbuch für den Maschinenbau, 16. Aufl., Springer-Verlag 1987

D 11   Dhooge, A.; Vinckier, A.: Reheat Cracking – a Review of Recent Studies. Weld. in the World 24 (1986) 104–126

D 12   Düren, C., Korkhaus, J.: Zum Einfluß des Reinheitsgrades im Stahl auf die Neigung zur Bildung von wasserstoffinduzierten Kaltrissen in der Wärmeeinflußzone von Schweißverbindungen. Schw. u. Schn. 39 (1987) 87–89

D 13   Degenkolbe, J., Kalwa, G., Kaup, K.: Wirkung von Begleitelementen auf die Werkstoffeigenschaften. St. u. E. 108 (1988) 527–536

D 14   DASt 014 Empfehlungen zum Vermeiden von Terrassenbrüchen an geschweißten Konstruktionen. Stahlbauverlag Köln, 1981

D 15   Dahl, W.: Werkstoffliche Grundlagen zum Verhalten von Schwefel im Stahl. Stahl u. Eisen 97 (1977) 402–409

D 16   Dahl, W.; Hengstenberg, H.; Düren C.: Entstehungsbedingungen der verschiedenen Sulfideinschlußformen. St. u. E. 86 (1966) 782–795

D 17   DVS-Merkblatt 1001 T1 Heißrißprüfung, Grundlagen. DVS-Verlag, Düsseldorf, 1989

D 18   DVS-Merkblatt 1001 T2 Heißrißprüfverfahren mit fremdbeanspruchten Proben. DVS-Verlag, Düsseldorf, 1987

D 19   DVS-Merkblatt 1703 Empfehlungen zur Wahl der Werkstücktemperatur beim Lichtbogenschweißen von Stahlbauten aus St 52. DVS-Verlag, Düsseldorf, 1984

D 20   Defourny, J.; Bragard, A.: Guide for the Welding of Reinforcing Steels for Concrete Structures. Weld. in the World 24 (1986) 260–277

D 21   Düren, C.; Schönherr, W.: Verhalten von Metallen beim Schweißen. DVS-Berichte Bd. 85, DVS-Verlag Düsseldorf, 1988

D 22   Dolby, R. E.: The Influence of Niobium on the Microstructure and Toughness of Ferritic Weld Metal – a Review. Metal Constr. 13 (1981) 699–705. Kurzauszug in Schw. u. Schn. 36 (1983) 84

D 23   Degenkolbe, J.; Müsgen, B.: Schweißen hochfester vergüteter Baustähle – Untersuchungen an Chrom-Molybdän-Zirkon-legierten Stählen. Schw. u. Schn. 17 (1965) 343–353

D 24   DASt-Richtlinie 007 Lieferung, Verarbeitung und Anwendung wetterfester Baustähle. Stahlbauverlag Köln, 1970

D 25   DVS-Merkblatt Unterpulverschweißen von Feinkornbaustählen 0918 DVS-Verlag, Düsseldorf 1988

D 26 Dittrich, S.: Problemgerechtes Schweißen von druckwasserstoffbeständigen Stählen für höchste Qualitätsanforderungen. Schweißtechn (Wien) 41 (1987) 190–194

D 27 David, S. A.; Vittek, J. M.; Hebble, T. L.: Rapid Cooling has a Profound Effect on Weld Metal Microstructures, making Predictions from Conventional Constitution Diagrams Impossible. Wdg. J. 66 (1987) 289 s–300 s

D 28 Dixon, B. F.: Control of Magnetic Permeability and Solidification Cracking in Welded Nonmagnetic Steel. Wldg. J. 68 (1989) 5, 171 s–180 s

D 29 Deimel, P.; Iskluth, B.; Blind, D.: Werkstoffkundliche Grundlagenuntersuchungen an elektronenstrahlgeschweißten Nähten des Stahls X 20 CrMoV 12 1. Schw. u. Schn. 41 (1989) 382–387

D 30 DIN 8553: Schweißen plattierter Stähle, Richtlinien

D 31 Denaro, L. F.; Hinde, J.: Das Schweißen plattierter Stähle (Le Soudage des Aciers Plaqués). Nickel-Inf.-büro, Düsseldorf und Soud. Tech. Conn. 9 (1955) S. 63–80

D 32 Delachaux; P.: Thermitschweißen von Stahlguß und Gußeisen. Soud. Tech. Conn 25 (1971) 26–31

D 33 Draugelates, U.; Schram, A.; Reiter, R.: Güte der Schweißverbindungen aus dem austenitischen Gußwerkstoff GGG-NiCr 20 2. Schw. u. Schn. 39 (1987) 555–559

D 34 DVS-Merkblatt 0602 Schweißen von Gußwerkstoffen. DVS-Verlag, Düsseldorf, 1985

D 35 Denk, V.; Hesse, H.; Machucki, B.: Widerstandsbuckelschweißen von Kupferlegierungen. ZIS-Mitt. 24 (1982) 511–521

D 36 Deutsches Kupfer-Institut, Berlin: Löten von Kupfer und Kupferlegierungen. DKI-Informationsdruck

D 37 David, S. A.; Liu, C. T.: High-Power Laser and Arc Welding of Thorium-Doped Iridium Alloys. Wdg. J. 61 (1982) 157 s–163 s

D 38 Dt. Kupferinst.: Schweißen und Brennschneiden von Kupfer und Kupferlegierungen. Berlin 1963

D 39 DVS-Merkblatt 913 "MIG-Schweißen von Aluminium". DVS-Verlag, Düsseldorf, 1986

D 40 Dorn, L.; Jahn, P.; Doerk, P.: Wolfram-Inertgasschweißen der Aluminiumlegierung AlZn 4,5 Mg 1 mit Impulslichtbogen. Schw. u. Schn. 33 (1981) 662–664

D 41 Diebold, T. P.; Albright, C. E.: Laser-GTA Welding of Aluminium Alloy 5052. Wdg. J. 63 (1984) 6, 18–24

D 42 McDonald, T. J.; Eaton, N. F.; Wright, D. B.: Fusion Welding of Beryllium. Brit. Weld. J. 7 (1960) 441

D 43 DeVale, R.; Lukens, W. E.: Larger Contact Tube Bore Diameter Extends Service Life in GMAW of Titanium. Wdg. J. 65 (1986) 12, 28–33

D 44 Denney, P. E.; Metzbower, E. A.: Laser Beam Welding of Titanium. Wdg. J. 68 (1989) 342 s–346 s

D 45 Devletian, J. H.; Chen, S. J.: Joining of Thick-Sections Titanium Alloys by Electroslag Welding. Wdg. J. 68 (1989) 9, 37–44

D 46 Decker, I.; Ruge, J.; Han, Y. H: Laserschneiden von Titanwerkstoffen. Schw. u. Schn. 37 (1985) 356–362

D 47 Damkroger, B. K.; Edwards, G. R.; Rath, B. B.: Investigation of Subsolidus Weld Cracking in Alpha-Beta Titanium Alloys. Wdg. J. 68 (1989) 290 s–302 s

D 48 Domininghaus, H.: Die Kunststoffe und ihre Eigenschaften. Düsseldorf: VDI-Verl. 1976

D 49 DVS-Merkbl. 2207 T3 (Beiblatt) Warmgasschweißen von thermoplastischen Kunststoffen, Tafeln und Rohre, Schweißparameter. DVS-Verlag, Düsseldorf, 1986

D 50 DVS-Merkbl. 2207 T25 Schweißen von thermoplastischen Kunststoffen, Heizelementstumpfschweißen, Schweißen von Fensterprofilen aus PVC-U. DVS-Verlag, Düsseldorf, 1989

D 51 DVS-Richtl. 2207 T. 26.1 (Entwurf) Fügen von Dichtungsbahnen aus polymeren Werkstoffen im Erd- und Wasserbau – Schweißen, Kleben – Vulkanisieren. DVS-Verlag, Düsseldorf, 1989

D 52 DVS-Merkbl. 2204 Kleben von thermoplastischen Kunststoffen, PVC-weichmacherfrei. DVS-Verlag, Düsseldorf, 1972

D 53 DVS-Richtl. 2215 T1 (Entwurf) Heizelementschweißen von Formteilen aus thermoplastischen Kunststoffen in der Serienfertigung. DVS-Verlag, Düsseldorf, 1989

D 54 DVS-Merkbl. 2204 T2 Kleben von thermoplastischen Kunststoffen, Olefine. DVS-Verlag, Düsseldorf, 1977

D 55 DVS-Merkbl. 2207 T1 Schweißen von thermoplastischen Kunststoffen, PE hart. DVS-Verlag, Düsseldorf, 1984

D 56 DVS-Richtl. 2207 T2 Schweißen von thermoplastischen Kunststoffen, PE-HD – Heizelementstumpfschweißen. DVS-Verlag, Düsseldorf, 1986

D 57 DVS-Richtl. 2204 T3 Kleben von thermoplastischen Kunststoffen – Polystyrol und artverwandte Kunststoffe. DVS-Verlag, Düsseldorf, 1981

D 58 DVS-Richtl. 2204 T4 Kleben von thermoplastischen Kunststoffen, Polyamide. DVS-Verlag, Düsseldorf, 1981

D 59   DVS-Richtl. 2207 T15 Heizelementschweißen von thermoplastischen Kunststoffen, Rohrleitungen aus Polyvinylidenfluorid (PVDF). DVS-Verlag, Düsseldorf, 1989

D 60   DVS-Merkbl. 2211 Schweißzusätze für thermoplastische Kunststoffe. DVS-Verlag, Düsseldorf, 1979

D 61   DVS-Merkbl. 0602 Schweißen von Gußeisenwerkstoffen – Technologie. DVS-Verlag, Düsseldorf, 1985

D 62   Daus, J.: Schweißeignung und Nahtformen des Werkstoffes Glas. ZIS-Mitt. 23 (1981) 1176–1182

D 63   David, S. A.; Jemian, W. A.; Lui, C. T.; Horton, J. A.: Welding and Weldability of Nickel-Iron Aluminides. Wdg. J. 64 (1985) 22 s–28 s

D 64   David, S. A.; Braski, D. N.; Liu, C. T.: Structure and Properties of Welded Long-Range-Ordered Alloys. Wdg. J. 65 (1986) 93 s–98 s

D 65   David, S. A.; Horton, J. A.; McKamey, C. G.; Zacharia, T.; Reed, R. W.: Welding of Iron Aluminides. Wdg. J. 68 (1989) 372 s–381 s

D 66   DVS-Merkbl. 0937 Wurzelschutz beim Schutzgasschweißen. DVS-Verlag, Düsseldorf 1990

E 1   Evens, G. M.; Simonsen, T.; Augland, B.: Implant Weldability Testing of Carbon-Manganese Steels. Int. Inst. Weld. IIW-Doc. IX-698-70

E 2   Eisenkolb, F.: Die Prüfung der Schweißbarkeit (und der Schweißverbindungen) von Feinblechen. Werkst. u. Schweißung Bd. 1, Berlin: Akademie-Verl. 1951

E 3   Enzan, G. H.: Einfluß von Phosphor und Stickstoff auf kohlenstoffarmen Stahl. J. Met Trans. 188 (1950) 46–53, vgl. Stahl u. Eisen 71 (1951) 360–361

E 4   Ebert, K. A.: Betrachtungen zum Lichtbogenhandschweißen der kaltzähen Stähle. Schw. u. Schn. 18 (1966) 125–137

E 5   Eifler, K.: Geschweißte Stahlbauten aus wetterfesten Baustählen. Schw. u. Schn. 37 (1985) 433–435

E 6   Espy, R. H.: Weldability of Nitrogen-Strengthened Stainless Steels. Wdg. J. 61 (1982) 149 s–156 s

E 7   Eichhorn, F.; Gröger, P.: Anwendung des vollmechanisierten Metall-Schutzgasschweißverfahrens mit hochargonhaltigem Mischgas zum Verbinden von Blechen aus X 8 Ni 9 in senkrechter Position. Schw. u. Schn. 35 (1983) 256–261

E 8   Eichhorn, F.; Lüttmann, U.: Artgleiches Metall-Schutzgasschweißen des kaltzähen Nickelstahles X 8 Ni 9. St. u. E. 107 (1987) 993–997

E 9   Earvolino, L. P.; Sprung, I.; Hamschka, R. M.: The Effect of Carbon Content on the Need to Postweld Heat Treat Low Alloy Steel Castings. Wdg. J. 65 (1986) 5, 41–46

E 10   Elster, C. C.: Das Schweißen von Gußeisen. Der Praktiker. Schw. u. Schn. 13 (1961) 41–42 u. 134–138; 14 (1962) 2–6 u. 18–22

E 11   Engels, A.; Rohland, H.-W.: Schweißbarer weißer Temperguß für Radträger von PKW-Schräglenker-Hinterachsen. konstr. + gießen 12 (1987) 4, 4–12

E 12   Engels, A.; Kowalke, H.; Tölke, P.; Trapp, H. G.; Werning, H.: Schweißen von Temperguß. konstr. + gießen 8 (1983) 1/2, 38–47

E 13   Ehrhardt, H.; Flechtner, M.: Elektronenstrahlschweißen von Kupfer. ZIS-Mitt. 28 (1986) 15–25

E 14   Ehrhardt, H.: Elektronenstrahlschweißen von Molybdän und Molybdän-Stahl-Verbindungen. ZIS-Mitt. 31 (1989) 30–34

E 15   Eck, R.: Molybdän-Rhenium-Legierungen als schweißbare Hochtemperatur-Konstruktionswerkstoffe. Int. Plansee-Sem. 1985, Tagungsband S. 39–56

E 16   Ernst, S. C.; Baeslack, W. A.; Lippold, J. C.: Weldability of High-Strength Low-Expansion Superalloys. Wdg. J. 68 (1989) 418 s–430 s

E 17   Eichhorn, F.; Hirsch, P.: Weiterentwicklung des Elektro-Schlackeschweißens für die Aluminiumlegierung AlMg 4,5 Mn und für das Schnellschweißen von niedriglegierten Stahlblechen. DVS-Ber. 41 (1976) 59–68

E 18   Eichhorn, F.; Emonts, M.; Leuschen, B.: Buckelschweißen von Aluminiumwerkstoffen mit unterschiedlichen Buckelarten. Aluminium 58 (1982) 451–457

E 19   Eichhorn, F.; Holbach, P.: Unterpulverschweißen von Aluminiumwerkstoffen – Prozeßablauf und Einsatzmöglichkeiten. Int. Leichtmetalltagung Leoben/Wien 1981

E 20   Enjo, T.; Ikeuchi, K.; Furukawa, F.: Einfluß des Oxidfilms beim Diffusionsschweißen von Aluminium. Aluminium 62 (1986) 361–362

E 21   Emley, E. F.: The metallurgical Background to Magnesium Alloy Welding. Brit. Weld. J. 4 (1957) 307–321

E 22   Elssner, G.; Pabst, R. F.: Bruchmechanische Untersuchungen von Metall-Keramik-Verbindungen. DVS-Ber. 38 (1975) 141–143

E 23   Elssner, G.; Pabst, R. F.; Puhr-Westerheide, J.: Schichtverbundkombinationen aus hochschmelzenden Metallen und Oxiden. Werkstofftech. 5 (1974) 61–69

E 24   Eichhorn, F.; Metzler, J.: Plasmaspritzen von oxidkeramischen Werkstoffen – Untersuchungen zur Technologie des Verfahrens. Forschungsber. NRW Nr. 2337: Opladen: Westdeutscher Verl. 1973

F 1   Felix, W.: Die praktische Prüfung der Trennbruchsicherheit von Stahl. Schweiz. Arch. 18 (1952) 152–160

F 2   Fast, J. D.: Erzeugung von reinem und absichtlich verunreinigtem Eisen und Untersuchungen an diesen Metallen. Stahl u. Eisen 73 (1953) 1484–1496

F 3   Floyd, T.: Use shot peening to toughen welds. Adg. Des. Fab. 58 (1985), 68–70. Auszug in Schw. u. Schn. 39 (1987) 141

F 4   Feldmann, U.: Thermomechanische und mechanokalorische Behandlung von Stahl, dargestellt am Beispiel des Warmwalzens von Breitband und Draht. Härt. Tech. Mitt. 33 (1978) 136–145

F 5   Frank, G.: Berechnung von Vorwärmtemperaturen beim Schweißen. Schw. u. Schn. 40 (1988) 169–171

F 6   Folkhard, E.: Metallurgie der Schweißung nichtrostender Stähle. Springer-Verlag Wien New York, 1984

F 7   Frodl, D.; Plänker, E.; Vetter, K.: Austenitformgehärtete höchstfeste Rohre. St. u. E. 101 (1981), 12, 75–80

F 8   Fleer, R.: Eigenschaften geschweißter höchstfester Werkstoffe. Forschungsbericht

F 9   Flick, K.; Bajdacz, H.-R.: HF-Längsnahtschweißen von Aluminiumrohren. Bänd. Bl. Rohre 26 (1985) 339–343

F 10   Franco-Ferreira, E. A.; Slaughter, G. M.: Welding of Columbium-1% Zirconium. Weld. J. (Suppl). 42 (1963) 18 s–24 s

F 11   Fritzsch, G.: Ultraschalltrennen weicher biologischer Gewebe. Diss. Karl-Marx-Stadt, 1983. Auszug in Schw. u. Schn. 36 (1984) 328–329

F 12   Farwer, A.; Winkler, R.: Wurzelschutz beim Schutzgasschweißen von Stählen. DVS-Bericht Bd. 131 (1990) 103–106

G 1   Grossmann, M. A.; Asimow, M.; Urban, S. F.: Hardenability, its Relation to Quenching and some Quantitative Data on Hardenability of Alloy Steels. Am. Soc. Met.: Cleveland. 1939

G 2   Granjon, H.: The "Implants" Method for Studying the Weldability of High Strength Steels. Met. Constr. and Brit. Weld. J. 1 (1969) 509–515

G 3   Gulden, H.: Verfahren zur Prüfung der Bruchzähigkeit hochfester metallischer Werkstoffe. Stahl u. Eisen 91 (1971) 1101–1103

G 4   Griffith, A. A.: The Phenomena of Rupture and Flow in Solids. Phil. Trans. Roy. Soc. A 221 (1920) 163–198

G 5   Graville, B.: A Survey Review of Weld Metal Hydrogen Cracking. Weld. in the World 24 (1986) 190–199

G 6   Gaillard, R.; Debiez, S.; Hubert, M.; Defourny, J.: methods for optimizing the preheat temperature in welding. Weld. in the World 26 (1988), 216–230

G 7   Güte- und Prüfbestimmungen für eingebaute Rechtecktanks. RAL-RG 616. Gütegemeinsch. Eigeb. Rechtecktanks e.V. Stuttgart 1963

G 8   Gnirß, G.; Ruge, J.: Simulation von Schweißtemperaturzyklen und ihre Anwendung zur Beurteilung der Schweißeignung eines Feinkornstahls. Schw. u. Schn. 27 (1975) 221–224

G 9   Gerster, P.: MAG-Schutzgasschweißen von hochfesten Feinkornbaustählen im Kranbau. Schweißtechnik (Wien) 38 (1984) 160–163

G 10   Grote, G; Tratner, D.: Schwerbehälter aus 10(12)CrMo 9 10 für die Gasölentschwefelung. Schw. u. Schn. 41 (1989) 474–477

G 11   Gottschalck, H.: Schweißen neuer korrosionsbeständiger Stähle. DVS-Bericht 41 (1976) 91–99

G 12   Grote, G.: Werkstoff- und Schweißfragen bei der Herstellung von dickwandigen Druckbehältern für höhere Betriebstemperaturen aus Stählen mit 2 bis 3% Chrom und ca. 1% Molybdän. Chem.-Ing. Tech. 55 (1983) 2, 93–100

G 13   Geipl, H.; Schönherr, W.: MAG-Impulslichtbogenschweißen des Stahls X 4 CrNiMnMoN 19 16 5 DVS-Bericht Bd. 90 (1984) 93–98, DVS-Verlag, Düsseldorf

G 14   Goodwin, G. M.: The Effects of Heat Input and Weld Process on Hot Cracking in Stainless Steel. Wldg. J. 67 (1988) 88 s–94 s

G 15   Geipl, H.: Schutzgase und Verfahrenstechnik beim Schweißen mit hochlegierten Fülldrahtelektroden. DVS-Bericht Bd. 112 S. 183–184. DVS-Verlag, Düsseldorf, 1988

G 16   Gray, T. G. F. u. a.: Rational Welding Design. Newness-butterworths, 1975

G 17   Gysel, W.; Gerber, E.: Kaltzäher martensitischer Stahlguß. konstr. + gießen 3 (1978) 17–25

G 18   Gysel, W.; Gerber, E.; Gut, K.: Fertigungsschweißungen an Stahlguß – am Beispiel G-X5 CrNi 13 4. konstr. + gießen 9 (1984) 2, 24–31

G 19   Gysel, W.; Dybowski, G.; Wojtas, H. J.; Schenk, R.: Hochlegierte Duplex- und vollaustenitische Legierungen für Qualitäts-Stahlgußstücke. konstr. u. gießen 12 (1987) 13–27

G 20   Gilde, W.: Das Schweißen der Nichteisenmetalle. Berlin: VEB-Verl. Technik 1966

G 21   Grobner, P. J.: Phase Relations in High Molybdenum Duplex Stainless Steels and Austenitic Corrosion Resistant Alloys. Report RP-33-84-01/82-12, Ann Arbor, Mich., AMAX Metals Group, 1985

G 22   Grein, A.: Untersuchungen zur Gefügestabilität und Korrosionsbeständigkeit von Nickelbasislegierungen unter fertigungsüblichen Schweißbedingungen am Beispiel der Werkstofftypen NiMo 28 und NiMo 16 Cr 16 Ti. Werkst. u. Korr. 29 (1978) 205–206

G 23   Gerken, J. M.; Faulkner, J. M.: Welding Characteristics of Commerical Columbium Alloys. Weld. J. (Suppl.) 42 (1963) 84 s–96 s

G 24   Gebhardt, E.; Thümmler, F.; Seghezzi, H.-D.: Reaktorwerkstoffe, Teil 1, Metallische Werkstoffe. Stuttgart: Teubner 1963

G 25   Gough, J. R.; Roberts, D.: The Welding of Uranium. Brit. Weld. J. 4 (1957) 393–403

G 26   Gmelins Handbuch der anorganischen Chemie, Zink-Erzeugungsband. Weinheim: Verl. Chemie 1956

G 27   Grzemba, B.; Cordier, H.; Gruhl, W.: Interkristallines Reißen von Schweißverbindungen an AlZnMg-Legierungen. Aluminium 63 (1987) 496–503

G 28   Giere, R.; Decker, I.; Ruge, J., Gossen, R.; Malessa, R.: Laserstrahlschneiden von Aluminiumwerkstoffen. Aluminium 64 (1988) 1144–1150 und 1247–1252

G 29   Gomez, Salazar, J. M. de; Criado, A. J.: Diffusionsschweißen von Aluminium und Aluminiumlegierungen mit Silberzwischenschichten. Prakt. Metallogr. 25 (1988) 532–542

G 30   Glenn, G. T.; Grotsky, V. K.; Keller, D. L.: Vacuum Brazing Beryllium to Monel. Wdg. J. 61 (1982) 334 s–338 s

G 31   Günther, H.: Verbesserte Fügetechniken für Metall-Keramik-Verbindungen. Schw. u. Schn. 26 (1974) 271–272

G 32   Grünling, W.: Hochtemperaturbeständige Keramik-Metall-Verbindungen. Schw. u. Schn. 25 (1973) 52–55

H 1   Heckel, K.: Einführung in die technische Anwendung der Bruchmechanik. München: Hanser 1972

H 2   Hoffmeister, H.; Nölle, P.; Schimmel, P.: Entwicklung eines instrumentierten Einspann-Schweißversuchs. Arch. Einsenhüttenwes. 49 (1978) 151–154

H 3   Hoffmeister, H.; Schimmel, P.; Stiller, W.: Untersuchung zur Rißbildung im Schweißgut legierter Stähle mit Hilfe des instrumentierten Einspannversuchs. Arch. Eisenhüttenwes. 49 (1978) 201–206

H 4   Hummitzsch, W.; Hense, L.: Beitrag zur Metallurgie des Schweißens von Elektroden mit Titanoxydumhüllungen unter besonderer Berücksichtigung des Verhaltens von Sauerstoff und Stickstoff. Schw. u. Schn. 14 (1962) 201–210

H 5   Haumann, W. u. a.: Der Einfluß von Wasserstoff auf die Gebrauchseigenschaften von unlegierten und niedriglegierten Stählen. St. u. E. 107 (1987) 585–594

H 6   Hart, P. H. M.: Resistance to Hydrogen Cracking in steel Weld Metals. Weld. J. 65 (1986) 14 s–22 s

H 7   Harder, O. E.; Voldrich, C. B.: Review on the Weldability of Carbon-Manganese Steels. Weld. J. 21 (1942) 450–466, 28 (1949) 325–336

H 8   Hlawiczka, H.: Der Einfluß einer thermomechanischen Simulationsbehandlung auf das Umwandlungs- und Rekristallisationsverhalten von Stählen. Diss. RWTH Aachen 1972

H 9   Heisterkamp, F.; Lauterborn, D.; Hübner, H.: Technologische Eigenschaften, Verarbeitbarkeit und Anwendungsmöglichkeiten perlitarmer Baustähle. Thyssenforsch. 3 (1971) 66–76

H 10   Hofmann, W.; Burat, F.: Beitrag zur Schweißbarkeit unlegierter und niedriglegierter Bau- und Vergütungsstähle. Schw. u. Schn. 14 (1962) 289–299

H 11   Hougardy, H. P.: Die Darstellung des Umwandlungsverhaltens von Stählen in ZTU-Schaubildern. Härterei-Tech. 33 (1978) 63–70

H 12   Helloer, W.; Schmedders, H.; Klein, H.: Stähle für den Eisenbahn-Oberbau. Werkstoffkunde Stahl, Bd. 2: Anwendung. Springer Verlag, Berlin, 1985

H 13   Haibach, E.: Schwingfestigkeit hochfester Feinkornbaustähle im geschweißten Zustand. Schw. u. Schn. 27 (1975) 179–181

H 14   Haneke, M.; Degenkolbe, J.; Petersen, J.; Weßling, W.: Kaltzähe Stähle. Werkstoffkunde Stahl, Bd. 2 Anwendung. Springer-Verlag Berlin 1985, 275–304

H 15   Höffken, E.; Florin, W.; Ullrich, W.; Schicks, H.: Zur Entwicklung des Sauerstoffaufblasverfahrens. Thyssen Tech. Ber. 19 (1987) 1–4

H 16   Hochwarmfeste Werkstoffe – Werkstoffkunde und -technik. WF-Inf. (1973) 117–127

H 17   Hoffmeister, H.; Mundt, R.: Untersuchung des Einflusses von Kohlenstoff und Stickstoff sowie der Schweißbedingungen auf das Schweißgutgefüge ferritisch-austenitischer Chrom-Nickel-Stähle. Schw. u. Schn. 33 (1981) 573–578

H 18   Hausotter, S.: Schweißen von 9% igem Nickelstahl im Apparatebau. DVS-Ber. 41 (1976) 75–83

H 19   Hipkins, M. G.; Scrimgeour, N.: The Welding of Steel Castings. Brit. Weld. J. 11 (1964) 386–394

H 20   Herold, H.; Irmer, W.; Bollmann, T.: Brennschneidbarkeit der Stahlgußwerkstoffe. Schweißt. Berlin 37 (1987) 394–396

H 21   Hachenberg, K. u. a.: Gußeisen mit Kugelgraphit – Schweißen. konstr. + gießen 13 (1988) 1, 54–61

H 22   Hansen, M.: Constitution of Binary Alloys, 2. Aufl. 1958. Elliot, R. P. Constitution of Binary Alloys, 1st Suppl. 1965. Shunk, F. A.: 2nd Suppl. 1969

H 23   Hawthorne, L. H.; Burth, R. F.: Das Schutzgasschweißen der Kupfernickellegierungen. Weld. J. (Suppl.) 35 (1956) 401 s–408 s

H 24   Herz, H.; Iversen, K.; Stiefelhagen, B.: Fertigung eines Druckbehälters aus Inconel 625 und 718. DVS-Ber. 52 (1978) 131–138

H 25   Hinde, J.; Thorneycroft, D. R.: Welding Metallurgy of the Nimonic Alloys. Brit. Weld. J. 7 (1960) 605–614

H 26   Harris, J.; Bellware, M. D.; Riley, J. J.: Spot Welding of Inconel X in Thickness Range of 0,032-0,188 in. Weld. J. 37 (1958) 570–578

H 27   Hoffmann, Th.; Renner, M.; Rudolph, G.: Gefüge und Eigenschaften von Schweißgut aus hochlegierten korrosionsbeständigen Nickelwerkstoffen. Schw. u. Schn. 38 (1986) 551–557

H 28   Hoch, F. R.: Verfahren und Bedingungen für das Fügen von Aluminium-Karosserieblechlegierungen. Aluminium 54 (1978) 753–756

H 29   Haas, B.: Schutzgasschweißen von Aluminium und seinen Legierungen. Schweißt. Wien 43 (1989) 154–158

H 30   Huntington, C. A.; Eagar, T. W.: Laser Welding of Aluminum and Aluminum Alloys. Wdg. J. 62 (1983) 105 s–107 s

H 31   Hennings, J.; Widmer, R.: Richtwerte zum Widerstandspunktschweißen von Aluminiumwerkstoffen. Schw. u. Schn. 38 (1986) 446–450

H 32   Holbach, P.: Unterpulverschweißen von Aluminiumlegierungen. Schw. u. Schn. 32 (1980) 423–424

H 33   Heflin, R. L.: Plasma Arc Gouging of Aluminium. Wdg. J. 64 (1985) 5, 16–19

H 34   Hadik, Th.: Schweißen von Kunststoffen. Düsseldorf: DVS-Verl. 1970

H 35   Hultzsch, R.: Diffusionsschweißen optischer Bauelemente aus Quarzglas. Schweißt. Berlin 33 (1983) 262–264

H 36   Hammond, J. P.; David, S. A.; Santella, M. L.: Brazing Ceramic Oxides to Metals at Low Temperature. Wdg. J. 67 (1988) 227–232. Auszug in Schw. u. Schn. 41 (1989) 504–505

I 1   Irwin, G. R.: Fracturing of Metals. ASTM Symposium, Chicago 1947. Proc. (1948) 147–166

I 2   Iwamoto, N. u. a.: Silicon Nitride Joining with Silicate Glass Solder. Trans Jap. Wdg. Res. Inst. 15 (1986) 2, 93–99. Auszug in Schw. u. Schn. 40 (1988) 147/148

J 1   Jominy, W. E.; Boegehold, A. L.: Probe zur Beurteilung der Härtbarkeit von Einsatzstählen. Stahl u. Eisen 58 (1938) 462–463

J 2   Jones, P. W.: An Investigation of Hot Cracking in Low-Alloy Steel Welds. Brit. Weld. J. 6 (1959) 282–290

J 3   Jhavevi, P.; Moffatt, W. G.; Adams, C. M. jr.: The Effect of Plate Thickness and Radiation on Heat Flow in Welding and Cutting. Weld. J. (Suppl.) 41 (1962) 12 s–16 s

J 4   Japanese Comments on the Second Draft of ISO/TC 17/SC 3 Concerning Quenched and Tempered Steels. Int. Inst. Weld. IIW Doc. IX-958-76

J 5   Jacobi, M.: Schweißen dünner Messingbleche. Praktiker 39 (1987) 475–477

J 6   Jahnke, B.: High-Temperature Electron Beam Welding of the Nickel-Base Superalloy IN-738 LC. Wdg. J. 61 (1982) 343 s–347 s

J 7   Jähn, F.; Prümmer, R.; Liesner, Ch.: Verfahren zum Plattieren von Tantal für Behälterwandungen im chemischen Apparatebau. Metall 28 (1974) 957–959

K 1   Kubasta, J.: Das Härteverhalten der Edelstähle, 2. Aufl. Halle: Knapp 1949

K 2   Kornfeld, H.: Zusammenhang zwischen Bruchaussehen und Steilabfall der Kerbschlagzähigkeits-Temperatur-Kurve bei weichen Stählen. Stahl u. Eisen 74 (1954) 1526–1536

K 3   Kihara H.: Welding Cracks and Notch-Toughness of Heat-Affected Zone in High-Strength Steels. Houdremont Lecture 1968

K 4   Karppi, R.: Effect of Hydrogen Content, Preheat Temperature and Cooling Conditions on Cold Cracking of some Heat Resistant Steels. Int. Inst. Weld. IIW Doc. IX-1103–78

K 5   McKeown, D.: Versatile Weld Metal Cracking Tests. Met. Constr. 2 (1970) 351–352

K 6   Krahl, A.: Untersuchung der Brennschneidbarkeit zweier Stähle. Diplomarbeit TH Braunschweig 1960

K 7   Kammer, P. A.; Randall, M. D.; Monroe, R. E.; Groth, W. G.: The Relation of Filler Wire Hydrogen to Aluminium-Weld Porosity. Weld. J. (Suppl.) 42 (1963) 433 s–441 s

K 8   Knüppel, H.; Mayer, K.: Zusammenhang zwischen chemischer Zusammensetzung und Alterungs-Kerbschlagzähigkeit unberuhigter Stähle. Stahl u. Eisen 73 (1953) 401–410

K 9   Kunz, H. G.: Grundlagen und Bedingungen für die Durchführung des autogenen Entspannens. Schw. u. Schn. 7 (1955) 291–300

K 10   Kunz, H. G.: Autogenes Entspannen. Schweißtechn. (Wien) 11 (1957) 13–19

K 11   Knüppel, H.: Desoxidation und Vakuumbehandlung von Stahlschmelzen. Bd. 1, Thermodynamische und kinetische Grundlagen. Düsseldorf: Stahleisen 1970

K 12   Killing, R.; Thier, H.: Metallurgie für den Praktiker – Stickstoff im Schweißgut. Praktiker 35 (1983) 269–270

K 13   Kas, J.; van Adrichem, T. J.: Einfluß der Schweißparameter auf den Abkühlverlauf in der Schweißverbindung. Schw. u. Schn. 21 (1969) 199–203

K 14   Killing, R.: Stand und Entwicklungstendenzen des Schweißens von Tieftemperaturstählen. Schw. u. Schn. 27 (1975) 353–356

K 15   Komizo, Y.; Pargeter, R. J.: A Review on Reversible Temper Embrittlement in Cr-Mo Steel Weld Metals. Weld. in the World 27 (1989) 58–69

K 16   Killing, R.: Das Schweißen stabilisierter austenitischer Stähle mit unstabilisierten, niedriggekohlten Schweißzusatzwerkstoffen. Nickelber. 24 (1966) 131–135

K 17   Kautz, H. R.: Zürn, H. E. D.: Werkstoff- und Schweißtechnik im Kraftwerksbau – Fragen zum Einsatz der Stähle 10 CrMo 9 10, 14 MoV 6 3 und X 20 CrMoV 12 1. Schw. u. Schn. 37 (1985) 511–519

K 18   Krysiak, K. F.: Welding Behavior of Ferritic Stainless Steels – An Overview. Weld. J. 65 (1986) 37–41

K 19   Kunze, G; Steffens, H-D.; Nowak, G; Zeilinger, H.: Untersuchungen zum Aushärtungs- und Festigkeitsverhalten elektronenstrahlgeschweißter martensitaushärtbarer Stähle. Radex-Rundsch. (1984) 305–318

K 20   Kunze, G.; Steffens, H-D.; Deska, R.; Zeilinger, H.: Untersuchungen zum Rißzähigkeitsverhalten elektronenstrahlgeschweißter hochfester martensitaushärtender Stähle. Radex-Rundsch. (1984) 428–436

K 21   Kelly, T. J.; Bishel, R. A.; Wilson, R. K.: Welding of Ductile Iron with Ni–Fe–Mn Filler Metal. Wdg. J. 64 (1985) 79 s–85 s

K 22   Killing, R.: Möglichkeiten und Grenzen des Elektroschlacke-Plattierens mit Bandelektrode. DVS-Berichte Bd. 81 (1983) 1–5

K 23   Killing, R.: Eigenschaften selbstschützender Fülldrahtelektroden vom Typ X 15 CrNiMn 18 8. Schweißt. Wien 40 (1986) 209–215

K 24   Kosfeld, G.: Zusätze zum Schweißen von Eisengußwerkstoffen. Gießerei 69 (1982) 112–119

K 25   Köhler, R.: Gütesicherung von Schweißarbeiten auf Rohrleitungsbaustellen. DVS-Ber. 55 (1979) 107–111

K 26   Krüger, D.: Einige Erfahrungen beim Schweißen von Rohren aus duktilem Gußeisen. Praktiker 34 (1982) 306–307

K 27   Köcher, R.: Das Schweißen der Kupferlegierungen. Metall 13 (1959) 107–114 u. 12 (1958) 1007–1014

K 28   Kotecki, D. J.: Heat Treatment of Duplex Steel Weld Metals. Wdg. J. 68 (1989) 431 s–440 s

K 29   Kelly, T. J.: Elemental Effects on Cast 718 Weldability. Wdg. J. 68 (1989) 44 s–51 s

K 30   Krüger, U.: Beitrag zur Vergleichbarkeit der Ergebnisse beim Widerstandspunktschweißen von Aluminiumwerkstoffen. Aluminium 31 (1979) 15–20

K 31   Knoch, R.; Welz, W.: MIG-Hochstrom-Schweißen von dicken AlMgMn-Blechen. Aluminium 53 (1977) 731–736

K 32   Knab, M.: Aluminium mit Pluspol an der Elektrode plasmaschweißen. Praktiker 35 (1983) 469–470

K 33 Kato, K.; Tokisue, H.: Reibschweißverbindungen von Aluminiumguß- und -knetwerkstoffen. Aluminium 64 (1988) 289–294

K 34 Krüger, U.: Erste Versuchsergebnisse mit dem Widerstandspunktschweißen einer Aluminium-Lithium-Legierung. Aluminium 60 (1984) 831–833

K 35 Krüger, U.; Neye, G.: Einfluß von Vorbehandlung, Schweißtechnologie und Zusatzwerkstoff beim WIG-Schweißen von AlLiCu-Legierungen. Aluminium 65 (1989) 163–168

K 36 Kawase, H. u. a.: Study of a Method for Evaluating the Brazeability of Aluminium Sheet. Wdg. J. 68 (1989) 396 s–403 s

K 37 Kayser, H.: Spritzplattieren mit Sondermetallen in Edelgas. Schw. u. Schn. 31 (1979) 105–109

K 38 Klebstoffe und Klebverfahren für Kunststoffe. Düsseldorf: VDI-Verl. 1974

K 39 Köhler, G.; Emmrich, R.; Köllner, H.-P.: Diffusionsschweißen extrem genauer Glas-Glas-Verbindungen Schweißt. Berlin 32 (1982) 484–486

K 40 Köhler, G.; Körner, Th.; Lindner, H.-P.: Diffusionsschweißen von Glaskeramik "ilmavit 40". Schweißt. Berlin 32 (1982) 254–256

K 41 Klomp, J. T.: Heat-Resistant Ceramic-to-Metal Seals. Weld. J. (Suppl.) 50 (1971) 88 s–90 s

K 42 Köhler, G.; Tetzlaff, G.: Fügen von Glas und Glaskeramik durch anorganische Zwischenschichten. Schweißt. Berlin 32 (1982) 199–200

K 43 Kanayama, K. u. a.: Joining of Ceramics by Friction Welding. Trans. Jap. Wdg. Soc. 16 (1985) 1, 95–96. Auszug in Schw. u. Schn. 38 (1986) 570

L 1 Leetz, G.: Sauerstoff im Schweißgut. Schweißtechn. (Berlin) 13 (1963) 564

L 2 Lange, G.: Entspannungsversuche an Kesselbaustählen und Stahlguß. Schw. u. Schn. 19 (1967) 454–458

L 3 Long, C. J.; de Long, W. T.: The Ferrite Content of Austenitic Stainless Steel Weld Metal. Weld. J. (Suppl.) 52 (1973) 281 s–297 s

L 4 Lundquist, B.; Olsson, K.: Wichtige Eigenschaften der Zusatzwerkstoffe für das Metall-Inertgasschweißen von nichtrostenden Stählen. Schw. u. Schn. 32 (1980) 255–258

L 5 Lippert, A. K.; Aidun, D. K.: Characterization of a Chromium-Free, Nickel-Free Austenitic Weld Metal. Wdg. J. 66 (1987) 9, 29–32

L 6 Lange, K.: Duplexstahl – was ist das, wie läßt er sich schweißen? Der Praktiker 40 (1988) 491–493

L 7 Lundquist, B.; Norberg, P.: Weldability Aspects and Weld Joint Properties of Duplex Stainless Steels. Wldg. J. 67 (1988) 7, 45–51

L 8 Lindscheid, H.; Mayer, H.: Neuer nichtrostender martensitischer Stahlguß – G-X 5 CrNiMo 16 5. konstr. + gießen 6 (1981) 3, 37–41

L 9 Linke, H.: Verbindungsschweißen von GGG-50-3 und GS-20 Mn 6 mit Stahl H 52-3. ZIS-Mitt. 23 (1981) 913–921

L 10 Lison, R.: Einsatzmöglichkeiten thermischer Fügeverfahren für Sondermetalle. Radex-Rundsch. (1988) 99–117

L 11 Linnert, G. E.: The Weldability of Alloys for High-Temperature Service. Weld. J. 28 (1949) 46–52

L 12 Lancaster, J. F.; Slater, D.: The Cracking of Aluminiumbronze Welds. Brit. Weld. J. 5 (1958) 238–244

L 13 Lison, R.: Schweißen von Molybdän und seinen Legierungen. Schw. u. Schn. 38 (1986) 437–441

L 14 Lehrheuer, W.; Lison, R.: Stand und Entwicklungstendenzen des Schweißens von Magnesium, Beryllium und ihren Legierungen. Schw. u. Schn. 27 (1975) 371–373

L 15 Leupp, J.: Hochwertige Guß-Schweißungen mit TIG-Plasma-Stichloch-Verfahren. Schweiz. Alum. Rundschau 34 (1984) 6, 6–10

L 16 Landolt-Börnstein: Zahlenwerte und Funktionen, 6. Aufl., Bd. 4, 2. Teil. Berlin, Heidelberg, New York: Springer 1965

L 17 Lucke, H.: Kunststoffe und ihre Verklebung. Hamburg, Brunke und Garrels 1967

L 18 Latzusch, O.: Plast/Metall-Klebverbindungen. Schweißtechn. (Berlin) 26 (1976) 28–30

L 19 Labs, J.; Brunke, W.: Lichtbogenspleißen von Quarzglaslichtleitern. Schweißt. Berlin 33 (1983) 397–400

L 20 Labs, J.; Scheel, W.: Schmelzschweißen von Glas – ein Modell für die Bindungskinetik beim Spleißen von Lichtwellenleitern aus Kieselglas. Schweißt. Berlin 35 (1985) 187–188

L 21 Lindner, H.-P.; Köhler, G.: Verbindungsmöglichkeiten von optischem Glas mit Metall. Schweißtech. (Berlin) 29 (1979) 103–104

L 22 Lugscheider u. a.: Fügen von Hochleistungskeramik untereinander und mit Metall. TM 80 (1987) 231–237. Auszug in Schw. u. Schn. 40 (1988) 293

L 23 Lammer, J.: Lasertechnik – ihre Anwendung in der Medizin. Z. Allg. Med. 63 (1987) 406–409

L 24   Loschtschilow, W. I.: Ultraschallschweißen und -trennen in der Medizin. Schweißtechn. (Berlin) 25 (1975) 219–221

M 1   Müller, R.: Anwendung von ZTU-Schaubildern in der Schweißpraxis. Schw. u. Schn. 12 (1970) 309–317

M 2   Müller, J.: Schweißbarkeit von Stählen höherer Festigkeit des Flugzeugbaues. Luftfahrt-Forsch. 11 (1934) 93–103 u. 17 (1940) 97

M 3   Matsuda, F., u. a.: Fractographic Investigation on Solidification Crack in the Varestraint Test of Fully Austenitic Stainless Steel. Trans. Jap. Weld. Res. Inst. 7 (1978) 59–70

M 4   Mott, N. F.: Brittle Fracture in Mild-Steel Plate II (Fracture of Metals: Theoretical Considerations). Engng. 165 (1948) 16–18

M 5   Morich, F.W.: Beitrag zur Wärmeführung beim Schweißen mit mechanisierten Lichtbogenverfahren. Diss. TH Aachen 1969

M 6   Masumoto, I.: Improvement of toughness of steel weld metal. IIW-Doc XII-B-196-76

M 7   Mayrhofer, M.; Orning, H.; Richter, M.: Einflüsse auf den Wasserstoffgehalt im UP-Schweißgut. Schweißtechnik (Wien) 40 (1986) 218–221 und 238–242

M 8   Mayer, K.; Knüppel, H.; Pettgießer, H.: Versuche zur Erzeugung stickstoff- und phosphorarmer Thomasstähle. Stahl u. Eisen 72 (1952) 225–232

M 9   Meyer, L.; Bühler, H. E.; Heisterkamp, F.: Metallkundliche und technologische Grundlagen für die Entwicklung und Erzeugung perlitarmer Baustähle. Thyssenforsch. 3 (1971) 8–43

M 10   Merz, D.; Grünthaler, K.-H.: Einfluß von Vanadin, Niob und Zirkonium in Metall- Aktivgasschweißnähten von Feinkornbaustählen auf Gefüge und mechanische Eigenschaften. Schw. u. Schn. 34 (1982) 285–289

M 11   Müsgen, B.: Verbesserung der Schwingfestigkeit von Schweißverbindungen hochfester wasservergüteter Feinkornbaustähle durch thermische und mechanische Nachbehandlung der Nähte. St. u. E. 103 (1983) 225–230

M 12   Merkbl. für sachgem. Stahlverw. Nr. 365 "Feinkornstähle für geschweißte Konstruktionen". Beratungsst. f. Stahlverw. Düsseldorf

M 13   Maid, O.; Massip, A.; Streißelberger, A.; Kaspar, R.: Herstellung von Warmband aus Dualphasen-Stahl mit Haspeltemperaturen unterhalb der Martensitstart-Temperatur. Thyssen Tech. Ber. 17 (1985) 28–33

M 14   Matsumoto, T. u. a.: Prevention of Multi-Pass Weld Cracking in Pressure Vessel Using Low Carbon 1,25 Cr – 0,5 Mo Steel. IIW-Doc. IX-1278–83. Kurzber. in Schw. u. Schn. 36 (1984) 440

M 15   Maurer, K. L.; Schabereiter, H.; Mach, K.; Nad, R.: Beitrag zur Metallurgie der Schweißung warmfester ferritischer Stähle für den Kraftwerksbau, insbesondere des Stahles 14 MoV 63. Schweißt. (Wien) 43 (1989) 86–91 und 106–110

M 16   Mülders, H.; Stellfeld, I.; Köhler, H. J.: Untersuchungen zum Versprödungsverhalten hitzebeständiger Stähle mit 13 bis 24% Chrom. Tech. Mitt. Krupp 33 (1975) 45–50

M 17   Massip, A.; Schriever, U.: Warmgewalztes Blech und Band für den Nutzfahrzeugbau. Thyssen Tech. Ber. (1986), 2, 207–222

M 18   Mach, K.; Marek, A.: Beispiele für die Verarbeitung warmfester Stähle. Schweißtech. (Wien) 38 (1984) 121–123, 147–150, 164–167

M 19   Matsuda, M. u. a.: Solidification Crack Susceptibility in Weld Metals of Duplex Stainless Steels. Trans. Jap. Weld. Res. Inst. 15 (1986) 99–112. Kurzauszug in Schw. u. Schn. 40 (1988) 38

M 20   Mennen, J.: Schweißen von Vergütungsstählen, Fachbuchr. Schweißtechnik Bd. 23. Düsseldorf: DVS-Verl. 1962

M 21   Mach, K.; Marek, A.: Beispiele für die Verarbeitung warmfester Stähle. Schweißt. Wien 38 (1984) 121–123, 147–150, 164–167

M 22   Müller-Wiesner, D.: Beitrag zur Steigerung und zum Nachweis der Zuverlässigkeit von reparaturgeschweißten Großbauteilen aus Stahlguß. Schweißtechnische Forschungsberichte Bd. 1 DVS-Verlag, Düsseldorf, 1985

M 23   Motz. J. M.: Werkstoffkundliche Aspekte beim Schweißen von graphithaltigen Eisenwerkstoffen. Gießerei 69 (1982) 633–641

M 24   Matting, A.; Neumann, H.: Beitrag zum Preßschweißen von Kupfer und seinen Legierungen. Metall 21 (1967) 1102–1110

M 25   McDonald, M. M.; Keller, D. L.; Heiple, G. R.; Hofmann, W. E.: Wettability of Brazing Filler Metals on Molybdenum and TZM. Wdg. J. 68 (1989) 389 s–395 s

M 26   Moore, T. J.; Glasgow, T. K.: Diffusion Welding of MA 6000 and a Conventional Nickel-Base Superalloy. Wdg. J. 64 (1985) 219 s–226 s

M 27 Mahler, W.; Zimmermann, K. F.: Stand und Entwicklungstendenzen des Schweißens und Lötens von Wolfram und wolframhaltigen Werkstoffen. Schw. u. Schn. 27 (1975) 374–377

M 28 Müller, W.; Pfannkuchen, H.: Fügen von Silber-Kadmiumoxid-Kontaktwerkstoffen. Schweißt. Berlin 35 (1985) 354–355

M 29 Mustaleski, T. M.; McCaw, R. L.; Sims, J. E.: Electron Beam Welding of Nickel-Aluminium Bronze. Wdg. J. 67 (1988), 7, 53–59

M 30 Merriman, A. D.: The Metallurgy of Zirconium I-II. Metal Treatment 19 (1952) 365–371 u. 413–417

M 31 Matting, A.: Das Schweißen der Leichtmetalle und seine Randgebiete. Düsseldorf: DVS-Verlag 1959

M 32 Mudrack, K. P.: Schweißtechnische Untersuchungen einer AlZnMg 1-Legierung unter besonderer Berücksichtigung der Schweißrissigkeit. Schw. u. Schn. 12 (1960) 44–55

M 33 Matsuda, F., u. a.: Effects of Current Pulsation on Weld Solidification of Aluminium Alloys. Trans. Jap. Weld. Res. Inst. 7 (1978) 287–289

M 34 Mechsner, K.; Schoer, H.: Weiterentwicklung von AlMgZn-Legierungen für Strangpreßprofile und deren Schweißeignung. DVS-Ber. Bd. 100 (1985) 24–29, DVS-Verlag, Düsseldorf

M 35 Martukanitz, R. P.; Michnuk, P. R.: Sources of Porosity in Gas Metal Arc Welding of Aluminium. Aluminium 58 (1982) 276–279

M 36 Minford, J. D.: Weldbonding Aluminium in the Presence of forming Lubricants. Aluminium 58 (1982) 458–462

M 37 Mechsner, K.; Klock, H.: Reibschweißverbindungen an unterschiedlichem Halbzeug aus Aluminiumwerkstoffen. Aluminium 59 (1983) 679–683

M 38 Mietrach, D.; Disam, J.: Hartlöten von Bauteilen aus AlMgSiCu für die Luft- und Raumfahrt. Aluminium 58 (1982) 519–526

M 39 Mazumder, J.; Steen, W. M.: Microstructure and Mechanical Properties of Laser Welded Titanium 6Al-4V. Metal. Trans. A 13 A (1982) 865–871. Auszug in Schw. u. Schn. 35 (1983) 609

M 40 Mullins, F. D.; Becker, D. W.: Weldability Study of Advanced High Temperature Titanium Alloys. Wdg. J. 59 (1980) 177 s–182 s

M 41 Mehlhorn, H.; Wiesner, P.: Parameter von Diffusionsschweißverbindungen. ZIS-Mitt. 21 (1979) 90–91

M 42 Möller, P.: Anwendung von elektrischen Verfahren zur Herstellung von Glasschweißverbindungen. Schweißtech. (Berlin) 24 (1974) 19–20

M 43 Mizuhara, H.; Mally, K.: Ceramic-to-Metal Joining with Active Brazing Filler Metall. Wdg. J. 64 (1985) 10, 27–32

M 44 Moorhead, A. J.; Keating, H.: Direct Brazing of Ceramics for Advanced Heavy-Duty Diesels. Wdg. J. 65 (1986) 10, 17–31

M 45 Mehlhorn, H.: Diffusionsschweißen von Diamanten mit Metallen. Schweißt. Berlin 38 (1988) 102–104

M 46 Meyer-Schwickerath, G.: Schweißen in der Medizin. Schw. u. Schn. 25 (1973) 534–536

M 47 Müller, W.: Medizintechnische Grundlagen der Ultraschallchirurgie. Diss. Karl-Marx-Stadt, 1984. Auszug Schw. u. Schn. 38 (1986) 462–463

N 1 Nehl, F.; Rose, A.: Anwendung von Zeit-Temperatur-Umwandlungsschaubildern auf besondere Fragen bei der Herstellung hochbeanspruchter geschweißter Bauteile. Stahl u. Eisen 74 (1954) 1054–1062

N 2 Nittka, R.; Lievs-Klüber, J.: Bauwerke aus Feinkornbaustahl – interessante Problemstellungen bei der Fertigung von Reaktorsicherheitsbehältern, Druckgaskugeln und Druckwasserleitungen. Schw. u. Schn. 37 (1985) 460–464

N 3 Nippes, E. F.: Investigation of Hydrogen-Assisted Cracking in FCA-Welds on HY-Steel. Weld. J. 67 (1988) 131 s–137 s

N 4 Neumann, V.; Schönherr, W.: Die wasserstoffbeeinflußte Kaltrißneigung zweier höherfester niedriglegierter Baustähle – bewertet im Implantversuch. DVS-Ber. 52 (1978) 217–223

N 5 Nehl, F.: Die Entwicklungstendenzen der Stähle für die Schweißtechnik. Fachbuchr. Schweißtechnik Bd. 15. Düsseldorf: DVS-Verl. 1958

N 6 v. Nassau, L.: Eigenschaften von Schweißverbindungen in modernen Mo-legierten CrNi-Stählen. ACHEMA-Vortrag 24.06.1976

N 7 Nelson, D. E.; Baeslack, W. A.; Lippold, J. C.: An Investigation of Weld Hot Cracking in Duplex Stainless Steels. Weld. J. 66 (1987) 241 s–250 s

N 8   v. Nassau, L.: The Welding of Austenitic-Ferritic Mo-Alloyed Cr–Ni-Steel. Wldg. in the World 20 (1982) 23–30. Auszug in Schw. u. Schn. 35 (1983) 38–39

N 9   Nickel-Berichte 22 (1964) 3–7

N 10   Nickel, O.: Schweißen von austenitischem Gußeisen. konstr. + gießen 3 (1978) 20–27

N 11   Nickel-Berichte 18 (1960) u. 26 (1968). Siehe dort unter dem jeweiligen Stichwort

N 12   Neff, C. W.; Frank, R. G.; Luft, L.: Refractory Metals Structural Development Program. ASD Tech. Rep. 61-392, part II (vgl. Weld. Res. Council Bull, 85/II, 1963)

N 13   Nippes, E. F.; Savage, W. F.; Wassel, F. A.; Karlyn, D. A.: Tech. Doc. Rep. No. ASD-TDR-62-509, Vol 2 (1962), Sec. 9

N 14   Nordin, M. C.; Edwards, G. R.; Olson, D. L.: The Influence of Yttrium Microadditions on Titanium Weld Metal Cracking Susceptibility and Grain Morphology. Wdg. J. 66 (1987) 342s–352s

N 15   Nolte, H. J.; Spurck, R. F.: Metallizing and Ceramic Sealing with Manganese, Telev. Engng. 39 (1963) 14

N 16   Nesse, T.: Brazing of Ceramics and Graphite Using Activated Metal Containing Brazing Alloys. Kurzber. in Schw. u. Schn. 25 (1973) 229–230

N 17   Nicholas, M. G.: Diffusion Bonding Ceramics with Ductile Metal Interlayers. Wdg. J. 65 (1986) 10, 11–13. Auszug in Schw. u. Schn. 39 (1987) 339

N 18   Nakao, Y.; Nishimoto, K.; Saida, K.: Bonding of Si_3N_4 with Active Filler Metals. IIW-Doc IX-1570-89

N 19   Neumann, A.: Der Chirurg mit Schweißerpaß – Schweißen und Trennen mit Ultraschall in der Chirurgie. ZIS-Mitt. 27 (1985) 290–302

N 20   Neumann, A.: Voruntersuchungen des Festigkeitsverhaltens von Knochen-Schweißverbindungen. Schweißtech. (Berlin) 25 (1975) 225–227

O 1   Ostrovskaya, S. A.: Der Einfluß bestimmter Elemente im Schweißgut auf dessen mechanische Eigenschaften. Avt. Svarka (1964) 19–22. Vgl. engl. Übersetzung in Autom. Weld. (1964) 17–26

O 2   Otto, F.: Verjährung einer Materialgarantie. Praktiker 35 (1883) 202

O 3   Olivier, R.; Grimme, D.; Lachmann, E.; Müsgen, B.: Untersuchungen zur Betriebsfestigkeit von geschweißten Offshore-Konstruktionen in Meerwasser. St. u. E. 106 (1986) 33–39

O 4   Olson, D. L.: Prediction of Austenitic Weld Metal Microstructure and Properties. Wdg. J. 64 (1985) 281s–295s

O 5   Ornig, H. u. a. Optimierung der Schweißplattierverfahren. Schweißt. Wien 42 (1988) 143–146

O 6   Ogawa, T.: Weldability of Invar and its Large Diameter Pipe. Wdg. J. 65 (1986) 213s–226s

O 7   Ortner, H.: Schweißverhalten naturharter, nicht aushärtbarer und aushärtbarer Aluminium-Legierungen. Schweißt. Wien 36 (1982) 238–242

O 8   Oelze, H.: Schweißverfahren für die Herstellung von Kunststoffverpackungen, Täschnerwaren u. ä. Fachbuchr. Schweißtechnik Bd. 22. Düsseldorf: DVS-Verlag 1961

P 1   Perteneder, E.; Rabensteiner, G., u. a.: Einfluß der Primärkristallisation und des Deltaferrits auf das Heißrißverhalten austenitischen Cr–Ni-Schweißgutes. Schweißtech. (Wien) 33 (1979) 33–39

P 2   Petch, N. J.: The Cleavage Strength of Polycristals. J. Iron Steel Inst. 174 (1953) 25–28

P 3   Peck, J.-V.: Welding 3,5 % Nickelsteel. Weld. J. (Suppl.) 42 (1963) 193 s–201 s

P 4   Pabst, R. F.; Mörgenthaler, K. D.: Probleme der Herstellung von Metall-Keramik-Verbindungen nach dem solid-state-bonding-Verfahren. DVS-Ber. 38 (1975) 144–147

P 5   Perteneder, E.; Tösch, J.; Schabereiter, H.; Rabensteiner, G.: Neuentwickelte Schweißzusatzwerkstoffe zum Schweißen korrosionsbeständiger CrNiMoN-legierter Duplex-Stähle. Schweißtech. (Wien) 37 (1983) 83–86, 102–104

P 6   Perteneder, E.; Tösch, J.: Zur Beeinflussung des Ferritgehaltes im Schweißgut austenitischer nichtrostender Stähle. Schweißt. (Wien) 42 (1988) 136–142

P 7   Pohle, C.: Möglichkeiten zur Beurteilung der Heißrißanfälligkeit von austenitischem Schweißgut. Schw. u. Schn. 37 (1985) 55–60

P 8   Pant, P.; Dahlmann, P.; Schlump, W.; Stein, G.: Eine neue Technologie der Massivaufstickung – ein Weg zur deutlichen Eigenschaftsverbesserung austenitischer Stähle. Tech. Mitt, Krupp 43 (1985), 3, 67–82

P 9   Pilous, V.: Unterplattierungsrisse beim Schweißplattieren von Nickel-Chrom-Molybdän-Vanadin-Stählen. Steel Res. 56 (1985) 57–59. Auszug in Schw. u. Schn. 38 (1986) 137

P 10   Poweleit, B.; Stitz, O.; Thiessen, W.: Erfahrungen mit hochlegierten Fülldrahtelektroden im Chemieapparatebau. DVS-Berichte Bd. 90 (1984) 113–115. DVS-Verlag, Düsseldorf

P 11 Peter, K.; Meyer, A.: Schweißverbindungen im Primärkreislauf von Kernkraftwerken. DVS-Ber. 15 (1970) 127–134

P 12 Pahl, E.: Stand der Technologie des Schweißens der Gußeisenwerkstoffe – eine Übersicht. Gießerei 69 (1982) 642–645

P 13 Prinz, H. D.; Cmejla, J.: Gußeisen mit Lamellengrafit läßt sich gut mit Stabelektroden warmschweißen. Praktiker 35 (1983) 65–66

P 14 Perteneder, E.; Tösch, J.; Rabensteiner, G.: Beitrag zur Metallurgie des Schweißens nichtrostender ferritisch-austenitischer (Duplex-) Stähle. Schw. u. Schn. 41 (1989) 533–536

P 15 Platte, W. N.: Welding Columbium and Columbium Alloys. Weld. J. (Suppl.) 42 (1963) 69 s–83 s

P 16 Ballard, E, O.; Meyer, E. A.; Brennan, G. M.: Brazing of Large-Diameter Ceramic Rings to Niobium Using an Active Metal Ticusil Process. Wdg. J. 64 (1985) H, 10, 37–42

P 17 Paton, B. E. (Her.): Technologie der elektrischen Schmelzschweißungen von Metallen und Legierungen. Verlag Maschinenbau, Moskau, 1974

P 18 Pumphrey, W. J.; West, E. G.: The Metallurgy of Aluminium and its Alloys. Brit. Weld. J. 4 (1957) 297–306

P 19 Primke, K.; Merkwitz, C.: Festigkeitsverluste beim Schweißen von AlMg-Legierungen durch Magnesiumausbrand. Schweißtech. (Berlin) 28 (1978) 175–176

P 20 Passmore, E. M.: Fusion Welding of Beryllium. Weld. J. (Suppl.) 43 (1964) 116 s–125 s

P 21 Passmore, E. M.: Solid State Welding of Beryllium. Weld. J. (Suppl.) 42 (1963) 186 s–189 s

P 22 Peters, M.: Moderne Titanlegierungen für hohe Temperaturen. Metall 42 (1988) 576–581

P 23 Pieschel, D.: Stand und Entwicklungstendenzen des Schweißens von Kunststoffen. Schw. u. Schn. 27 (1975) 377–378

P 24 Potente, H.; Tappe, P.; Kreiter, J.: Stand und Entwicklungstendenzen des Schweißens von Kunststoffen. Schw. u. Schn. 39 (1987) 431–438

P 25 Potente, H.; Gabler, K.: Heated Tool Welding of Dissimilar Thermoplastic Materials. IIW-Doc 668–80. Auszug in Schw. u. Schn. 34 (1982) 37–38

P 26 Päßler, M.; Lensch, G.: Cutting and Scribing of Aluminia Ceramic Using a CO_2-Laser. Proc. SPIE 801 (1987) Vortrag 61

R 1   Ruge, J.: Zur meßtechnischen Erfassung der Schweißbarkeit. Arch. Tech. Mess. (ATM), Teil I, Lief. 233 V 91183-1; Teil II, Lief. 235 V 91183–2

R 2   Rose, A.: Schweißbarkeit und Umwandlungsverhalten der Stähle. Forschungsber. NRW Nr. 1534, Köln, Opladen: Westdeutscher Verl. 1965

R 3   Rühl, K.: Die Sprödbruchsicherheit von Stahlkonstruktionen. Düsseldorf: Werner 1959

R 4   Reeve, L.: Quart. Trans. Inst. Weld. 3 (1940) 177–202

R 5   Rice, J. R.: A Path Independent Integral and the Approximate Analysis of Strain Concentration by Notches and Cracks. J. Appl. Mech. (June 1968) 379

R 6   Rice, J. R.; Paris, P. C.; Merkle, J. G.: Some Further Results in J-Integral Analysis and Estimates. Fracture Toughness, ASTM-STP 536 (1973) 231–245

R 7   Rosenthal, D.: Mathematical Theory of Heat Distribution during Welding and Cutting. Weld. J. (Suppl.) 20 (1941) 220s–225s

R 8   Radaj, D.: Wärmewirkungen des Schweißens. Springer-Verlag Berlin 1988

R 9   Ruge, J.; Lutze, P.: Eignung von Aluminiumdruckguß zum Plasma- und Elektronenstrahlschweißen – Gasgehalt von Druckguß und Folgen für das Schweißen. Schw. u. Schn. 41 (1989) 225–229

R 10 Ruge, J.; Dickehut, G.: Methode zur Voraussage des Gehalts an diffusiblem Wasserstoff im Schweißgut unter dem Einfluß der Luftfeuchte Schw. u. Schn. 40 (1988) 238–240

R 11 Ruge, J.; Wösle, H.: Schweißen an kaltverformten Teilen – Entwicklung und Beurteilung aus heutiger Sicht. Stahlbau 46 (1977) 266–277 u. 353–359

R 12 Rühl, K. H.: Die Tragfähigkeit metallischer Baukörper in Bautechnik und Maschinenbau. Berlin: Ernst & Sohn 1952

R 13 Rose, A.: Neuere Erkenntnisse über die Vorgänge bei der Austenitisierung der Stähle. Härtereitech. Mitt. 13 (1958) 46–76

R 14 Rapatz, F.: Die Edelstähle, 6. Aufl. Berlin, Göttingen, Heidelberg: Springer 1962

R 15 Rußwurm, D.: Schweißen im Stahlbetonbau. Schweißtechnik (Wien) 42 (1988) 50–55

R 16 Raschka, D.: Sicherung der Güte von Schweißarbeiten in Schiffbau und Meerestechnik aus der Sicht der Überwacher. DVS-Ber. 55 (1979) 57–65

R 17 Reichel, K.: Über den neuen schweißbaren, ausscheidungshärtenden Chrom-Molybdän-Luftfahrtstahl 1.7734. DIN-Mitt. 42 (1963) 395–402

R 18   Recommended Standard Method for Determination of the Ferrite Number in Weld Metal Deposited by Cr–Ni Stainless Steel Electrodes. Weld. World 17 (1979) 75–79

R 19   Ruge, J.; Schulz, M.: Erhöhung der Lebensdauer von Schmiedegesenken durch Auftragschweißen. Int. Konf. Werkzeuge, Bochum, Sept. 1989. In Berns, H.; Nordberg, H.; Fischer, H.-J., Inst. Bibl. 11/F/65–1802

R 20   Ruge, J.; Trarbach, K.: Untersuchungen an PHA-auftraggeschweißten Reaktorwerkstoffen. DVS-Ber. 52 (1978) 52/59

R 21   Röhrig, K.: Seewasserbeständiger rostfreier Stahlguß. konstr. + gießen 9 (1984) 2, 8–20

R 22   Ruge, J.; Hildebrandt, P.; Keinert, W.: Untersuchungen zum Schweißen von Gußeisen mit Kugelgraphit. Schw. u. Schn. 17 (1965) 299–304

R 23   Ruge, J. Zitzelsberger, W.: Wolfram-Inertgasschweißen von Gußeisen mit Kugelgraphit. Schw. u. Schn. 10 (1958) 86–90

R 24   Röhrig, K. Niedriglegierte graphitische Gußeisenwerkstoffe – GG, GGV und GGG – Eigenschaften und Anwendung. konstr. + gießen 12 (1987), 1, 29–47

R 25   Richter, F.: Lichtbogenablenkung durch Thermoströme beim Gleichstromschweißen von CuNi 10 Fe gegen CuNi 30 Fe. Schw. u. Schn. 35 (1983) 436–438

R 26   Ruge, J.; Wösle, H.: Untersuchungen zur Vermeidung von Heißrissen in der Wärmeeinflußzone beim Schweißen von Kupfer-Nickel-Eisen-Legierungen. DVS-Ber. Bd. 74 (1982) 340–346

R 27   Ruge, J.; Thomas, K.: Fortschritte beim Kaltpreßschweißen artverschiedener Werkstoffe. DVS-Ber. Bd. 31 (1974) 31–37

R 28   Rie, K. T.; Ruge, J.: Bruchverhalten elektronenstrahlgeschweißter Torsionsproben aus Zirkonium bei Plastoermüdung. Schw. u. Schn. 26 (1974) 14–15

R 29   Ruge, J.; Zitzelsberger, W.: Der Einfluß des Schweißverfahrens auf Farbunterschiede bei der anodischen Oxydation von Schweißverbindungen an Aluminium und Aluminiumlegierungen. Schw. u. Schn. 10 (1958) 125–131

R 30   Ruge, J.; Hildebrandt, P.: Einfluß von Temperaturverteilung und Werkstoffeigenschaften auf das Haften der Elektroden beim Widerstandspunktschweißen von Aluminium und Aluminiumlegierungen. Schw. u. Schn. 16 (1964) 115–124

R 31   Rieger, E.; Ruge, J.: Temperaturverteilung beim Punktschweißen von Aluminium und Kupfer. Fachbuchr. Schweißtechnik Bd. 40. Düsseldorf: DVS-Verl. 1964

R 32   Ruge, J.; Thomas, K.: Kaltpreßschweißen von Rohrverbindungen aus hochlegiertem Stahl und AlMg 3 in Fließpreßvorgängen. Schw. u. Schn. 27 (1975) 445–449

R 33   Ruge, J.; Lutze, P.: Eignung von Aluminiumdruckguß zum Plasma- und Elektronenstrahlschweißen – Gasgehalt von Druckguß und Folgen für das Schweißen. Schw. u. Schn. 41 (1989) 225–229 und (gemeinsam mit Nörenberg, K.) 327–332

R 34   Ram, V.; Kohn, G.; Stern, A.: CO_2 Laser Beam Weldability of Zircaloy 2. Wdg. J. 65 (1986) 7, 33–37

R 35   Rubo, E.: Zum Stand der Magnesiumschweißung. Z. Metallkde. 47 (1956) 446–473

R 36   Rüdinger, K.: Titan und Titanlegierungen. Werkstofftech. 9 (1978) 214–217

R 37   Rüdinger, K.: Stand und Entwicklungstendenzen des Schweißens von Titan und seinen Legierungen. Schw. u. Schn. 27 (1975) 366–369

R 38   Rüdinger, K.: Schweißen von Titan. Schw. u. Schn. 10 (1958) 79–86

R 39   Roberts, H. D.: Schweißen gereckter Kunststoff-Folien. Kurzfassung in Kunstst. 61 (1971) 26–30

R 40   Reetz, T.: Natriumbeständige Lote für Metall-Keramik-Verbindungen. Schweißtech. (Berlin) 24 (1974) 74–77

S 1   Suzuki, H.; Inagaki, M.; Nakamura, H.: Effects of Restraining Force on Root Cracking of High Strength Steel Welds. Trans. Nat. Res. Inst. Met. 5 (1963) 30–37

S 2   Savage, W. F.; Lundin, C. D.: The Varestraint-Test. Weld. J. (Suppl.) 44 (1965) 433 s–442 s

S 3   Sumpter, J. D. G.: Elastic Plastic Fracture Analysis and Design Using Finite Element Methods. PhD Thesis, Univ. London 1973

S 4   Stahl-Eisen Werkstoffblatt SEW 088 Beiblatt (3. Ausg. April 1987). Schweißgeeignete Feinkornbaustähle; Richtlinien für die Verarbeitung, besonders für das Schmelzschweißen; Ermittlung der Abkühlzeit $t_{8/5}$ zur Kennzeichnung von Schweißtemperaturzyklen. Verlag Stahleisen, Düsseldorf 1987

S 5   Schaeffler, A. L.; Thielsch, H.; Campbell, H. C.: Hydrogen in Mild Steel Weld Metal. Weld. J. (Suppl.) 31 (1952) 282s–309s

S 6   Satoh, K., u. a.: JSSC Guidance Report on Determination of Safe Preheating Conditions without Weld Cracks in Steel Structures. Trans. Jap. Weld. Res. Inst. 2 (1973) 117–126

S 7   Salkin, R. V.: The Stress Relaxation heat Treatments after Welding. Stress Relieving Heat Treatments of Welded Steel Constructions. Proc. Int. Conf. Sofia. Pergamon Press, 1987

S 8   Schmidt, M.; Hentschel, K.: Schweißnahtnachbehandlungen. ZIS-Mitt. 26 (1984) 232–241

S 9   Scheel, R.; Pluschkell, W.; Heinke, R.; Steffen, R.: Sekundärmetallurgie zur Erzielung niedrigster Gehalte an Begleitelementen in Stahlschmelzen. St. u. E. 105 (1985) 607–615

S 10   Stahl-Eisen-Lieferbedingungen 096 (1974) Blech, Band und Breitflachstahl mit verbesserten Eigenschaften für Beanspruchungen senkrecht zur Erzeugnisoberfläche. Verlag Stahleisen, Düsseldorf

S 11   Slattenscheck, A.: Zähes und sprödes Verhalten metallischer Werkstoffe bei mechanischen Beanspruchungen. Schw. u. Schn. 3 (1951) 90 s–100 s

S 12   Sandmann, S.: Stahlverwendung bei Offshore-Strukturen. St. u. E. 101 (1981) 1331–38

S 13   Schmidtmann, E.; Wellnitz, G.: Der Einfluß von Sulfideinschlüssen auf Heißrißneigung und Zähigkeitseigenschaften in der wärmebeeinflußten Zone hochfester Stähle beim Schweißen. Arch. Eisenhüttenw. 47 (1976) 101–106

S 14   Schmidtmann, E.; Homberg, G.: Einfluß der chemischen Zusammensetzung und der Schweißparameter auf die Erstarrungsrißneigung von vollaustenitischem Unterpulverschweißgut. Schw. u. Schn. 28 (1976) 470–474

S 15   Schweitzer, R.; Heller, W.: Rißzähigkeit, Eigenspannungen und Bruchsicherheit von Schienen. Techn. Mitt. Krupp, Werksber. 39 (1981) 33–41

S 16   Stahl-Eisen-Werkstoffblatt   SEW 081   Mechanisch-technologische   Eigenschaften   von schweißgeeigneten Feinkornbaustählen, normalgeglüht, nach DIN 17102, 1984

S 17   Schaeffler, A. L.: Constitutional Diagram for Stainless Steel Weld Metal. Met. Progr. 56 (1949) 680/680B

S 18   Schüller, H. J.: Über die Lage des Temperaturbereiches der σ-Phase in ferritischen Chromstählen. Arch. Eisenhüttenwes. 36 (1965) 513–516

S 19   Spähn, H.; Müller, E.: Bestimmung des Ferritgehaltes in austenitischem Schweißgut. Tech. Überw. 17 (1976) 403–413

S 20   Schmidtmann, E.; Zeislmair U.: Einfluß der thermischen Behandlung beim Schweißen auf das Auflösungs- und Ausscheidungsverhalten von Mikrolegierungselementen in der WEZ von Feinkornbaustählen. Arch. Eisenhüttenw. 52 (1981) 399–406

S 21   Schröder, H. C.: Schaden an einer Frischdampfleitung aus Stahl 14 MoV 6 3 im Bereich einer Schweißnaht. Schw. u. Schn. 38 (1986) 442–445

S 22   Siewert, T. A.; McCowan, C. N.; Olson, D. L.: Ferrite Number Prediction to 100 FN in Stainless Steel Weld Metal. Weld. J. 67 (1988) 289 s–298 s

S 23   Schönfeld, K.-H.; Krumpholz, R.: Martensitaushärtende Stähle – höchstfeste Stähle mit einfacher Wärmebehandlung für schwierige Anwendungszwecke. HTM 35 (1980) 215–219

S 24   Schüller, H. J.: persönliche Mitteilung

S 25   Schebesta, W.: Schweißen von Kraftwerkskomponenten aus dem hochwarmfesten Stahl X 20 CrMoV 12 1. Schw. u. Schn. 41 (1989) 466–469

S 26   Schröder, C.: Martensitisches Schweißen des Stahls X 20 CrMoV 12 1. Schw. u. Schn. 37 (1985) 363–367

S 27   Schrader, H.; Kunze, H.-D.: Veränderungen des Werkstoffverhaltens durch die Austenitformhärtung am Beispiel des Stahls X 41 CrMoV 5 1. St. u. E. 105 (1985) 739–743.

S 28   Schulz, M. H.: Beitrag zur Standmengenerhöhung von Schmiedegesenken durch schweißtechnische Maßnahmen. Fortschrittber. VDI Reihe 2, Nr. 166, VDI-Verlag Düsseldorf, 1988

S 29   Steffens, H.-D.; Kunze, G.; Zeilinger, H.; Nowak, G.: Untersuchungen zum Ausscheidungsverhalten eines elektronenstrahlgeschweißten Nickel-Cobalt-Molybdän-Stahles mit 13% Ni, 15% Co und 10% Mo. Schw. u. Schn. 36 (1984) 155–158

S 30   Scharff, A.; Rüchel, U.; Kastner, J.: Energiereduzierte Wärmeführung beim Schweißen von GS-50. Schweißt. Berlin 38 (1988) 515–516

S 31   Seegers, F.; Schram, A.: Schweißeignung von ferritischaustenitischem Stahlguß. Gießerei 76 (1989) 301–304

S 32   Schock, D.: Elektrisches Kaltschweißen von Gußeisen mit Kugelgraphit mit Stahlelektroden. Gießerei 69 (1982) 125–127

S 33   Savage, W. J.; Nippes, E. F.; Szekeres, E. S.: A Study of Weld Interface Phenomena.: Wdg. J. 55 (1976) 260s–268s

S 34   Schmidtmann, E.: Einfluß des Gefügeaufbaus auf die Zähigkeitseigenschaften der Wärmeeinflußzone von Schweißverbindungen der hochfesten Feinkornbaustähle St E 36 und St E 47. Stahl u. Eisen 99 (1979) 106–112

S 35   Smithells, C. J.: Metals Reference Book. London: Butterworths 1967

S 36   Slobin, G. I.: Das Widerstandspunktschweißen von Kupfer. Avt. Svarka 15 (1962) 63–65

338   Literatur

S 37   Schulze, K.-R.; Panzer, S.; Ardenne v. T.: Tiefschweißungen in Kupfer mit dem Elektronenstrahl. ZIS-Mitt. 28 (1986) 25–33

S 38   Seiler, P.: Schweißen von Kupfer und Kupferlegierungen mit gepulstem Festkörperlaser. DVS-Ber. Bd. 71 (1981), 68–72

S 39   Scheiner, W.: Löten von Rohrleitungen aus Kupferwerkstoffen. Schweißt. Wien 41 (1987) 174–176

S 40   Schmidt, P.; Zschötge, S.: Das Lichtbogenschweißen von Mehrstoff-Manganbronze. Metall 14 (1960) 1093–1097

S 41   Schreiber, G.: Das autogene Schweißen von Kupfer und Kupferlegierungen. Schw. u. Schn. 13 (1961) 7–12

S 42   Habenicht, G.; Schindele, P.: Untersuchungen zum Schweißverfahren von Wolfram- und Molybdänlegierungen beim Rollennahtschweißen von elektrolytisch verzinntem Feinstblech. Dissertation TU München, 1983. Auszug in Schw. u. Schn. 36 (1984) 442–443

S 43   Strassburg, F. W.: Schweißen von Nickellegierungen. Metall 32 (1978) 913–916

S 44   Schmidtmann, E.; Eckel, W.: Untersuchungen zur Heißrißneigung beim Lichtbogenhandschweißen des Werkstoffes X 10 NiCrAlTi 32 20 mit Elektroden des Typs X 15 NiCrNb 32 21 unterschiedlicher Zusammensetzung. Schw. u. Schn. 35 (1983) 261–265

S 45   Sims, C. T.; Hagel, W. C.: The Superalloys. Verlag J. Wiley & Sons, New York, 1972

S 46   Santella, M. L.; Horton, J. A.; David, S. A.: Welding-Behavior and Microstructure of a Ni_3Al Alloy. Wdg. J. 67 (1988) 63 s–69 s

S 47   Savage, E. I.; Kane, J. J.: Microstructural Characterization of Nickel Braze Joints as a Function of Thermal Exposure. Wdg. J. 63 (1984) 316 s–323 s

S 48   Schultz, H.: Stand und Entwicklungstendenzen des Schweißens von Tantal, Niob und ihren Legierungen. Schw. u. Schn. 27 (1975) 369/71

S 49   Schultz, H.: Schweißen von Sondermetallen. DVS-Verlag, Düsseldorf, 1971

S 50   Savage, W. F.; Nippes, E. F.; Varsik, J. D.: Hot-Cracking Susceptibility of 3004 Aluminium. Weld. J. (Suppl.) 58 (1979) 45 s–53 s

S 51   Stoeckinger, G. R.: Pulsed DC High Frequency GTA Welding of Aluminium Plate. Weld. J. (Suppl.) 52 (1973) 558 s–567 s

S 52   Schneider, K. E.: Formteile aus einer superplastischen Aluminiumlegierung. Aluminium 55 (1979) 291–293

S 53   Seyffarth, P.: Atlas Schweiß-ZTU-Schaubilder. Fachbuchr. Schweißtechnik, Bd. 75. DVS-Verlag, Düsseldorf, 1982

S 54   Schoer, H.; Mechsner, K.: Schweißen neuer Konstruktionswerkstoffe aus Aluminium. Schw. u. Schn. 37 (1985) 456–459

S 55   Sugiyama, Y.; Umeda, N.: The Tensile Shear Strength of Resistance Spot Welds, Adhesive and Weld-Bonded Joints in Aluminium Alloy for Automotive Use. Original japanisch. Auszug in J. of Light Metal Weld. and Constr. 17 (1979) 251–258

S 56   Schoer, H.: Hartlöten von Konstruktionen aus Aluminiumwerkstoffen. Bänder Bleche-Rohre 27 (1986) 72–74

S 57   Swaney, O. W.; Trace, D. E.; Winterbottom, W. L.: Brazing Aluminium Automotive Heat Exchangers in Vacuum: Process and Materials. Wdg. J. 65 (1986) 5, 49–57

S 58   Stocker, G.: Erfahrungen beim Elektronenstrahlschweißen dickwandiger Bauteile aus der Titanlegierung TiAl 6 V 4 geglüht. Schw. u. Schn. 26 (1974) 91–93

S 59   Suchačev, A. P.; Laško, C. V.: Metallkeramisches Diffusionslöten von Titan und seinen Legierungen. Svar. Proisw. (1971), 6, 54–55

S 60   Schultz, H.: Schweißen von Sondermetallen. Fachbuchr. Schweißtechnik. Düsseldorf: DVS-Verlag 1971

S 61   Strese, G.: Schweißen von Polypropylen. Schw. u. Schn. 18 (1966) 475–477

S 62   Steinicke, H.-E.; König, D.: Untersuchungen zum Heizelementschweißen von Polyamiden. Schweißtech. (Berlin) 24 (1974) 261–264

S 63   Schnapp, D.; Köhler, G.; Müller, H.: Untersuchung zur Laserstrahlwirkung bei der Bearbeitung silikatischer Werkstoffe. Schweißtech. (Berlin) 29 (1979) 296–300

S 64   Stemmer, R.: Untersuchungen zum Schweißen von Kupfer und Aluminium mit Glas mit dem Ultraschallschweißverfahren. Metall 22 (1968) 1103–1108

S 65   Schmitt-Thomas, K. G.: Schadenmechanismen an Weichlötverbindungen unter thermischen Wechselbeanspruchungen. Schw. u. Schn. 29 (1977) 487–490

S 66   Sternkopf, J.: Flammspritzen von Hartstoffen. Schweißtech. (Berlin) 27 (1977) 340–343

S 67   Schaeffer, H. A.: Glas – traditionelles Produkt und innovationsträchtiger Werkstoff. Radex-Rundschau (1988) 657–668

S 68   Smolka, K.: Plasmagespritzte Keramik. Praktiker 39 (1987) 548–552
S 69   Schmatjko, K. J.; Endres, G.: Feinbearbeitung von Keramik mit dem Excimerlaser. Fachber. Metallbearb. 64 (1987) 294–298
S 70   Santella, M. L.; David, S. A.: Weldability of Ni_3Al-Type Aluminide Alloys. Wdg. J. 65 (1986) 129s–137s
S 71   Schnizer, W.; Seichert, N.: Lasertherapie – eine kritische Betrachtung der sogeannten SOFT- und MID-Laserbehandlung. medwelt 39 (1988) 1531–1538
S 72   Schaffler, K.; Rother, W.: Laser in der Medizin. Dtsch. Ärztebl. 75 (1978) 1245–1249

T 1   Tetelmann, A. S.; McEvily, A. J.: Bruchverhalten technischer Werkstoffe. Düsseldorf: Verl. Stahleisen 1971
T 2   Tummers, G. E.: Summary Report on Stress Relaxation Data. Brit. Weld. J. 10 (1963) 292–297
T 3   Tummers, G. E.: Summary Report on Stress Relaxation Data. Brit. Weld. J. 10 (1963) 298–303
T 4   Tummers, G. E.: Anforderungen an die Kerbschlagzähigkeit zur Vermeidung von Sprödbruch an beruhigtem Kohlenstoffstahl. Materialprüf. 5 (1963) 261–266
T 5   Thier, H.: Delta-Ferrit und Heißrisse beim Schweißen chemisch beständiger austenitischer Stähle. DVS-Ber. 41 (1976) 100–104
T 6   Thier, H.; Killing, R.: Fachbeiträge über die Wirkung von Chromstützen in Schweißpulvern zum Unterpulverschweißen nichtrostender Stähle. Schw. u. Schn. 34 (1982) 11–15
T 7   Tösch, J.; Perteneder, E.; Rabensteiner, G.: Schweißzusatzwerkstoffe zum Schweißen weichmartensitischer Stähle Schweißt. Wien 36 (1982) 2–6
T 8   Tschentke, G.: Jahresübersicht legierter Stahlguß. Gießerei 51 (1964) 124–126
T 9   Tölke, P.: Konstruktionsschweißen von Gußstücken aus Eisengußwerkstoffen. Gießerei 69 (1982) 119–125
T 10   Tews, P.; Pavelic, V.: Effect of Cryolite Fluxes on Copper Alloy Weld Metal – Law of Mass Action is Used to Predict Weld Metal Composition in Submerged Arc Welded Aluminium Bronze. Wdg. J. 65 (1986) 163 s–166 s
T 11   Terry, C. A.; Taylor, E. A.: Welding of Cupro-Nickel and Aluminium-Bronze Alloys. Brit. Weld. J. 5 (1958) 211–225
T 12   Thier, H.; Killing, R.: Eigenschaften von Nickel-Chrom-Bor-Legierungen zum Hartauftragschweißen. Schw. u. Schn. 39 (1987) 623–626
T 13   Thomas, K.; Ruge, J.: Kaltpreßgeschweißte Verbundkörper aus hochlegiertem austenitischen Stahl und Zirkonium. DVS. Ber. Bd. 15 (1970) 163–167. DVS-Verlag. Düsseldorf
T 14   Tomsic, M.; Barhorst, S.: Keyhole Plasma Arc Welding of Aluminium with Variable Polarity Power. Wdg. J. 63 (1984) 2, 25–32
T 15   Tensi, H. M.; Welz, W.; Schwalm, M.: Gefügeausbildung beim Reibschweißen eutektischer AlSi-Werkstoffe. Metall 37 (1983) 593–597
T 16   Thomas, G. V.; Ramachandra, K. V.; Nagarajan, B. P.; Sarkar, B. K.; Vasudevan, R.: Electron Beam Welding Studies of 25-mm Thick Ti-6Al-4V Sections. Wdg. J. 68 (1989) 336 s–341 s
T 17   Tensi, H. M.; Welz, W.; Schwalm, M.: Reibschweißen von Reinaluminium und aushärtbaren Aluminiumlegierungen. Aluminium 59 (1983) 431–436
T 18   Thews, H.: Reibschweißen- Rotationsreib- und Vibrationsschweißen. Kunststoffe 71 (1981) 10, 764–768
T 19   Tobias, W.: Hochtemperaturschweißen von thermoplastischen Werkstoffen. ZIS-Mitt. 20 (1978) 671–675

U 1   Uwer, D.; Degenkolbe, J.: Kennzeichnungen von Schweißtemperaturzyklen beim Lichtbogenschweißen, Einfluß des Wärmebehandlungszustandes und der chemischen Zusammensetzung von Stählen auf die Abkühlzeit. Schw. u. Schn. 27 (1975) 303–306
U 2   UIC-Kodex 860 V Technische Lieferbedingungen für Schienen. Internat. Eisenbahnverband, Unterausschuß „Bahnanlagen und Bahnerhaltung" Paris, 1986
U 3   Uwer, D.; Lotter, U.; Baumgardt, H.: Verbesserung der Zähigkeit in der Wärmeeinflußzone von Schweißverbindungen durch Titannitridausscheidungen. Schw. u. Schn. 41 (1989) 170–176
U 4   Uwer, D.; Dißelmeyer, H.: Erfahrungen mit dem Verarbeiten des hochfesten wasservergüteten Baustahls StE 890. Schw. u. Schn. 38 (1986) 430–436
U 5   Uwer, D.; Dißelmeyer, H.: Erfahrungen mit der Herstellung, Verarbeitung und Anwendung des hochfesten wasservergüteten Baustahles XABO 90 Schweißtechn. (Wien) 42 (1988) 207–210, 226–228, 238–242

V 1   Vogels, H. A.; König, P.; Piel, K. H.: Einfluß der Abbindung von Stickstoff durch Aluminium und Vanadin auf die mechanischen Eigenschaften von hochfesten Baustählen. Arch. Eisenhüttenwes. 35 (1964) 339–351

V 2   Von den Steinen, A.: Mechanische Eigenschaften von Baustählen sehr hoher Festigkeit. DEW-Tech. Ber. 1 (1961) 2–5

V 3   VDG-Merkbl. N 70, 2. Ausg. 1979 Schweißen von Temperguß

V 4   Volk, K. E.: Nickel und Nickellegierungen. Berlin, Heidelberg, New York: Springer 1970

V 5   Van Houten, G. R.: Transition Layer is Key to Good Ceramic-to-Metal-Bonds. Sonderdruck aus Mater. in Design Engng. New York: Reinhold Publ. Corp. Dez. 1958

V 6   VdTÜV-Merkblatt 451-82/1 Wärmebehandlung von Schweißverbindungen. VdTÜV, Essen, 1982

V 7   Vorschriften für Klassifikation und Bau von stählernen Seeschiffen, Stand 1986 mit Ergänzung April 1988. Germanischer Lloyd, Hamburg

W 1   Weever, F.; Rose, A.: Zur Frage der Wärmebehandlung der Stähle aufgrund ihrer Zeit-Temperatur-Umwandlungsschaubilder. Stahl u. Eisen 74 (1954) 749–760

W 2   Wilken, K.: Gebräuchliche Heißrißprüfverfahren im Vergleich. Schw. u. Schn. 37 (1985) 170–174

W 3   Watson, S. I.: Stress Relief of Mild-Steel Welded Structures. Brit. Weld. J. 4 (1957) 422–423

W 4   Wellinger, K.: Temperatur-Spannungslinien bei gleichbleibender Verdrehung und zunehmender Temperatur zur Bestimmung von Resteigenspannungen. Mitt. VGB (1951) Nr. 15, 335–338

W 5   Werkstoff und Schweißung, Bd. III Vorschriften für Klassifikation und Bau von stählernen Seeschiffen. Germanischer Lloyd, 1973

W 6   Winn, W. H.: Weldability of Low Alloy Steels. Brit. Weld. J. 11 (1964) 366–376

W 7   Wildenhayn, E.; Bargel, H.-J.; Schönherr, W.: Untersuchung der mechanischen Eigenschaften, der Schweißeignung und der Schwingfestigkeit hochfester, schweißgeeigneter Feinkornbaustähle. OERKLIKON-Schweißmitt. 35 (1977) Nr. 79, 9–21

W 8   Weßling, W.; Oppenheim, R.: Hitzebeständige Stähle. Werkstoffkunde Stahl, Springer-Verlag, Berlin, 1985, 435–446

W 9   Watanabe, J. u. a.: Temper Erbrittlement of $2\frac{1}{4}$–1 Mo Pressure Vessel Steel. 29th Petroleum Mechanical Engineering Conference, Dallas/Texas, Sept. 1974

W 10   Weßling, W.; Mülders, H.: Fortschritte bei nichtrostenden Stählen. sie und wir, Inf. Krupp Stahl AG, 2/1987

W 11   Wirtz, H.: Besonderheiten beim Schweißen von korrosionsbeständigen Chrom- und Chromnickelstählen. Chem.-Ztg. Chem. Appar. 86 (1962) 417–424 u. 491–495

W 12   Wilson, E. M.; Wildmann, A. I.: Submerged Arc Welding of 1% Titanium 18% Nickel-Cobalt-Molybdenum Maraging Steel. Brit. Weld. J. 13 (1966) 67–74

W 13   Williams D. E.; Morris, J. W.: Weldability of Grain Refined Fe–12Ni–0,25Ti Steel for Cryogenic Applications. Weld J. 61 (1982) 133s–138s

W 14   Wittmann, H.-P.: Hochlegierte Fülldrahtelektroden zum Verbindungsschweißen. DVS-Bericht Bd. 112, S. 181–182. DVS-Verlag, Düsseldorf, 1988

W 15   Wendel, H.: Schweißen titanplattierter Bleche. Schweißtech. (Berlin) 29 (1979) 17–20

W 16   Winterstein, H.; Fischer, H. Ch.: Güteprobleme beim Schweißen von Bleilegierungen. ZIS-Mitt. 22 (1980) 1165–1172

W 17   Wilson, R. K.; Kelly, T. J.; Kiser, S. D.: The Effect of Iron Dilution on Cu–Ni Weld Deposits Used in Seawater. Wdg. J. 66 (1987) 280 s–287 s

W 18   Wirtz, H.: Ermittlung der mit verschiedenen Schweißverfahren erreichbaren Gütewerte von Kupferschweißungen. Schw. u. Schn. 13 (1961) 588–590

W 19   Waller, D. N.; Knowlson, P. M.: Spot Welding of some Alloys of the Nimonic Series. Brit. Weld.J. 9 (1962) 158–167

W 20   Waller, D. N.: Removal of Construction Cavities in Nimonic 75 Spot Welds. Brit. Weld. J. 10 (1963) 17–23

W 21   Williams, M. K.: Some Aspects in the Metal Arc Welding of Monel. Welder 28 (1959) 7–9

W 22   Ward, W. V.; Jacobsen, M. I.; Mathews, C. O.: Effect of Surface Finish on the Properties of Beryllium Sheet. Trans ASM 54 (1) (1961) 84–95

W 23   Weik, H.: Hartlöten und Schweißen von Beryllium. Metall 18 (1964) 235–243

W 24   Westland, E. F.: Vacuum Furnace Brazing of Beryllium. The Metallurgy of Beryllium, S. 843–851. Chapman + Hall, 1963

W 25   Wehr, P.; Ruge, J.: Wasserstoffverteilung in Schweißverbindungen aus TiAl 6 V 4. Schw. u. Schn. 28 (1976) 411–414

W 26 Wehr, P.; Ruge, J.: Einfluß des Wasserstoffgehalts auf die bruchmechanischen und korrosions-chemischen Eigenschaften von Schweißverbindungen aus TiAl 6 V 4. Schw. u. Schn. 28 (1976) 463–467

W 27 Wehr, P.: Über das Entstehen von Poren in elektronenstrahl- und schutzgasgeschweißten Nähten an Blechen aus Titan und seinen Legierungen-Schriftumsübersicht. Schw. u. Schn. 28 (1976) 304–307

W 28 Wehr, P.: Untersuchungen über die Porenbildung in elektronenstrahl- und plasmageschweißten Nähten an Feinblechen aus TiAl 6 V 4. Schw. u. Schn. 28 (1976) 375–378

W 29 Wormeli, J. C.: Controlled Resistance Welding Permits High Quality Fabrication of Titanium Assemblies Using a Standard Seam Welding Machine. Weld. J. 51 (1972) 95–98

W 30 Wehr, P.; Ruge, J.: Über das Schweißen von Titan und seine Verwendung im Apparatebau. Chem.-Ztg. 95 (1971) 941–951

W 31 Wengler, G.: Schweißen von technischem Glas. Schweißtech. (Berlin) 24 (1974) 15–18

W 32 Wiesner, P.; Oertel, B.: Diffusionsschweißen von Silizium. ZIS Mitt. 28 (1986) 108–114

W 33 Waidelich, W. (Herausg.): Laser 77 Opto-Electronics-Conference Proc. Surrey: IPC Business Press 1977

Y 1 Yokota, K.; Sasano, R.; Kawajiri, I.; Fuchigami, K.; Toyohara, T.; Takano, G.: Fundamental Study on Electron Beam Welding of Heavy Thickness 6Al4V Titanium Alloy. Weld. in the World 26 (1988) 202–215

Y 2 Yoshizawa, H.; Wignarajah, S.; Saito, H.: Study on Laser Cutting of Concrete. Trans. Jap. Weld. Soc. 20 (1989) 1,31–36

Z 1 Zwätz, R.: Braucht der Konstrukteur heute noch eine Richtlinie zur Wahl der Stahlgütegruppen für geschweißte Bauteile? Praktiker 40 (1988) 283–287

Z 2 Zeyen, K. L.: Bericht über die Besprechung in Komm. IX Int. Inst. Weld. Schweißtech. (Zürich) 53 (1963) 444–455

Z 3 Zwätz, R.: Auch geschweißte Betonstahlverbindungen müssen richtig gestaltet sein. Praktiker 40 (1988) 177–180

Z 4 Zeilinger, H.; Zechmeister, H.; Winkler-Gniewek, W.; Klaar, H. J.: Neuere Entwicklungen auf dem Gebiet der ultrahochfesten martensitaushärtenden Stähle. Radex-Rundsch. (1980) 146–150

Z 5 Zeuner, H.; Zimmermann, K.: Herstellung und Eigenschaften von Stahlguß. konstr. + gießen 5 (1980) 2/3, 3–25

Z 6 Zschötge, S.: Das Lichtbogenschweißen von Kupfer mit umhüllten Elektroden. Maschinen-markt 66 (1960) 19–23

Z 7 Zwicker, U.: Titan und Titanlegierungen. Berlin, Heidelberg, New York: Springer 1973

Z 8 Zöhren, J.: Das fertigungsgerechte Fügen der Polyolefine durch Warmgas- und Heizelement-schweißen. Diss. RWTH Aachen 1966

Sachverzeichnis

MIX
Papier aus verantwortungsvollen Quellen
Paper from responsible sources
FSC® C105338

If you have any concerns about our products,
you can contact us on
ProductSafety@springernature.com

In case Publisher is established outside the EU,
the EU authorized representative is:
Springer Nature Customer Service Center GmbH
Europaplatz 3, 69115 Heidelberg, Germany

Printed by Libri Plureos GmbH
in Hamburg, Germany